中国海洋发展研究文集
（2015）

王曙光　主编

海洋出版社

2015年·北京

图书在版编目(CIP)数据

中国海洋发展研究文集. 2015 / 王曙光主编. — 北京：海洋出版社, 2015.10

ISBN 978-7-5027-9256-5

Ⅰ. ①中… Ⅱ. ①王… Ⅲ. ①海洋战略－中国－文集 Ⅳ. ①P74-53

中国版本图书馆CIP数据核字(2015)第235916号

责任编辑：赵麟苏
责任印制：赵麟苏

海洋出版社 出版发行

http://www.oceanpress.com.cn

北京市海淀区大慧寺路 8 号　　邮编：100081
北京朝阳印刷厂有限责任公司印刷　　新华书店北京发行所经销
2015年10月第1版　　2015年10月第1次印刷
开本：787mm×1092mm　　1 / 16　　印张：22.5
字数：451千字　　总定价：90.00元

发行部：62132549　　邮购部：68038093　　总编室：62114335

海洋版图书印、装错误可随时退换

序　言

　　生态文明建设是中国特色社会主义事业的重要内容，党中央、国务院高度重视生态文明建设，先后出台了一系列重大部署。海洋生态文明建设是生态文明建设的重要组成部分，也是海洋强国建设的必然要求。

　　中国海洋发展研究会自2013年1月11日成立以来，坚持以"打造中国海洋发展智库"为己任，以"为国家海洋重大问题决策提供咨询服务、为涉海政府部门（企事业单位和院校）提供工作服务、为海洋科技人才提供平台服务和为海洋科研队伍建设提供条件服务"为宗旨，全面筹划研究课题、搭建研究平台和组织研究工作，取得了一系列研究成果。

　　为了贯彻落实党中央、国务院的重大战略部署，中国海洋发展研究会举办第二届中国海洋发展论坛，选择以"建设海洋生态文明，实现美丽海洋愿景"为主题。旨在优化海洋开发格局，节约海洋资源，保护海洋生态环境，适应经济社会发展"新常态"。

　　借此之际，研究会秘书处从近期组织完成的研究成果和本年度论坛征文中，选择有关论文汇编成《中国海洋发展研究文集（2015）》，献给关注、关心和热爱海洋的读者。错误在所难免，敬请批评指正。

中国海洋发展研究会理事长　王曙光

2015年9月1日

目　次

第一篇　生态环境

第二篇　海洋战略

第三篇　海洋法律法规

第四篇　海洋经济

第一篇
生态环境

- 环渤海经济圈的海洋生态环境安全问题探讨
- 海域资源价值评估方法综述
- 推进我国海洋生态文明建设的战略思考
- 中国海洋生态安全多元主体共治模式研究
- 从利益相关者角度构建海洋环境污染损害赔偿机制
- 海洋环境污染治理府际协调研究：困境、逻辑、出路
- 南海生态环境保护与国际合作问题研究
- 我国海洋生态灾害应急管理体系优化研究
- 基于分位数法的风暴潮灾害风险可保性识别
- 海洋生态灾害频发的根源：基于经济学视角的分析

环渤海经济圈的海洋生态环境安全问题探讨

柯　昶　曹桂艳　张继承　陈　洁　程传周[*]

摘　要：不论在我国区域经济发展中，还是在东北亚经济合作中，环渤海经济圈都占据重要的战略地位，注重在整体开发中解决生态环境安全问题成为当务之急。为此，应当站在全局高度透视时代背景，把握关键因素，分析产生原因，创意解决对策：转变观念，树立陆海并重思维；科技领先，推行绿色工程技术；健全法制，加大监管力度；创新制度，建立补偿机制；循环发展，减少源头排放。只有这样做，才能在环渤海经济圈整体开发中保障生态安全，铸就中国第三大经济增长极的国家战略品牌。

关键词：环渤海经济圈；整体开发；生态环境安全；对策建议

环渤海经济圈位于东北亚经济中心，欧亚大陆桥东端，区位优势明显，人力资源丰富，工业基础雄厚，投资环境优越，是我国经济发展的热点区域。随着环渤海经济圈沿海经济的迅猛发展，渤海海域遭到越来越严重的污染，海域环境质量明显下降，已危及到整个环渤海区域海洋经济和沿海经济的可持续发展。所以，加强这一海域生态环境的保护和综合治理，既是保护水体质量和生物多样性，维护渤海生态健康的需要，又是提高该区域环境承载力、建设新的区域经济增长点的需要，更

---

* 柯昶（1969—），男，汉族，湖北阳新人，中国海洋发展研究会理事，国家海洋局海洋咨询中心副主任，中国海洋工程咨询协会副秘书长，高级工程师，研究方向：海洋生态安全与海域经济可持续发展。

曹桂艳，女，山东省烟台市，辽宁师范大学海洋中心助研，研究方向：中国海域开发与国家安全问题。张继承（1981—），男，蒙古族，内蒙古赤峰人，国家海洋局海洋咨询中心副研究员，研究方向：海洋管理、生态环境评估。陈洁（1980—），女，汉族，湖北随州人，国家海洋局海洋咨询中心工程师，研究方向：海洋工程防灾减灾、海洋环境研究。程传周（1985—），男，汉族，山东菏泽人，国家海洋局海洋咨询中心工程师，研究方向：海洋地理信息系统。

是人与海洋和谐相处，实现经济社会可持续发展的需要。保护好、治理好渤海，不仅对渤海具有重要意义，而且可以为我国其他海域提供有益经验和借鉴。

一、生态环境安全问题的背景透视

渤海是上承海河、黄河、辽河三大流域，下接黄海、东海生态体系的半封闭型内海，海域面积约7.7万平方千米，平均深度18米，已经鉴定出浮游植物142种，浮游动物52种，底栖生物305种。然而，由于封闭的环境，渤海成为我国沿海诸多海域中生态环境最为脆弱的海域，由人类活动导致的污染和破坏问题最为突出。因此，从历史到现实的视角，研究环渤海经济圈整体开发生态环境安全问题的背景，对于预防与治理渤海污染，加快建设资源节约型、环境友好型社会，努力实现人与海洋的和谐相处具有重要的意义。

（一）环渤海经济圈海洋生态环境安全问题的区域背景

以辽东半岛、山东半岛、京津冀为主的环渤海经济圈，是我国北方经济最发达的地区。如果说这些年中国经济重心区是由北向南变迁，那么，根据区域投资回报存在的边际递减规律，国际资本在中国的空间走向将日益呈现"北上西进"的态势，特别是"北上"（由南部沿海向北部沿海）会日趋明显。目前，"珠三角"和"长三角"经济圈的综合商务成本趋于上升，土地紧缺，发展空间受限，人力成本及水电等费用也在升高，这些都会迫使企业做出区位调整，并影响到投资者的空间决策。以后的20年将可能逆转为由南向北的波浪式演进。可以预期，21世纪头20年，在经济全球化和我国加强区域经济协调发展的大背景下，环渤海经济圈正面临着前所未有的发展机遇，有希望成为继"珠三角"和"长三角"之后未来中国的第三个高增长区。

同时，环渤海经济圈环抱的渤海海域，资源十分丰富，依托其港、能、渔、涂、景、岛等特殊的自然条件和地理位置而发展的海洋产业，如海洋交通运输业、海洋船舶业、海洋油气业、海洋渔业、海洋盐化工业、滨海旅游业等均在全国占有重要的地位。而依托海洋产业支撑作用发展的临港工业，如石化、精细化工、海洋工程、盐化工、造船、汽车、钢铁、装备制造、现代物流业、旅游服务业等产业，形成了陆海产业互为依托的发展格局。另外，在区域经济一体化的大背景下，各沿海城市围绕环渤海区域一体化目标，以资源、资产、配套产品以及优势产业促联合，实现优化区域内社会分工，专业化协作，共筑供需产业链，推进优势互补共同发展，实现共同市场联合，提升区域整体竞争力。

然而，随着环渤海经济圈经济的高速发展，渤海海域的生态环境承载力的压力将变得越来越大。再加上近年来，辽宁省的"五点一线"沿海经济带、河北省的"曹妃甸循环经济示范区"和"沧州渤海新区""天津滨海新区"和山东省的"黄河三角洲高效生态经济区"等开发规划的实施，渤海生态环境安全问题将在大力开发陆域经济的同时面临着更大的考验。

（二）体制背景

海洋管理是指国家通过行政、法律、经济等手段，对其管辖范围内的海洋开发利用、保护等活动进行组织、协调、指导、控制、监督、干预和限制，以达到合理开发利用海洋资源，保护海洋环境，获得最佳的经济效益、生态效益和社会效益的目的。[1]环渤海经济圈是我国经济发展较快的地区，也是污染负荷量增长最快的地区。

在当前环渤海整体开发速度加快、海洋经济迅速发展的形势下，现行的海洋管理体制也存在着一定的弊端。一是宏观调控乏力，对于海洋开发管理工作，从中央到地方都是分散在各个行业部门，海洋各产业各自为政，职能职责分散、交叉，缺乏强有力的综合协调管理职能。二是管理权限范围不够明确，导致了管理上的交叉重复。三是海上执法力度有待进一步加强。由于海上执法队伍分属在不同部门而各成体系，各自为政，力量分散，形不成合力。

二、影响生态环境安全的主要因素

渤海是一个近乎封闭的浅海，纳污能力差，水交换能力更差，由于海水自净能力有限，渤海海水的更新周期一般为15年，如果想把已污染的渤海海水置换成正常的渤海海水，整个水体循环周期约需30年甚至更长的时间。可以说，渤海生态环境破坏容易恢复难。

（一）陆源污染成为生态环境安全的突出问题

可以看到，在环渤海经济圈整体加速开发的进程中，沿海各城市都在大力发展港口建设和沿海工业，再加上沿入海河道排放的工业废水、废弃物、生活污水、垃圾等。致使渤海大部分沿海城市的近岸海域污染物超标严重，渤海海域的生态环境恶化，海洋环境和资源遭到破坏。

近20年来，环渤海地区经济快速发展，工业废水排放量不断增加。[2]以2011年为例，渤海沿岸实施监测的陆源入海排污口（河）共83个。其中工业排污口26个，市政排污口14个，排污河31个，其他排污口12个。渤海沿岸入海排污口主要超标物质为化学需氧量和悬浮物，对化学需氧量进行了290次监测，超标比率为30%；对悬浮物进行了260次监测，超标比率为15%[3]（表1）。

表1　2011年渤海实施监测的排污口达标排放情况

行政区（区）	监测排污口（河）个数（个）	化学需氧量		悬浮物	
		监测次数（次）	达标比例（%）	监测次数（次）	达标比例（%）
山东	17	62	55	57	88
河北	25	99	86	93	92
天津	15	56	66	56	80
辽宁	26	73	66	54	74
合计	83	290	70	260	85

数据来源：2011年渤海海洋环境统计公报，以下所有有关海洋数据均来自2007—2011年渤海海洋环境统计公报，不再说明。

同时，沿海地区排放的工业和生活污水将大量污染物携带入海，给近岸海域，尤其是排污口邻近海域环境造成巨大压力。2011年，渤海沿岸主要江河径流携带入海的化学需氧量（COD_{Cr}）、石油类、营养盐（氨氮、总磷）、重金属、砷等污染物总量约为97.4万吨。其中，化学需氧量约为95.0万吨，占入海污染物总量的97.5%，营养盐18 320吨（氨氮13 883吨，总磷4 473吨），石油类4 909吨，重金属1 386吨，砷98.3吨。同时，在渤海18个重点陆源入海排污口邻近海域中，高达89%的重点排污口邻近海域水质不能满足所处的海洋功能区水质要求，其中28%的重点排污口对其邻近海域环境质量造成较重或严重影响。25.3%的排污口邻近海域水质为四类和劣四类，而劣于第二类海水水质的海域面积依旧很大，甚至呈增大的趋势。

（二）海上污染成为生态环境安全的重要影响

海上污染是指人类直接或者间接的将物质或能量引入海洋环境（包括港湾），以致对生物资源产生有害影响，危害人类健康，妨碍海上活动，损害海水使用质量和减少舒适性等的环境污染。虽然陆源污染是影响环渤海经济圈环境的关键因素，但海上污染加重了渤海的负担，对邻近海域的环境质量产生影响。从海上污染的源头来看，主要来自海上石油污染、海上倾倒和赤潮。

1. 海上石油污染

海上石油污染是指石油及其炼制品（汽油、煤油、柴油等）在开采、炼制、储运和使用过程中进入海洋环境而造成的污染，是一种世界性的严重的海洋污染。渤海是一个油气资源十分丰富的沉积盆地，油气田面积58 327平方千米，是我国第二大产油区，能源储量居全国之冠。渤海海上石油平台主要分布在辽东湾、渤海湾及渤海中部海域，获得原油探明储量8.6亿吨，探明天然气储量272亿立方米。

2011年蓬莱19-3油田相继发生两起溢油事故，导致原油和油基泥浆入海，对渤海海洋生态环境造成严重污染损害。溢油降低了污染海域的浮游生物种类和多样性，对海洋生物幼虫体、鱼卵和仔（稚）鱼造成损害，使底栖生物体内石油含量明显升高，海洋生物栖息环境遭到破坏。由于渤海地质结构复杂，生态环境脆弱，且大多数的油井位于渤海地质断裂层上，一旦发生地质灾害，不仅会毁了油田，也会毁了整个渤海，石油开发污染成为侵袭海洋生态环境的重大隐患。

2. 海洋倾倒污染

长期以来，由于人类对海洋生态环境安全方面的思想意识淡薄，再加上相关法律法规的缺陷，很多沿海国家和地区在利用海洋的同时，海洋也被当成"污水池""垃圾桶"。尤其是20世纪60年代以后，随着各国工业的发展，倾倒入海的有毒有害物质大量增加。

2011年，渤海实际使用的倾倒区为8个，倾倒的废弃物主要为疏浚物，均属于清洁疏浚物，年批准倾倒量2 268万立方米，比2010年增加31.3%。而自2000年开始，渤海疏浚物倾倒量呈快速上升趋势，至2005年达到最高，年疏浚物倾倒量为5 118.2万立方米。

3. 赤潮污染

赤潮是加剧海洋污染的一种形式，已经成为全球性的海洋公害，既是水域污染的一种后果和表现形式，也会通过其本身对水质、水生动植物的影响反作用于海域。赤潮的发生与海洋水域的富营养化程度及当时的气象因素密切相关。由于渤海海域陆源大量污水的长期超标入海、海洋生态环境破坏、海洋不合理开发导致的海水水体富营养化，加上渤海海区天气晴朗、光照充足、水温较高、风力较弱等适宜的气象条件，极易夜光藻、裸甲藻、叉角藻、原甲藻、金囊藻、角毛藻、束毛藻、亚历山大藻、球形棕囊藻、红色中缢虫、中肋骨条藻等生物的繁殖和扩散，形成赤潮。

目前，渤海海域氮磷比失衡严重，水体的富营养化依然较重，营养盐结构失衡。渤海湾底部、莱州湾底部、辽宁近岸氮磷比值高达200以上，渤海中部氮磷比值为40。渤海中部海域氮磷比值持续升高，1982—1983年渤海中部海域氮磷比值为2，1992—1993年氮磷比值为5，1998—1999年氮磷比值为16，2008年氮磷比值增大至40。2011年渤海共发生13次赤潮，面积约为217平方千米，赤潮发生次数较2010年增加，发生面积减少（见表2），从而造成鱼、虾、贝类大量死亡，经济损失惨重。

表2　1952—2011年 渤海海域赤潮发生情况表

年份	年数	累计记录次数（次）	累计发生面积（平方千米）	平均次数（次/年）	年平均发生面积（平方千米/年）
1952—1989	37	3	3 320	0.1	90
1990—1999	10	27	17 530	2.7	1 750
2000—2008	9	103	25 470	11.4	2 830
2009—2011	3	24	9 056	8	3 019

（三）生态系统失衡成为生态环境安全的重要因素

渤海是海洋生物产卵区、索饵区和洄游区，也是多种重要海洋生物的产卵场和索饵育肥场，养护渤海生物资源对促进渤海渔业可持续发展和渔民增收、保障国家食物和生态安全、繁荣环渤海区域经济和构建和谐社会具有重要作用。作为环渤海地区经济发展和社会发展的重要支持系统，渤海的生态环境健康在我国占有十分重要的战略地位，它不仅关系到环渤海经济圈的继续繁荣，而且关系到整个东北、华北、地区的发展。

1. 入海径流锐减，低盐区面积萎缩

入海径流在河口和近岸海域形成的低盐区是众多海洋生物的产卵场和育幼场，因此，入海径流量对维护海洋生态系统平衡具有重要意义。低盐区面积减少将影响海洋生物种群的补充能力，对半封闭型渤海的生态系统潜在危害严重，低盐区面积萎缩已经成为渤海生态问题之一。

目前，渤海海域呈现平均盐度升高，低盐区面积减少趋势（见表3）。2008年8月，渤海低盐区（盐度低于27）面积为1 900平方千米，与1959年8月相比减少了80%，与2004年同期相比，减少了70%。在20世纪80年代以前，渤海三大湾底部均有较大面积的低盐区分布，2008年8月，仅莱州湾底部分布有较大面积的低盐区，渤海湾、辽东湾底部低盐区面积严重萎缩。因此，渤海沿岸河流入海径流量显著减少，成为导致渤海盐度升高、河口生态环境改变、海洋生物产卵场退化的重要原因之一。

表3　每年8月渤海盐度分布面积变化

单位：平方千米

年份 ＼ 盐度	＜27	27～29	29～30	＞30
1959	9 700	13 900	26 600	28 000
1980	8 300	13 300	33 200	23 400
2004	6 300	3 800	10 500	57 600
2008	1 900	6 100	6 300	63 900

2. 沿海湿地大量减少，生物多样性受到破坏

湿地是地球上处于陆地生态系统与水体生态系统之间一种独特的生态系统，具有比单纯的陆生和水生环境更多的生态功能湿地是人类社会存在和发展不可或缺的重要资源，具有丰富的生物多样性、极高的生产力和生态价值，能够净化污水、调节区域小气候，是海岸带最重要的生态系统之一，具有巨大的经济效益和生态效益，对保护滨海地区生态平衡和生物多样性，实现海洋生态、环境与经济可持续发展起着十分重要的作用。

长期以来，由于人们对湿地的生态价值和社会效益认识不足，导致渤海湿地面积不断萎缩，形势十分严峻。造成渤海天然湿地生境丧失的主要原因是围填海、水产养殖、修坝、筑路、石油开发及其他海洋工程等。如辽河三角洲，1984年该区湿地面积为366万公顷，到1997年，该区湿地面积为315万公顷，湿地面积减少了51万公顷，占原湿地面积的14%；天津地区湿地较新中国成立初期50年代减少一半，市区湿地减少80%多；北大港水库库容5亿立方米，现在已退化44%，七里海湿地总面积原108平方千米，减少到约45平方千米，减少了近60%。在生物多样性方面，与20世纪60年代相比，天津地区芦苇产量已减少50%左右，淡水鱼类减少30种，鸟类减少20种，一些珍禽如鹈鹕、白尾海雕等珍禽罕见或未见，自然银鱼、紫蟹、中华绒螯已经绝迹，生物多样性受到严重挑战。[4]

3. 入侵物种增多，其群落结构改变

随着全球经济一体化的逐步发展，海洋生物的引种不当导致的入侵问题已成为影响渤海海域环境生态安全的问题之一。海洋外来入侵生物对入侵海域特定生态系统的结构、功能及生物多样性产生严重的干扰与破坏。外来海洋生物的入侵降低了区域生物的独特性，打破了维持全球生物多样性的地理隔离。原生态系统食物链结构被破坏、生态位点均势被改变，入侵种的生物学优势造成本土物种数量的减少乃至灭绝，进一步导致生态系统结构缺损，组分改变，即导致生物多样性的丧失。在典型海洋生态系统和关键生态区域中，浮游生物、底栖生物、海草、珊瑚等生物的种类组成、数量分布等受到冲击。

例如，利用引进的日本盘鲍与我国的皱纹盘鲍杂交生产的杂交鲍，使我国衰退的鲍鱼养殖业重新振兴并快速发展。但初步评价发现由于杂交鲍的底播增殖使青岛和大连附近主要增殖区的鲍群体97.3%为杂交后代，遗传影响的个体几近100%，原种皱纹盘鲍种群基本消失，宝贵的遗传资源永远丢失。再如，2001年开始，莱州湾及黄河口附近海域滩涂引种养殖泥螺以来，泥螺在自然环境中大量繁殖，已成为黄河三角洲潮间带滩面的优势种群。2007年，泥螺在莱州湾西

岸中、低潮区的出现频率高达80%。2008年，渤海南岸泥螺分布区进一步扩大，其分布区比2003年扩大近2倍，导致自然生态系统遭到破坏，生物多样性发生变化，水产资源减少。

三、环渤海经济圈海洋生态环境安全问题的产生原因

（一）工业化影响下生态环境安全问题持续加重

环渤海地区地处我国心脏地带，为全国的政治中心和文化教育中心，是中国乃至世界上最为密集的工业群、城市群、港口群之一。我国的第一条铁路、第一台机车、第一座现代矿井均诞生于此，是中国近代工业的摇篮之一，新中国成立以后建立的工业基地之一。

从经济总量看，环渤海经济圈三省两市经济增量稳步提升，在全国的比重增加。2006年环渤海五省市的地区生产总值达到了54 775.4亿元，占全国国内生产总值209 407亿元的26.16%，接近于"长三角"和"珠三角"的总和。从经济增长速度看，环渤海经济圈在近年来保持了快速的经济增长，平均年增长率达到15%。从固定资产投资来看，2008—2012年期间，有些沿海城市已经比2001—2005年实现翻倍增长（见表4），一举超过了"长三角"和"珠三角"地区，成为中国经济的"增长极"，在中国经济发展中的引领和带动作用已日益显现。

同时，在环渤海经济圈中，天津、大连、秦皇岛等在内的60多个大小港口星罗棋布，全国7个亿吨港口有4个集中于此，以港口为依托的临港产业发展迅速，原油、钢材、平板玻璃产量占全国总产的30%，原盐、微型电子计算机产量占全国总产量的1/2以上。这里既有相对发达的农村，又有一批在全国举足轻重的大中城市；既有加工贸易发达的沿海地区，又有重工业和军事工业发达的内陆地区；既有全国办得最成功的开发区，又有全国最著名的高新技术园区，具有其他经济区所不可比拟的综合优势。

全国产业和人口布局变动趋势表明，未来20年，环渤海经济区在全国的经济社会地位将继续上升。预测到2020年前后环渤海经济圈GDP产出将占全国GDP的30%以上，成为带动北中国经济发展的引擎。但是经济快速发展，也将导致生态环境安全问题加重，如何处理好二者的关系，对于环渤海经济圈整体开发来说，是一个急需解决的问题。

表4　环渤海13个城市固定资产投资

单位：亿元

地　市	2001—2005年	2008—2011年
天　津	5 339	11 700
秦皇岛	601.5	1 240
唐　山	1 864	4 900
沧　州	1 062.5	3 165
烟　台	3 467	9 100
潍　坊	2 939	9 200
东　营	1 847	5 000
滨　州	1 500	4 500
大　连	3 006	8 000
锦　州	352.7	993
营　口	617	2 150
盘　锦	667.7	1 370
葫芦岛	352	915.1
合　计	23 615.4	62 233.1

（二）人口压力巨大使生态环境安全问题严峻

进入21世纪，世界上许多国家纷纷将目光投向了海洋，将海洋视作可持续发展的新空间。[5]随着改革开放步伐加大，环渤海地区经济社会面貌发生翻天覆地的变化。但是，人口流动规模不断扩大已经对本地区经济社会和生态环境产生一系列的影响。

2008年环渤海地区常住人口为23 592万人，占全国总数的17.76%。2001—2008年，环渤海地区总人口占全国比重仅提高0.27个百分点，但其常住人口增长了1 271万人，年均增长达到7.94‰。从历年数据来看，环渤海地区常住人口增速呈现加快趋势，2001年人口增长率仅为4.84‰，2008年则提高到了10.10‰，其中天津和北京最为显著，分别从3.03‰和19.38‰提高到了54.71‰和37.97‰尤其是流动人口，已经成为一些环渤海城市常住人口激增的主要原因。2007年北京市的流动人口已占到常住人口的25.6%，2008年天津市也达到了19.4%。预计到2015年，环渤海地区整体上人口将达到6 514万人。[6]

另外，环渤海经济圈科技资源和人才资源高度聚集，教育资源堪称中国最优，学科门类齐全，师资力量雄厚。整个环渤海地区拥有高等院校376所，占全国的27%，高等院校教师约占全国的1/3，高校学生数约占全国的1/4以上，导致大量学生、人才涌入，人口的过度集中会给城市造成很大的资源和环境压力，人口持续增长必然加剧这种紧张局面。[7]

（三）海洋意识淡薄致使海洋生态环境安全意识淡薄

长期以来，各涉海行业和部门对渤海采取传统的开发战略，只注重海洋资源的利用，而忽视了对海洋资源与环境的保护，把海洋看成是大自然赐予的聚宝盆和垃圾场。取资源之时随意获取，弃废物之时，任意排放。这种注重开发，忽视保护的现象，既包括自然人、法人、也包括地方政府、有关涉海开发行业和部门、涉海开发的行业和专业部门，有的为了获取更大的经济效益，而将对资源与环境保护弃之一边。环渤海一些企业为了减少投入，提高利润，把未经处理的污水任意排放入海。[8] 这些问题是和长期以来社会公众对海洋环境保护意识淡漠、以单纯开发、扩张、追求商业利益为目标的传统海洋意识息息相关。因此，加强海洋生态文明建设是实现沿海经济社会可持续发展的根本出路。

四、环渤海经济圈海洋生态环境安全问题的对策建议

海洋生态环境安全是人类遵循人、海洋、社会和谐发展这一客观规律而取得的物质与精神成果的总和，又被认为是人与海洋、人与人和谐共生、良性循环、持续发展的文化伦理形态。因此，在未来的环渤海经济圈整体开发的进程中，保护和恢复渤海海域的生态环境，健康的发展蓝色经济，既是基于海洋和自然系统良性发展的生产、消费、再生产以及以海洋为基础的社会新形态，又是可持续发展海洋经济的必然选择。

（一）转变观念，树立陆海并重思维

海洋生态系统是我国地理环境的重要组成部分，它与沿海陆域生态系统之间通过气候过程、地貌过程、元素迁移过程、生物过程和人类产业经济过程进行着永无休止的复杂物质能量交换过程。在海岸带地区海陆间的这种物质能量交换的表现最为强烈，相应也形成了一套兼有海陆特点的生态系统——海陆复合生态系统。海岸带地区开展的各类经济活动，必将影响甚至改变这个区域的环境特征和资源赋存，而且有可能打破海洋生态系统和陆域生态系统之间已经存在的平衡与协调。如陆源有机物和污染物经过河流或排污口注入海洋，将影响沿岸海域水的温度、盐度和污染程度等；海水倒灌或沿岸陆地地面下沉，将直接影响陆域生态环境。如果不控制陆源污染物的排放，也不控制人类对海洋资源的开发强度，则难以维持与改善海洋

生态系统。因此，按"海陆统筹"的新思路探索建立海洋环境保护合作机制[9]，陆海并重发展应当成为实现沿海经济社会可持续发展的一项重大而紧迫的任务。

首先，要在环渤海地区开发和管理中，树立科学的发展观，强调和贯彻环境保护和资源开发相协调的指导思想，加强政府在海洋环境保护方面的职能建设，建立起环境与发展的综合决策机制。在制定海域开发利用规划，调整海洋产业和生产力布局时，综合考虑社会、经济和环境效益，进行充分的环境影响评价，避免决策失误，从源头上控制住渤海环境问题的产生。

其次，要加大舆论宣传力度，增强民众的环境保护意识，激发民众积极投入到保护和修复渤海自然生态的活动中去。发挥群众的监督作用，争取社会各界对渤海环境保护工作的关注与支持。

最后，坚持规划用海，严格实施海洋功能区划，全面提升海洋功能区划的科学性、前瞻性。坚持集约用海，鼓励实行集中适度规模开发，提高单位岸线和用海面积的投资强度。坚持生态用海，以生态友好、环境友好的方式开发使用海洋，维护、保持海洋生态系统基本功能。坚持科技用海，提高对海洋资源环境变化规律的认识，推动海洋关键技术转化应用和产业化。坚持依法用海，进一步完善海洋开发管理法律法规体系，依法审批用海，坚决查处违法用海、违规批海。

（二）科技领先，推行绿色工程技术

渤海每年承受来自陆地的近30亿吨污水和70万吨污染物，还有油气资源开发、港口建设及其经济开发过程中也产生的大量废弃物和生活垃圾。国际经验表明，开展工程治理，是有效解决区域环境问题的重要手段之一。因此，环渤海沿岸应当构建海洋污染防治与生态修复、陆域污染源控制和综合治理、流域水资源和水环境的综合管理与整治工程，改变以单纯依靠投资和工程项目实施来开展环境保护工作的传统模式，使渤海环境保护工作上一个新台阶。[10]

第一，努力实现流域水资源和水环境的综合管理与整治。建立陆域、海域间污染防治连接系统。首先要突破水量、水质尚未统一管理的瓶颈，实现节水与增加入海水量、治污与控制面源污染、工程措施与管理措施的有机结合；其次要突破渤海治理仅限于沿海地市的界限，逐步实现治理重点向沿海地市以外的区域转移。

第二，明确海陆一体综合整治的工作重点。在海域，重点将污染防治和生态修复的基础条件建设结合起来，重点发展船舶港口污染防治系统工程、保护区与海洋工程监管能力建设工程、水生生态修复与治理工程；在陆域，突出次级流域综合治理和农业面源控制，有效解决渤海氮、磷污染物持续增高的难点问题，重点农业污

染源头防治工程、城镇污水处理工程、生活垃圾处理工程、工业污染源治理工程、湿地保护与恢复工程、防护林建设工程、环境监测、监视、预警和应急系统工程。

第三，制定围填海工程管理办法。通过对围填海历史进程、现状、社会需求、环境影响以及经济社会发展等因素的综合分析与评价，根据海洋功能区划，制定"禁止、限制、适度"等不同的分区管理措施，加强围填海的管理。确定围填海的总量控制目标，年度围填海规模及指标实施国家指令性计划管理。

（三）健全法制，加大监管力度

长期以来，环渤海经济圈三省两市都是相对独立发展，尤其是沿海发达城市对于其他沿海地区的辐射作用几乎微乎其微，甚至在很多时候是聚集效应大于辐射效应，形成了"空吸"现象。这种现象加剧了各城市，各地区之间的经济实力差距，导致人口、资源逐渐向发达地区集中。而渤海整治工作是一个系统工程，需要环渤海各省市、相关内陆省市以及全社会各行业，在一个较长时期内的共同努力，并采取有效的行动，建立简洁高效的渤海管理机制。

第一，建议由中央、地方政府组成跨行政区的渤海综合管理协调机构，例如，成立渤海管理委员会，赋予其明确的职责，包括权利和义务。通过把渤海综合治理的权利和责任交给环渤海的地方省市政府，共同开展渤海海洋资源保护、海洋环境监测和海洋监察执法工作。建立国家和地方相结合的环渤海环境和资源管理协调机制；研究建立渤海环境综合管理最佳模式；制定渤海环境综合管理行动计划；建立渤海环境综合监视监测系统；使渤海形成一个有机的整体，省市之间、县与县之间，实现渤海资源共享，进行公平与可持续性开发管理。

第二，强化海洋执法，保障依法治海顺利实施。当前，我国的海上执法由海监、海事、海警、渔政、海关等众多部门负责。要改变目前多头执法、力量薄弱、效率不高的状况，建立统一的海上执法队伍、形成统一的、现代化的、反应灵敏的执法体系是首要选择。

第三，不断提升行政执法水平，为海洋开发利用提供秩序保障。按照"依法管海、依法护海"的要求，我们坚持科学配置执法资源，合理安排执法活动，严厉打击破坏海洋资源及生态环境的违法行为。同时，不断加强海域使用管理，为海洋经济建设提供服务保障。认真贯彻执行海洋功能区划、海域使用权属管理、海域有偿使用三项制度，着力推进海洋开发与保护、管理与服务的统一。

（四）创新制度，建立补偿机制

时任国务院副总理曾培炎指出：加强渤海环境保护与治理是当前环境保护的一

项重要任务，各有关方面要按照科学发展观的要求，增强责任感、使命感、切实做到认识到位、措施到位、监管到位，严格控制污染物排放总量，早日实现渤海污染防治目标。[11] 根据渤海污染的现状及特点，按照"谁开发、谁保护；谁破坏、谁恢复；谁受益，谁补偿"的原则，强化污染源监督管理，以污染付费为手段，从方法上控制污染。

一是研究生态补偿整体框架，探索建立生态补偿机制，重点考虑以下两个方面的内容：一方面上游区域根据对渤海污染的贡献量，应承担相应环境污染治理的责任，同时国家应将其纳入渤海区域环境治理范围内进行必要的扶持；另一方面在环渤海地区研究开展水资源补偿机制试点工作，以促进上游水资源节约后，合理补偿下游生态用水。

二是坚持关口前移，环保、水利、海洋等部门要联合做好相关调查工作，制定总量控制分配方案，强化重点污染源在线监控及近海13市工业污染事故跟踪监测，着力构建全方位的海洋环保监测网络体系和排污付费体系。面加强海洋生态环境保护，逐步建立了"点面结合"的海洋环境监测网络。开展了陆源入海排污口及邻近海域监测，并保持了排污口监测的连续性。

三是提高倾废管理水平，实施海域倾倒区规划。开展海洋倾倒区现状调查与需求预测研究，评价倾倒区的纳污能力，不符合要求的予以关闭。同时，推广疏浚物有益处置技术。通过疏浚泥固化处理示范工程建设，将疏浚泥转化为再生资源，提高疏浚泥的综合利用率，减少疏浚泥的海上倾倒，减轻由于疏浚泥倾倒对海洋环境的压力。

四是强化油气开发区的环境管理。加强在线监测，在海上油气田上设置固定监测站位，在石油平台上设置溢油探测，以监测油气开发区的污染发生及处理状况。建立高风险污染源强制保险制度，实施海洋资源资产化管理，高效利用、优化配置海洋资源。

五是加强对港口、船泊的环境污染监管工作。由于渔港、渔船的环保设施与装备相对落后，人员环保意识不强，应列为监管的重点，加大破坏生态安全的行为的惩处力度。同时，也要加强港口城市生活垃圾和废旧物资的回收、加工、利用，提高资源回收和循环利用水平。

（五）循环发展，减少源头排放

由于我国人口和生产要素向沿海地区快速聚集，海岸带和近岸海域的资源环境压力迅速加大。除传统的港口和海洋运输外，现代海洋空间利用正在向海上人造城市、发电站、海洋公园、海上机场、海底隧道和海底仓储的方向发展。部分沿海工程建设影响了海洋生态环境的正常状态，破坏了原有海岸带的动态平衡，影响了岸滩的冲淤变化。同时，填海造地的海上回填和疏浚改变了海岸的形态，破坏了海洋生物赖以生存的栖息地，出现了海岸侵蚀、海水倒灌等灾害，导致耕地、植被、道路、堤坝等被破坏，以及养殖业、渔业生产受损等生态环境破坏。

而在经济发展的过程中，循环经济是一种新的经济发展模式，也是生态文明的重要体现。发展循环经济，既是缓解能源资源约束矛盾的根本出路，也是从源头上减少污染、减轻环境压力的治本之策。要把海洋循环经济的发展理念落实到海洋规划编制、政策制定、制度设计和项目决策等关键环节。[12] 要鼓励优先发展海洋环保技术，积极开发和推广应用资源节约、资源替代、循环利用和治理污染的先进适用技术，实现资源循环利用，实施海陆同步监督管理，探索"以海限陆"环保管理新模式，大力发展循环经济，积极推动产业循环式组合、企业循环式生产、资源循环式利用，全面推行清洁生产，重点在煤炭、建材、电力、轻工、化工、冶金等高资源消耗行业推广循环生产方式。比如，在港区产业发展中，按照循环经济的指导思想，对石化及海洋新兴产业实现企业内部的循环，增强临港工业相互间的关联度。利用海水、电厂热能和煤灰等资源实现港区内部的大循环，通过生态环境、基础设施，及建立废弃物处理企业和周边环境实现区域循环，推动海洋经济持续发展。

同时，要鼓励发展海洋可再生能源，包括温度差能、波浪能、潮汐与潮流能、海流能、盐度差能、岸外风能、海洋生物能和海洋地热能。由于海洋可再生能源潜力大，环境污染小，可以永续利用，是海洋生态文明建设的重要内容。根据海洋能源的发展现状，为促进海洋能的产业化开发，未来一个时期应着重开展以下几方面工作：①海洋能作为可再生能源具有持续开发价值，需进行各类海洋能资源储量、分布的调查和评价；②对于目前正在发展的风电，要遵循深水远岸布局原则，促进海上风电与其他产业协调发展；③对于在技术上已经成熟的潮汐发电站，要考虑建潮汐大坝的环境问题和它的经济性，特别要考虑发电与围垦、养殖与交通的综合利用；④对于技术上还不成熟的波浪电站、潮流电站和海水温差电站，进行新能源综合开发利用技术与控制技术的研究等；⑤对已建的实验潮汐电站开展优化运行研究，提高其经济效益。

五、结语

过去的几十年中，环渤海经济圈一直是我国工业基础最雄厚的区域，也是海陆交互比较频繁的区域，随着新世纪海洋区域经济一体化时代的到来，出现了传统陆域工业转型与新兴海洋产业发展，传统陆海管理体制模式与新时期海洋综合管理思维并行，或者逐渐被后者替代的发展趋势，传统发展理念与生态文明建设的并存、冲突和融合出现，使环渤海地区面临着巨大的发展机遇与严峻的海洋环境挑战。因此，加快环渤海经济圈整体开发中的海洋生态文明建设，强化海陆一体的海洋环境管理治理体制，实现环渤海经济圈经济腾飞，成为是新时期建设海洋强国的重要组成部分。

参 考 文 献

[1] 管华诗, 王曙光. 海洋管理概论[M]. 青岛：中国海洋大学出版社, 2003：1.

[2] 乔璐璐, 刘容子, 鲍献文, 等. 经济增长下的渤海环境容量预测[J].中国人口资源与环境, 2008(2)：76.

[3] 国家海洋局北海分局. 2011年北海区海洋环境公报[EB/OL]. http://www.ncsb.gov.cn/gggb/ncsb/2012062901.htm.

[4] 国家林业局湿地办. 环渤海地区发展中的湿地保护与生态治理. 2007-01-15，http://www, forestry. gov.cn/portal/main/s/144/content-82510.html.

[5] 孟范平. 海洋环境[M]. 北京：海洋出版社, 2009年版：3.

[6] 陈耀, 叶振宇, 郑鑫. 我国环渤海地区人口流动与社会经济的协调发展. 当代经济与管理. 2010(5).

[7] 刘文. 环渤海区域经济一体化：机遇、优势与战略选择. 经济界, 2008(4).

[8] 滕祖文. 渤海环境保护的问题与对策[J]. 海洋开发与管理, 2005(4)：24.

[9] 国家海洋局海洋环境保护司.加强海洋环境保护服务海洋工作大局[J].海洋开发与管理, 2011(2)：13-15.

[10] 国家发改委、环保部、城乡建设部、水利部、国家海洋局. 环渤海环境保护总体规划2008—2020年[R]. 2009-07.

[11] 曾培炎. 加强渤海环境保护与污染治理[N]. 人民日报, 2006-08-07, 第02版.

[12] 王立红. 循环经济：可持续发展战略的实施途径[M]. 北京：中国环境科学出版社, 2005：1.

论文来源：本文原刊于《太平洋学报》2013年04期，第71-80页。

基金项目：教育部哲学社会科学研究规划基金项目"关于整合海域为新版块纳入国家区域开发总体战略问题研究"（10YJA790092）、国家海洋软科学项目《中国海域开发安全战略研究》（OSS2012）的主要成果；本文得到"中国海洋发展研究中心青年项目：填海造地的生态环境影响研究（AOCQN201108）、我国防灾减灾历史与海洋文化演变的关系（AOCQN201107）"的资助。

海域资源价值评估方法综述

闻德美　姜旭朝*　刘铁鹰

摘　要：海域资源价值评估方法很多，不同方法适合评价不同资源的不同价值，当前因方法有效性、可靠性不强或选取、使用不当导致的研究结果差异大、可比性差、可信度低等问题非常突出。本文以评估方法为主线，梳理了20世纪70年代以来海域资源价值评估领域的研究成果，重点分析总结了广泛使用的各种贴现现金流方法的适用范围、优缺点及其代表性研究。认为未来研究者可以从注重跨学科方法和实物期权方法的使用、重视动态评估、用客观方法确定遗产价值等方面努力，以探寻最适合评估对象的方法。研究可为改进海域资源价值评估方法、提高评估有效性和可信度提供参考和借鉴，进而有助于深化海域资源性产品价格和税费改革、加强生态文明制度建设、实现可持续发展。

关键词：海域资源；价值评估方法；旅行成本法；条件价值法；选择实验法；文献综述

一、引言

我国是海洋经济大国，但远不是海洋经济强国，资源价格过低导致的海域资源开发利用低效、无序现象严重。面对资源约束趋紧、环境污染严重、生态退化的严峻形势，党的十八大提出要深化包括海域资源在内的资源性产品价格和税费改革，建立反映市场供求和资源稀缺程度、体现生态价值和代际补偿的资源有偿使用制度和生态补偿制度，加强生态文明制度建设，实现可持续发展。准确评估海域资源价值是实现上述目标的基础，也是国内外学者研究的重要内容和热点。

---

*闻德美，女，山东费县人，博士生，讲师，主要从事海洋经济、涉海金融研究。

姜旭朝，男，山东乳山人，博士，教授，博导，主要从事海洋经济研究，中国海洋发展研究会理事，中国海洋大学经济学院名誉院长。

海域资源价值评估方法很多，不同方法特点不同、适用于不同资源的不同价值。当前，因方法有效性、可靠性不强或选取、使用不当导致的研究结果差异大、可比性差、可信度低等问题非常突出，表明评估方法本身及其应用都亟待完善。本文以评估方法为主线，梳理了20世纪70年代以来海域资源价值评估领域的研究成果及发展趋势，希望能对今后评估方法的完善及应用有所启发和借鉴。

二、海域资源价值构成及评估方法

（一）海域资源价值构成

与陆域资源相对应，海域资源主要包括海域范围内的物质资源（如海水中的化学物质、海底矿产、海洋生物等）、空间资源（如海水水体及其上大气圈和其下海底、海岸带、海岛等）、海洋能源（如潮汐能、潮流能等）和海洋生态服务功能等资源，种类繁多、功能齐全，价值呈现多样性。

海域资源价值的科学分类是海域资源价值评估的基础。Pearce等、经济合作与发展组织（OECD）等研究奠定了自然资源与生态系统服务价值分类研究的基础，参考其观点，海域资源总经济价值可分为使用价值和非使用价值（图1）[1-3]。

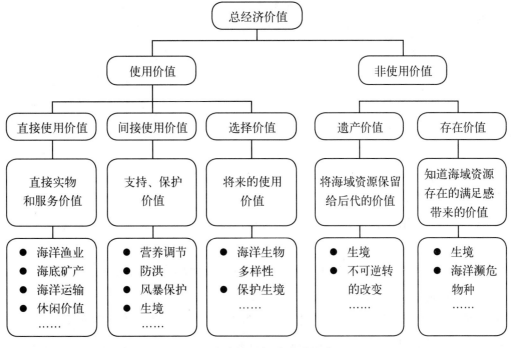

图1　海域资源经济价值分类

使用价值是指人们为了满足消费或生产目的，从海域资源使用中获得的效用，包括直接使用价值、间接使用价值和选择价值。直接使用价值是可以直接消费的物品产生的效用，又可以分为直接实物和服务价值。间接使用价值是无法直接消费但能为形成直接使用价值提供的支持、保护等功能产生的效用。选择价值是人们保留将来使用海域资源的权利和机会而获得的效用。由于选择价值不是来自对资源的当前使用，对其归类有三种观点，归为使用价值、非使用价值或作为独立的第三类价值；本文借鉴Pearce和Moran的观点，将选择价值归为使用价值[2]。

非使用价值是指人们从海域资源获得的并非来源于自己使用的效用，包括遗产价值和存在价值。遗产价值是人们将海域资源保留给子孙后代而从中获得的效用；存在价值是单纯因为知道海域资源存在的满足感产生的价值。

作为当前研究热点之一的海域生态资源价值是海域资源价值的重要组成部分，它包括海域范围内的生物及其生境资源存量价值和生态系统服务价值，但不包括海洋能源、海洋空间、表层海底以下矿产等资源的价值[4]。

（二）海域资源价值评估方法

国际上通行的海域资源价值评估方法主要是以成本—收益分析为基础的经济评估方法，按照是否考虑未来的不确定性，可分为基于贴现现金流（Discounted Cash Flow, DCF）的传统评估方法和基于不确定性的实物期权（Real Options, RO）方法两大类。

根据市场发育程度或数据来源不同，贴现现金流方法又分为直接市场、替代市场和假想市场三类评估技术。直接市场评估技术是指产品和服务有直接市场的海域资源，可以其市场价格作为价值评估依据。另外一些海域资源产品和服务没有直接市场和价格，但有相关商品（互补品、替代品等）市场和价格，可以相关商品花费等替代市场信息为依据，通过考察人们的行为，间接推断其偏好并估算海域资源价值，称为替代市场评估技术。还有些海域资源产品和服务（纯公共物品）既没有直接市场、也很难获得替代市场信息，只能人为构造假想市场，通过人们对物品的支付意愿（Willingness-To-Pay, WTP）或接受损害赔偿意愿（Willingness-To-Accept, WTA）估算海域资源价值，称为假想市场评估技术。

1977年，Myers提出了实物期权概念[5]，随着McDonald和Siegel提出实物期权基本定价模型[6]，实物期权理论在资源评估中的应用日益增多。实物期权方法即用期权理论评估实物资产价值，认为现实世界存在的价格波动等诸多不确定性和投资不可逆、决策可延迟使实物资产可以看作期权，其价值应包括现金流净现值和期权价值，贴现现金流方法忽略期权价值会使估值偏低，偏离程度随不确定性提高而增加[7]。20世纪

80年代中后期，海域资源价值评估引入了实物期权方法，主要用于近海石油业[8]、海洋动物生境和物种[9]、海洋渔业[10]及海洋港口[11]等研究，使海域资源价值评估取得了重大进展。国内研究中，实物期权法在土地、矿产等自然资源价格评估领域已有较多应用[12-14]，但在海域资源价值评估领域的应用还刚刚出现[15]，未来应注重实物期权方法的研究、应用。

此外，进行原始价值评估需要大量时间和费用，研究人员和决策者经常使用价值转移法（Value/Benefit Transfer Method, VTM/BTM），利用已有研究成果进行资源价值间接评估。价值转移法，也称成果参照法，是将原始研究地的评估价值转移到政策地（当前研究地点）使用。1992年美国《水资源研究》杂志开辟"价值转移"研究专栏，论述了价值转移法的理论基础、步骤和方法，有效推进了其理论研究和实践应用。虽然被大量使用[16]，但关于价值转移法可靠性的争论也很多[17]。数值分析价值转移将根据已有文献估计的数值回归方程转移到政策地使用[18]，是数值分析（Meta-Analysis, MA）在价值转移中的应用，可有效提高价值转移的可靠性。因能节省时间、费用等成本，国内文献也大量使用价值转移法[19, 20]。

就原始价值评估而言，贴现现金流法清晰、简单、易接受，并且考虑了资源未来价值、资金时间价值和风险程度，是当前应用最为广泛的海域资源价值评估方法。但现实世界存在大量不确定性，贴现现金流法假设未来结果是确定的、静态的，用于不确定条件时会估值偏低，实物期权法能够弥补贴现现金流法的缺陷，估值更加准确。但由于实物期权法较复杂、使用难度较大等原因，在海域资源价值评估中的应用比重还较小。因此，文章第3部分重点综述各种广泛使用的贴现现金流法及其代表性研究。

三、贴现现金流法分类及其研究

贴现现金流法的直接市场、替代市场、假想市场评估技术分别包括多种方法，主要方法如图2所示。20世纪70年代以前，海域资源价值评估方法主要是市场估价法，也开始使用条件价值法[21]。70年代到80年代，条件价值法得到普遍应用，内涵价格[22]、生产函数[23]、旅行成本[24]等方法陆续用于海域资源价值评估并得到推广，但以条件价值法[25]、旅行成本法[26]的应用居多。20世纪90年代以后，对条件价值法的研究依旧很多，但侧重点转向了对各种偏差和方法有效性、可靠性的研究[27]；同时，基于假想市场、由多学科融合发展而来的选择实验法也开始用于海域资源评估[28]，文献数量迅速增长；此外，条件行为法获取的陈述偏好数据成为旅行成本法中揭示偏好数据的有效补充，提高了评估有效性和可靠性[29]。

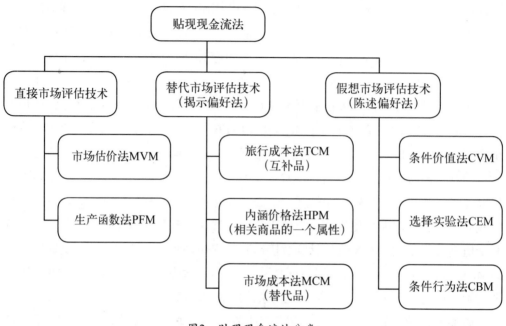

图2　贴现现金流法分类

（一）直接市场评估技术及其研究

直接市场评估技术利用已有市场价格直接评估海域资源价值，主要包括市场估价法和生产函数法。该技术简便易行，但只能评估使用价值中的市场价值，不能评估非市场价值。

1. 市场估价法（Market Valuation Method, MVM）

根据效用价值论，价值由人们从物品消费中获得的满足程度即效用确定，取决于消费者偏好。因此，可以用表达人们偏好的支付意愿度量物品价值。支付意愿是人们为获得一定物品或效用而自愿支出的货币资金，包括人们在市场上的实际支出和消费者剩余两部分。对于可交易物品来说，如果消费者剩余可以忽略，那么人们的实际支出就等于支付意愿，所以市场价值即可代表物品价值。

很多海域资源产品和服务可以直接交易，市场估价法用其市场价值近似度量海域资源价值，是20世纪70年代以前主要的海域资源价值评估方法，适用于投入产出品市场价格可获得的情况。主要用于海洋渔业[30]、红树林[31]、珊瑚礁[32]等价值评估，也是我国早期评估海域资源价值的主要方法[33]。由于比较简单，专门研究该方法的文献并不多。

该方法优点是数据易于获取，直接易懂；缺点是会低估存在消费者剩余物品的价值，而且只能评估直接使用价值，不能评估间接使用价值、选择价值和非使用价值。

2. 生产（损害）函数法（Product Function Method, PFM）

20世纪70年代，经济学者和生态学者之间因为资源价值概念的分歧进行了激烈辩论，前者认为价值应当完全由人们的支付意愿决定，而不是由提供服务所需的能量决定，所以强烈反对后者提出的能值分析法。生产（损害）函数法将海域资源看作经济活动的投入要素，以其为自变量，产出（损害）为因变量，通过构造生产（损害）函数估计海域资源的生境、风暴保护等间接使用价值，一定程度上促成了经济学者和生态学者观点的结合。

生产（损害）函数法一般包括两个步骤：首先，确定海域资源的变化对经济活动的实际影响；其次，用受影响经济活动产出市场价值的变化作为资源变化的价值。也就是说，同其他投入类似，海域资源生境等功能的价值等于它对产出市场价值的影响。Batie等将弗吉尼亚滨海湿地看作牡蛎生产的投入要素，最早用生产函数法评估了海域资源价值[23]。进入20世纪80年代后研究增多，先后形成了只考虑单期因素的静态生产函数法[34, 35]和考虑跨期变动及长期均衡的动态生产函数法[36]。10多年来，Barbier用生产函数法对红树林在近海渔业生产中的价值进行了持续研究[37]，并于2012年提出了近海生态系统空间生产函数模型[38]。这一方法是估计有助于商品生产、抵御风暴的湿地等海域资源间接使用价值的主要方法。

（二）替代市场评估技术及其研究

替代市场评估技术又称揭示偏好法，利用相关商品花费、人们的行为等替代市场信息间接评估海域资源价值。按照评估对象与相关商品的关系不同，可分为旅行成本法（互补品）、内涵价格法（相关商品的一个特征）和市场成本法（替代品）。该技术能评估使用价值中的非市场价值，但不能评估非使用价值。

1. 旅行成本法（Travel Cost Method, TCM）

旅行成本法由Hotelling于1947年首先提出，Trice、Clawson等学者对模型具体化进行了理论推演和实证研究[39, 40]。20世纪世纪60年代晚期，旅行成本法已成为户外休闲资源价值评估的经典方法，20世纪70年代已用于海洋休闲渔业价值评估[24]。其基本思想是根据游客到景区所负担的费用（交通、餐饮、住宿、门票等）和耗费时间的机会成本来推导游憩需求曲线，由此计算消费者剩余。将游客愿意支付的成本及消费者剩余的总和间接作为游憩资源价值。发展至今，旅行成本法出现了区域旅行成本（ZTCM）与个人旅行成本（ITCM）两种基本模型。早期以区域旅行成本法为主，随后Brown和Nawas于1973年提出了个人旅行成本法[41]，认为评估应基于个人旅行成本数据而不是区域样本平均数据，弥补了前者易产生共线性、评估效率低等缺点。1991年，Willis和Garrod的实证分析表明个人旅行成本法的评估价值更接近真实消费者剩余，此后，个人旅行成本法逐渐成为旅行成本法的主流[42]。

旅行成本法是免费或低收费的海域休闲资源价值最成熟和惯用的评估方法[43]，不过使用时应注意样本分类的重要性[44]。21世纪初，我国学者开始用其评估海域资源价值，是国内使用最多的替代市场评估方法[45]。其适用条件是：旅游场所可到达，至少部分时间可到达；所涉商品、服务不收费或只收少量门票费；人们必须为旅行支付相当时间或其他费用（交通费等），旅行者支付的代价可以看作对海域休闲产品或服务的实际支付。

这一方法的最大贡献是将消费者剩余引入没有市场价格的公共产品价值计算。理论上，该方法基于对真实行为的分析，假设合理，结果易于理解，可信度非常高。操作上，多数游客对回答旅行成本问卷较有兴趣，拒答率很低，研究成本也相对较低。不过，由于要以历史行为数据为依据，旅行费用法不能用于评估环境等条件变化时的价值变化，缺乏灵活性，也不能评估非使用价值。因此，近年来的研究趋势是将条件行为法获取的陈述偏好数据作为旅行费用法中揭示偏好数据的补充，从而提高了这一方法的灵活性[46]。

2. 内涵价格法（Hedonic Price Method, HPM）

内涵价格法是使用统计技术把某一产品的价格分解成该产品各种属性（包括环境属性，如休闲场所的可达性或者清新的空气）的内涵价格。由于环境属性的内涵价格和价值不好确定，因此可以用产品价值扣除非环境属性价值的方法计算环境属性价值。

内涵价格思想可以追溯到1956年Tiebout的假设：人们对居住地点的选择暗示了他们对地方公共物品在空间经济方面的需求偏好[47]。1974年，Rosen的隐含市场（Implicit Market）理论为内涵价格法研究奠定了基础，Rosen基于产品应根据其自身属性定价的假说提出了一个产品差异化模型，据此提出并定义了内涵价格：内涵价格是产品属性的隐含价格，由观察到的某类产品市场价格及产品属性的具体数量揭示，等于产品价格函数$p(z)$对各产品属性$z=(z_1, z_2, \cdots, z_n)$的偏导数，可由$p(z)$对其属性的回归进行估计[48]。

早期，内涵价格法主要用于房地产市场，20世纪70年代已用于评估海岸线价值[22]，主要用于海域休闲场所等海域环境资源价值评估[49]。由于需要大量数据，一定程度上限制了内涵价格法的使用范围。

3. 市场成本法（Market Cost Method, MCM）

当很难用其他方法评估时，有些研究者认为可用市场上替代品的成本或恢复、保护海域资源不被破坏的费用估算其价值，包括替代成本法（RCM）、恢复和防护费用法（RDCM）、影子工程法（SPM）、规避行为法（ABM）等。如可用影子工程法评估海洋处理废水的价值[50]。但是，经济学家认为使用这类基于成本的方法应该十分谨慎，因为它们不是根据人们对评估对象的偏好得出的，不能算作经济价值[51]，所以本文不再展开研究。

（三）假想市场评估技术及其研究

假想市场评估技术又称陈述偏好法，利用假想市场评估海域资源价值。按照假想市场情形多少或获取的数据类型不同，可分为条件价值法、选择实验法和条件行为法，是唯一能评估非使用价值的一类技术。

1. 条件价值法（Contingent Valuation Method, CVM）

也称意愿调查法、或然价值法，很多公共物品特别是环境产品不仅无法直接交易，甚至难以获取间接市场信息，价值很难度量。条件价值法通过构建假想市场，借助抽样调查直接获取人们对这类产品的WTP/WTA数据，据此进行价值评估。

1947年Ciriacy-Wantrup首次提出条件价值法的思想[52]；1963年Davis第一个将其用于实证分析，评估了美国缅因州海岸森林地带狩猎鹅的户外休闲价值[21]；1974年Randall等进一步阐释了其理论优点和特性，并首次将该方法用于环境质量改善研究，使其逐渐在自然资源休闲、美学等价值评估中得到广泛应用[53]；1984年，Hanemann建立了条件价值法与希克斯（Hicks）消费者剩余、支付意愿等概念的有效联系，为其奠定了坚实的经济学基础[54]。此外，美国政府部门对条件价值法的推广和发展起到了重要推动作用：1979年和1986年，水资源委员会和内政部先后将其推荐为自然资源评估的基本方法之一[55]；1993年，国家海洋和大气管理局（NOAA）任命的"蓝带小组"肯定其为评估自然资源非使用价值的有效方法[56]。

在海域资源价值评估领域，自20世纪70年代中期开始，尤其是20世纪90年代以来，条件价值法也得到了广泛应用，研究文献呈指数增长[25, 57]，现在仍广泛用于休闲[58]、防治海洋污染和改善水质[59]、海洋动物生境和物种[60]等海域资源价值的评估，是使用频率最高的方法之一。21世纪初，我国引入条件价值法评估海域资源价值，是国内使用最多的假想市场评估方法[61]。

不过，条件价值法应用过程中也出现了一些问题，主要表现为基于假想市场，依赖于人们的主观观点而不是市场行为，可能存在"偏差"，即应用中可能出现与新古典经济理论核心假设（消费者具有确定的偏好和支付意愿）不一致的异常现象[62]。这引起了对条件价值法有效性和可靠性的争议，集中表现为对1989年美国"瓦尔迪兹"号油轮海上溢油事故赔偿价值的巨大分歧[63, 64]，并引起了条件价值法支持者、反对者的"激烈论战"，双方观点集中发表于1993年第2期的"Choices"和1994年第4期的"Journal of Economic Perspectives"杂志上[65, 66]。为此，NOAA组织由诺贝尔奖得主Arrow、Solow主持的"蓝带小组"对条件价值法进行评判，最终肯定其为有效的评估方法，但必须建立在严格实施、审慎分析基础上，并提出了指导使用的原则[56]。

因此，20世纪90年代以后，对条件价值法的研究重点从方法应用、结果报告转向了各种偏差和方法有效性、可靠性[67, 68]。据统计，1986年到2010年，仅Web of Science数据库收录的这类文献就有1 812篇，平均被引频次高达14.54[69]。我国学者从不同角度对相关研究进行了很好的综述：张志强等全面归纳了各种偏差及其降低方法[70]，张茵和蔡运龙系统总结了条件价值法存在的问题及争议[71]，张翼飞和赵敏梳理了对各种偏差的理论解释[62]，蔡志坚等总结了提高条件价值法有效性、可靠性的方法及其不足[69]，本文不再详述。海域资源价值评估领域主要研究了物品和时间的嵌入偏差[72, 73]、支付工具偏差[74]、信息偏差[75]、抗议回答偏差[59]等偏差的存在性及其降低方法，并且通过实证研究认为现有的受访者不确定性校准技术并不能提高评估准确性和效率[76, 77]。

与存在的问题相比，条件价值法的优点更多，如不需要任何理论假设，暗含的唯一假设是被调查者知道自己的偏好，并愿意诚实地说出支付意愿；可以更直接地评估非市场价值，与揭示偏好方法相比，更易于应用；灵活性强，当其他调查方法行不通时可用于获取数据，或检验其他方法收集的数据；能评估生态、环境等条件变化时的价值变化，可用于生态系统恢复等政策决策的事前分析；调查对象可以包含非使用者，既能评估使用价值，也能评估非使用价值，是20世纪90年代前唯一能评估非使用价值的方法。所以，尽管容易产生偏差，但如果严格实施、审慎分析，条件价值法仍是一种极具应用价值的评估方法，其广泛使用也许是最有说服力的证明。

2. 选择实验法（Choice Experiment Method, CEM）

条件价值法在争议中发展的同时，另一种陈述偏好方法——选择实验法诞生了。选择实验法是20世纪80年代由心理学、经济学、统计学等学科融合发展来的跨学科方法，起初主要用于运输和销售业。Louviere等的论文中最早出现了选择实验的设计和实证分析[78]。1994年和1998年，Adamowicz等首次将选择实验法用于环境资源的非市场价值和非使用价值评估[79, 80]。过去10多年，选择实验法在环境等资源价值评估领域的应用迅速增长[81, 82]。

　　与条件价值法只有一两种假想情形不同，选择实验需要受访者在现有情形和多个不同假想情形中做出选择，即要在提供的假想情形下、从一个选择集中选出最优方案，每个选择集由一个对照方案和若干备选方案组成。对照方案对应着研究者关注问题的基准情景；备选方案由若干属性及其不同数量水平组成，其中必须有一个用货币度量的属性用来评估不同的备选方案。

　　1998年，选择实验法被Morrison等用于滨海湿地研究[28]，并很快获得了广泛应用，成为一种流行的用陈述偏好估计海域资源价值的方法，主要用于海洋动物生境和物种保护、海水水质改善、湿地等价值评估[83-85]。该方法21世纪初引入我国，在环境、生态等价值评估中已有应用[86]，但还鲜有海域资源价值评估领域的应用。

　　选择实验法突破了条件价值法的限制，表现出很多优点，如给受访者提供了对不同属性权衡的更深层次理解机会，可以从每个受访者那里获取更多信息，降低条件价值法的抗议回答率和潜在偏差；当需要为多属性项目估值时，只需一份问卷，实施成本很低；既可获得一项政策各属性的WTP/WTA及其相对重要性排序，还可获得多个属性同时变化时评估对象的价值变化信息，有助于政策调整；是当前仅有的能评估非使用价值的两种方法之一。

　　不过，选择实验法毕竟处于发展初期，还面临很多挑战，如选择任务的复杂性和由此导致的认知负担、内生性、模型不确定性等问题。其中一个主要问题是选择任务的复杂性和由此导致的认知负担，因为选择实验需要受访者理解选择的属性、属性状态变化及由不同选择导致的不同属性状态组合，并在不同替代情形中做出选择，当受访者面对复杂、不熟悉的产品或服务时这一问题更加明显。已有文献证实了许多从条件价值法转向选择实验法学者最初的担心——复杂性引起的选择不一致性在增加。当然，如果更仔细地设计实验和估计，可以降低复杂性引起的选择不一致性[87]。

　　3. 条件行为法（Contingent Behavior Method, CBM）

　　与条件价值法类似，条件行为法也通过构建假想市场、借助调查问卷获取数据；不同的是条件行为法关注假想行为而不是支付意愿，如会问受访者："如果门票定价为20元，你会到这个休闲场所玩几次？"条件行为法认为，面对假想情形，与标准条件价值问卷的支付意愿相比，受访者也许能更好、也更容易预测他们会做什么。严格来说，条件行为法不是一种价值评估方法，只是一种获取数据的方法，体现陈述偏好的条件行为数据一般与旅行成本法中体现揭示偏好的实际行为数据配合使用；但由于其同样基于假想市场，所以单列在此。Cameron最早进行了二种数据结合模型的逻辑推演，并用于近海休闲渔业非市场价值评估[46]，综合方法研究部分会对二者的结合进行进一步评述。国内已有个别文献提到该方法，但还鲜有该方法的应用。

条件行为法的主要优点是它的灵活性，因为假想情形下的选择行为也许是唯一能在事先获取到的政策实施效果评价依据。其主要缺点是它的假想性质，因为在此方法中，受访者往往被置于没有完全信息、不熟悉的情景中。这些优点和缺点恰恰对应着旅行成本法的缺点和优点，所以条件行为数据可用作标准旅行成本法中真实行为数据的补充，以评估环境等条件变化时的价值变化，弥补旅行成本法缺乏灵活性的缺点[88]。

由于海域资源市场价值的评估比较简单，所以当前文献主要关注非市场价值评估，使用频率较高的贴现现金流方法是条件价值法、选择实验法和旅行成本法等。按大类来说，基于陈述偏好的假想市场技术具有灵活性强等诸多优点，是唯一能评估包含非使用价值在内的总经济价值的技术，应用最广泛；但该技术毕竟是建立在假想市场和人们的陈述基础之上，不可避免地带有主观色彩，一定程度上降低了价值评估的客观性。未来应尽可能提高评估的客观性，比如，对于遗产价值，可以尝试结合世代交叠模型（OLG）使用动态规划等方法求解其最优值。

四、综合方法的研究

由于每种评估方法都有一定适用性、局限性，经常需要同时使用两种或多种方法。

两种方法同时使用多见于揭示偏好与陈述偏好方法。旅行成本法等揭示偏好方法依据的是实际行为数据，但缺乏灵活性；陈述偏好方法建立在假想市场基础上，灵活性较强，但依据的是假想数据、容易产生偏差。两类方法均有一定缺陷，但互补性很强：揭示偏好可以提供实际行为数据，而陈述偏好能提供不同情景下的支付意愿和假想行为数据，将两者联合起来，可以克服各自在应用范围和可靠性方面的限制。早期研究一般是从两类方法中各选一种，分别进行价值评估后得出一个价值范围等简单联合模式[89]；随着条件行为法的出现，利用揭示行为和陈述行为两种数据，但只使用旅行成本一种方法的联合模式更受青睐，因为这样可以大大提高评估的有效性和可靠性[46, 88]。也有研究为了对比不同方法的评估结果或检验方法的有效性、可靠性，从两类方法中各选一种对比使用，结论并不一致，有的差异较大，有的比较接近[24, 90]。国内海域资源价值评估中此类研究不多，并且仅限于简单联合模式[91]。

海域生态系统涵盖的价值种类较多，评估时一般需要根据资源特点和价值类型同时使用多种方法，国外这类研究不是很多，但国内很多，代表性范例见表1。由表1可见，由于数据来源、方法等不同，即使同一种海域生态系统、相近区域和时点的价值评估结果差异也很大，致使研究可比性差、可信度低。例如：石洪华等评估的桑沟湾海洋生态系统服务单位价值是张朝晖等评估价值的约1.5倍；吴姗姗评估的渤海海域生态系统服务单位价值是索安宁等评估价值的约4.4倍。评估结果差异大的一个重要原因是评估方法有效性、可靠性不高。海域生态系统价值评估涉及海洋生物物理学驱动、海域生态结构和处理过程、海域生态功能和服务、人类福利、海域使用决策及它们之间的动态反馈等内容[51]，决定了其评估方法必然是跨学科的、动态的，但当前研究、尤其是国内研究一般是由某一学科学者进行的静态研究，评估方法往往过于简单，也很少考虑价值的动态变化，导致其有效性、可靠性不高。

表1　多种方法评估海域生态系统价值范例

研究对象	作　者	研究区域	数据年份	方　法	总价值（亿元/年）	单位价值[万元/（千米^2·年）]
海洋生态价值	Costanza等	全球	1994	VT等①	1.77×10^6	48.75[16]
珊瑚礁生态价值	Berg等	斯里兰卡	1994	MV、CV、RC等	—	10.98~3 720.98[92]
	Cesar等	美国夏威夷州	2001	MV、RC、TC、CV、VT等	30.09	181.24[93]
渔场生态价值	O'Garra	斐济苏瓦	2006	MV、CV、VT等	0.14	75.75[94]
湿地生态价值	韩维栋等	中国	1997	MV、SP、RC、VT等	23.65	1 733.33[95]
	王斌等	浙江	2008	MV、SP、RDC等	210.38	366.40[96]
海湾生态价值	张朝晖等	山东	2003	MV、RC、RDC、VT等	6.07	424.00[97]
	石洪华等	山东	2004	MV、RC、VT等	10.51	643.79[98]
	张秀英等	江苏	2005	MV、VT、RC等	16.64	190.00[99]
近海生态价值	吴姗姗	渤海	2002—2005	MV、VT、RC、CV等	2451.09	318.32[20]
	张华等	辽宁	2007	MV、RC、RDC、VT等	710.35	203.02[100]

① 根据文章介绍，除了使用以前文献的评估结果，作者还做了一些原始价值评估，即使用了除价值转移以外的方法，网站www.nature.com上的补充信息中有每种生态服务价值的详细计算资料。但现在该网站上已找不到相关的补充信息，所以只列了VT一种方法。

续表

研究对象	作 者	研究区域	数据年份	方 法	总价值(亿元/年)	单位价值[万元/（千米²·年）]
海岛生态价值	索安宁等	渤海	2003—2005	MV、RC、TC、SP、VT等	558.85	72.58[101]
	欧阳志云等	海南	2002	MV、SP、RC等	2 035.88~2 153.39	734.03~776.40[102]
	潘怡等	浙江	2003	MV、SP、TC等	2.43	127.72[103]
	隋磊等	海南	1998	MV、RC、VT等	3 105.79	3 099.99
			2004		2 232.61	3 313.69
			2008		2 197.29	3 516.87[104]
填海造地生态损害价值	彭本荣等	福建厦门	1994—2004	RC、VT、MV等	—	558.00[105]
	肖建红等	江苏连云港	2010	MV、SP、RC、VT、CV等	0.82~1.27	395.97~616.50
		江苏南通			0.70~1.19	382.49~651.58[106]

注：表中方法英文缩写均省略了最后一个字母"M"；英文文献价值结果是根据所用数据年末外汇管理局公布的汇率中间价换算的。

五、研究结论与展望

通过按评估方法梳理20世纪70年代以来的海域资源价值评估研究成果，可以将当前评估方法的特点及其未来发展的重点、趋势总结如下。

（1）跨学科方法的使用。海域资源种类丰富、价值多样，因此其价值评估特别是生态价值评估是多维的，需要多学科知识和跨学科方法。传统研究一般是由某一学科学者进行的，评估方法往往过于简单、一维。随着时间推移出现了一些跨学科方法，如选择实验法、数值分析价值转移法等，这些方法与复杂的海域资源价值评估在性质上渐趋一致，但还远远不够。跨学科方法的发展、应用是未来研究的重要方向，要找到真正适用的跨学科方法，研究者必须意识到是研究的问题决定所用工具和方法，而不是相反。

（2）重视动态评估。海域资源具有时空异质性，现有评估大多是某一时空点上的静态评估，动态评估较少。静态评估没有考虑系统内部各个子系统之间和系统内外部的复杂联系及其对评估结果的影响，不能对价值变化做出预测，降低了对未来的指导作用；也没考虑海域资源价值的空间流转及异地实现过程。动态评估可以提供更多关于价值趋势、可持续性及异地实现等方面的信息，应是未来研究的重要方向，也是海域资源价值评估研究的难题之一。

（3）实物期权方法的使用。虽然贴现现金流方法具有清晰、简单、易接受等优点，但现实中价格波动等诸多不确定性的存在会导致其评估结果不准确。实物期权法认识到了不确定性和动态变化产生的期权价值，弥补了贴现现金流法的缺陷，使海域资源价值评估更加准确、更符合现实。但当前实物期权法的应用比重还很小，且主要是国外在用，国内研究鲜有使用，与大量存在的不确定性现实要求相比差距很大，未来应注重实物期权方法的研究、应用。

（4）用客观方法确定遗产价值。当前研究主要使用条件价值法等主观方法评估海域资源遗产价值，很难避免的各种偏差会降低评估准确性、客观性。未来可以尝试根据世代交叠模型用动态规划等方法确定较客观的最优遗产价值。与国外相比，国内研究还处在以评估海域资源使用价值为主的初级阶段，对遗产价值等非使用价值多采取回避或参照国外研究成果的处理方法，这与实现资源代际补偿和可持续利用的要求相去甚远，因此亟须加强对遗产价值评估的研究。

本研究可为改进海域资源价值评估方法、提高评估有效性和可信度提供参考和借鉴，进而有助于深化海域资源性产品价格和税费改革、加强生态文明制度建设、实现可持续发展。

参 考 文 献

[1] Pearce D W, Markandya A, Barbier E. Blueprint for a Green Economy[M]. London：Earthscan Publications Ltd., 1989.

[2] Pearce D W, Moran D. The Economic Value of Biodiversity[M]. London：Earthscan Publications Ltd., 1994.

[3] 经济合作与发展组织. 环境项目和政策的经济评价指南[M]. 北京：中国环境科学出版社,1996.

[4] 陈尚，任大川，夏涛，等. 海洋生态资本价值结构要素与评估指标体系[J]. 生态学报，2010(23)：6331-6337.

[5] Myers S C. Determinants of Corporate Borrowing[J]. Journal of Financial Economics, 1977, 5(2)：147-175.

[6] Mcdonald R, Siegel D. The Value of Waiting to Invest[J]. Quarterly Journal of Economics, 1986, 101(4)：707-727.

[7] Mun J. Real Options Analysis：Tools and Techniques for Valuing Strategic Investments and Decisions[M]. New Jersey：John Wiley & Sons Inc., 2002.

[8] Smit H T, Trigeorgis L. Strategic Investment：Real Options and Games[M]. Princeton：Princeton University Press, 2004.

[9] Murillas-Maza A, Virto J, Gallastegui M C, et al. The Value of Open Ocean Ecosystems：A Case Study for the Spanish Exclusive Economic Zone[J]. Natural Resources Forum, 2011, 35(2)：122-133.

[10] Sarkar S. Optimal Fishery Harvesting Rules Under Uncertainty[J]. Resource and Energy Economics, 2009, 31(4)：272-286.

[11] Herder P M, de Joode J, Ligtvoet A, et al. Buying Real Options – Valuing Uncertainty in Infrastructure Planning[J]. Futures, 2011, 43(9)：961-969.

[12] 徐爽，李宏瑾. 土地定价的实物期权方法：以中国土地交易市场为例[J]. 世界经济，2007(08)：63-72.

[13] 王媛，贾生华. 不确定性、实物期权与政府土地供应决策：来自杭州的证据[J]. 世界经济，2012(03)：125-145.

[14] 雷汉云. 基于二项式实物期权的探矿权转让的价值评估[J]. 中南大学学报（社会科学版），2014(06)：102-107.

[15] 刘妍. 基于实物期权的海域使用权定价研究[J]. 价格理论与实践，2013(8)：85-86.

[16] Costanza R, D'Arge R, Groot R D, et al. The Value of the World's Ecosystem Services and Natural Capital[J]. Nature, 1997, 387(6630)：253-260.

[17] Londono L M, Johnston R J. Enhancing the Reliability of Benefit Transfer Over Heterogeneous Sites：A Meta-Analysis of International Coral Reef Values[J]. Ecological Economics, 2012, 78：80-89.

[18] Brander L M, Rehdanz K, Tol R S J, et al. The Economic Impact of Ocean Acidification On Coral Reefs[J]. Climate Change Economics, 2012, 3(1)：1-29.

[19] 陈仲新，张新时. 中国生态系统效益的价值[J]. 科学通报，2000(1)：17-22.

[20] 吴姗姗，刘容子，齐连明，等. 渤海海域生态系统服务功能价值评估[J]. 中国人口·资源与环境，2008(2)：65-69.

[21] Davis R K. The Value of Outdoor Recreation：An Economic Study of the Maine Woods[D]. Massachusetts：Harvard University, 1963.

[22] Brown G M, Pollakowski H O. Economic Valuation of Shoreline[J]. The Review of Economics and Statistics, 1977, 59(3)：272-278.

[23] Batie S S, Wilson J R. Economic Values Attributable to Virginia's Coastal Wetlands as Inputs in Oyster Production[J]. Southern Journal of Agricultural Economics, 1978, 10(1)：111-118.

[24] Mcconnell K E. Values of Marine Recreational Fishing：Measurement and Impact of Measurement[J]. American Journal of Agricultural Economics, 1979, 61(5)：921-925.

[25] Mcconnell K E. Congestion and Willingness to Pay：A Study of Beach Use[J]. Land Economics, 1977, 53(2)：185-195.

[26] Bockstael N E, Mcconnell K E, Strand I E. A Random Utility Model for Sportfishing：Some Preliminary Results for Florida[J]. Marine Resource Economics, 1989, 6(3)：245-260.

[27] Carson R T, Hanemann W M, Kopp R J, et al. Temporal Reliability of Estimates From Contingent Valuation[J]. Land Economics, 1997, 73(2)：151-163.

[28] Morrison M, Bennett J, Blamey R, et al. Choice Modeling and Tests of Benefit Transfer[C]. Venice：The World Congress of Environmental and Resource Economists, 1998.

[29] Whitehead J C, Haab T C, Huang J. Measuring Recreation Benefits of Quality Improvements with Revealed and Stated Behavior Data[J]. Resource and Energy Economics, 2000, 22(4)：339-354.

[30] Griffin W L, Beattie B R. Economic Impact of Mexico's 200-Mile Offshore Fishing Zone on the United States Gulf of Mexico Shrimp Fishery[J]. Land Economics, 1978, 54(1)：27-38.

[31] Hussain S A, Badola R. Valuing Mangrove Benefits：Contribution of Mangrove Forests to Local Livelihoods in Bhitarkanika Conservation Area, East Coast of India[J]. Wetlands Ecology and Management, 2010, 18(3)：321-331.

[32] Dixon J A, Scura L F, Van'T Hof T. Meeting Ecological and Economic Goals：Marine Parks in the Caribbean[J]. AMBIO：A Journal of the Human Environment, 1993, 22(2)：117-125.

[33] 陈伟琪，张珞平，洪华生，等. 近岸海域环境容量的价值及其价值量评估初探[J]. 厦门大学学报（自然科学版），1999(6)：896-901.

[34] Ellis G M, Fisher A C. Valuing the Environment as Input[J]. Journal of Environmental Management, 1987, 25(2)：149-156.

[35] Freeman A M. Valuing Environmental Resources Under Alternative Management Regimes[J]. Ecological Economics, 1991, 3(3)：247-256.

[36] Barbier E B, Strand I. Valuing Mangrove-Fishery Linkages[J]. Environmental and Resource Economics, 1998, 12(2)：151-166.

[37] Barbier E B. Valuing Ecosystem Services as Productive Inputs[J]. Economic Policy, 2007(49)：178-229.

[38] Barbier E B. A Spatial Model of Coastal Ecosystem Services[J]. Ecological Economics, 2012, 78：70-79.

[39] Trice A H, Wood S E. Measurement of Recreation Benefits[J]. Land Economics, 1958, 34(3)：195-207.

[40] Clawson M. Methods of Measuring the Demand for and Value of Outdoor Recreation[M]. Washington D.C.：Resources for the Future, 1959.

[41] Brown W G, Nawas F. Impact of Aggregation On the Estimation of Outdoor Recreation Demand Functions[J]. American Journal of Agricultural Economics, 1973, 55(2)：246-249.

[42] Willis K G, Garrod G D. An Individual Travel-Cost Method of Evaluating Forest Recreation[J]. Journal of Agricultural Economics, 1991, 42(1)：33-42.

[43] Loomis J, Yorizane S, Larson D. Testing Significance of Multi-Destination and Multi-Purpose Trip Effects in a Travel Cost Method Demand Model for Whale Watching Trips[J]. Agricultural and Resource Economics Review, 2000, 29(2)：183-191.

[44] Bell F W, Leeworthy V R. Recreational Demand by Tourists for Saltwater Beach Days[J]. Journal of Environmental Economics and Management, 1990, 18(3)：189-205.

[45] 陈伟琪，刘岩，洪华生，等. 厦门岛东部海岸旅游娱乐价值的评估[J]. 厦门大学学报（自然科学版），2001(4)：914-921.

[46] Cameron T A. Combining Contingent Valuation and Travel Cost Data for the Valuation of Nonmarket Goods[J]. Land Economics, 1992, 68(3)：302-317.

[47] Tiebout C M. A Pure Theory of Local Expenditures [J]. Journal of Political Economy, 1956, 64(5)：

416-424.

[48] Rosen S. Hedonic Prices and Implicit Markets：Product Differentiation in Pure Competition[J]. Journal of Political Economy, 1974, 82(1)：34-55.

[49] Parsons G R, Wu Y. The Opportunity Cost of Coastal Land-Use Controls：An Empirical Analysis[J]. Land Economics, 1991, 67(3)：308-316.

[50] Molinos-Senante M, Hernández-Sancho F, Sala-Garrido R. Economic Feasibility Study for Wastewater Treatment：A Cost–Benefit Analysis[J]. Science of the Total Environment, 2010, 408(20)：4396-4402.

[51] Liu S, Costanza R, Farber S, et al. Valuing Ecosystem Services[J]. Annals of the New York Academy of Sciences, 2010, 1185(1)：54-78.

[52] Ciriacy-Wantrup S V. Capital Returns From Soil-Conservation Practices[J]. Journal of Farm Economics, 1947, 29(4)：1181-1196.

[53] Randall A, Ives B, Eastman C. Bidding Games for Valuation of Aesthetic Environmental Improvements[J]. Journal of Environmental Economics and Management, 1974, 1(2)：132-149.

[54] Hanemann W M. Welfare Evaluations in Contingent Valuation Experiments with Discrete Responses[J]. American Journal of Agricultural Economics, 1984, 66(3)：332-341.

[55] Mitchell R C, Carson R T. Using Surveys to Value Public Goods：The Contingent Valuation Method[M]. Washington D.C.：Resources for the Future, 1989.

[56] Arrow K, Solow R, Portney P R, et al. Report of the NOAA Panel On Contingent Valuation[R]. Washington D.C.：Federal Register 58, 1993.

[57] Bergstrom J C, Stoll J R, Titre J P, et al. Economic Value of Wetlands-Based Recreation[J]. Ecological Economics, 1990, 2(2)：129-147.

[58] Thur S M. User Fees as Sustainable Financing Mechanisms for Marine Protected Areas：An Application to the Bonaire National Marine Park[J]. Marine Policy, 2010, 34(1)：63-69.

[59] Jones N, Sophoulis C M, Malesios C. Economic Valuation of Coastal Water Quality and Protest Responses：A Case Study in Mitilini, Greece[J]. Journal of Socio-Economics, 2008, 37(6)：2478-2491.

[60] Lo A Y, Chow A T, Cheung S M. Significance of Perceived Social Expectation and Implications to Conservation Education：Turtle Conservation as a Case Study[J]. Environmental Management, 2012, 50(5)：900-913.

[61] 王丽，陈尚，任大川，等. 基于条件价值法评估罗源湾海洋生物多样性维持服务价值[J]. 地球科学进展, 2010(8)：886-892.

[62] 张翼飞，赵敏. 意愿价值法评估生态服务价值的有效性与可靠性及实例设计研究[J]. 地球科学进展, 2007(11)：1141-1149.

[63] Carson R T, Mitchell R C, Hanemann W M, et al. A Contingent Valuation Study of Lost Passive Use Values Resulting from the Exxon Valdez Oil Spill[R]. A Report to the Attorney General of the State of Alaska, 1992.

[64] Hausman J A. Contingent Valuation：A Critical Assessment[C]. Amsterdam：North-Holland, 1993.

[65] Diamond P A, Hausman J A. Contingent Valuation：Is some Number Better than No Number?[J]

The Journal of Economic Perspectives, 1994, 8(4)：45-64.

[66] Hanemann W M. Valuing the Environment through Contingent Valuation[J]. The Journal of Economic Perspectives, 1994, 8(4)：19-43.

[67] Carson R T. Contingent Valuation：A User's Guide[J]. Environmental Science & Technology, 2000, 34(8)：1413-1418.

[68] Bateman I J, Carson R T, Day B, et al. Economic Valuation with Stated Preference Techniques：A Manual[M]. Cheltenham：Edward Elgar, 2002.

[69] 蔡志坚，杜丽永，蒋瞻. 条件价值评估的有效性与可靠性改善——理论、方法与应用[J]. 生态学报, 2011(10)：2915-2923.

[70] 张志强，徐中民，程国栋. 条件价值评估法的发展与应用[J]. 地球科学进展, 2003(3)：454-463.

[71] 张茵，蔡运龙. 条件估值法评估环境资源价值的研究进展[J]. 北京大学学报（自然科学版），2005(2)：317-328.

[72] Carson R T, Mitchell R C. Sequencing and Nesting in Contingent Valuation Surveys[J]. Journal of Environmental Economics and Management, 1995, 28(2)：155-173.

[73] Stevens T H, Decoteau N E, Willis C E. Sensitivity of Contingent Valuation to Alternative Payment Schedules[J]. Land Economics, 1997, 73(1)：140-148.

[74] Morrison M D, Blamey R K, Bennett J W. Minimising Payment Vehicle Bias in Contingent Valuation Studies[J]. Environmental and Resource Economics, 2000, 16(4)：407-422.

[75] Alberini A, Rosato P, Longo A, et al. Information and Willingness to Pay in a Contingent Valuation Study：The Value of S. Erasmo in the Lagoon of Venice[J]. Journal of Environmental Planning and Management, 2005, 48(2)：155-175.

[76] Lyssenko N, Martinez-Espineira R. Respondent Uncertainty in Contingent Valuation：The Case of Whale Conservation in Newfoundland and Labrador[J]. Applied Economics, 2012, 44(15)：1911-1930.

[77] Logar I, van den Bergh J. Respondent Uncertainty in Contingent Valuation of Preventing Beach Erosion：An Analysis with a Polychotomous Choice Question[J]. Journal of Environmental Management, 2012, 113：184-193.

[78] Louviere J J, Woodworth G. Design and Analysis of Simulated Consumer Choice Or Allocation Experiments：An Approach Based On Aggregate Data[J]. Journal of Marketing Research, 1983, 20(4)：350-367.

[79] Adamowicz W, Louviere J, Williams M. Combining Revealed and Stated Preference Methods for Valuing Environmental Amenities[J]. Journal of Environmental Economics and Management, 1994, 26(3)：271-292.

[80] Adamowicz W, Boxall P, Williams M, et al. Stated Preference Approaches for Measuring Passive Use Values：Choice Experiments and Contingent Valuation[J]. American Journal of Agricultural Economics, 1998, 80(1)：64-75.

[81] Boxall P C, Adamowicz W L, Swait J, et al. A Comparison of Stated Preference Methods for Environmental Valuation[J]. Ecological Economics, 1996, 18(3)：243-253.

[82] Hanley N, Wright R E, Adamowicz V. Using Choice Experiments to Value the Environment[J]. Environmental and Resource Economics, 1998, 11(3-4)：413-428.

[83] Lew D K, Layton D F, Rowe R D. Valuing Enhancements to Endangered Species Protection under Alternative Baseline Futures：The Case of the Steller Sea Lion[J]. Marine Resource Economics, 2010, 25(2)：133-154.

[84] Barbier E B. Wetlands as Natural Assets[J]. Hydrological Sciences Journal, 2011, 56(8)：1360-1373.

[85] Hynes S, Tinch D, Hanley N. Valuing Improvements to Coastal Waters Using Choice Experiments：An Application to Revisions of the EU Bathing Waters Directive[J]. Marine Policy, 2013, 40：137-144.

[86] 徐中民，张志强，龙爱华，等. 环境选择模型在生态系统管理中的应用——以黑河流域额济纳旗为例[J]. 地理学报, 2003(3)：398-405.

[87] Hoyos D. The State of the Art of Environmental Valuation with Discrete Choice Experiments[J]. Ecological Economics, 2010, 69(8)：1595-1603.

[88] Prayaga P, Rolfe J, Stoeckl N. The Value of Recreational Fishing in the Great Barrier Reef, Australia：A Pooled Revealed Preference and Contingent Behaviour Model[J]. Marine Policy, 2010, 34(2)：244-251.

[89] Bockstael N E, Mcconnell K E, Strand I E. Measuring the Benefits of Improvements in Water Quality：The Chesapeake Bay[J]. Marine Resource Economics, 1989, 6(1)：1-18.

[90] Loomis J, Santiago L. Economic Valuation of Beach Quality Improvements：Comparing Incremental Attribute Values Estimated from Two Stated Preference Valuation Methods[J]. Coastal Management, 2013, 41(1)：75-86.

[91] 李京梅，刘铁鹰. 基于旅行费用法和意愿调查法的青岛滨海游憩资源价值评估[J]. 旅游科学, 2010(4)：49-59.

[92] Berg H, öhman M C, Troëng S, et al. Environmental Economics of Coral Reef Destruction in Sri Lanka[J]. Ambio, 1998：627-634.

[93] Cesar H S J, Van Beukering P J H. Economic Valuation of the Coral Reefs of Hawai'i[J]. Pacific Science, 2004, 58(2)：231-242.

[94] O'Garra T. Economic Valuation of a Traditional Fishing Ground On the Coral Coast in Fiji[J]. Ocean & Coastal Management, 2012, 56：44-55.

[95] 韩维栋，高秀梅，卢昌义，等. 中国红树林生态系统生态价值评估[J]. 生态科学, 2000(1)：40-46.

[96] 王斌，杨校生，张彪，等. 浙江省滨海湿地生态系统服务及其价值研究[J]. 湿地科学, 2012(1)：15-22.

[97] 张朝晖，吕吉斌，叶属峰，等. 桑沟湾海洋生态系统的服务价值[J]. 应用生态学报, 2007(11)：2540-2547.

[98] 石洪华，郑伟，丁德文，等. 典型海洋生态系统服务功能及价值评估——以桑沟湾为例[J]. 海洋环境科学, 2008(2)：101-104.

[99] 张秀英，钟太洋，黄贤金，等. 海州湾生态系统服务价值评估[J]. 生态学报, 2013(2)：640-649.

[100] 张华，康旭，王利，等. 辽宁近海海洋生态系统服务及其价值测评[J]. 资源科学, 2010(1)：177-183.

[101] 索安宁，于永海，苗丽娟. 渤海海域生态系统功能服务价值评估[J]. 海洋经济, 2011(4)：42-47.

[102] 欧阳志云，赵同谦，赵景柱，等. 海南岛生态系统生态调节功能及其生态经济价值研究[J]. 应用生态学报, 2004(8)：1395-1402.

[103] 潘怡，叶属峰，刘星，等. 南麂列岛海域生态系统服务及价值评估研究[J]. 海洋环境科学, 2009(2)：176-180.

[104] 隋磊，赵智杰，金羽，等. 海南岛自然生态系统服务价值动态评估[J]. 资源科学, 2012(3)：572-580.

[105] 彭本荣，洪华生，陈伟琪，等. 填海造地生态损害评估：理论、方法及应用研究[J]. 自然资源学报, 2005(5)：714-726.

[106] 肖建红，陈东景，徐敏，等. 围填海工程的生态环境价值损失评估——以江苏省两个典型工程为例[J]. 长江流域资源与环境, 2011(10)：1248-1254.

论文来源：本文原刊于《资源科学》2014年04期，第670-681页。

基金项目：中国海洋发展研究中心重大项目："我国海洋经济发展问题研究"（编号：AOCZDA201206）；青岛市双百调研工程课题："实物期权法在青岛海岸带生态保护投资决策中的应用研究"（编号：2013-B-49）；山东能源经济协同创新中心（山东省2011计划）资助。

推进我国海洋生态文明建设的战略思考

李业忠

摘　要：海洋生态文明建设是生态文明建设的重要组成部分，是我国海洋经济发展的重要支撑。本文从海洋生态文明的内涵出发，分析当前我国海洋生态文明建设面临的挑战，并提出相应对策，旨在为推进海洋生态文明建设提供有益的借鉴。

关键词：海洋生态文明；建设；战略思考

党的十八大把生态文明建设纳入"五位一体"一体的总体布局中，摆在更加突出的位置。海洋是地球的主体，海洋生态子系统的状况对地球生态母系统悠着举足轻重的影响。[1]海洋生态文明建设是生态文明建设的重要组成部分，是缓解陆地资源约束趋紧的重要举措，事关生态文明建设的成败。

一、海洋生态文明的内涵

国内有不少学者对海洋生态文明的内涵有过各种表述。海洋生态文明作为生态文明的一个重要领域，未形成一个公见、完善的含义。而多借助一般生态文明的概念，引用于海洋领域，可概况为：海洋的生态文明系指人类在开发和利用海洋，促进其产业发展、社会进步，为人类服务过程中，按照海域生态系统和人类社会系统的客观规律，建立起人与海洋的互动，良性运行机制与和谐发展的一种社会文明形态。[2]刘家沂认为从两个方面理解：一是人类遵循人、海洋、社会和谐发展这一规律而取得的物质和精神成果的总和；二是人与海洋、人与人、人与社会和谐共生、良性循环、持续发展的文化伦理形态。[3]作为一种生态文明形态，海洋生态文明可概括为"六因子论"，即海洋意识、海洋产业、海洋行为、海洋环境、海洋文化和海洋制度六个因子。[4]

应该说，这几个表述基本上都抓住了海洋生态文明的本质内涵。笔者认为，海洋生态文明建设要以海洋生态环境保护为重点，以建立完善海洋综合管理体制为支撑，提升海洋开发能力，优化海洋产业结构，加强海洋生态文明意识，弘扬海洋文化，形成人海相依、和谐发展的一种崭新文明形态。

二、海洋生态文明建设现状

党中央、国务院历来高度重视海洋生态文明建设。习近平总书记指出，加强海洋管理，文明指数还离不开生态。建设海洋生态文明不能简单地理解为大力改善海洋生态环境，而是以海洋开发和海洋经济的繁荣发展来维护海洋自然环境的生态平衡，以海洋生态环境的良性循环促进海洋资源的综合利用和海洋经济的科学发展，两者相互独立又相互支撑，最终形成一个和谐共荣的海洋生态文明系统。[5]

当前，我国海洋事业呈现出全面发展的良好势头，海洋经济持续快速增长，海洋产业蓬勃发展，海洋法规与政策规划体系初步建立，海洋环境监测体系日益健全，海洋综合管控能力显著提高，海洋科技研发能力不断增强。但海洋生态文明建设还面临严峻挑战，比如海洋产业结构不尽科学、沿海产业布局不够合理、海洋发展方式仍然粗放等。[6]

（一）近岸局部海洋环境污染严重

根据《2014年中国海洋环境状况公报》资料显示，2014年，我国海洋生态环境状况基本稳定。近岸局部海域海水环境污染依然严重，春季、夏季和秋季劣于第四类海水水质标准的海域面积分别为52 280平方千米、41 140平方千米和57 360平方千米。河流排海污染物总量居高不下，陆源入海排污口达标率仅为52%。监测的河口和海湾生态系统仍处于亚健康或不健康状态。赤潮和绿潮灾害影响面积较上年有所增大。局部砂质海岸和粉砂淤泥质海岸侵蚀程度加大，渤海滨海地区海水入侵和土壤盐渍化依然严重。

（二）海洋渔业资源严重衰退

《中国海洋发展报告（2013）》介绍，随着我国海洋捕捞船只数量持续大量增加，捕捞强度超过了资源再生能力。传统渔业种类消失，部分渔业种类资源枯竭，大黄鱼、小黄鱼、带鱼等底层和近底层鱼类资源已严重衰退。优质鱼类占总渔获量的比例已从20世纪60年代的50%，下降到目前的不足30%。除了高强度的捕捞外，沿海大规模的填海造地和海上工程建设也严重影响了海洋生态环境，破坏近岸海洋生态平衡，对底栖生物、浮游动植物等渔业资源造成不可逆的负面影响。

（三）海洋产业结构有待优化

根据《2014年中国海洋经济统计公报》资料显示，2014年全国海洋生产总值59 936亿元，比上年增长7.7%，海洋生产总值占国内生产总值的9.4%，海洋经济呈现良好发展势头。但在海洋资源开发过程中，沿海产业布局不够合理，海洋产业有待优化。沿海的石化、钢铁和房地产行业成遍地开花之势，战略性新兴产业、海洋服务业等还比较薄弱。

（四）海洋生态文明建设意识有待提高

海洋生态文明是一个崭新的概念，人们对此知之不多。沿海县区的用海企业或养殖户在开发利用海洋资源时，往往只注重获取的短期利益，忽视了对海洋生态的负面影响。近岸生活区、海滨浴场等任意抛弃垃圾的现象仍然较为普遍，保护意识有待提高。

（五）海洋综合管理机制有待完善

为加强海洋综合管理，推进海上统一执法，提高执法效能，中国设立国家海洋委员会，重组国家海洋局，完成了海上执法体制的初步改革，但整合步伐仍然缓慢。在国家层面也仅仅是成立了中国海警局，主要是原来国家海洋局的海监在执法维权。农业部渔政局、海关缉私以及海上武警边防的力量还没得到整合，海上统一管理和执法任重道远。

三、海洋生态文明建设的战略思考

近日，中共中央、国务院印发了《关于加快生态文明建设的意见》。作为生态文明建设重要组成部分的海洋生态文明建设，可以说是恰逢其时，大有作为。

（一）坚持陆海统筹，严控陆源污染物

陆源污染物占到海洋污染源的80%以上。要把控制陆源污染物，尤其是重点入海河流的环境质量作为严控的重点，严格执行排放标准，有条件的地区要实施定点、实时在线监测，构建海洋环境预警预报系统，制定灾害应急预案，发现环境异常及时处置。

（二）打造海洋生态文明示范区

示范区建设是海洋生态文明建设的重要载体。在全国沿海的市县选择若干个典型地区进行试点，探索海洋生态文明建设模式，制定完善相应的指标体系和考核评估办法，以点带面，总结好成熟的经验向全国推广。

（三）优化海洋产业布局

沿海地区要在海洋功能区划的基础上，详细规划海洋产业布局，调整不合理的海洋产业布局，淘汰高污染、高能耗的海洋产业项目，积极发展海洋战略性新兴产业、海洋科研教育、高端滨海旅游业，提升海洋经济发展的质量和效益。

（四）提高公众的海洋生态文明意识

海洋生态文明建设的目标在于实现人海相依，和谐发展，最终的出发点和落脚点是以人为本，为民服务。要在全社会营造海洋生态文明建设人人创建，人人享受的共同意识。要加强对党政机关、学校、社区的海洋生态文明科普宣传力度，在深入挖掘当地海洋文化、历史遗迹的同时，提高全民族的海洋生态文明素养。

（五）加快整合海洋综合执法力量

以重组国家海洋局为契机，加速整合海关、边防、农业部渔政局的执法力量，形成拳头的集聚效应，打击海上非法倾倒、捕捞、围网等违法行为，共同维护海洋生态环境。

参 考 文 献

[1] 陈建华. 对海洋生态文明建设的思考[J].海洋开发与管理，2009，26(4)：40-42.

[2] 马彩华，赵志远, 游奎. 略论海洋生态文明建设与公众参与[J]. 中国软科学增刊（上），2010(1)：104-108.

[3] 刘家沂.构建洋生态文明的战略思考[J].今日中国论坛, 2007(12)：44-46.

[4] 刘健. 浅谈我国海洋生态文明建设基本问题[J]. 中国海洋大学学报社会科学版,2014(2)：29-32.

[5] 俞树彪, 阳立军. 海洋产业转型研究[J]. 海洋开发与管理，2009(2)：61-66.

[6] 刘赐贵. 加强海洋生态文明建设,促进海洋经济可持续发展[J].海洋开发与管理，2012(16)：16-18.

论文来源：本文为第二届中国海洋发展论坛征稿。

中国海洋生态安全多元主体共治模式研究

杨振姣　吕　远　范洪颖　董海楠[*]

摘　要：人类在开发海洋过程中，产生了严重的海洋生态安全问题，这不仅影响海洋生态系统的平衡，更威胁到人类的生存和发展。因此，海洋生态安全治理模式的研究就显得尤为重要，而多元主体参与共治模式无疑是对我国目前实行的海洋生态安全治理模式的突破。该模式的构建需要静态和动态两方面的相互配合来得以有效运行。静态方面大致涉及政府、企业、社会组织、媒体和公众等多元主体间关系的界定来建构该模式的基本框架；动态方面则是为保障该框架的良性运行所采取的诸如法律、信息、资源以及监督等方面的网络化机制。

关键词：海洋生态安全；治理现状；必要性；可行性；模式构建

一、海洋生态安全现状

陆地资源的日趋衰竭，促使人类将注意力转移到海洋上，海洋生态系统的生态价值和服务功能成为人类赖以生存和发展的基础。但是日趋增多的海洋环境问题也让人们开始从生态系统的角度关注生态安全。因此，我们可以将海洋生态安全理解为海洋生态系统处于很少甚至不受破坏与威胁的状态，且自身结构和生态服务功能保持稳定性与持续性，并为人类生存发展提供服务功能。其包含两方面的内容：一

---

[*] 杨振姣（1975—），女，辽宁丹东人，中国海洋大学法政学院副教授，博士，主要研究方向：公共政策、海洋管理。

吕远（1989—），女，山东莱芜人，中国海洋大学法政学院土地资源管理专业硕士研究生，主要研究方向：土地资源管理。范洪颖（1973—），女，山东济南人，广东外语外贸大学法学院副教授，主要研究方向：国际政治与经济。董海楠（1988—），女，天津武清人，中国海洋大学法政学院行政管理专业硕士研究生，主要研究方向：行政管理。

方面是指海洋生态系统自身的平衡和稳定。海洋生态系统作为地球上最大的具有稳定性和独特结构的生态系统,吸纳了绝大多数的人类活动产生的垃圾,但是海洋生态系统也有自己的生态阈值,一旦超过了这个阈值,海洋生态系统将不能维持自身的平衡和稳定。而在当前,海洋环境污染和海洋生态破坏已经将海洋生态系统置于极度的不安全之中。另一方面是指海洋生态系统所具有的生态服务功能。海洋不仅诞生了海洋文明,同时也被认为是生命支持系统之一,不仅是地球生命的发源地,而且还为人类提供了生存所需的丰富资源。总之,海洋生态系统对人类的生态服务功能是巨大的。

工业化和市场化进程的加快发展,消耗了更多的资源,产生了更多的生活垃圾和污染物的排放,加之我国不可持续性生产和消费活动以及粗放的生产经营方式,海洋环境面临着前所未有的压力:海水富营养化、荒漠化严重,海洋生物多样性减少,工业生产排放污染加剧,赤潮、风暴潮等海洋灾害频发,海洋资源开发与利用的不可持续性、粗放性,海洋生态平衡受到威胁,海洋生态系统日趋恶化。海洋生态安全治理主体结构的不完善是造成海洋生态不安全的重要原因:政府部门在海洋生态安全治理中占绝对比重,其他社会力量参与程度不高;地方政府之间有利互不相让,无利互相推诿,权力运行上的弊端和寻租时有发生;社会组织、企业、公众参与海洋生态安全治理的意识不强,处理问题能力不足;现有主体参与呈现分散化、部门化,缺乏有效的沟通协作,信息流通不畅。

综上所述,海洋生态安全的严峻形势以及治理主体的单调无序客观上强化了多元主体参与治理的必要性。多元主体参与的治理模式是通过政府、企业、公众、社会组织(非政府组织、知识组织)、大众媒体甚至国际力量组成的多元主体互动网络体系来共同管理公共事务,以提高效率和效益。它是一种公共事务管理的新形态。

二、多元主体参与治理的必要性和可行性

海洋生态系统结构和功能的稳定性是海洋事业发展的重要前提和基础,一切与海洋相关的社会文化和产业经济活动都依赖于海洋生态安全去实现价值和效用。因此海洋生态安全的治理与维护是一项非常重要的工程,需要多元主体的共同参与。

(一)必要性分析

一方面是海洋所具有的特性,海洋整体性和海水的流动性,对单个要素的职能

管理不可避免地涉及其他相关职能。因此，在海洋管理中，很难做到泾渭分明的职能分割。[1] 各省市对自己行政范围内的海域各自为政，不仅忽视了海洋的整体性功能，也违背了海洋环境治理的科学规律。 同时由于海洋的整体性，很难由单一主体对海洋生态环境进行全面系统的整治。 因此需要多方共同参与、相互协调，避免信息流通不畅和治理资源的浪费，避免走向"公地悲剧"。

另一方面，我国海洋生态安全主体繁多但形式单一，难以发挥多元主体参与的优势。 政府是海洋生态安全治理的主体，中央政府负责海洋生态治理政策的制定，地方政府负责具体的执行功能，在应对复杂多变的海洋生态环境问题时缺乏一定的灵活性和机动性。 企业和公众通常作为海洋生态安全治理的被管理者，行为和作用都受到政府的约束，在海洋环境治理中发挥积极力量的空间狭小，不能充分起到有效的监督协调补充作用。 因此，多元主体的有效参与能够打破单一形式的海洋治理弊端，也是符合现实环境的实际需要。

（二）可行性分析

1. 以海洋环境管理的部门联动机制和海洋局重组为基础

目前我国在海洋环境管理工作中已经形成了一定的跨部门联动机制。比如海洋环境突发事件应急联动机制是指，在海洋环境领域发生的海上石油勘探开发溢油、海上船舶和港口污染、浒苔和赤潮等突发事件中，国务院有关部门地方政府及其相关部门、社会组织等多方应对主体，在国务院的统一领导下，反应迅速、互联互通、信息共享、协同应对的危机应对模式。[2] 这种模式在本质上看同样属于政府内部的网络治理模式，但主体性质的一元性限制了治理的效率。海洋生态安全的治理多元主体参与模式的基本特点就是主体多元、合作协商，从而突破了联动机制的限制，将社会多元主体纳入到联动的体系中，从而最大限度的整合社会资源。2013年3月，国家海洋局重组，将原国家海洋局及其中国海监、公安部边防海警、农业部中国渔政、海关总署海上缉私警察的队伍和职责进行整合，结束了"五龙闹海"的混乱局面，为社会组织、企业、公众参与海洋生态安全治理提供了有利的政策环境。

2. 海洋生态安全多元主体参与治理的社会基础

消除海洋生态系统所受的威胁，维护海洋生态安全，仅靠政府部门的一己之力是不够的，更需要全体社会成员、力量的共同参与，整合资源，形成合力。气候变化与环境危机日益影响着生态系统的平衡、人类的安全和社会的发展。环境权作为人类生存与发展的一项基本权利，正是在这种背景下开始觉醒。社会公众对环境权的要求为其通过各种活动和组织方式，获取环境利益提供动力。生态产业的发展带动生态经济主体对良好环境的要求也与日俱增。 这些都为多元主体的积极参与提供了强大动力。 从近年来的海洋生态安全治理现状来看，社会多元主体的参与正成为应对海洋生态安全问题的主要方式，特别是2008年的青岛浒苔事件充分体现了这一点。

3.多元主体参与的信息技术保障

传统媒体如电视、广播以及报纸等媒介的信息流动都是单向的，不能满足网络治理主体双向互动的要求。这就为以互联网为基础的新兴媒体带来了机遇，因为它满足了治理网络对信息的要求，也为各主体之间的信息交流互动提供了一个技术平台。随着网民数量的不断增多，网络成为当前社会生活不可缺少的元素之一，也成为社会公民参政议政的重要手段。一方面可以发挥环境信息公开作用，政府及企业可以及时向社会发布海洋生态安全相关信息，为社会公众参与奠定基础。另一方面可以发挥舆论监督作用，政府部门论坛、微博已经成为政府和社会互动的有效途径，这种互动将直接推动海洋生态安全治理网络的有序运行。

三、多元主体共治模式的建构

（一）海洋生态安全治理多元主体参与模式的框架结构分析

1.基本框架

海洋生态安全治理的基本框架是由政府、企业、公民、媒体、社会组织以及国际援助力量等多元主体所构成的网络化合作体系。 其目的是为了更好地应对海洋环境风险和危机。

多元主体参与治理模式师按照网络化治理理论描述，将政府、企业、公众、社会组织、公众和媒体等多元主体、组织、阶层各自拥有的资源通过优势互补等方式达成互利共赢的集体行动。从图1中我们可以看出，政府位于中心位置，对其他主体起到调节、引导和规范的作用。企业、公众、社会组织、媒体等则对政府进行监督，在人力物力等方面参与辅助政府，并且在政府协调下进行双向协作。多元主体参与模式的特点包括：其一，行动参与主体多元化；其二，充当管理者角色的政府在多元主体中处于核心主导地位；其三，主体各自拥有自身的资源优势并且平等地拥有治理的参与权；其四，明确的角色定位和详细的功能定位。

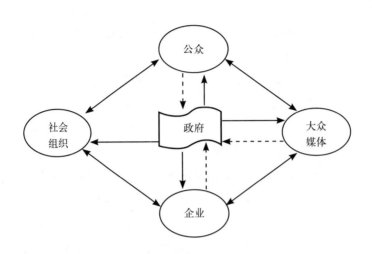

图1　多元主体参与模式基本框架图

2. 多元主体职能职责划分

海洋生态安全治理不仅依靠多元主体的互动参与，更需要明确界定出各主体的职责和相互关系。具体来说，多元主体参与模式下各参与方的职责划分主要包括如下几方面。

（1）政府

在海洋生态安全治理中，政府不再是唯一管理者，而是将权力与责任适度地移交给其他主体，与其他多元主体进行协作共治。可以说政府在海洋生态安全治理中是主导力量，担负管理、引导协调、服务、扶持等职责。

一方面，政府要加大对海洋生态安全建设人力、物力的投入力度，制定完善的法律、法规，健全配套设施。另一方面，政府要赋予企业、公众、社会组织、大众媒体等主体参与海洋生态治理的权利，并制定制度予以保障，更要注重对各主体之间的利益诉求、博弈等问题进行协调，同时做好规范引导工作。面对社会公众和组织，要及时回复他们所反映的问题和建议，自觉接受媒体的监督和质疑。 对于企业尤其是涉海企业，要予以扶持，督促其安全生产，合理排污。对生态安全治理工作中的违法行为坚决惩处，不断从实际中吸取经验教训来完善现有决策，以便对海洋生态环境做出及时有效的反应。

（2）企业

海洋生态安全问题与企业生产经营活动密切相关，企业既是环境问题的责任者，又是受害者。企业的环境意识和社会责任在海洋生态安全中起着至关重要的作用。一方面，企业要强化环保意识，清洁生产，降低对海洋生态环境的污染。在生产经营活动中，积极接受政府的指导和规范。另一方面，企业还要履行社会责任。在海洋生态安全治理中，协助政府及其他治理主体，并在资金、技术等方面予以援助。

（3）公众

公众与海洋生态环境有着直接或间接的影响。随着我国公民社会的不断发展，公民参与公共事务管理的意识和积极性不断提高。公众在政府的引导和法律法规等行为准则的保障约束下，通过多种渠道和途径参与海洋生态安全的治理并对政府行为进行监督。具体到海洋生态安全治理上的职责包括：利用传统方式，包括个人参与、集体推动、游说等方式了解海洋环境信息，表达利益诉求；借助新兴媒介，例如网络论坛、博客、微博等与政府进行沟通与互动，发表观点看法。在评估、直接处置以及舆论监督等方面发挥作用。

（4）社会组织（非政府组织、知识组织）

在海洋生态安全治理需要的社会整合力量中，非政府组织和知识组织扮演着不同的角色。

非政府组织。在一些政府部门难以发挥效用的地方，具有公益性特点的非政府组织既可以起到补充作用，提供技术、设备、资金等方面的支持；又可以联系政府和群众，促进二者的沟通；还可以加强对政府行为的监督。因此，在海洋生态安全治理方面，非政府组织所发挥的作用不容小觑。

非政府组织要在独立自主的原则下，提高自身的筹资能力，扩大资金来源渠道，构建高水平的专业化组织管理结构。在海洋生态安全治理方面，前期要协助政府进行有关海洋环境安全的宣传教育，实现海洋生态安全问题的预警及监控；中期在应对威胁时，要整合信息资源，有效动员社会力量的广泛参与；后期则需要进行评估及监督等。

知识组织。海洋生态安全的治理和修复离不开科学技术的支撑，以高校，科研机构为主的专业知识组织与训练有素人才队伍之力量不可忽视。他们凭借在科技研发上的优势，能够在海洋环境治理系统中发挥重要作用。他们与政府、企业建立良好的合作关系，在需要技术协助时能够给予专家咨询和援助。

（5）大众媒体

媒体作为信息公开的渠道和政社沟通的中介，是海洋生态安全治理中必不可少的主体，其凭借自身的特点，传输信息和导向舆论，建言献策、督促政府采取正确的决策，为有效处置突发公共事件提供监督和保证，为公众、非政府组织提供表达意见、参政议政的平台。

具体职责有：一是发挥信息传递功能。在政府制度化、规范化的要求下，宣传和普及危机知识；危机发生时迅速、公正地发布信息；传递社会公众的正当需求。

二是发挥预警作用。保持对海洋生态危机征兆的敏感度，经证实后及时把民众传递来的危机征兆反馈给政府，发挥媒体的危机预警作用。三是监督各主体的治理行为是否透明化、公开化和信息的真实性、可靠性。

（6）海洋生态安全治理的国际合作

环境安全是全人类的共同利益。[3]防止海洋污染、保护海洋生态环境应是国际性的。[4]国际力量在海洋生态安全治理中扮演"援助者"的角色。可通过与政府间的官方渠道或与非政府组织的非官方渠道进行海洋生态安全相关的技术交流，结合我国海洋生态环境的具体情况，灵活引进国外先进的海洋治理理念、技术、设备、经验等。

（二）多元主体参与模式的动态运行机制

1. 法规制度保障机制

（1）健全的法律保障

海洋生态安全治理主体的多元性及其各主体之间关系的不确定性，极易引发机会主义倾向。因此，有必要建立规范化、制度化的法规制度体系，对各主体在海洋生态安全治理中的行为进行指导和约束。

首先，海洋生态安全治理法制化。我国目前尚未形成一套比较系统的海洋生态安全治理法律体系，缺乏整体性的法律框架，不能发挥统揽全局的作用，这就使得各地方政府沟通协调不够，各自为政，影响了对危机的有效应对。因此，应该根据形势的变化和实际的需要建立与完善一套系统的法律法规体系，弥补海洋生态安全治理上立法的空缺。

其次，多元治理主体的权力及职责规范化。对参与管理的各主体的权利、职责关系和参与的渠道、程序、方式、惩罚制度以及如何实现各主体间的监督和制约等用法律形式做出详细的规定，使各主体的危机应对有法可依，使其行为制度化、规范法、法制化。

再次，法律法规内容具体化。我国现行的海洋环保相关法律法规内容空乏而抽象，多是原则上的规定，缺乏具体的实施细则。这就需要细化相关法律，从而减少法律的抽象性。通过法律对海洋危机发生时各管理部门或机构各自的职责范围、运行程序、救援物资援助等方面的明确规定，使各主体各司其职，井然有序地处理好海洋生态安全问题。

（2）完备的制度保障

环境信息通报与公开制度。我国现有的关于环境信息通报和公开制度已经相对完善，包括《环境保护行政主管部门突发环境事件信息报送办法》《环境保护法》

《环境污染与破坏事故新闻发布管理办法》等，不仅规定了相关信息的处理，还指出环保部门、各单位及个人等多元主体在应对海洋生态安全治理问题中要互相协调配合。例如，政府要在政策、制度的制定及具体行动中起到核心主导作用，引导协调其他主体的参与行为；单位及个人等主体也要积极配合政府的指导，协助政府将海洋生态的损害降到最低，保障海洋生态系统的平衡。

环境责任制度。我国目前关于环境责任认定的法律法规还未能形成系统完整的制度体系。例如，倡导建立企业环境监督机制的《国务院关于落实科学发展观加强环境保护的决定》、规定社会各主体在生态安全治理中刑事、民事责任的《突发事件应对法》等。环境责任的认定在法律法规中呈现出零碎化、片面化，使得环境责任在实际管理运行过程中的界定成为难题。而解决该问题的关键在于在现有制度的基础上完善环境责任制度体系，确保环境责任实施到位。

环境侵权赔偿制度。《海洋环境保护法》规定："对破坏海洋生态、海洋水产资源、海洋保护区，给国家造成重大损失的，由依照本法规定行使海洋环境监督管理权的部门代表国家对责任者提出损害赔偿要求。"[5] 这一规定确立了政府对海洋环境损害责任人的索赔权。不合理的海洋资源开发，超标的污染物排放，严重破坏了海洋生态环境，给海洋环境的稳定性带来威胁，从而侵犯到海洋相关利益主体利用海洋，开发资源的权利。因此通过法律手段向污染损害海洋责任人，提出相应的损害赔偿要求是必要的，一方面可以在一定程度上遏制损害责任人污染的可能，另一方面也维护了相关利益者的权益。

2. 合作与协调机制

合作是使多方利益最大化的有效途径。海洋生态安全治理多元主体合作与协调机制的构建，首先需要遵循平等合作的原则，在平等的基础上，各主体凭借各自的优势在海洋生态安全治理中实现各自的利益诉求。其次，建立完善的协调对话机制，加强各主体之间的对话与沟通，对不同利益主体的分歧进行协商和调解。建立平等、协商的伙伴关系，是海洋生态安全治理顺利进行的基础。

海洋生态安全的维护同时是各国所面临的一个共同课题，海洋生态环境的损害不受国家间界限的限制。所以，在应对海洋生态安全问题时，加强海洋生态安全的合作是必要的。首先，要勇于参与各种国际海洋公约的制定，根据各种海洋公约来制定国内法，以求与国际同步。其次，要勇于参与到国际海洋事务的治理中去，以增加我国在国际海洋事务中的话语权，提升我国在国际中的影响力。再次，加强国际合作与交流，引进技术，增强我国的海洋环保力量。

3. 信息共享机制

在多元主体参与的海洋生态安全治理中，信息的准确性和畅通性是极其重要的，也是多元主体合作治理的关键。信息不对称的存在可能产生败德行为和"逆向选择"。[6]在海洋生态安全的信息共享和信息畅通方面，我国目前做的还不够好，各部门信息共享意识淡薄极为明显。为了更好地收集海洋生态信息，及时发现危机征兆，以及给决策者提供数据支持，我国需要打造一个高效畅通的信息共享平台，建立统一的决策指挥网络，确保信息畅通，使各主体能够获得第一手的准确信息，只有这样，才能促进决策的科学性，遏制危机发生时的谣言。同时，信息的公开能够消除公众的恐慌心理，提高政府的信誉，另一方面，信息的公开也是对公民权利的一种保障。

4. 资源保障机制

在海洋生态安全治理的过程中，建立系统的主体合作和资源整合的保障机制是十分必要的。来自于社会方方面面的信息使得由海洋生态安全问题而导致的危机变得更加扑朔迷离。而这种信息又随着危机的发展不断的变化。因此，需要建立一个具备"监测监控、预警预测、信息报告、辅助决策、调度指挥和总结评估等功能"的海洋生态治理信息平台，依托信息技术整合利用现有资源，确保治理网络的多元主体在统一的平台上达成协调一致的海洋生态安全治理策略[7]。

海洋生态安全治理是一项庞大的工程，建立相应的物资储备体系的难度可想而知。从国家层面上来看，应建立相应的战略物资储备库，从国家财政中拨出专项的经费，各地方根据本地的实际情况，多储备本地多发事件所需物资，各地方之间要加强协作。同时，还应借鉴国外先进理念和经验。

5. 监督维护机制

多元治理主体的自立性和机会主义倾向，决定我们在海洋生态安全治理中要建立监督机制，保证权力的正当行使。具体说来，包括以下几个方面：

一是政府内部监督。政府是国家公权力的执行者，其在海洋生态安全中的应对行为是否恰当地发挥其应有的作用，对于海洋生态安全问题极为重要。同时，为了防止政府在海洋生态安全问题处理过程中出现权力滥用的情况，必须对拥有一定自由裁量权的各层级政府部门进行有效的监督。

二是法律监督。通过将我国海洋生态安全治理纳入到完备的法律法规中，使在海洋生态安全危机治理中，负有管理职责的机关和个人出现滥用职权的行为时，执法机关可以援引法律条文对其进行严厉制裁。

三是社会公众监督。在海洋生态环境治理过程中，如果出现滥用权力，以权谋私，将专用款项和社会捐助资金挪作他用的时候，公众都可以通过各种媒体形式进行披露曝光。同时，也可以向政府和纪律检查部门进行检举揭发，以此来促使监督客体纠正错误，改进工作，使那些违法行为受到应有的法律追究。

四是媒体舆论监督。媒体要充分发挥其社会监督作用，跟踪调查专用款项和各种社会捐助资金的适用情况，以此来提高救援款项的利用效率，以媒体的形式来影响国家机关及其工作人员的行为，起到其他监督形式无法替代的作用。

6.绩效考核机制

海洋生态安全治理的绩效评估是指，对参与治理海洋危机的多元主体在应对能力、管理水平、业绩等方面是否发挥应有的作用和功能的考核和评价体系。建立奖惩制度和问责机制，调动各主体的参与意识，促使各主体及时总结经验教训，改进危机管理的手段和方案，协调各主体之间的关系，提高管理效能。

绩效评估的主体和客体是多元的，都是由政府、企业、公众、大众媒体、社会组织所组成的多元评估主体，能够保障绩效评估结果的公正客观。多元评估的客体主要是在危机中的自救互助能力，政策制定的水平等。评估标准是通过主体的角色定位和责任来界定危机治理的评估标准，而民众的满意度则是其根本的价值取向。只有完善危机中的问责机制才能充分发挥绩效评估中的作用，只有通过强化主体的问责意识，保证危机治理中的信息公开，辅之以完备的法律法规，多元协作的治理模式才能长久地运转下去。

参 考 文 献

[1] 吕建华, 高娜. 整体性治理对我国海洋环境管理体制改革的启示. 中国行政管理, 2012(5)：19-22.

[2] 吕建华. 完善我国海洋环境突发事件应急联动机制的对策建议. 行政与法, 2010(9)：33-34.

[3] ［日］松下和夫. 论"人的安全"与"环境合作". 浙江大学学报（人文社会科学版）, 2008(1)：29-34.

[4] 黎松强, 吴馥萍. "海洋资源与海洋生态保护". 广东化工, 2005(3)：60-62.

[5] 刘家沂. 完善污损海洋生态索赔诉讼有关制度的探讨. 太平洋学报, 2006(12)：91-96.

[6] 罗晓媚. 网络治理视角下我国区域公共问题合作治理模式研究. 西北大学硕士论文, 2010.

[7] 姜自福. 海洋突发环境事件应急管理多元主体参与模式研究. 中国海洋大学硕士论文, 2012.

论文来源：本文原刊于《太平洋学报》2014年03期，第91-97页。

基金项目：本文系2011年度教育部人文社会科学研究青年基金项目"中国海洋生态安全治理模式研究"（11YJC630258）、2013年教育部人文社科重点研究基地中国海洋大学海洋发展研究院资助项目："我国增强在北极区域实质性存在的理论依据及实现路径"（2013JDZS03）、2011年中国海洋发展研究中心海大专项"北极海洋生态安全与中国国家安全"（AOCOUC201105）的阶段性成果。

从利益相关者角度构建海洋环境污染损害赔偿机制

羊志洪* 李双建 周怡圃

摘 要：当前，中国的海洋环境污染损害赔偿机制存在法律制度、执行措施不健全等问题。从利益相关者角度，界定并分析在完善这一制度中所涉及的各类利益相关者及其利益诉求与行为模式。通过探讨利益相关者之间的构成及相互作用机制，界定其对海洋环境污染损害赔偿机制所产生的影响。以此为基础，提出完善海洋环境污染损害赔偿法律制度及相关政策的建议以及维护这一制度有效执行的保障机制。

关键词：海洋环境污染损害赔偿；利益相关者；利益诉求；立法模式

一、海洋环境污染损害赔偿机制存在的问题

当前，在国家建设海洋强国战略大背景下，我国经济社会发展不断往向海方向拓展。然而，随着海洋的不断深入开发和利用，海洋环境污染损害不可避免。海洋环境污染损害赔偿是污染者承担法律责任并向污染受害者进行赔偿的重要法律机制。然而，当前我国这一制度还存在一些重要的缺陷，具体来说，主要包括以下几个问题。

（一）海洋环境污染损害赔偿权利义务主体缺乏明确界定

就提出赔偿的主体来说，我国现有法律法规中，往往规定"有关单位""海洋行政主管部门"等作为海洋污染赔偿提出的主体，且缺乏具体细则，在实践中容易造成"扯皮"现象。就赔偿对象来说，从生态补偿看，补偿对象是自然资源的所有者，国家作为海洋资源的所有者理应是海洋污染赔偿的对象，我国法律一般也多做

---

*羊志洪，女，助理研究员，博士，主要研究方向：环境规划与管理。

此规定。但是海洋环境的其他受益者或者说海洋污染的其他受害者，如渔民、海洋周边的居民、合理享有对该海域开发建设的单位和个人请求赔偿的权利，却并没有得到明确。

（二）海洋环境污染损害赔偿缺乏明确的标准

《中华人民共和国海洋环境保护法》实施多年来，一些重要的海洋环境标准仍是空白，缺乏可操作性，亟须完善。由于海洋环境污染损害事实具有复杂性、广泛性以及持久性等，从而导致损失的计算要比一般侵权行为造成的损失的计算困难得多。目前，除我国农业部渔业局有一个渔业损失的计算办法之外，海洋污染损害的损失类型、赔偿范围、赔偿标准以及计算方法等，我国法律都没有明确的规定，这给海洋污染损害赔偿的实践操作带来相当大的问题。导致一方面，污染受害者的其他类型损失、除渔民之外的其他受害者的损失无法得到赔偿；另一方面，可能导致类似污染案件的执法尺度难以统一，在司法上也缺乏统一的标准。与此同时，由于海洋环境污染带来存在隐性、长期等特点，从而使海洋环境污染损害而导致的直接经济损失和生态损失难以完全量化和标准化，也就难以落实到具体的资金赔偿数额。而且，也正由于此，导致污染受害者、政府相关部门以及污染者等利益相关者之间就损害赔偿的具体金额存在较大分歧，甚至导致最终弱势群体，无法获得其应有的赔偿，尤其是渔民，而污染者却能以较低的成本为其污染行为付出代价[1]。

（三）海洋环境污染损害的赔偿方式和范围单一

现阶段我国海洋污染赔偿的方式主要以现金赔偿为主，没有其他辅助形式的赔偿方式。这导致，首先，由于赔偿的方式较为单一，只能寄托于污染者的现金赔偿。然而，在实践中，污染者有时不能及时、足额缴纳，存在拖欠问题，可能不了了之。其次，导致政府由于缺乏相应的财务科目，无法与公共财政对接，赔偿费真正让底层的污染受害者收益的程度非常有限。例如，2011年渤海蓬莱19-3溢油事故的赔偿金问题，也并未完全落实至各受损渔民。同时，我国海洋环境污染损害对政府之外的受害者只赔偿直接的经济损失，而并不考虑污染对周边企业、居民的间接经济损失和其他类型损失，如优美环境等精神损失。而这方面的环境权利也应当是现代人权理念的一部分。

综合上述问题，在海洋环境污染损害赔偿领域，应当不断完善相关法律及政策制度，以明确界定海洋环境污染赔偿相关权利义务主体、赔偿范围和赔偿标准，使法律具有切实的可操作性，切实保护海洋环境、避免引发不必要的矛盾和冲突，实现公平与公正，提高法律法规的执行效率，维护利益相关者合法权益。

二、海洋环境污染损害赔偿中的利益相关者及其利益诉求

从利益相关者角度分析海洋环境污染损害赔偿所涉主体的权利义务关系和利益诉求，从而确定影响整个海洋环境污染损害赔偿政策的效用，以及在完善海洋环境污染损害赔偿政策法律制度中所应考虑的各类主体的关系结构、可能采取的行动和应对策略。

（一）利益相关者理论的基本方法与作用

自20世纪90年代中期以后，利益相关者分析方法开始广泛地应用于自然资源管理实践。这一方法是"通过确定一个系统中的主要角色或相关方，评价他们在该系统中的相应经济利益或兴趣，以获取对系统的了解的一种方法和过程"[2]，这一方法的主要目的是找出并确认系统或干预中的"相关方"，对其经济利益及其在社会、政治、经济、文化等多方面的利益进行评价[3]。简言之，海洋环境污染损害赔偿利益相关者是指在海洋环境污染损害相关政策或行动中具有利益关系的个人或群体。这些"利益"很大程度上决定了利益相关者的行为模式。

利益相关者角度的分析是以利益为中心、涵盖政策制定执行全过程的分析方法，与其他方法相比，更为系统和全面，能够深入体制机制问题的本质，并进而作为改革的重要依据。利益相关者分析的核心内容是明确各利益相关方的利益性质、地位和在发展干预中的作用及其互动方式[2]，最终目的是在制定政策过程中，决定谁的利益、以怎样的次序应予以考虑[4]。一旦甄别出利益相关者并对其利益诉求进行考量，就有助于确定海洋环境污染损害评估与赔偿中的利益相容或相抵的程度，目的是决定谁的利益在完善这一政策制度时应该予以考虑以及如何实现，进而调整、平衡现有的相关体制机制，使政策具有协调性和可实现性。通过利益相关者分析，可以充分考虑海洋环境污染损害中不同利益相关者对政策的态度、了解程度、相关政策对其利益的界定、与其他利益相关者之间潜在的联合情况以及其影响政策的能力。当然，在这一过程中，仍必须以坚持基本的环境保护原则为前提。

（二）海洋环境污染损害赔偿利益相关者及其利益诉求的界定

从海洋环境污染及损害的发生至赔偿的结束，其实质是所产生的利益纠纷的解决机制的运行过程。这一过程牵涉的利益相关者众多、利益诉求类型多样。海洋环

境污染损害机制所涉及的利益相关者划分为两类：一是核心利益相关者，即权利主体和义务主体，主要包括政府、污染者、受害人；二是其他利益相关者，即其自身利益本身并为受到影响，但由于其社会责任或主体的性质所决定的其要求参与进入这类法律关系当中，如非政府组织、公共利益代表等。

（三）海洋环境污染损害赔偿核心利益相关者及其利益诉求

在海洋环境污染损害赔偿政策制度的构建过程中，核心利益相关者直接参与并影响政策的制定和机制的构建，且承担相关政策执行而可能对其利益产生的风险。

1. 政府及其利益诉求

根据法律规定，政府及海洋相关部门是海洋环境污染治理和请求赔偿的主体。《中华人民共和国海洋环境保护法》规定，国务院和沿海地方各级政府有义务对具有重要经济、社会价值的已遭到破坏的海洋生态整治和恢复，并赋予了海事行政主管部门强制采取避免或者减少船舶污染损害措施的权利和义务。此外，根据《中华人民共和国海洋环境保护法》第5条之规定，我国依法设立了以国家环境保护总局为统管，以海洋渔业局、海事局、渔政渔港监督管理局、军队环保部门为分管的五个海洋环境监管部门。与此同时，第41条又规定，造成或者可能造成海洋环境污染损害的，上述有关主管部门可以责令限期治理，缴纳排污费，支付消除污染费用，赔偿国家损失，并可以给予警告或罚款。此外，第90条也有类似的规定，"造成海洋环境污染损害的责任者，应当排除危害，并赔偿损失。对破坏海洋生态、海洋水产资源、海洋保护区，给国家造成重大损失的，由依照本法规定行使海洋环境监督管理权的部门代表国家对责任者提出赔偿要求。"

毫无疑问，政府是海洋环境污染损害赔偿政策的核心制定者和执行者，也是这一机制重要的参与者，具体包括中央政府及其各相关部门、地方政府及其各相关部门。维护生态利益保护的责任只能由政府承担，国家需要对海洋环境环境污染治理。其职责主要是界定海洋环境污染所产生的损害、执行相关政策和法律、保护海洋环境等。由于不同的执行层级，相关政府部门的结构亦较为复杂。在海洋环境保护相关政策制定中、在涉及重大海洋环境污染损害的事件中、中央政府及其相关部门是相关政策的制定者。而对于地方政府来说，则是政策的执行者和具体海洋污染事件中的决策者。

作为总体，政府的利益诉求主要集中于海洋的可持续发展，海洋环境效益、经济效益和社会效益的和谐统一。然而，对于具体的海洋环境保护目标来说，各级政府及其相关部门之间的利益诉求却并不完全一致。例如，追求经济效益的地方政府与追求海洋环境效益的中央政府之间、追求经济效益的地方政府与追求环境效益的环保部门之间，能源与经济部门与环保部门之间的利益诉求，都有可能存在一定的冲突，而这在发展中国家往往是一个不能回避的问题。主要原因在于，我国的行政体制、政府官员评价机制、经济发展情况，导致经济效益成为地方政府及其官员的基本利益诉求。这一情况不仅导致海洋环境保护政策的执行有可能被打折扣，而且可能导致地方政府之间的互相推诿和"搭便车"现象。此外，海洋环境保护的相关人事和财政部门并不独立于对应级别的政府，使得地方政府和海洋环境保护部门之间的利益产生冲突。

2. 污染者及其利益诉求

由上述法律规定可知，污染者必然是海洋环境污染损害赔偿的基本主体。海洋环境污染的来源主要来自两方面：一方面可能是具体的污染者、企业、海洋作业者造成的；另一方面可能是系统性海洋环境自然出现问题而带给人类的灾害，很难归因于具体的个人、团体或者政府。海洋环境污染物排放主要包括：船源污染物排放者、海岸工程建设项目污染物排放者、海洋工程建设项目污染物排放者、陆源污染物排放者、海洋倾废污染排放者等。毫无疑问，上述海洋污染物的排放者，尤其是大型海洋污染物排放企业，是海洋环境污染损害相关政策调整和规制的对象。相关政策的制定，对其的利益影响最大、最直接。

此外，从现代环境侵权法的角度看，除直接污染责任承担者之外，需要对海洋环境污染承担的责任者众多。根据我国《民法通则》和《侵权行为法》的相关规定，环境污染责任的承担，实行的是无过错责任和连带责任原则。因此，海洋环境污染损害赔偿政策制定过程中所涉及的利益相关者会有所扩大，即凡是同污染损害有关联的企业和个人都可能承担连带赔偿责任。如美国1980年《综合环境反应、补偿和责任法》规定，污染物质造成环境损害后，需承担连带责任者还包括污染物质储存设施、容器的所有者和营运者以及污染物质处置设施的所有者和营运者、运输者。

这一利益相关者是污染责任和赔偿责任的承担者，其在赔偿政策中所追求的必然是赔偿责任的最低，即经济利益的最大化，而环境效益和社会效益并不是其追求的利益本身，而是其在法律框架内应当承担的义务。需要注意的是，在海洋环境污染损害赔偿政策的设计和执行中，虽然污染物排放者的类型不同，其对于各自利益诉求认知和程度存在差异，但无非是期望在海洋环境污染损害赔偿当中尽可能减轻自身所应承担的法律责任。

3. 受害者及其利益诉求

相对来说，作为海洋环境污染的受害人，则因赔偿范围和标准的不同，其数量和范围而有所不同。海洋环境污染的受害人是指生计或者物质财产直接或者间接地受到海洋环境保护相关政策影响以及生计、财产或精神等直接或者间接地受到海洋环境污染损害行为影响的群体，具体包括利益直接或间接遭受损失的自然人、法人或其他组织，如渔民、周边企业、沿海居民，根据海洋污染损害的情况，可以分为直接受害人和间接受害人。[5] 直接受害人则是因海洋环境污染而导致海域使用权遭受侵害的权利主体，如养殖物损失利益相关者，其享有请求污染者赔偿养殖物损失的权利，包括企业和个人。间接受害人，则是指优美海洋环境质量遭受侵害的利益相关者，即指公众，依照我国法律，自然人依法享有享受优美的海洋环境质量的权利，如从事旅游、娱乐、体育、疗养等。这类损害具有间接性，即并不直接作用于受害人本身，且对其造成的损失也并不直接产生，而是随着污染的扩散、对环境产生影响而逐渐显现，其侵害的对象常常是相当地区范围内不特定的多数人或物。从广义上说，只要是上述所说的权利受到影响的人，都可以界定为此类损害赔偿的利益相关者，从狭义和实际损害赔偿操作层面上来说，这类利益相关者的范围也必须限于法定之内，即特定区域的特定群体。

海洋环境污染受害者的利益诉求较为复杂，可以概括为经济利益、环境利益和精神利益三个方面。经济利益，即其因海洋环境污染而造成的直接经济利益损失，包括海水养殖作物损失、养殖工具等各类损失；环境利益，是因海洋环境污染而导致海洋生态平衡遭到破坏、环境自净能力减弱，进而影响周边经济社会环境的可持续发展，这一环境利益是其经济利益的基础，一般由国家代为请求赔偿；精神利益，是指因污染而引起的海洋环境优美度的降低，周边人群欣赏优美海洋环境的利益受到影响，而这在我国的相关法律中尚未规定。环境利益和精神利益，是非经济损失，根据我国《民法通则》《侵权行为法》，海洋环境污染经济利益的直接受害人，往往可以成为海洋环境损害赔偿的民事权利主体。在我国，这类权利主体包括自然人、法人和其他组织以及作为特殊民事主体的国家。对于直接受害人来说，行使赔偿请求权，获得损害的经济赔偿，恢复其赖以维持生计海域的环境功能，或者在无法修复的情况下，提供其基本的生活保障，是其基本利益诉求。对于间接的受害人来说，要求恢复海域的优美环境是其基本利益诉求。

无论是直接受害人还是间接受害人，上述三类利益都受到了影响。直接受害人的利益诉求主要包括：直接的经济利益损失和环境利益损失（其持续发展能力的基础）；而作为间接受害人，其利益诉求主要是：环境利益损失和精神损失（其对周边优美环境的期待）。从两者之间的利益诉求的互补性看，两者可以结成利益联盟，从而缓解其在海洋环境污染损害赔偿中的弱势地位，并进一步加大对政策的影响力度。

（四）海洋环境污染损害赔偿其他利益相关者及其利益诉求

随着环境保护的日趋重要和非政府组织机构的日渐完善，除上述核心利益相关者外，因海洋环境污染及损害而产生的利益相关者还可包括其他相关政策决策的可能参与主体，如其他地区、非政府组织（NGOs）等公共利益代表。

1. 其他地区

海洋环境污染物的扩散性决定了，其污染损害可能存在跨行政区域的问题。一方面，当出现沿海地区海洋环境保护政策或污染损害赔偿政策有所不同的情况下，有可能导致排污企业将其产业或投资转移至污染物排放政策相对宽松、排放成本更低的行政区域，从而导致其他沿海地区海洋环境的损害加重。另一方面，由于海洋环境与大气环境类似，具有流动性，海洋环境污染物在某一地区的排放，有可能最终导致多个相邻行政辖区内的海洋环境受到影响，从而产生相应的损害赔偿问题。这就可能存在一个以上政府要求污染者进行治理和赔偿的可能性。如果不考虑这一情况，那么，海洋作为一个整体，相关海洋环境保护政策、海洋环境污染损害赔偿政策的环境效益可能将受到损害。因此，毫无疑问，作为利益相关者的"其他地区"的利益诉求相对来说应是环境效益优先。

2. 海洋环境保护非政府组织（NGOs）

海洋环境污染损害赔偿机制的公共利益相关者主要是指公众、社区和各类组织等。毫无疑问，广大公众的利益并不直接参与海洋环境污染损害赔偿机制，但是，对于海洋环境污染损害赔偿相关政策的执行，却关系到公众、尤其是沿海公众的利益。虽然，在海洋环境污染损害赔偿政策制定过程中，政府必然需顾及公众的利益，此时，政府与公众的利益诉求可以说是一致的，即追求经济、社会和环境效益的和谐统一。然而，对于环境效益的认知上看，公众与政府之间却有所不同。而非政府组织的逐渐兴起，其成为既独立于政府、又独立于公众的公共利益的代表，其往往具有专业技术知识，具有较高的自由度活跃于海洋环境保护政策的制定与执行过程中。尤其是在发生重大环境公共利益损失事件的过程中，代表民众与强势群体抗衡，维护公共利益。例如，国际上的绿色和平组织、绿色之家等。

虽然环境保护非政府组织有其自身的利益诉求，但在环境利益这一点上，非政府组织与公众之间则高度一致，在寻求环境效益方面，甚至比公众更为迫切。

表1　海洋环境污染损害赔偿中的利益相关者及其利益诉求

利益相关者			利益诉求
关键利益相关者	政府	中央政府	环境、经济和社会效益的和谐统一
		地方政府	环境、经济和社会效益的和谐统一
		环境保护部门	环境保护和公共利益
		其他部门	部门利益和环境保护
	污染者	企业或个人（各类海洋环境污染物排放主体）	经济利益最大化
	受害人	企业或个人	赔偿经济损失，环境利益，优美环境精神利益
		公众（附近居民）	知情权，参与权，环境保护以及环境公平权
其他（或潜在）利益相关者	其他地区	受到污染影响或损害的周边行政区域	
	非政府组织	环境保护非政府组织	知情权，参与权，环境保护以及环境公平权
	公共利益代表	公益诉讼提起人等	环境利益

三、海洋环境污染损害赔偿机制利益相关者之间的相互作用与关系

基于海洋环境污染损害赔偿制度政策的设计与构建问题，分析各类利益相关者之间的相互作用，从而考察其在政策设计中可能产生的影响。

（一）利益相关者之间的相互作用

在设定海洋环境污染损害赔偿权利义务主体的范围过程中，必须面对以下问题：出现海洋污染及损害时，由谁承担赔偿义务？由谁享有获得赔偿的权利？这一污染赔偿的基准是什么？利益相关者之间的相互作用如图1所示。

1. 政府

海洋环境污染损害赔偿不同于其他一般侵权损害赔偿。首先，它是一项海洋环境保护救济机制；其次，它是保障作为弱势群体的受害人能够获得赔偿并使赔偿能够有效弥补其所受到的损失。因此，在确定海洋环境污染损害赔偿权利义务主体的过程中，政府不仅需要寻求环境效益的最大化，最大程度弥补由于污染而引起的海洋环境可持续发展的损失，同时，也要保护受害人的经济利益、环境利益得到最大程度的满足。在这一点上，政府与受害人、环境保护非政府组织以及其他公共利益代表的利益诉求达成一致。因此，在设计、制定和完善海洋环境污染损害赔偿政策过程中，在当

前法律体系内，政府必然将倾向于慎重考虑受害者、其他地区的利益诉求，从而加重对污染者的赔偿力度，以保障受害人的经济效益和海洋可持续发展。

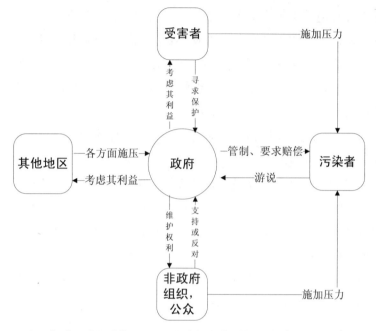

图1 海洋环境污染损害赔偿政策制定中利益相关者之间的关系

2. 污染者

对于污染物排放企业来说，承担环境责任、尤其是对其形成的环境破坏进行救济是其法律义务。但是，作为市场主体上的理性经济人，其必然是在希望在政策的制定过程中，能将其经济利益最大限度地予以考虑。为此，这类主体往往通过说客、经济投资等试图影响政府的决策方式。

3. 公众和环境保护非政府组织

通过公众参与机制，公众和环境保护非政府组织可以对政府的决策产生一定的影响。这类主体、尤其是后者可以为政府在制定海洋环境污染损害赔偿政策的过程中提供专业技术支持，弥补政府在海洋环境专业领域的不足和欠缺，并对这一过程进行监督。

4. 其他地区

从以上污染者的利益诉求及其对海洋环境政策的影响及追求来看，可以看出对于海洋环境污染损害赔偿政策的设定不仅仅是一个环境保护问题，同时也有可能成为一个重要的地区协调问题，在政策的制定过程中，一方面要考虑各自的利益，另一方面，也需要对政策制定者施压，以降低对其他地区的影响。

（二）利益相关者相互作用的影响

第一，政府是海洋环境污染损害赔偿政策制定和执行的基本推动力。毫无疑问，政府是海洋环境污染损害相关政策的核心设计者。作为决策者，在防治海洋环境污染、保护海洋环境的事业中，政府及其相关部门的决定和行动将在一定程度上决定了海洋环境污染损害赔偿政策的制定和执行。当然，从现代民主政治的角度来看，这并不意味着政府可以随意地设计海洋环境污染损害赔偿政策，其必须慎重考虑其他利益相关者的利益诉求及其相互关系。

第二，污染者和受害人得到公平对待是保障海洋环境污染损害赔偿机制有效运行的基本保证。海洋环境污染损害赔偿政策的制定必须基于国家法律的基本要求。因此，基于法律的基本要求、确保权利义务的合法合理分配，成为海洋环境污染损害赔偿政策制定的关键问题。而且，不同利益诉求之间的平衡和公平对待是政策制定之后得以有效执行的基本保障。相对于政策的制定来说，能够顺利、有效执行才是一项政策制定的基本诉求。

第三，公众和环境保护非政府组织的参与对政策制定的影响并不明显。虽然，公众和非政府组织可以通过公众参与等方式而介入海洋环境污染损害赔偿政策的设计和制定过程，但其对政策本身的影响却并不明显。之所以如此，主要有三个原因：首先，对于公众来说，公众参与可能是其表达利益诉求的主要适当途径，然而，由于信息不对称的原因，使得公众并不能非常精准地界定其自身的利益及其受到的威胁；其次，虽然政府是公共利益的代言人，但显然，政府作为一个主体，有其自身独立的利益诉求，甚至可能和公众的利益诉求相冲突，如公众环境利益与政府寻求经济利益之间的冲突；最后，在企业的利益诉求表达的过程中，公众和非政府组织并没有法定的机会去影响这些企业做出的决策。上述这些情况的存在，可能导致海洋环境污染损害赔偿机制的执行缺乏广泛的社会基础。

四、构建海洋环境污染损害赔偿机制的对策建议

针对当前海洋环境污染损害赔偿各利益相关方的基本情况，在海洋环境污染损害赔偿领域应提出切实可行的政策建议，包括立法模式的选择和立法内容的确立，并从确保海洋环境污染损害赔偿机制有效运行的角度提出具体的保障措施。

（一）中国海洋环境污染损害赔偿立法模式选择

当前，完善立法已成为中国海洋环境污染损害赔偿机制的必然选择，应当在环

境立法体系内完善环境损害赔偿及其纠纷处理的法律制度，并且采用实体和程序一体规定的专门立法模式。

为便于适用和执行，立法必须选择恰当的模式。从国家层面立法，主要可以采取制定单行"法律"、修改现行法律以及制定行政法规或部门规章等模式。对于制定单行法律或修改现行法律来说时机尚未成熟，且其占用过多立法资源，短期内亦无法出台，而部门规章的效力等级较低，在与地方性法规之间出现矛盾的情况下，容易被忽视。因此，可以采取由国务院制定《海洋环境污染损害赔偿条例》的立法模式，其优势在于立法程序相对宽松，立法周期较短，且更具可操作性。

（二）中国海洋环境污染损害赔偿立法应确立的基本规则

结合当前海洋环境污染损害赔偿法律制度和实施机制存在的问题和各利益相关者的利益诉求，在未来海洋环境污染损害赔偿行政法规制定中，至少应当包括以下几方面内容。

第一，利益相关者权利义务制衡规则。首先，在现有法律法规基础上，建立政府海洋环境污染损害问责机制，明确政府代表国家向污染者请求赔偿的职责和权限。其次，明确污染者的赔偿责任及其范围，及其在履行赔偿责任中的权利等；再次，明确受害者的求偿权利，规定其向政府相关部门请求协助的权利以及其他相关权利和义务；最后，明确其他利益相关者，包括非政府组织、科学家在海洋环境污染损害赔偿中所享有的权利和承担的义务。当然，在界定权利义务时，有必要向弱势利益相关者的权益维护倾斜，即在求偿时有获得国家资金等各方面帮助的权利等。

第二，海洋环境污染损害评估规则。在《海洋环境污染损害赔偿条例》相关原则性规定的基础上，由环境保护部联合国家海洋局制定《海洋环境污染损害评估规则》。这一规则应当包括以下内容：启动评估的主体，包括各级政府等；参与评估的主体，包括污染者、受害者、非政府组织等；评估体系的技术标准、评估方法的界定，包括参考方法、其他方法；评估机构的资质，包括建立环境污染损害评估鉴定队伍，明确职能定位；评估程序和管理制度等，包括评估前、评估中、评估后各阶段的要求等。

第三，海洋环境污染损害赔偿规则。由环境保护部和国家海洋局联合制定《海洋环境污染损害赔偿规则》，就污染损害的赔偿规则进行界定，应当包括：赔偿请求范围，包括受害人的直接和间接损失；赔偿的标准，即对经济损失或环境损失按照评估的结果进行量化，即无论引起海洋环境污染的具体原因为何，在适用法律的标准上应当趋于一致，使法律具有切实的可操作性，避免引发不必要的矛盾和冲突，实现立法的公平与公正，提高法律法规的执行效率，维护利益相关者合法权益；赔偿的程序，对赔偿的启动、结束等进行规定；赔偿产生的责任，即由于赔偿而产生的法律责任的分配等。

第四，国家海洋生态损害索赔机构。国家应建立由环保、渔业、海洋、航运和法律等各领域专家组成的国家海洋生态损害索赔专门机构，并由固定的行政部门代表国家提起索赔，提高赔偿效率。一旦在我国海域海洋环境污染损害，由该机构协调各级各部门来进行污染控制、清除、溢油监测和环境恢复工作，同时积累证据以备索赔，在得到赔偿后根据各部门的支出予以补偿。

第五，信息公开和公众参与规则。公众参与不仅是一项基本原则，还应当是一项基本制度。在《海洋环境污染损害赔偿条例》中，应当明确规定海洋环境污染损害的信息公开制度和公众参与的相关规则，提升公众参与环境污染损害赔偿相关决策的影响力和法律效力。具体包括：信息公开的范围、时间节点、公开的方式，信息反馈的机制，公众参与的范围、参与的方式等。从而拓展公众参与的途径，详细规定保证举行听证会的次数、质量，扩大公众参与的范围，实现全程参与[6]。

（三）海洋环境污染损害赔偿的保障机制

完善相关保障机制，对于进一步救济海洋环境污染损害，具有重大意义。

第一，污染责任保险。建立健全污染责任保险体系和海洋环境污染责任信托基金。在我国已推行的环境污染责任保险基础上，尽快出台实施细则，建立健全环境污染责任保险的制度体系，采取强制和自愿相结合的保险模式，鼓励大多数企业自愿购买环境污染责任险，而对于环境风险大、污染严重的区域或者行业，尝试强制环境污染责任保险。[7]

第二，建立环境污染责任信托基金。应对严重污染行业、高风险企业征收特别环境税，用以建立专项的环境污染责任信托基金。这类类基金可由环保部、国家海洋局或者第三方负责管理，在出现污染事故时，配合环境污染责任保险对造成的经济财产、自然资源损失进行赔付，从而保障弱势利益相关者合法权益。

第三，环保问责制。对政府环保责任的履行情况进行检查考评，对因为行政不作为而造成环保责任缺失的地方政府、政府主要负责人、分管环保工作的负责人、环保行政主管部门负责人以及肇事企业负责人等相关责任人追究失职责任，有效地遏制地方保护主义。

参 考 文 献

[1] 赵馨. 我国海洋污染赔偿法律制度探析[J]. 环境经济，总第91期，2011(91).

[2] 李小云. 参与式发展概论——理论—方法—工具[M]. 北京：中国农业大学出版社，2001：135-139.

[3] 郑海霞，张陆彪，张耀军. 金华江流域生态服务补偿的利益相关者分析[J]. 安徽农业科学，2009，37(25)：12111-12115.

[4] 陈宏辉，贾生华. 企业利益相关者三维分类的实证分析[J]，经济研究，2004(4)：80-90.

[5] 崔琴. 海岸带综合管理中的利益相关者的经济学分析[J]. 153、157.

[6] 刘呈庆，田建国. 建设项目环境影响评价中的利益相关者博弈框架分析[J]. 辽宁师范大学学报（自然科学版），2009, 32(2)：243-247.

[7] 王金南. 关于建立海洋污染损害评估赔偿机制的思考. 中国生态修复网. 2011-11-30.

论文来源：本文原刊于《海洋经济》2014年06期，第13-21页。

基金项目：中国海洋发展研究中心科研项目"海洋环境污染损害赔偿机制研究——利益相关者角度"[AOCQN201214]。

海洋环境污染治理府际协调研究：
困境、逻辑、出路

顾 湘[*]

摘 要：海洋环境污染是外部性显著的公共产品，治理海洋环境污染往往涉多个地方政府，只有各地方政府通力协作才能达成较好的治污效果。而由于地方政府间的行政壁垒和利益诉求，使得如何协调地方政府间关系成为能否实现共同治理海洋环境污染的关键。因此，构建地方政府间良好的协调机制成为迫切需要解决的问题。本文在指出我国应建立海洋环境污染治理地方政府协调机制，分析了海洋环境污染治理地方政府间协调的逻辑，并运用子博弈精练纳什均衡分析方法探讨我国地方政府间协调的利益博弈关系，从技术路径、组织形式和利益分配三要素视角构建了我国海洋环境污染治理地方政府间协调机制的框架，并分析其可行性和缺陷。

关键词：海洋环境污染治理；地方政府；协调机制；博弈

一、问题的提出

进入21世纪以来我国海洋经济在国民经济中的比重呈现显著的增长态势，据《中国海洋经济统计公报》显示：1996年我国海洋生产总值占国内生产总值的1.9%；到2011年该比值上升为9.7%。在资源环境保护观念薄弱且追逐巨额利润目标的驱动下，海洋经济的快速发展和沿海地区城市化进程的不断加快，引发了越来越严重的海洋环境污染问题。2009年海洋环境质量公报显示，我国全海域未达到清洁海域水质面积约14.7万平方千米，比上年增加7.3%[1]。海上交通事故、海底钻井平台管道漏油事故等频发，更加重了海洋污染，破坏了海洋生态环境，影响了沿海居民的生产生活。尽管我国各级政府倾力治理海洋环境污染问题，然而收效甚微。除不

---

* 顾湘（1978— ），女，上海人，上海海洋大学人文学院副教授，博士，主要研究方向、资源环境经济与可持续发展、公共经济与政策。

可抗力之外，根本原因则在于海洋环境污染的客体特殊性及污染治理中各涉海主体的多元性，其根源在于沿海各地方政府的个体理性与集体理性的冲突。目前我国治理海洋环境污染还停留在传统闭合的"行政区行政"治理模式上，即沿海地方政府往往从辖区利益以及官员私利出发，以邻为壑，甚至不惜采取地方保护的恶性竞争策略，纷纷抢占或破坏海洋资源却想方设法逃避支付海洋环境污染治理的成本，进而造成海洋环境污染治理的"囚徒困境"。海洋环境污染这种区域公共产品，具有显著的外部性，这就决定了各自为政的传统治理模式失效的必然性，地方政府间的协调合作治理被认为是一种可能且可行的路径。联合国《21世纪议程》中要求"每一个沿海国都应考虑立足，或在必要时加强适当的协调机制，在地方一级和国家一级从事沿海和海洋区域及其资源的综合管理和可持续发展"[2]。尽管近年来我国沿海地方政府纷纷将海洋环境保护纳入到自身的发展战略重点中，也根据自身发展的内在逻辑和实际需要，就海洋环境污染治理问题，采取了合作行动，如2008年青岛市浒苔事件，烟台、威海、日照、潍坊、东营等城市纷纷在第一时间展开对青岛的支援[3]。但是这些合作行动的制度化程度相对较低，在一般的海洋环境污染治理过程中，大部分地方政府行动滞后，一旦涉及实质性利益问题，往往会由于分歧太大而无法达成共识，合作治理海洋环境污染难以实现。尤其在当前财政分权改革的宏观背景下，建立完善且稳定的地方政府间的协调机制，为海洋环境污染治理提供保障成为迫切的需要。

二、我国海洋环境污染治理地方政府间协调的逻辑

由于海洋环境污染具有流动性的特点，一旦发生海洋环境污染问题往往涉及多个沿海地方政府，作为海洋环境污染治理的核心主体，地方政府之间的关系如何在很大程度上影响着海洋环境污染治理的效果。一方面，海洋环境污染复杂，治理难度大，技术要求高，单个地方政府难以承担全部治理活动。尤其是面临重大海洋环境突发事件时，仅靠单个地方政府也难以及时有效解决。另一方面，由于海洋环境污染的流动性和扩散性，不可避免地会影响到相邻行政区域的海洋环境。各地方政府的互不合作，分散运作，往往会因沟通不畅，信息不对称而引起海洋环境污染的外溢甚至矛盾冲突。而地方政府之间合作共治，则有利于共同提高治污水平，实现海洋环境的改善，促进海洋经济的可持续发展，达到各地方政府共赢的局面。

可见，海洋环境污染的特殊性要求在治理过程中各政府的协调与合作，而地方政府自主意识的增强以及基于自身利益考量而引发的"各自为政现象"是协调合作

的最大障碍。在传统的海洋环境污染治理行动中多是由中央政府凭借强制权力在沿海地方政府间实施科层型协调机制。诸如在处理海洋环境污染突发事件中建立中央一级海洋环境管理机构，联合沿海地方政府的相关部门对突发性海洋环境污染事件做出自主、统一管理；完善海洋环境污染防治法，并通过环保部门实行垂直管理来加强环保执法等。然而，由于海洋环境污染的流动性和污染自然累积性决定了治理污染难以有清晰的行政边界限制，是一种跨区域的公共物品，无法回避"搭便车"及外部性原因引起的供给与维护等问题，地方政府也不必为自身海洋开发活动所造成的海洋环境污染或生态破坏承担责任，科层协调机制存在着无法掩饰的运作困境并常常招致失败。并且，在经济发展水平不同的情况下，率先进行先进设备或技术投资的政府不愿同落后地区分享自己的投资成果，彼此之间的利益难以协调，各地方政府理性博弈的结果便导致了海洋环境污染治理中政府间的自然无关联[4]。因此，作为理性经济人，地方政府部门在权衡利弊后，往往选择海洋环境污染治理的不作为，从而增加了社会成本。

科层型协调机制之外有替代选择吗？若我们将海洋环境污染看做是公共池塘资源，将海洋环境污染区域看作一个社区，将沿海地方政府看做是平等的社区成员，则埃莉诺·奥斯特罗姆提出的自主治理方式或许可以成为解决海洋环境污染治理协调困境的一个出路，从而形成一种有别于科层型协调机制的沿海地方政府间海洋环境污染治理的协调机制。但是这种协调机制强调基于协商的沿海各地方政府间的沟通与信任关系，而"利益关系"是地方政府间最根本最实质的关系，因此，在构建沿海地方政府间海洋环境污染治理的协调机制前，必须要深入分解地方政府的利益博弈行为。

三、我国海洋环境污染治理地方政府间协调的利益博弈分析

为了深入分析地方政府间的利益关系，本文将采用子博弈精练纳什均衡分析方法[5]，解读地方政府在海洋环境污染合作治理过程中的动态行为。在地方政府治理海洋环境污染的博弈模型中，各地方政府的行动是选择污染治理的投入，由于治理海洋环境污染的行动总是开始于一个沿海行政区政府，称之为地方政府1，地方政府1首先选择污染治理投入$q_1 \geq 0$。随着海洋环境污染的漂移和扩散，上级政府（中央政府等）要求污染涉及的以及即将涉及的各毗邻沿海辖区政府协调合作，共同治理污染，此时，后加入的为地方政府2观测到q_1，然后选择自己的投入$q_2 \geq 0$。因此，这是一个完美的信息动态博弈。因为地方政府2选择q_2前能够观测到q_1，而地方政府1首先

行动，不能根据q_2来选择q_1，因此，地方政府2的战略应该是从Q_1到Q_2的一个函数，即S_2：$Q_1 \rightarrow Q_2$（这里$Q_1 = [0, \infty)$是地方政府1的污染治理投入空间，$Q_2 = [0, \infty)$是地方政府2的污染治理投入空间），而地方政府1的战略就是简单地选择q_1，纯战略均衡结果是投入向量$(q_1, s_2(q_1))$，支付函数为$u_1(q_1, s_2(q_1))$。

假定治理海洋环境污染的逆需求函数为$P(Q) = a - q_1 - q_2$，则支付函数为：

$$\pi_i(q_1, q_2) = qi(P(Q)), \, i = 1, 2 \tag{1}$$

求解这个博弈的子博弈精练纳什均衡可以选用逆向归纳法。首先考虑给定q_1的情况下，地方政府2的最优选择。地方政府2的问题是用尽量少的海洋环境污染治理投入产生出最大的治理效果，用数学式表达为：

$$\text{Max} \pi_2(q_1, q_2) = q_2(a - q_1 - q_2) \qquad q_2 \geq 0 \tag{2}$$

最优化的一阶条件意味着：

$$s_2(q_1) = 1/2(a - q_1) \tag{3}$$

因为地方政府1预测到地方政府2将根据$s_2(q_1)$选择q_2，地方政府1希望其他地方政府能够较多地分担海洋环境污染治理成本，降低自身的治污投入而能产生较好的治理效果，则其在第一阶段的问题用数学式表达为：

$$\text{Max} \pi_1(q_1, s_2(q_1)) = q_1(a - q_1 - s_2(q_1)) \qquad q_1 \geq 0 \tag{4}$$

解一阶条件得：

$$q_1{}^* = 1/2a \tag{5}$$

将$q_1{}^*$带入$s_2(q_1)$得：

$$q_2{}^* = s_2(q_1) = 1/4a \tag{6}$$

$(q_1{}^*, s_2(q_1))$就是子博弈精练纳什均衡，这里的$q_1{}^* = 1/2a$和$q_2{}^* = 1/4a$是此次博弈的均衡结果。即地方政府2由于拥有信息优势在治污投入博弈中处于优势地位，其投入仅为地方政府1投入的一半即可达到预期的治污效果。但如果地方政府2在决策之前不能观测到地方政府1的投入水平，此时地方政府2的信息优势就不存在了。这也可以解释现实海洋污染治理过程中，哪怕是各行政区海域污染面积几乎同等大小，也总是由某个地方政府担任治污主力，投入较多，其他地方政府发挥参与和辅助的作用，投入较少，并不能达到治污成本均摊的现象，这就导致各个地方政府都不愿意先行动，除非有上级强制压力或者社会舆论压力或者是地方政府间形成的协议，否则选择海洋环境污染治理的不作为是符合逻辑的做法。

协议约束被认为是促进海洋环境污染治理地方政府间协调合作较为科学有效的方式，但是在缺乏有效监管和惩罚机制的情况下，不排除地方政府以种种借口拖延治污投入或者少投入的可能。问题的关键在于自上而下的监管成本是巨大的。通常上级政府不愿意花费巨大成本进行信息收集和辨别，而且上级政府实际监督能力也不足以展开核查就能查出各地方政府是否消极对待海洋环境污染治理问题，理性的上级政府会选择不核查，即处于"理性无知"的局面[6]。而在上层政府不核查条件下，地方政府的理性选择当然就是不投入或者少投入了。

以上讨论的是序贯博弈，前提是一次性合作。但是海洋环境污染治理是一项长期且艰巨的工作，关系到海洋生态环境的可持续发展和整体社会福利的提升，没有一个沿海地方政府可以独善其身，地方政府之间的博弈是动态多次的，这就创造了重复博弈的条件。也就是说各个地方政府都清楚海洋环境污染治理不是一朝一夕的事情，需要沿海各地方政府的通力协作，而且在历次海洋环境污染治理过程中各地方政府的表现是观测得到的，一个地方政府可以使自己在某个阶段博弈的选择依赖于其他地方政府的行动历史（即针锋相对策略，如：如果这次你选择了不作为任由海洋环境污染扩散至我辖区海域，我下次也将选择不作为任由污染漂移至你辖区海域），因此，在重复博弈中地方政府的战略空间远远大于和复杂于在每个阶段博弈中的战略空间。这意味着，重复博弈可能带来一些"额外的"均衡结果。

影响重复博弈均衡结果的主要因素是博弈重复的次数和信息的完备性。重复次数的重要性主要来自于地方政府在短期利益和长期利益之间的权衡。当博弈只进行一次时，每个地方政府只关心一次性的污染治理投入；但如果博弈重复多次，每个地方政府可能会为了长远利益而牺牲眼前利益从而选择不同的均衡战略。信息完备的重要性简单说就是当一个地方政府的支付函数（特征）不为其他地方政府所知时，该地方政府可能有治理海洋环境污染的积极性建立一个"好"声誉以换取长远利益。

因此，在海洋环境污染治理的过程中沿海地方政府间能否形成有效的协调机制，关键在于三个要素：技术路径、组织形式和利益分配。这三方面要素就构成了我国海洋环境污染治理地方政府间协调机制的框架。

四、我国海洋环境污染治理地方政府间协调机制的构建

（一）技术路径：电子政府

埃莉诺·奥斯特罗姆提出的自主治理方式为海洋环境污染治理协调问题展现了一种利益相关者共同对话以促进沟通进而达成沿海地方政府间集体理性行动的美好愿景。尽管如此，这一愿景的实现很大程度上仍有赖于沟通技术手段的改进[7]。电子政府的蓬勃兴起为这一愿景的实现提供了可能。所谓电子政府（e-government）简言之就是打破行政机关的组织界限和行政区划界限，快捷便利地发布政府相关信息

的网络平台[8]。电子政府的建立，为跨行政区的海洋环境污染治理地方政府间的协调创造了技术条件。不仅有利于增进地方政府间横向信息交流、建立信任与协调合作，也有利于海洋环境污染及其治理情况的通报和信息共享。其运作形式依赖于互联网络支撑下的电子信息系统拥有如下优势：支持开放各种政务信息且可供跨界查询；协同各行政区域信息使跨区亦能以连贯一致的方式敞开；任何政府组织均可以交互表达和传递信息；通过计算机网络减少中间环节，保证信息交换的"直通"。可见，电子政府的广泛应用对于沟通沿海地方政府横向之间的信息交流，进而培养相互间的信任感、促进对海洋环境污染的协作治理大有裨益。

同时，电子政府使得政府治理结构呈现出"扁平化"特征，政府决策层的管理幅度也随之拓宽。如"省管县"就是一种典型的"政府扁平化"改革。电子政府运用现代网络技术，使省县间时空距离大为缩短，为省管县提供了可行性。在海洋环境污染治理的过程中，沿海各省级政府获取来自县级政府有关辖区内海洋环境污染的各种信息就将更加便捷和真实，为科学合理地制定基层政府乐于接受的治理决策创造条件；同时，"去科层化"的省管县改革，亦为县级政府间交往、沟通提供了更多机会，这也有助于县级政府间协作完成省级政府交付的海洋环境污染治理任务。从而有利于省辖海域范围内环境污染问题的减少，增进县级政府间横向协调以及海洋资源环境的可持续发展。

电子政府也为拓宽海洋环境污染治理参与主体方面提供了技术支持，一方面有利于形成地方政府与公众之间的沟通和信任、合作关系，公众的利益诉求得以表达；另一方面，有利于促进信息公开化、透明化，加强对地方政府决策的监督，使地方政府对海洋环境污染治理的决策更趋于合理。一旦地方政府对辖区海洋环境污染治理不力、出现了地方保护或者隐瞒真相的情形，该地方政府即可能招致公众的拷问并削弱公众对其合法性的支持，这将极大增强地方政府寻求与毗邻合作以实现海洋环境污染协作治理的责任心和积极性。因此，地方政府间依托电子政府实现信息共享与交流，确立互信关系，在海洋环境污染治理行动中能够形成真诚合作的、富有创新精神和反馈及时的互动协调机制。

（二）组织形式：政府联盟

短期的约束性协议无法控制地方政府在海洋环境污染治理过程中的不作为或者虚假作为，而依赖上级政府的强制力监督成本是巨大的。那么什么样的制度安排能够避免"搭便车"行为，实现地方政府间协作治理的目标？运用埃莉诺·奥斯特罗姆自主治理理论中组织成员结盟的形式，将地方政府结盟作为海洋环境污染治理地方政府间协调机制的组织形式。西方蓬勃兴起的区域主义（Regionalism）也正是依托政府间联盟的组织形式支持。所谓联盟通常指州（省）际政府间通过签订协议、成立联合会、召开联席会议等形式形成的一种联合体，该联合体是"一种受竞争和协商的动力支配的对等权力的分割体系"[9]，主要采取协商、合作的协调途径。

海洋环境污染治理问题作为区域公共问题的一种，地方政府间的协调机制同样需要地方政府间联盟的达成。后者可以作为地方政府间合作治理机制的组织形式在地方政府间发挥独特的协调功能，既尊重地方政府的自主利益诉求，同时亦通过积极磋商，彼此取得谅解和妥协，共同着眼于海洋环境污染治理的长远利益，进而实现海洋资源的公平开发和海洋环境的合作治理。实际上，通过地方政府间协议、协会、联合会、联席会议等方式建立沿海地方政府间联盟的做法，早已经成为各国实现海洋环境污染合作治理的普遍经验。比如日本在濑户内海环境污染的治理过程中，濑户内海所属各个县市成立了海洋环境保全知事、市长联络会，配合中央政府的环境主管部门，共同担当治理濑户内海环境污染治理的领导和协调工作，使得濑户内海环境污染治理过程中存在的问题及时得到反馈和解决[10]。地方政府联盟目前多应用在河流水环境协作治理过程中。如美国俄亥俄河水治理协定在八个州之间达成协议，由相关政府间的27人组成委员会领导，其预算由各成员单位议会拨款提供，这一协定下产生的执行局在实施环境保护规制和环境污染治理时很好地充当了协调单位的角色[11]。我国近年来随着跨界河流污染的加重，也出现了一些以协议或会议等形式缔结的流域政府间联盟，如为了解决鲁苏边界跨界河流污染纠纷，山东省临沂市与江苏省徐州市、连云港市建立了污染防治磋商协调机制，建立联席会议制度，实行轮流牵头，定期召开会议，加强信息交流与沟通，及时通报河流环境质量，先后制定了鲁苏边界环境保护联席会议制度、环境污染联合处理机制和跨界污染联合防治若干措施等，逐步形成了鲁苏边界的联合治污主要形成了污染防治机制、应急预警机制、信息共享机制、边界污染纠纷调解解决机制、环境监察互动机制五个合作机制，成绩斐然，被认为能够破解当前水环境管理垂直分级负责造成的职责权限制约和利益本位弊端，调动同一流域跨行政区的各级政府站在流域整体的高度开展污染治理工作[12]。因此，可以借鉴跨界流域水环境污染合作治理的经验，以地区政府联盟的组织形式作为构建海洋环境污染治理协调机制的支撑，共同做好海洋环境污染治理工作。

（三）利益分配：补偿机制

由于当前世界各国跨界区域公共问题凸显，公共管理中跨越行政边界的行为及其合理性已经被广泛接受，不论是国家绩效报告的批评者还是支持者，都引证说明跨越边界线的必要性[13]。理由是，在这样"一个急剧变迁的时代，最好的解决之道不是重新设计组织章程，而是融化组织间的僵化界限"[14]，地方政府间关系逐渐塑造成一种既不同于科层制、亦区别于市场机制的政府间协调机制，即模糊地方政府间管辖权，构建起信息有效沟通的平台，建立起地方政府间较为融洽的信任关系，强调运用讨论、磋商、交流等手段形成相互认可的解决之策，而不需经过行政程序逐级运作，形成的协议也可通过相互间的制约机制得到落实，运行效率极高[15]，进而实现对区域公共问题的合作治理。

正像中央政府主导的科层协调机制会陷入失灵一样，埃莉诺·奥斯特罗姆同样指出当人们面对公共池塘资源问题时，通常都会有很强的规避责任、搭便车和以机会主义方式行事的诱惑[16]。地方政府间的协调机制也面临着各种运作失灵的困境。上文曾指出在海洋环境污染协作治理过程中先行动的地方政府往往付出的治理成本较高，治污设备先进并且投入较大的地方政府也不愿意与其他政府分享。因此，解决利益分配问题是至关重要的，在海洋环境污染治理过程中主要是建立补偿机制。各地方政府在平等、协作的前提下，通过规范的制度建设来实现海洋环境污染治理投入在地方政府之间的合理分配。其目的在于最大限度追求各政府主体间的公平。建议建立海洋环境污染治理合作基金，通过统筹规范沿海地方政府转移支付制度提供，由各地方政府派员筹建的海洋环境污染治理委员会进行管理，用于支持海洋环境保护项目和海洋污染治理项目。该基金的构成要遵循"经济公平"的原则。以各方从合作治理中的投入情况为依据，投入较多的政府拨付数额比例较大；但同时，不能忽视各地方政府的经济社会发展水平以及相应的成本负担能力。

当然，由地方政府承担海洋环境污染治理的全部成本是不合理的，需要从中央层面建立海洋污染溯源追究和补偿机制。虽然《中华人民共和国海洋环境保护法》第90条规定，对破坏海洋生态、海洋水产资源海洋保护区，给国家造成重大损失的，由依照本法规定行使海洋环境监督管理权的部门代表国家对责任人提出损害赔偿要求。但由于缺乏可操作的行政法规、部门规章及相应的技术标准，海洋生态环境污染事件所导致的海洋生态损害，最终只能由国家和地方政府负担。近年来，沿海地区已经在海洋生态损害补偿赔偿领域做出积极探索。如浙江、山东等沿海地区正在开展本地区海洋生态损害补偿的地方立法工作；天津、山东、广东等地海洋主管部门开展了向海洋生态损害责任者索赔的实践。国家海洋局原局长孙志辉指出国家尽快启动建立海洋生态损害补偿制度的立法程序，对海洋生态损害补偿索赔的责任主体、赔偿范围及标准、程序，以及补偿赔偿金的使用管理等进行明确界定，从而为海洋生态保护提供经济调控手段和可持续的财政机制[17]。

　　总之，海洋环境污染治理地方政府间的协调机制的具体运作将会面临着一系列难题。如电子政府的运用描绘了一种美好的愿景，但电子政府往往受制于软件、硬件、环境和人员等方面的条件，地方政府间容易出现"信息鸿沟"，反而会进一步削弱地方政府间相互沟通的能力。地方政府间联盟旨在消弭地方政府之间的隔阂，更多地兼顾效率及公平，然而不论是联盟协议达成、遵循以及补偿机制的建立都不是一蹴而就的。在缺乏外力强制性干预的条件下，仅仅依靠协商、自觉和追求"好声誉"等软约束来达成一致的海洋环境污染治理行动是非常困难的。因此，在实践中仍应考虑将地方政府间协调机制与中央政府主导的科层型协调机制相结合，推动我国海洋环境污染治理取得整体效果。

参 考 文 献

[1] 谷腾环保网转自科学时报, 近海海域污染堪忧海岸带综合管理体系需完善[EB/OL]. http://solidwaste.chinaep-tech.com/trends/77443.htm.

[2] 高艳. 海洋综合管理的经济学基础研究[M]. 北京：海洋出版社, 2008.

[3] 回看2008大事件：抗击浒苔展现青岛力量[EB/OL]. http://news.bandao.cn/news_html/200901/20090106/news_20090106_772359.shtml.

[4] 王琪, 丛冬雨. 中国海洋环境区域管理的政府横向协调机制研究[J]. 中国人口·资源与环境, 2011, 21(4).

[5] 张维迎. 博弈论与信息经济学[M]. 上海：上海三联书店, 上海：上海人民出版社, 2000.

[6] 金太军, 沈承诚. 区域公共管理制度创新困境的内在机理探究——基于新制度经济学视角的考量[J]. 中国行政管理, 2007(3).

[7] 王勇. 论流域水环境保护的府际治理协调机制[J]. 社会科学, 2009(3).

[8] 百度百科. 电子政府[EB/OL]. http://baike.baidu.com/view/8452.htm.

[9] [美]理查德·D. 宾厄姆. 美国地方政府的管理：实践中的公共行政[M]. 北京：北京大学出版社, 1997.

[10] 张继平, 熊敏思, 顾湘. 中日海洋环境陆源污染治理的政策执行比较及启示[J]. 中国行政管理, 2012(6).

[11] RABE B. G., Fragmentation and Integration in State Environmental Management[M]. Washington D. C. Conservation Foundation, 1986.

[12] 新华网山东频道. 鲁苏探索跨界联合治污机制[EB/OL]. http://www.sd.xinhuanet.com/news/2008-02/03/content_12396247.htm.

[13] Berly A Radin. Managing across Boundaries the Public State of Management. The Johns Hopkins University Press, 1996.

[14] Gore Albert. Creating a Government That Works Better and Costs Less Report of the National

Performance Review. Washington D. C.：US Government Printing Office, 1993.

[15] [美] B. 盖伊·彼德斯. 官僚政治[M]. 北京：中国人民大学出版社, 2006.

[16] [美]埃莉诺·奥斯特罗姆. 公共事物的治理之道——集体行动制度的演进[M]. 上海：上海三联书店, 2000.

[17] 新华网. 委员：建海洋生态损害补偿赔偿制度治理海洋污染[EB/OL]. http://news.sohu. com/20110311/n279768700.shtml.

论文来源：本文原刊于《上海行政学院学报》2014年02期，第105-111页。

基金项目：中国海洋发展研究中心青年项目（编号：AOCQN201317）、上海市教委科研创新项目（编号：13YS055）。

南海生态环境保护与国际合作问题研究

郑苗壮* 刘 岩 李明杰

摘 要：南海生态环境保护问题正成为周边国家最严峻的挑战之一，采取积极措施保护南海生态环境逐渐成为周边国家的共同愿景和迫切需求。立足于南海生态环境保护的现状及存在的问题，阐述我国与周边国家在南海生态环境保护的合作进展，提出在南沙开展珊瑚礁自然保护区建设、渔业资源共同养护和油污损害预防及处理等领域优先加强合作。

关键词：南海；国际合作；生态环境保护，优先领域

南海是亚太地区最大的边缘海，海域面积广阔，具有丰富的海洋生物物种多样性、生态系统多样性和遗传多样性。南海是全球海洋生物多样性的中心，拥有珊瑚礁、海草床、海岛、红树林、上升流等众多类型的海洋生态系统，海洋生物物种多达5 000多种。近20年来，由于人口快速增长、经济发展以及全球化的影响，使该区域具有重要意义的生态系统严重退化，生态多样性降低，生物资源的栖息地遭到破坏。南海生态环境保护是周边国家无法回避的共同问题，需要各国共同行动，加强区域合作，采取有效措施，积极保护南海生态环境。

一、南海生态环境保护现状

（一）海洋环境保护的法律制度

我国始终坚持维护海洋生态环境健康，以积极务实的姿态参与全球和地区性海洋环境保护工作。在《联合国海洋法公约》《国际防止船舶污染公约》《国际防止倾倒废弃物及其他物质污染海洋公约》和《生物多样性公约》等框架内，我国积极履行国际义务，承担国际责任，发挥了负责任大国作用，与国际社会共同应对全球性挑战。

我国历来重视海洋生态环境保护问题，并将环境保护政策纳入我国的基本国

---

* 郑苗壮（1982—），男，汉，博士，研究方向为海洋环境政策与管理。

刘岩，中国海洋发展研究会理事，国家海洋局战略所环境与资源研究室主任。

策。1982年以来我国先后出台了《海洋环境保护法》《海洋石油勘探开发环境管理条例》《防止船舶污染海域管理条例》《海域使用管理法》和《海岛保护法》等一系列法律和部门规章。围绕海洋环境保护和合理开发利用海洋资源，我国逐步建立健全了海洋环境保护的法律法规体系，加强了海洋生态环境保护的力度。

（二）海洋保护区建设

可持续发展是我国的发展战略，海洋保护区建设是实现海洋可持续发展的重要举措。目前，我国在南海已初步建立了以海洋自然保护区、海洋特别保护区和海洋公园为主体的海洋保护区网络体系，红树林、珊瑚礁、滨海湿地、海草床、海岛、海湾、入海河口、上升流等典型生态系统和珍稀濒危物种得到保护，对减缓和控制海洋生态恶化起到了重要的作用。

我国在南海典型海洋生态系统和关键生态区域开展水环境、水文、富营养化和生物多样性监测，为掌握南海海洋生态健康现状、重大生态问题和潜在生态风险发挥了重要作用。"十一五"期间国家海洋局实施了红树林评价与修复技术、珊瑚礁评价与修复技术及滨海湿地退化机制与修复技术等研究课题，为南海保护区建设积累了经验，储备了技术。

（三）海洋生态文明示范区建设

我国为提高海洋环境保护、资源开发、综合管理的管控能力和应对气候变化的适应能力，实现海洋生态环境与经济社会的和谐发展，大力推进海洋生态文明示范区建设。广东横琴新区成为我国首批12个国家级海洋生态文明示范区之一。海洋生态文明示范区的创新示范效应，将进一步推动南海的生态文明建设水平。

在海洋生态文明示范区内坚持陆海统筹，建立涉海部门联动监管陆源污染物排海工作机制，实施污染物排海总量控制，加强海上倾废管理。培育海洋生态文明意识，建立公众参与机制，努力营造全社会共同参与海洋生态文明示范区的氛围，牢固树立海洋生态文明理念。鼓励地方通过发展低碳、环保、绿色和循环经济的措施来建设宜居、休闲旅游的海岸带生态文明区，达到人与生态环境的和谐。

（四）渔业资源养护

为保护渔业资源，实现南海渔业资源的持续开发利用，我国对渔业捕捞资格进行严格审查，实施渔业捕捞许可证制度。通过限制生产渔船作业方式、种类、捕捞机动渔船数量和功率来控制目标鱼类的捕捞强度，限定入渔权来减少作业渔民、渔船的数量，以达到保护南海海洋渔业资源的目的。

1999年，我国还率先提出海洋渔业捕捞产量"零增长"，并于当年开始在南海实行伏季休渔制度，保护和恢复南海渔业资源，保持渔业经济持续健康发展。[1] 2009年，我国对南海伏季休渔制度进行了调整完善，休渔期由原来的2个月延长至2.5个月，以加强对渔业资源的保护。此外，我国严格管理海洋渔业捕捞活动，对渔民从事捕捞活动的渔具的网目大小、选择性以及特定海区渔具类型的使用进行限制和规范，控制捕捞个体大小和渔获物中幼鱼所占的比例。我国持续开展增殖放流活动，海南、广东等地增殖放流规模日益增大，社会参与程度不断提高，海洋渔业资源得到明显恢复。

二、南海生态环境保护存在的问题

（一）海洋环境污染

近海环境污染是南海生态环境的主要问题。周边国家将大量的营养盐的大量排入南海，使富营养化问题越来越严重，近海频繁发生大规模赤潮等环境灾害，严重损害了近海生态系统服务功能和价值。近海富营养化程度的持续升高，有害藻华、水体缺氧等与富营养化密切相关的生态环境问题日益突出。同时，河口低氧区及水母旺发现象等也在不断加剧，对南海近海生态系统健康和资源可持续利用构成严重威胁。

南海环境污染主要是周边国家陆源污染物排海。周边国家陆地人类活动产生的污染物通过直接排放、河流携带和大气沉降等方式输送到南海，导致海洋水体、沉积物和生物质量下降。大量的陆源污染排海，已严重影响了海洋生态环境质量，成为南海生态环境恶化的关键因素。另外，海洋捕捞活动中的垃圾以及压舱水、洗舱水等污水直接向海洋排放，也对海洋环境产生了污染。

（二）渔业过度捕捞

南海海洋渔业开发利用过度，渔业种群再生能力下降，海洋渔业资源可持续利用受到制约。渔业的发展在保障食物安全、维持生计和减少贫困等方面发挥了重要作用。但是在开发利用过程中，南海周边国家海洋渔业捕捞活动大量使用选择性低的底拖网，导致兼捕以及幼鱼丢弃等问题，严重损害了南海的渔业资源。南海周边国家捕捞强度远超渔业资源的再生能力，不仅急剧地降低了渔业生物资源量，还极大地破坏了其栖息地，导致部分渔业资源枯竭，给渔业生物资源带来毁灭性的灾难。[2]

非法、不报告、不管制捕鱼和相关活动威胁着南海长期可持续渔业以及保持生态系统健康。过度捕捞还造成渔业生物高值种类生物量下降，个体变小，性成熟提前，营养级下降，并且渔获物中幼鱼和1龄鱼比例显著增加，加快了南海渔业资源的衰退。一些传统渔业种类消失，优势种更替加快，生物多样性降低，导致生态系统结构和功能改变，影响到渔业资源的可持续开发利用。

（三）气候变化的影响

气候变化对海洋生态环境造成了巨大的影响，其中海表温度上升和海水酸化是已知气候变化对海洋生态环境发生变化的重要驱动因素。近百年来，全球气温高$0.74℃ \pm 0.2℃$，南海的海表温度总体也呈上升趋势。海表温度上升严重影响生物资源的分布和珊瑚礁"白化"等现象，导致海洋生态失衡。随着大气中CO_2浓度不断升高，海洋酸化的影响也日趋明显。[3]海洋酸化将抑制以建立碳酸钙为骨骼的许多贝类、海洋植物和动物的生长，降低珊瑚礁的钙化率，加剧珊瑚礁的溶解，导致珊瑚礁倒塌。此外，海洋酸化和升温效应协同作用时，还会导致珊瑚更低的温度出现"白化"现象。

（四）珍稀物种退化

在过去的20年时间里，南海珊瑚礁生态系统正快速退化。2002年前，南海的许多地区，如西沙群岛、南沙群岛，珊瑚礁活体覆盖度达到70%以上，但2007年调查发现，南沙群岛中的渚碧礁和美济的礁珊瑚"白化"现象严重。[4]珊瑚礁生态系统的大面积退化不仅威胁到南海生物资源的可持续利用，而且导致了珊瑚礁格架的崩塌，继而造成珊瑚岛礁被侵蚀。民众的珊瑚保护意识淡薄，非法破坏、盗采珊瑚的违法事件仍时有发生，对珊瑚造成了严重破坏。

南沙珊瑚礁为许多海洋生物提供栖息地、隐蔽所、产卵场和饵料地。但是近年来，由于周边国家过度开发利用海洋资源，特别是对珊瑚礁中的海参、贝类、龙虾等特色海洋生物的酷渔滥捕及敌害生物入侵，南沙群岛珊瑚礁生态系统正在朝着荒漠化和特色海洋生物资源濒危灭绝的方向发展。受海洋环境污染、过度捕捞和气候变化等影响，南海海域的唐冠螺、法螺等珍稀物种已灭绝，砗磲、绿海龟、虎斑宝贝、蜘蛛螺等陷入濒危的境地。

三、南海生态环境保护合作的进展

（一）主要的国际合作宣言

21世纪以来，南海周边国家意识到海洋生态环境对发展国民经济具有重要意义。通过地区性的环境合作，加强各国间的经验交流，相互提供科学技术支持，增进环境共同体的认识，采取有效措施防治环境污染、减缓气候变化的影响，保障经济社会的可持续发展。

我国为增进南海地区的和平、稳定、经济发展与繁荣，巩固和发展各国业已存在的友谊与合作，2002年与东盟国家签订《南海各方行为宣言》，提出"在全面永久解决争议之前，有关各方可探讨或开展合作，包括海洋环保、海洋科学研究"的目标。《南海各方行为宣言》的签署，有利于维持南海周边稳定，防止南海，特别是南沙海域争议复杂化、扩大化。中国致力于通过友好磋商和谈判，搁置争议，本着"循序渐进、先易后难"的原则，开展包括海洋环境保护在内低敏感领域的务实合作切入点，以加强保护南海生态环境，有利于维护本地区的食品安全和减少贫困，也符合南海周边国家和人民的共同利益。在2007年举行的第一届东亚峰会上，我国再次呼吁各方加强海洋环境保护保护，尤其是珊瑚礁、红树林和海草床等脆弱生态系统，并与各国签署了《气候变化、能源和环境新加坡宣言》。

（二）国际合作的相关平台

我国积极承担在南海海洋事务发展进程中应尽的义务和责任，切实保护南海生态环境健康，努力推进与南海周边国家在海洋领域的合作。2011年，我国设立了"中国—东盟海上合作基金"，向南海周边国家在海洋环境保护等领域提供资金支持，旨在通过相互合作，加强南海的生态环境保护。

当前，加强在海洋领域的合作逐渐成为我国与南海周边国家的共识。2012年，我国启动实施了《南海及周边海洋国际合作框架计划》（2011—2015），设立专项基金开展与南海等周边国家的低敏感领域合作，相继签署了中泰、中印尼、中马等海洋生态环境保护等领域的合作文件，在本地区积极发挥负责任大国的作用。

四、南海生态环境保护的优先领域

（一）南沙珊瑚礁自然保护区

为解决与周边国家在南海，主要是南沙的争议，20世纪80年代我国政府提出"主权属我，搁置争议、共同开发"的主张，希望通过与周边国家共同开发南海资源的方式解决南海问题。在21世纪的时代背景下，周边国家"共同保护"南沙海域的生态环境，加强污染防治和生物资源养护，维护共同利益。

南沙海域珊瑚礁是海洋生物多样性的聚居地、海洋生物基因库和海洋药物资源库，应作为南海周边各国优先保护的区域。南沙珊瑚礁环境问题关系到周边国家的共同利益，需要各国基于人类生存环境总体利益的出发，实施海洋保护区建设。鉴于南沙群岛珊瑚礁生态系统的特殊性和南海问题的复杂性，借鉴北海、地中海、波罗的海等地区性海洋保护区建设的管理经验，寻求国际和区域非政府组织的技术支持，在南沙海域设立南沙群岛珊瑚礁大型海洋自然保护区。

南海周边国家携手建立南沙珊瑚礁自然保护区，有助于保护南沙群岛珊瑚礁生物多样性和生态系统稳定性，有助于缓解并应对气候变化对南沙生态系统的影响，有助于实现国际社会所提倡的建立海洋保护区网络的目标，还有助于维护周边国家和人民的共同利益。建立南沙珊瑚礁自然保护区是南海周边国家响应《生物多样性战略计划》（2011—2020年）提出的"减少气候变化和海洋酸化对珊瑚礁和其他脆弱生态系统的影响，维护其完整性和功能"的积极行动，是落实"里约+20"可持续发展峰会提出"到2020年实现10%的海洋区域得到有效保护的目标"的重要举措。同时，建设南沙珊瑚礁自然保护区也是"珊瑚三角区倡议"在南海的具体实践。

（二）南沙渔业资源共同养护

我国与南海周边国家在渔业资源共同养护方面具有较好的合作基础。我国同印度尼西亚、菲律宾、越南等国家就渔业资源共同养护已经进行了广泛合作，相继签署确定了渔业合作机制，与马来西亚在地方层面的渔业合作也进展顺利。印度尼西亚与越南、菲律宾和泰国签署确定了渔业合作与管理的双边机制。此外，中国—东盟自贸区成立后，我国与东盟国家的经贸合作关系日趋密切，为携手维护南海生态环境创造了契机，也为我国与南海周边国家开展渔业资源共同养护提供了更为广阔的空间，注入了新的活力。

我国在南海已经规定了明确的禁渔期、禁渔区等渔业资源管理养护制度，但缺乏与周边国家的协同一致行动，导致南海渔业资源管护效果大打折扣。因此在南海，特别是南沙海域，与周边国家在渔业资源开发利用与养护方面开展合作，既有利于促进南海渔业资源的合理开发利用，实现各国最大的经济利益，又是落实《南海各方行为宣言》所提出的各项措施、增加周边国家相互信任、缓解南海的紧张局势的具体实践之一。因此，我国与南海周边国家就南海，尤其是南沙渔业资源的养护与管理开展区域合作是必要的、可行的。

（三）南沙海域油污损害预防及处理

南沙群岛附近海域是东北亚各国通过马六甲海峡至西亚、欧洲航线的必经之地，船舶石油运输和大型货船航行带来的潜在油污事故隐患正在逐年加大。南海蕴藏着丰富的油气资源，近年来周边国家不断加大南沙海域的资源开发力度，南沙周边海域分布着大量的油井，周边国家在南沙群岛附近海域的油气开发活动日益增多。一旦发生原油泄漏事故，势必会对南沙群岛脆弱的海洋生态系统造成重大的损害。

墨西哥湾石油泄漏污染事件和渤海蓬莱"19-3"溢油事故为南海油气资源开发敲响了警钟，南海油气资源勘探、开采、加工、储存和运输环节都存在油污污染海洋环境的风险。因此，在南沙海域建立油污损害预防机制十分必要和紧迫，需要与南海周边国家共同制定南沙海域油污损害应急计划，建立各国统一参加的油污损害预防及应急、善后处理机制，加强法律责任追究，共同承担维护南沙海域生态环境健康的责任与义务。

参 考 文 献

[1] 颜云榕, 袁路, 安立龙. 南海资源利用与生态环境保护存在的问题与对策[J]. 海洋开发与管理, 2009, 26(11)：92-96.

[2] 中国环境与发展国际合作委员会. 中国海洋可持续发展的生态环境问题与政策研究报告[R]. 中国环境与发展合作委员会2010年年会, 2010, 18.

[3] IPCC. 气候变化2007（综合报告）[M], 剑桥大学出版社, 2007, 2.

[4] 李淑, 余克服, 陈天然, 等. 珊瑚共生虫黄藻密度结合卫星遥感分析2007年南沙群岛珊瑚热白化[J]. 科学通报, 2011, 56(10)：756-764.

论文来源：本文原刊于《生态经济》2014年06期，第27-30页。

基金项目：中国海洋发展研究中心重大项目：世界海洋生态环境保护现状与发展综合研究；中国大洋矿产资源开发研究协会"十二五"重点项目：公海事务跟踪研究；2013年国家海洋局国际合作司委托项目：海洋国际合作与履约。

我国海洋生态灾害应急管理体系优化研究

汪艳涛　高　强　金玮博[*]

摘　要：分析我国海洋生态灾害应急管理体系的现状，找出其存在的问题，同时借鉴国外先进经验，提出了我国海洋生态灾害应急管理体系的优化对策。研究发现，我国应从以下几个方面进行优化：①继续完善我国海洋生态灾害应急管理法律体系；②加大我国海洋生态灾害监测预报技术的研发力度；③设计一个职能分工、协调运作、快速响应的应急管理组织体系；④建设一支政府领导的、社会全员参与、信息共享的专业应急救援队伍；⑤从经济、生态、人文、社会等多维角度出发，建立我国海洋生态灾害应急管理效果评价体系及灾后恢复重建体系。

关键词：海洋；生态灾害；应急管理；监测预报；应急救援

引言

经济全球化带动了海洋经济的发展，同时也导致了海洋生态环境的破坏。2011年6月，山东省蓬莱渤海湾发生19-3油田溢油事故，造成了大面积海洋污染，同时导致了周边海域水质的下降。2011年7月，青岛发生大面积的浒苔侵入事件，青岛1.22万平方千米管辖海域有过半被浒苔侵入。我国正处于经济发展上升期，机遇与风险并存，海洋生态灾害不仅会造成海洋经济发展的滞后，而且也会带来海洋环境的恶化，给后期维护成本带来很大的弊端。因此，我国必须建立并完善海洋生态灾害应急管理体系，最大限度地减少海洋生态灾害带来的损失[1]。但是，我国应急管理研究起步较晚，有关海洋生态灾害应急管理方面的研究很少，大多仍处于理论探索阶

* 汪艳涛（1981— ），男，山东济宁人，博士研究生，主要从事海洋资源与环境管理和农业经济理论与政策方面的研究。

高强（1966— ），男，陕西绥德人，教授，博士生导师，主要从事海洋资源与环境管理和农业经济研究。

段。因此，本文在分析我国海洋生态灾害应急管理体系现状的基础上，找出其存在的困境；并借鉴国外应急管理体系建设的先进经验，提出了我国海洋生态灾害应急管理体系的优化路径。

一、我国海洋生态灾害应急管理体系现状及困境

（一）我国海洋生态灾害应急管理法律体系现状及困境

（1）现状。自2003年以来，国家一直重视应急管理法律体系的建设，2004年把突发事件紧急状态写入宪法中，2005年又通过了《国家突发公共事件总体应急预案》。这些法律法规是制定海洋生态灾害应急法律体系的基础，但专门为海洋生态灾害制定的法律目前很少，大多隐含在相关海洋环境和渔业法规当中。如《防止船舶污染海域管理条例》《海洋环境保护法》《海上交通安全法》《渔业法》等。有关海洋生态灾害的应急预案建设，中央对赤潮灾害发生前的监测预报，发生过程中的应急响应、紧急救援，以及发生后的恢复重建、调查评估等做了详细的规定[2]。在此基础上，各地市也相应建立了《赤潮应急预案》《绿潮应急预案》《溢油应急预案》等，为各地市应对海洋生态灾害做出了详细具体的指导。

（2）困境。这些法律法规是由个别部门规章或者规范性文件确定的，其规范性、法律效力性不强，在灾害应急过程中实施效率不高。更重要的是，有些法律法规之间存在规定冲突，造成组织部门间职能分工交叉，很容易造成灾害发生后相互推责的现象。因此，海洋生态灾害应急预案仍需进一步加大建设力度，细化灾害过程中每一流程各职能部门的权责，协调好各部门间的关系，提高应急管理的运行效率，加快建立海洋生态灾害发生前、发生中、发生后的应急预案，构建一个由海洋生态灾害法律、法规、应急预案组成的应急管理法律体系。

（二）我国海洋生态灾害监测预报体系现状及困境

（1）现状。我国的海洋生态灾害监测预报体系是由国家海洋环境监测中心、海洋环境监测站、海洋环境预报中心、国家海洋分局、卫星海洋应用中心等单位构成。海洋环境监测中心和监测站通过各种监测技术进行定点和定时监测，并将监测结果反馈到预报中心，预报中心再根据灾害等级启动不同的预警标准，并将信息及时地在其网站上公布[3]。目前，海洋生态灾害监测预报技术主要集中在物理技术、化学技术、生物技术、遥感技术以及数学模型技术等。在实际应用中，各技术各有优缺点，选择合适技术，对海洋生态灾害监测预报的准确性、可行性有一定的指导意义。

（2）困境。一方面，我国海洋生态灾害监测预报监测站的分布、数量以及设备都还不能满足高质量、高效率监测预报的效果，不能实现大面积、连续的海况观测；同时，监测预报信息难以实现信息同步、信息共享的目的，在一定程度上制约了海洋生态灾害应急管理的深入开展。另一方面，现阶段预报技术主要集中在单一致灾因子研究，忽略了各影响因子间的动态联系，使预报方法具有一定的片面性。虽然卫星遥感技术取得了一定的成效，但其建设成本和维护成本较高，且受天气影响较大，图像分辨率较差，很难在小区域和地方组织中开展实施[4]。总之，目前我国海洋生态灾害监测预报体系仍需加强设备引进和技术研发，以有效地预防和控制海洋生态灾害的发生。

（三）我国海洋生态灾害应急组织体系现状及困境

（1）现状。我国海洋生态灾害应急管理组织体系目前还没有独立的组织部门，其大多附属于应急灾害管理体系中。海洋生态灾害应急组织体系是由海洋生态灾害应急工作领导小组、领导小组下设办公室和应急专家组、海洋预报减灾司等组织部门构成[5]。其中，海洋生态灾害应急工作领导小组的职责是启动、监督和结束海洋生态灾害应急预案；其下设办公室主要负责组织、协调海洋生态灾害应急预案的实施，进行灾害调查和灾后评估、编写海洋生态灾害调查报告和评估报告；海洋预报减灾司主要拟定海洋观测预报及海洋防灾减灾的政策规划和技术规范，建设海洋生态灾害监测预报网络，并编制海洋生态灾害报告[6]。

（2）困境。我国海洋生态灾害应急管理组织体系存在"多部门领导"和"条、块"分割的现象。海洋生态灾害应急管理组织结构可以分为上下级领导的纵向结构，以及同级部门协调合作的横向结构。纵向机制具有行动快、反应灵敏的特点，海洋生态灾害启动后，各部门依靠等级从属关系，形成了较好的上下级协作关系，积极组织减灾行动。横向机制是同等级各部门之间，在统一指挥体系下，协调合作，共同抵御海洋生态灾害。但是在行动过程中，各部门存在本位主义，缺乏整体协调性和统筹安排，难以形成凝聚力。国家海洋局下属分局与部分沿海政府部门之间缺乏信息沟通，难以形成信息对称机制，利益协调机制不健全，造成了各部门之间本位主义严重，部门间自主合作的积极性不够。

（四）我国海洋生态灾害应急救援体系现状及困境

（1）现状。我国海洋生态灾害应急救援体系包括应急救援队伍和应急救援物质保障两个方面。在应急救援队伍方面，主要有专业的应急救援队伍和其他应急救援队伍。其他应急救援队伍有社会团体、企事业单位以及志愿者、社区以及军队武警等。要保证海洋生态灾害应急管理过程中人力充足，能够达到应急响应长时间的要求[7]。在应急物质保障方面，我国建立了海洋生态灾害应急物资储备、调配网络，并且建立了相关检测装备、救援物资和药品的市场监控体系，保障应急物资的大量储备，防治灾害发生后物质缺乏的危机。

（2）困境。我国海洋生态灾害应急救援体系存在如下困境：第一，职能交叉，缺乏统一的救援协调指挥机制。我国海洋生态灾害应急体制主要是以纵向单灾种为主，各部门内部上下指挥畅通，但面对多灾种时，部门之间协调不足，职责交叉和管理脱节现象并存；第二，应急救援的经费保障机制欠缺。由于我国海洋生态灾害在通讯信息、救援队伍、救灾设备等方面存在部门分割，有些项目存在重复建设现象，造成国家财政资金的浪费；第三，社会公众参与不足。由于目前应急救援行动主要是由政府主导，公众还没有形成参与的习惯，政府和社会力量之间缺乏有效合作，削弱了应急救援的力量。第四，缺少一支专业化的海上应急救援队伍，并且救援手段单一，缺乏协调联动机制。应急救援应当由政府主导，但不应由政府垄断，政府各职能部门之间、不同政府之间、社会力量之间紧密配合、协调联动。

（五）我国海洋生态灾害应急评估体系现状及困境

（1）现状。我国海洋生态灾害应急评估体系可分为灾害调查和灾后评估两部分。首先，灾害调查由国家和各省海洋环境预报中心负责实施。主要是对海洋生态灾害发生的原因、大小、损害情况、应急行动情况等做出详细调查，并分析哪个环节存在弊端。调查完成后，编制灾害调查评估报告，上交到国家海洋局备案[8]。其次，灾害评估主要对应急管理组织的绩效评估，看各部门在监测预报、应急响应、紧急救援过程中是否协调一致、紧密配合，各部门是否充分利用了各部门的资源、发挥了各部门的优势，以及各部门是否存在本位主义，条块分割现象。根据评估结果及时地找出存在的问题，有利于应急管理水平的提高。

（2）困境。我国海洋生态灾害应急评估体系处于建设阶段，在评价过程中很难核定每个部门或个人的贡献大小，其评估指标很难选取，这样就造成了评估信息的缺失，不仅影响了应急管理工作的效率，而且还影响了各部门成员的积极性。因此，现阶段的任务就是要建立一套集合经济、社会、生态、人文等因素的合理、有效、成熟的海洋生态灾害评价指标体系，用于考核各部门在应急流程中的贡献大小，发现不足之处，总结经验，奖赏分明，提高应急管理运行效率。总之，我国海洋生态灾害应急管理体系仍存在许多不足之处，需要借鉴国外先进应急管理方法和制度，为我国海洋生态灾害应急管理体系建设、发展和完善提供一定的借鉴参考。

二、国外应急管理体系经验借鉴

（一）美国

美国是飓风、海啸等灾害频发的国家，十分重视应急管理体制建设。美国早在1979年就已成立联邦紧急实务管理署，对全国重大灾害实行预警和处置。2002年制定了《美国联邦反应计划》，2003年成立第一个应急管理机构——国土安全部，其主要负责应急灾害的指挥协调工作，保障国家安全[9]。其后又建立了各种应急灾害的预案，并要求各州、市、县地方政府建立相应的预案和应急管理专门机构，各机构要制定专门人员负责应急管理工作，并且要求在全国建立一个法律健全、部门协调、信息共享的灾害应急管理体制。

从美国应急管理体系的建设历程看，实行的是综合管理，其特征是：首先，美国建立了一套灾害应急管理法律、法规和预案；其次，美国有较为发达的高科技监测预警系统，形成了灾害信息搜集、共享机制，提前控制灾害的蔓延；再次，美国设有各级政府领导下的，由企业、社会组织、团体、志愿者组成的应急管理组织体系，能够实现统一指挥、统一领导、相互配合、迅速反应的应急体系；最后，美国建立了较为积极的灾害动员体系。通过灾害教育手段，动员公众投入到灾害的应急管理中，同时，进行资金方面的资助，进行灾害发生后的演练，对提高灾害预防和救援等过程起到重要作用。

（二）日本

日本由于地理位置处于地震多发带，同时受到城市化发展程度高、人口密度大等因素的影响，突发事件时有发生，这决定了日本是一个应急管理意识很强的国家，2011年的地震和2012年的9级大地震和核泄漏的发生，都要求日本具有很强的应急管理能力。

日本应急法律体系建设经历了一个逐步完善的过程。1950年底，日本建立了以单个灾种管理为主的应急管理体制，并制定了《灾害救助法》；20世纪60年代，日本又制定了《灾害对策基本法》，对灾害进行全面预防，并明确防灾的责任，计划性防灾行政，对于特别重大的灾害，实施国家财政政策的援助。日本也建立了由中央政府领导，各地方政府、社会公众、组织，团体参与的综合应急管理体制。在应急管理体制上，日本一般由海洋灾害的专家领导作为第一责任人，以调整和配置内部组织；在应急组织运行上，明确设置部门及职务，确保部门间的协调运作；整个应急过程的各个环节都需要多部门协调一致、密切配合，因此，应急机构指挥所与地方政府、医师协会、医疗协会、地方卫生研究所警察、消防等都建立了横向协调关系。

（三）英国

英国经常遇到大雾、燃料危机和技术事故等灾害，英国政府也重视灾害应急管理工作。目前，英国已经建立了中央集权下的，地方自治的应急管理体制。从国家到地方，都建立较为完善的应急法律体系，组织结构也是国家和地方进行协调配合的事业部制结构，其各地应急管理部门都有其独立的处置权，国家赋予了地方更多的自主权，保证地方遇到灾害时的快速决策能力。

英国的灾害应急管理体系适合英国国情，实行属地管理，以地方政府为主，协调各部门启动应急响应和救援，当灾害较大时，国家会直接出面组织，进行应急处置和管理，协调各级部门安排好各部门的职责，做好人员配置、物质供应以及快速响应行动，保证及时地控制灾害的蔓延危害[10]。所以，一旦灾害发生，英国各级政府就会立即做出反应，迅速启动应急管理系统，各部门分工合作，按照灾害预案条例，充分利用社会各界力量，共同抵御灾害发生。英国灾害应急管理体系不像其他国家专门设置了应急机构，英国没有独立的应急机构，而是把应急各职能分配到平时的管理机构中，以协调各部门完成各应急流程，可以有效地避免机构设置重叠、职责交叉和资源分散等问题。

（四）德国

德国经常发生飓风和大暴雨等自然灾害，也是重视对灾害的应急管理体系的建设。德国的应急管理工作主要是由国家和地方共同执行。但是，国家赋予了地方较多的权力，地方可以独立完成本地方的灾害应急工作[11]。在各部门职能分工的基础上，德国各级政府还建立了相应的应急管理组织机构，应急信息网络系统、应急预警系统和应急响应救援系统，形成了德国特色的灾害应急管理体制。

另外，德国应急管理主要是按照灾害发生的流程进行各部门分工，这样有利于解决部门之间责任不清，条块分割的现象。另外，在灾害发生的每个流程中，都配有各部门之间的协调机制，使得每个部门在灾害应急流程中，体现出应急技术的熟练性、专业性个协调性，保障在尽可能短的时间内控制灾情，遏制灾害的蔓延。

总之，国外发达国家应急管理建设和研究较早，已经建立了应急法律健全、监测预警先进、应急组织结构合理、应急救援响应快速、灾后评估科学的应急管理体系。目前，国外应急管理体系正逐渐向标准化、规范化、制度化方向发展，对我国海洋生态灾害应急管理体系的建设具有一定的指导作用。

三、我国海洋生态灾害应急管理体系优化对策

我国海洋生态灾害应急体系建设存在较多问题，需要借鉴国外先进经验，结合我国国情，设计出我国海洋生态灾害应急管理体系的优化方案。要设计合理的优化方案，我们需要借鉴德国的流程设计，对应急管理流程进行重构，合理划分每个流程中的部门分工，并且要把各流程组合为一个整体，以系统的观点来研究，这样可以有效地解决我国海洋生态灾害中的部门条块分割的状况。同时，我们也要学习美国、日本和英国完善的应急法律体系，以及先进的监测预报系统，从每个流程设计法律体系，加强灾害监测预报技术研发，从而达到有效控制海洋生态灾害的目的。

海洋生态灾害应急机制流程可以按照灾害发生的时间先后，划分为灾害应急准备阶段、应急预防阶段、应急响应阶段和恢复重建阶段四个阶段（图1）。应急准备阶段主要是灾害发生前建立应急预案和制定应急法律；应急预防阶段主要是对海洋生态灾害进行监测预报，研发先进的预报技术以及建立灾害信息网络系统；应急响应阶段是灾害发生后的应急组织和应急处理，应急组织包括各部门的角色分工以及组织结构设计，应急处理包括全员参与及协调控制；灾后评估阶段是对灾害应急效果进行评估，总结应急经验，进一步总结完善应急对策。

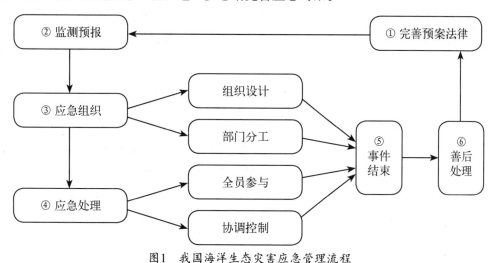

图1　我国海洋生态灾害应急管理流程

（一）应急准备阶段优化对策

从国外先进的应急管理经验可知，海洋生态灾害应急法律建设是其应急管理的前提和关键，都通过预案的方式进行法制化，规范化，使得灾害发生后，应急救援行动更加迅速、有效。我国海洋生态灾害应急法律法规大多分散在不同的法律条文

中，需要建立专门针对海洋生态灾害应急管理的法律体系。首先，要加快海洋生态灾害应急法制建设的进程，尤其是应急管理立法进程，填补立法上的空缺；其次，修改和补充现有应急法律条文冲突，从根本上消除立法矛盾，实现海洋生态灾害应急法律体系的协调统一性；最后，健全海洋生态灾害应急预案制度。有关中央和地方的绿潮、赤潮、溢油等海洋生态灾害的应急预案不具体，要加强其预案建设、完善海洋生态灾害发生各流程的法律法规建设，构建一个基于海洋生态灾害流程的应急法律体系。

（二）应急预防阶段优化对策

海洋生态灾害的应急管理应以"以防为主，防治结合"为原则，提高海洋生态灾害的监测预报技术，做到早发现、早治理。我国海洋生态灾害的监测预报技术无论是在深度上还是在广度都有了较大进步，但仍需研发赤潮、绿潮和溢油等海洋生态灾害发生的机理及成因，通过设立科研专项，结合物理学、生物学、生态学对赤潮、绿潮等生消过程中的关键环节进行研究，为海洋生态灾害监测预报提供技术支持。从新的视角研究新的预测算法，为海洋生态灾害准确预报提供新的手段。加强海洋生态灾害多发区域的监测，同时，增设海洋生态灾害监控站点的布置。建立海洋生态灾害环境监测数据库，实行信息网络实时更新，研发新的算法，利用数据对海洋生态灾害进行数理模拟试验，增强海洋生态灾害的预报准确性。

（三）应急响应阶段优化对策

国外应急管理组织体系采用中央和地方共同治理，并且社会全员参与，组建了一支训练精良、反应迅速、高效的专业应急救援队伍，同时，借用先进的计算机网络信息系统，把应急救援所需的人力、物力、资金、技术、时间等各要素在信息网络系统中进行优化配置，形成了各国自己的应急救援运作模式。

我国海洋生态灾害应急组织体系建设应改变传统组织管理模式的单一性，不能过多地依赖政府力量来完成，需要动员社会各界力量，多元参与协调完成。另外，要改变应急管理的单灾种应急模式，这种管理模式会使部门之间权责配置不清晰，出现管理上的脱节和职责上的交叉，造成管理上的低效率和混乱，因此，要加强对绿潮、赤潮和溢油灾害的综合管理，在职能部门的分工上，要按照应急流程，合理规划、合理分工、注意各部门之间的协调性，不能出现职能的交叉，防止"条块分割、多头领导"组织结构的出现。

我国海洋生态灾害应急处理体系仍存在较大的改进空间。首先，加强专业应急救援队伍建设，加大灾害的应急救援演练力度和救援设备的投入力度；其次，加大设备投入和人员培训投入，建设现代化的信息网络交流平台，建立一个实现信息实时共享的应急指挥中心；再次，加强群众的公共安全意识，灾害发生时能够自发地进行灾害救援、应急准备；最后，公众和政府之间建立双向信息对称机制。运用市场机制，将政府、专业救援队伍和社会组织等有效力量整合起来，实现应急救援行动的"全民参与"机制。

（四）灾后评估阶段优化对策

灾后评估体系需要从3个方面来衡量应急效果的好坏：①从应急管理工作人员业绩进行评估，将个人与组织团体作为独立的维度来测量，发现应急管理组织成员的个体差距以及团队结构上的不足；②从海洋生态灾害应急管理流程的设计，以及各流程中实施的效果进行评估，发现应急管理组织和应急预案在不同阶段的实施效果，以便针对性地查找不同阶段存在的问题；③从应急管理体制、应急管理理念上进行评估，发现应急管理体制上的优势和弊端。灾后评估工作结束后，要写出书面的评估报告，内容包括：①灾害发生的原因及影响；②应急响应速度、响应效率情况；③应急预案的实施效果是否达到预期；④现行应急管理机制是否顺畅、高效；⑤灾害损失大小评估，并做好资料存档工作。另外，还应建立海洋生态灾害应急管理追责机制。按照权责对应的原则，强化应急管理组织和人员的法制意识、责任意识，增强其责任感、危机感、紧迫感，使问责机制贯穿于海洋灾害应急管理流程的各个环节，切实提升海洋灾害应急管理效能。

总之，应急管理属于一门新兴学科，我国应急管理体系建设又较晚，海洋生态灾害应急管理研究更晚，和国外发达国家相比较，无论在理论研究方面，还是在实践应用方面，都存在较大的差距。所以，我们要立足本国国情，借鉴国外先进经验，切实加强对海洋生态灾害应急管理体系优化研究，保障我国海洋经济的快速、平稳、健康发展，为加快我国社会主义现代化建设步伐献计献策。

参 考 文 献

[1] 殷杰, 尹占娥, 许世远, 等. 灾害风险理论与风险管理方法研究[J]. 灾害学, 2009, 24(2)：7-11,15.

[2] 孙云潭, 于会娟. 我国海洋灾害应急管理体系概述[J]. 中国渔业经济, 2010, 28(1)：47-52.

[3] 邹逸江. 国外应急管理体系的发展现状及经验启示[J]. 灾害学, 2008, 23(3)：96-101.

[4] 陈虹, 李蕊, 宋富喜, 等. 国外突发事件应急救援标准综述[J]. 灾害学, 2011,26(3)：133-138.

[5] 温蕴杰. 科学减灾：灾害应急管理与非工程减灾[M]. 北京：中国城市出版社, 2011.

[6] 钟开斌. 风险治理与政府应急管理流程优化[M]. 北京：北京大学出版社, 2011.

[7] 宋英华. 应急管理科技创新体系构建研究[J]. 科学学与科学技术管理, 2009(4)：87-90.

[8] 齐平. 我国海洋灾害应急管理研究[[J]. 海洋环境科学, 2006, 25(4)：81-87.

[9] 汪艳涛, 高强, 姜少慧. 赤潮灾害监测预报与减灾对策研究进展[J]. 中国渔业经济, 2013, 31(4)：161-167.

[10] 吴晓涛. 美国突发事件应急行动预案的基本特征分析[J]. 灾害学, 2012, 28(3)：123-127.

[11] 张永领, 夏保成, 吴晓涛. 应急预案运行运行保障的评价方法[J]. 灾害学, 2013, 28(1)：146-149, 159.

论文来源：本文原刊于《灾害学》2014年04期，第150-154页。

基金项目：中国海洋发展研究中心项目（AOUOUC201205）；2013年青岛市民生科技计划软科学研究项目（13-l-3-139-4-（1）-zhc）。

基于分位数法的风暴潮灾害风险
可保性识别

郑　慧　赵　昕*

摘　要：本文以风暴潮灾害风险的可保性识别为研究目标，在详细分析了传统风险可保性条件和现代风险可保性条件的基础上，结合风暴潮灾害自然属性，对风暴潮灾害的可保性进行了理论评述。使用Q-Q图、峰度检验等统计分析工具，验证了风暴潮灾害的部分统计特征；为提高检验结果的准确性，引入基于分位数法的统计量验证了风暴潮灾害风险的可保性。最后，总结出风暴潮灾害风险的准公共物品性、正外部性、精算技术难度高等保险属性。

关键词：风暴潮灾害；风险可保性；分位数法

一、问题的提出

所谓可保性是指符合保险精算原理和大数定律的要求[1]，能够以风险共担为理念，以资金集聚为目标，实现风险补偿的各种风险。理论上，只有具有可保性的风险才能纳入保险范畴，其相应险种的设计才是有意义的。因此，检验风暴潮灾害风险是否具有可保性，是探讨使用保险技术处理风暴潮灾害风险的前提条件。目前关于海洋灾害风险可保性成果并不多见，在此以巨灾风险可保性相关研究做借鉴。

针对巨灾保险的问题，国外相关研究始于19世纪60年代。1961年期望效用理论被引入保险界[2]。随着决策理论的发展，这一理论模型不断完善、进步，使得解决巨灾保险中的各种问题成为可能。之后，Denuit，Dhaene和Van Wouve和Luan[3]，使

---

*郑慧（1986—），女，山东省潍坊市人，中国海洋大学经济学院，讲师，研究方向：风险管理。
　赵昕（1964—），女，辽宁省锦州市人，教授，研究方向：海洋经济。

用预期效用理论对巨灾风险进行分析，得到了均值失真保险定价原则及其优良的精算性质和分保方式，扩展了期望效用理论下对巨灾风险保险的认识。此外，戈利耶[4]在其专著《风险和时间经济学》中从另一个视角解释了可保风险理论：为了使巨灾风险可保成为可能，有两种方法可以采纳，要么增加参与风险分担的风险单位，要么，将风险损失均摊到不同的时期。拓宽了风险可保性的理论限制。

国内学者对该问题的看法主要分为两类：否定灾害保险可保性的一方和支持灾害保险可保性的一方。前者认为[6] [7]，巨灾风险中一旦风险事件触发，会带来大量风险对象同时遭受损失，产生责任积累。而由传统可保理论计算出来的保费是无法抵补这部分巨额损失的，这就会造成保险人的巨额经营风险。因此，根据传统可保性理论，与巨灾风险相关的风险都是不可保的。石兴[8]、雷冬嫦[9]等研究了灾害风险特别是海洋灾害风险的特征之后，提出海洋灾害风险致灾强度大，信息不对称的情况较为普遍，但考虑到保险业的发展进步以及社会的迫切需求，海洋风险可保性问题势必会得到解决。同时，如果政府能够出面通过财税补贴、资金支持等形式对海洋灾害保险进行补贴，将会在很大程度上使得海洋灾害保险的设立可行。

针对现存的以风暴潮为代表的海洋灾害风险是否具有可保性这一问题，本文从剖析可保性条件入手，分析了风暴潮灾害的自然属性和保险属性，并引入图示法、分位数法等定量分析工具，着重进行了风暴潮灾害风险可保性识别，以期为风暴潮灾害保险的设计提供理论基础，为相关职能部门的管理决策提供技术支撑。

二、风险可保性的理论分析

（一）风险可保性分析的理论框架

1. 传统风险可保性条件

传统风险可保性条件集中在按照大数定理严格划分风险特征上，认为可以承保的风险一般必须满足大量性、纯粹性、可评估性、偶然性、经济可行性和分散性的原则。而随着保险业的发展，越来越多的传统意义上不可保的风险已进入到了保险领域中，如火灾保险、信用保险等。因此，传统风险可保性条件已日渐淡出了人们的视野，取而代之的是现代风险可保性条件。

2. 现代风险可保性条件

现代风险可保性条件[10]以各种危险的客观存在为基础，研究商业保险、社会保险和政策性保险存在和运行的内在机制，其内容是社会整体危险损失的转嫁与利益保障。其内涵主要包含以下三个方面。

（1）筹资积累资金

政策性保险、商业性保险等诸多保险，形式各异、功能各异，但都离不开保险资金的支持。保费的合理厘定、后期的适时调整，是保险积累资金、维护运营的根本前提。

（2）对特定危险的后果提供经济保障

不论险种的类别如何，都不可能将所有风险纳入承保范围，仅为法律秩序认可的特定危险提供保障。

（3）风险转移

任何保险合同都规定了，在承保风险发生后保险人将按照合同约定，或以损失补偿的形式或以现金给付的形式，提供保险赔付，以对投保人起到一定的减轻损失的作用。

（二）风暴潮灾害风险可保性的理论分析

1. 风暴潮灾害自然属性分析

（1）风险致灾频率

风暴潮灾害是一类主要的突发性海洋灾害，因其发生较为频繁，每年都会给沿海各国造成不小的财产和人身损失。我国作为一个沿海大国，每年因风暴潮造成的经济损失在不断增加。以2010年为例，共发生风暴潮灾害28次，直接经济损失达数10亿元。风暴潮灾害的发生频率虽然不像普通非寿险风险一样频繁，但每年几十次的发生次数，足以提供充足的损失数据，用以反映风暴潮灾害的发生频率、损失分布，从而为探讨相关保险机制的建立提供条件。

（2）风险地域分布

风暴潮灾害的发生具有明显的地域特征，即便是灾害频发的沿海地区地区，不同的地区，受灾特点也不尽相同。从地理分布上讲，风暴潮灾害作为一类典型的海洋灾害，其受灾地区集中于沿海地区地域，受灾个体和产业多为涉海经营单位。在灾害损失等方面的统计中，具有明确的指向性。

从受灾程度上讲，各沿海地区的海洋环境不同，受灾程度和频率也不相同。例如，山东临渤海、黄海，海岸线较长，且浅海滩涂居多，一旦发生致灾度较高的风暴潮灾害往往带来巨大损失。而福建、浙江等地，由于受季节性台风等因素影响，更易发生高致灾度的风暴潮灾害。

（3）风险可测性

风暴潮灾害的发生与其他灾害风险一样，均为天文、气象、潮汐等因素综合作用的结果，但随着人类对海洋认识的加深，风暴潮的预测预报技术手段已在不断成熟。根据不同地区的地理位置，可以对风暴潮的发展路径、变化趋势做出预测，并基于此提前做好防范准备。

气象因子是导致风暴潮灾害发生的重要因素，热带气旋、温带气旋等频发的地区往往也是风暴潮多发的区域。借助气象研究，对气温、气压、风等作为风暴潮诱发因素进行的预报、跟踪研究，也有助于风暴潮的预测。此外，天文观测研究也对风暴潮的预测起到支撑作用，天文大潮往往与致灾度高的风暴潮灾害联系在一起。黄渤海地区7—9月台风多发，此时也正值其高潮位时期，故这一时期也是黄渤海沿岸风暴潮多发阶段。东海的高潮一般出现在8—10月，与台风影响叠加后，东海沿岸风暴潮灾害多发生在这一阶段；而南海的潮位变化不大，且气旋、台风等常年发生，故自5月开始，南海沿岸即开始遭遇风暴潮侵袭。

2. 风暴潮灾害可保属性分析

基于现代风险可保性内涵及灾害本身的自然属性，本文将风暴潮灾害的可保性总结如下。

（1）险种所需的资金积累可以实现

虽然风暴潮灾害综合险自身信息和相关险种信息并不多，但根据前文的分析风暴潮灾害的发生在气候环流条件下具有相对可预见性和周期性、历史气象记载数据也有一定的可参照性，且灾害风险地域特征明显，诸多因素均有助于初始费率水平的厘定；且随着预测预报技术的发展，后续对险种费率的修正，将不断提高费率厘定的精度，实现险种定价，保证了经营资金的筹集和积累。

（2）为投保人提供基本保障

风暴潮灾害综合险在初级阶段，将财产损失补偿和人身伤亡给付归结到一起，在灾害发生后，根据合同约定，向投保人提供损失补偿。既能解受灾群众生产生活的燃眉之急，又能有效减轻现有的单一政府灾后救助带来的财政负担，对社会整体而言，都不失为一项基本保障措施。

（3）可以起到风险转移作用

投保人购买风暴潮灾害综合险，将超过免赔额的风险损失转移给保险人，当灾害发生时获得保险赔付；原保险人购买再保险人提供的再保险，以及后续可能发生的转分保行为，使承保风险进一步在原保险人与再保险人之间转移，伴随原保费、再保费的不断重新分配，承保风险与承保利益对应分割。有效分散了区域性灾害风险，将单一主体的风险暴露融入大范围的风险分担机制中，实现了灾害风险的转移、消化。

三、风暴潮灾害风险可保性实证检验

（一）风暴潮灾害风险可保性识别的理论模型构建

非寿险精算原理在进行损失数据分布拟合时，往往假定数据服从正态分布等对称形式的分布，以保证损失数据围绕期望损失值波动，且波动幅度大致以99%的可信度在36范围之内[11]。而巨灾等损失数据波幅一般较大，这种数据分布的不稳定性特别是尾部右偏，会严重影响数据拟合的准确度。所以一般认为，巨灾风险具有厚尾特征，是不可保的，非寿险精算定价理论和模型将不再适用[12]。

对数据厚尾性检验的主观模型主要有两种图示法和峰度值法。图示法主要是使用Q-Q图，对数据的厚尾性质进行观测。一般假定数据服从正态分布，观察数据Q-Q图，若数据点紧密分布在对角线周围、残差图中的样本点没有规律性分布且振幅较小，则说明数据拥有正态分布的矩存在性，不具有厚尾性。而若图示上凸，则说明经验分位数比理论分位数增长快，数据具有厚尾性；如果图示向下凹，则说明数据具有短尾属性。[13]

峰度值法是根据数据峰度等属性值，判断数据是否具有厚尾性。峰度值是根据样本的四阶矩计算得到的，即 $K(x) = E(\frac{(x-u)^3}{\sigma^3})$ 。厚尾分布的峰度大于3[14]，所以当样本数据的峰度大于3时，可以认为其属于厚尾分布；反之，则不具有厚尾性。

此外，Friedrich[15]等提出的基于分布序列分位数的厚尾判别方法进一步检验数据的厚尾性。即计算判别系数 $\hat{T}_n = \frac{X_p - X_{1-p}}{X_q - X_{1-q}}$ （$0 < p < q < 0.5$，X_p为x的p分位数），若判别系数大于临界值则拒绝样本数据无显著厚尾性的原假设，检验的信度水平多取5%和1%。

上述度量数据厚尾性的方法各有利弊。图示法操作简便，但结论的得到主观性较强，不同人可能会对图示做出不同的解释，得到不同的结论，影响对数据真实性质的判断；峰度值法是近年来较多应用于数据厚尾性检验的方法，但这种方法对样本点中的离群值非常敏感，有时无法准确区分数据的峰度和尾部问题，降低了分析结果对数据尾部特征的解释力度[16]。而基于分布序列分位数的厚尾检验，使用数据分位数反映分布情况，降低了主观性因素对判别结果的干扰，也最大限度地利用了样本信息，更能现实数据分布的真实结果，可信度更高。

在此，本文将上述几种方法结合使用：先根据图示法和峰度值法，对风暴潮灾害损失数据的厚尾性做基本判断，再使用分布序列分位数法，详细论证判断结果，对风暴潮灾害风险的可保性做出可靠的证明。

（二）风暴潮灾害风险可保性识别的实证检验

根据《中国海洋灾害统计公报》统计数据，选取1989—2010年102次风暴潮灾害直接经济损失总值数据为初始样本空间。

1. 基于图示法的实证分析

观察风暴潮灾害损失数据正态分布数据Q-Q图可以发现（图1），数据点基本紧紧地围绕在对角线附近，残差图也未出现明显的规则变化、波幅基本控制在0.1以内，且经计算样本峰度为0.113，远小于厚尾分布峰度临界值3，可以认为数据未现明显的厚尾性。

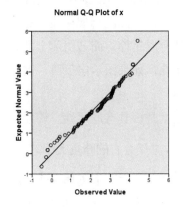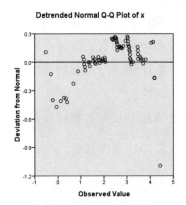

图1　风暴潮灾害损失数据Q-Q图

2. 基于峰度值的实证分析

将风暴潮灾害的直接经济损失数据代入峰度值计算公式，有：

$$K(x) = E(\frac{(x-u)^3}{\sigma^3}) = 0.11263$$

可见风暴潮灾害风险的峰度值小于厚尾数据峰度临界值3，初步判断该风险数据无厚尾特征。

3. 基于分位数法的实证分析

图示法和峰度值法的检验结果均认为风暴潮灾害损失数据无明显的厚尾特征，基本判断风暴潮灾害风险具有可保性。取$p = 0.1$，$q = 0.125$，基于分布序列分位数的厚尾判别系数变为：

$$\hat{T} = \frac{X_p - X_{1-p}}{X_q - X_{1-q}} = \frac{X_{0.1} - X_{0.9}}{X_{0.125} - X_{0.875}} = 1.1258$$

查Friedrich给出的临界值表[17]临界值为1.479，因此，风暴潮灾害损失数据厚尾判别系数小于临界值，接受原假设。即风暴潮灾害风险数据不具有厚尾性，属于可保风险，可以使用非寿险精算理论讨论其保费厘定。

四、研究结论

本文以检验风暴潮灾害风险的可保性为研究目的。系统分析了传统和现代风险可保性条件，结合风暴潮自然属性，对风暴潮灾害的可保性进行了理论评述。在此基础上，使用Q-Q图、峰度检验等一般统计分析工具，验证了风暴潮灾害的部分统计特征；为提高检验结果的准确性，引入基于分位数法的统计量验证了风暴潮灾害风险的可保性。

本文的研究结论表明，在现代风险可保性理论框架下，风暴潮灾害风险符合风险可保性的要求，继而对风暴潮灾害保险的机制设计等问题的研究是可行的，也具有一定的理论与现实意义。风暴潮灾害保险的保险属性可以从以下几个方面进行总结。

1. 准公共物品性

风暴潮灾害保险是面向受灾区全体个体提供风险转移的商品，属于灾前防御措施，不仅能对居民进行损失补偿，还可以节约社会的灾后重建费用，提高了全社会的总福利。

由于风暴潮灾害发生具有鲜明的地域特征，该险种的推广、售卖限定为沿海地区；在保险机构的资格确定上，也以受灾区域范围内的经营主体为主。因此，风暴潮灾害保险在收益上和经营上都具有排他性。风暴潮灾害保险基本特点是损失补偿的技术手段，数量上并无限制，且投保人越多，政府节约的财力越多，社会总效用获得的提升越多。因此，风暴潮灾害保险在消费上具有非竞争性。

2. 正外部性

外部性即个体的某一行为对周围人的福利影响，正外部性即为行为人实施的行为对他人或公共环境利益有溢出效用。[18]

根据前文对风暴潮灾害特征因子的分析可知，风暴潮灾害保险的适用区域是东南沿海灾害频发地区，投保人也设定该区域内的居民个体。从表面上看，风暴潮灾害保险的购买者和受益者仅局限在灾害频发地区。但实际上，风暴潮灾害综合险大大节约了单一政府灾后救助体系下的财政支出。而节省下来的政府财力，可用于教育、医疗、社保等其他关系民生的项目，使更多的个体、机构受益。因此，风暴潮灾害保险的设立为社会公众带来了正向溢出效用，该险种具有正外部性。

3.精算技术难度高

风暴潮灾害损失数据并不充分，类似灾害保险也未能形成成熟的体系以供参考，这给风暴潮灾害保险的损失分布拟合、保费厘定、再保险保费计算等带来相当大的困难。

传统的非寿险估计模型和方法此时稍显力不从心，非参数估计、信度理论、博弈方法的综合应用成为必然要求。为提高保费厘定的精度，便需要进行分类费率的厘定。而风暴潮灾害设计的个体类别繁多，既有居民、养殖户、渔民、农民等个体，也有各类企业，要完成分类费率的厘定，是一个非常复杂的过程。此外，巨额保险一般都会选择安排再保险、转分保等风险转移手段，这部分保费的厘定也是一个技术难度较高的问题。如何提高拟合精度、厘定初始费率、设计再保险方案，都对风暴潮灾害保险的精算技术提出了新的要求。

参 考 文 献

[1] 吴惠灵. 我国巨灾保险体系构建研究. 重庆：西南政法大学, 2010.

[2] Denuit M. Dhaene, J. VanWouve.The economies of insurance：a review and some recent developments.Bulletin of the Swiss Association of Aetuaries, 1999(01) ：137-175.

[3] Luan C..Insurance premium calculation on the utility theory, ASTIN Bullentin, 2001：27-39.

[4] 克里斯蒂安·戈利耶. 风险和时间经济学. 沈阳：辽宁教育出版社, 2003.

[5] 周志刚. 风险可保性理论与巨灾风险的国家管理. 上海：复旦大学, 2005.

[6] 张庆洪，葛良骥，凌春海. 巨灾保险市场失灵原因及巨灾的公共管理模式分析. 保险研究, 2008(05)：13-16.

[7] 石兴. 自然灾害风险可保性研究. 保险研究, 2008(02)：50-52.

[8] 雷冬嫦，李加明，周云. 基于巨灾风险的可保性研究. 经济问题探索, 2010(07)：109-111.

[9] 张洪涛. 保险经济学. 北京：中国人民大学出版社, 2006：45-58.

[10] 龚兴隆. 保险会计与风险管理. 北京：中国审计出版社, 2000.

[11] 赵昕，王晓婷. 风暴潮灾害综合财产险精算定价模型探析. 统计与决策, 2011(17)：15-18.

[12] 欧阳资生. 厚尾分布的极值分位数估计与极值风险测度研究. 数理统计与管理, 2008, 27(01)：71-75.

[13] 吴新林. 沪深股市收益率的厚尾性分析. 河北经济学院学报, 2009. 06(9)：34-36.

[14] Friedrich Schmid, Mark Trede.Simple Test for Peakedness, Fat Tail and Leptokurtosis Based on Quantiles. Computational Statistic &Data Analysis, 2003(43)：1-12.

[15] 陈耀年. 投资者系统决策偏差对收益率分布尾部的影响及实证研究. 长沙：湖南大学, 2006.

[16] Friedrich Schmid,Mark Trede. Simple test for peakedness, fat tail and leptokurtosis based on quantiles. Computational Statistic &Data Analysis, 2003(43)：1-12.

[17] 曼昆. 经济学. 北京：中国经济出版社, 2000.

论文来源：本文原刊于《海洋经济》2013年01期，第6-10页。

基金项目：中国海洋发展研究中心重点项目（项目编号：AOCZD201103）、中国海洋发展研究中心青年项目（项目编号：AOCQN201131）。

海洋生态灾害频发的根源：
基于经济学视角的分析

苟露峰　高　强*

摘　要：海洋生态灾害对经济发展的影响日益加深，在发展海洋经济过程中，如何最大限度地减低海洋生态灾害发生的频率，已经成为当今世界面临的极其严峻的问题。只有弄清这些生态灾害背后的根源，才能从本质上认清海洋生态灾害产生、发展和运动的规律，为海洋生态灾害的防治提供科学依据。从海洋生态灾害的共性出发，从"市场失灵"和"政府失灵"的角度探讨海洋生态灾害频发的根源，试图寻找有效规范人类行为的制度安排，把海洋生态灾害的影响程度降到最低。

关键词：海洋生态灾害；市场失灵；政府失灵

一、引言

近年来，随着沿海经济社会的迅速发展，人类活动的频繁，近海海域生态环境污染和灾害的发生频率日益增多，赤潮、绿潮及海洋溢油事件等生态灾害时有发生：自1972年长江口外海域首次报道束毛藻赤潮以来，至今已共发生117次赤潮，其中20世纪70年代发生1次，20世纪80年代发生13次，20世纪90年代发生58次，到了2000—2006年的六年间共发生45次，赤潮爆发频率加[1]；2010年7月，大连新港附近中石油输油管道起火爆炸，导致1 500吨原油进入海洋，约430平方千米海域受到污染，重度污染海域12平方千米；2011年6月渤海湾蓬莱19-3油田发生重大泄漏事故，造成超过840平方千米的海域受到严重污染，累计造成5 500平方千米海水污染，给渤海海洋生态和渔业生产造成了严重影响；2013年11月，位于青岛市经济开发区的中石化输油管道发生爆炸，据不完全统计，部分原油已经进入胶州湾，海面过油面积

*苟露峰（1986—），女，山东青岛人，博士研究生，研究方向为农业经济、海洋环境管理。
　高强（1966—），男，陕西绥德人，管理学博士，教授，研究方向为农业经济、海洋环境管理。

超过1万平方米[2]；2013年6月，浒苔再次逼近青岛海岸，截至7月15日，青岛1.22万平方千米管辖的海域内工清理出100多万吨浒苔，青岛已经连续6年遭遇大规模的浒苔登陆[3]。海洋生态灾害对沿海人民的生活造成了很大的困扰和威胁，海洋生态灾害的防治工作刻不容缓。

海洋生态灾害是海洋灾害的一种，主要是由于自然变异和人为因素造成的，损害近海生态环境和海岸生态系统的灾害，主要由于陆地的污染源入海后引发的一系列海洋生态问题，比较典型的海洋生态灾害有赤潮、绿潮、海洋污损、海上油井和船舶漏油、溢油和生物入侵等。同时，为开发海洋资源上马的一些失误工程也造成了海岸带和近海生态环境的恶化，20世纪50年代末到70年代，山东省沿海地区为发展增养殖业上马了一些筑坝围海工程，筑坝围海后因水域纳潮量骤减而淤积增加，海水温度、盐度、pH值等理化性质发生骤变，使生态环境恶化，滩涂贝类资源和一些养殖品种受到严重损失，滨海湿地遭受严重破坏，珍稀鸟类栖息地破碎化[4]。海洋生态灾害对经济发展的影响日益加深，只有弄清这些生态灾害背后的根源，才能从本质上认清海洋生态灾害产生、发展和运动的规律，为海洋生态灾害的防治提供科学依据。现有的探讨海洋生态灾害成因方面的研究多是从自然生态科学的角度，对不同生态灾害的致灾因素进行分析，而从海洋生态灾害的共性出发，讨论人为致灾因素在生态灾害中的地位和作用研究稍显欠缺。文章试图从海洋生态灾害的共性出发，探讨海洋生态灾害形成及其恶化的更深层次的制度根源，排除研究的片面性和局限性，从"市场失灵"和"政府失灵"的角度探讨海洋生态灾害频发的根源，寻找有效规范人类行为的制度安排，把海洋生态灾害的影响程度降到最低。

二、市场失灵：资源配置失衡导致灾害发生

（一）经济主体的有限理性

"有限理性"（bounded rationality）的概念是赫伯特·西蒙于20世纪40年代在其著名的论文中提出的，他认为人的行为就是有限理性，"即是有意识的理性的，但这种理性又是有限的"[5]。由于经济活动的复杂性和人类认识能力的局限性，经济人在对经济状况作出分析时不可能做到全面理性，人们在决定过程中寻找的并非是"最大"或者"最优"的标准，而只是"最满意"的标准[6]。人类对自然的认识是一个历史过程，是在对自然的利用和开发过程中逐渐演变和发展的。在人类对自然还没有足够的科学认识之前，非理性人类行为的产生也就在所难免。根据人类社会发展过程中占主导地位的经济发展形式及在此基础上产生的人类社会的结构形态，可

将人类社会经济发展划分为狩猎时代、农业时代、工业时代和信息时代四个阶段，这种划分体现了人类对待自然态度的差异性（表1）。在生产力极其落后的时代，人类面对灾害显得无能为力，"听天由命"的观点边便由此形成。随着科学技术的发展，人类改造自然的能力逐步显现，面对灾害发生时不再被动顺从，开始毫无顾忌的反抗自然界向自己施加的灾害，产生了"人定胜天"的思想。在这种非理性的思想指导下，人类向自然界肆意索取自己想要的一切，生态环境遭到了严重破坏，生态灾害频发，人类也受到了自然的惩罚。

表1　生态经济系统的阶段演变

项目	狩猎时代	农业时代	工业时代	信息时代
时间	约1万年前	公元前1万年—公元1700年	公元1700年至今	未来
人海关系	基本协调	紧张	恶化	平衡、和谐
人类对待自然的态度	崇尚自然	改造自然	征服自然	尊重自然
环境的破坏程度	局部出现环境问题	缓慢退化	生态破坏	生态和谐
社会易损性	弱	较强	强	弱

虽然人类已经认识到生态灾害的严重性和难恢复性，但是为了促进经济发展，人类还是采取以牺牲生态环境的代价来发展经济。从某种程度上说，生态环境和经济发展之间存在某种此消彼长的关系，经济的快速增长需要一定的环境牺牲作为代价，产生了生态环境和经济增长"喇叭式"的发展模式。虽然这种发展模式长久看来不能无限维持，但是在一定的发展水平上，这种反比例关系是存在并且影响生态环境和经济发展。因此，在这个限度内，要取得经济发展，就必须以牺牲生态环境作为代价，只有超过这个限度，生态环境和经济增长才能呈现协调发展。中国目前仍处于经济和环境呈反比的阶段，用库兹涅茨曲线来表示这种关系如图1所示。

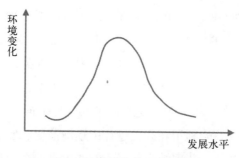

图1　环境的库兹涅茨曲线

（二）环境资源的公共性

海洋生态灾害频发的另一个原因是海洋资源环境的公共性决定的。根据经济学理论，排他性和竞争性是区分产品属性的两个主要特征，按照这两个特征，经济物品可以分为以下四类（表2）。

表2　经济物品的分类

	非竞争性	竞争性
非排他性	公共物品	公共资源（俱乐部产品）
排他性	自然垄断	私人物品

公共资源介于公共物品和私人物品之间，这部分产品随着消费者的增多，而产生消费者的边际效用递减，因此也被称为拥挤性公共产品或俱乐部产品。由于公共资源难以界定排他性产权，意味着它的使用不受限制，也无法向使用者收费，因为无法排除任何人的使用权。但是公共资源也存在竞争性，在公共资源存量有限的前提下，一个人对公共资源的使用会影响其他人对资源的使用情况。海洋的鱼类资源就是一种典型的公共资源，一个人捕鱼量的增加，留给他人的鱼类存量就少了。公共资源的这种性质实际上就是产权的不完全，造成对其使用超过了合理的限度，导致资源的枯竭和社会福利的损失。

正是公共资源有着非排他性和竞争性的特征，即人们不用担心使用公共资源而产生的付费情况，从而造成了公共资源产生了过度使用的危机，哈丁在1968年的《科学》杂志上将其形象地称之为"公共地悲剧"。公地悲剧最初是应用于草地生态系统中，后来被哈丁扩展到人口增长、环境破坏等问题上，"在这个相信公地自由使用的社会里，每个人都在追求自己的最大利益，但所有人们争前恐后追求的结果最终是崩溃。公地的自由使用权给所有人带来的只有毁灭"[7]。萨缪尔森也在1954年通过表明个人消费和总消费关系的方程界定了私人物品和公共物品的特性，同时还指出，部分公共物品会给人们带来损害，可称为"公共劣品"。公地悲剧说明了公共资源的使用难以达到有效率的状态，造成资源的耗竭和社会福利的损失。换言之，维护公共资源产权有效运作的成本太高，超过了运营有效率的要求。这种情况下，排他性产权的建立或者是一种有效的解决办法，明确界定排他性产权的边界以后，经济人对其经济活动的预期收益就可以进行合理预期，提高公共资源的使用效率。

（三）经济活动的外部性

"外部性"的概念是马歇尔在1890年的《经济学原理》中首次提出的，包括"外部经济"和"内部经济"这一对概念。20世纪20年代，福利经济学庇古教授补充了"外部不经济"和"内部不经济"的概念，认为当私人成本与社会成本、私人收益和社会收益不一致的时候，就会产生外部性。庇古认为，当出现外部性的情况下，依靠竞争是不能解决问题的，需要政府采取适当的措施，例如征税和补贴等。

经济活动的外部性在海洋生态灾害问题上的应用就是对海洋环境污染灾害的分析。陆地上的人类经济活动，包括生产活动和消费活动，产生的污染物或者废弃物排入海洋环境中，超过了海洋的环境容量和自净能力，造成海洋生态环境恶化，影响和破坏了海洋生态，导致了海洋生物多样性减少，海洋生物的大量死亡，甚至给海洋部分区域造成了不可修复的损失。由于海洋生态具有非排他性，海洋产权归属不明确，自利的经济人往往就有产生负外部性的行为倾向。运用美国经济学家萨缪尔森在其《经济学》中设计的污染博弈模型来分析外部性问题（见表3）。

表3　污染的博弈模型

	低污染		高污染	
低污染	A	200	B	120
	100	0	−30	0
高污染	C	−30	D	100
	120	0	100	0

在这种博弈情况下，每个企业都会选择高污染的生产方式，这种非合作的博弈将导致D情况下的纳什均衡状态，也就是任何企业都不能通过减少污染而增加利润。用纳什均衡来解释公共资源的过度使用和破坏。以海洋渔业为例，一个人捕鱼量的增加意味着其他人可捕鱼量的减少，这种情况下，其他人都会尽最大能力增加捕鱼量。最终的结果是过量捕鱼造成资源存量下降到不能自我维持的水平。公共资源的博弈分析说明了政府在组织、协调公共资源的利用和提供方面是非常必要的，也是政府存在的重要职责。

（四）产权的不完全性

《新帕尔格雷夫经济学大辞典》从经济学角度阐述了产权的定义，产权是一种通过社会强制而实现的对某种经济物品的多种用途进行选择的权利[8]，一般而言，产权界定越明确，财富被无偿占用的可能性就越小，因此产权的价值就越大[9]。当界定明确的产权在市场经济中被交换的时候，这样的交换是有效率的，基于产权排他性、可转让性及强制性这三个特点。在有效产权的界定下，资源就会有相对合理的价格，同时消费者也会根据自身需要购买适当的价格来满足个人效应的最大化。如

图2所示，以OQ代表商品数量，OP代表商品价格，PD代表需求曲线，则消费者购买商品所获得的净收益为需求曲线PD和价格上方、纵轴OP围成的面积$PQ^* P^*$，也就是所谓的消费者剩余。由图2可见，若价格线P^*上升，则消费者剩余下降，反之，若价格线P^*下降，则消费者剩余上升；需求线和价格线的交点Q^*边际成本等于边际收益，消费者的个人效用达到最大。

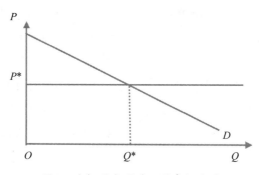

图2　产权界定明确下的市场交易

私有产权通常被认为是保护资源不被滥用的有效方法，但是在界定和保护成本都很高或者界定的界限不合理时，滥用仍可能发生。同时共有产权、国有产权和无主产权都可能导致资源滥用。比如共有产权，对于共同体内部的成员来说，成员之间对于资源的享用是公平的。随着成员数量的增加，外部性的现象也会随之产生，当人口膨胀到一定数量时，共同体成员对资源需求的提高使得共同体内部的规则不再产生效力。此时由于使用资源的边际成本为零，人们会尽可能地提高自己的边际收益，当资源的供给量为S^*时，人们会继续使用资源直到边际效应为零；当资源供给量为S时，所有资源都会被耗用殆尽，如图3所示。

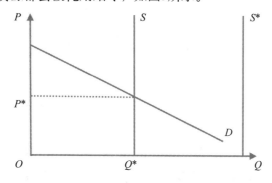

图3　产权界定模糊下的市场交易

（五）信息的稀缺和不对称性

信息是海洋生态系统中的重要组成要素之一。信息室稀缺的，这是因为，第一，海洋生态系统就像一只"黑箱"，人类对海洋生态经济系统的了解相对较少，与人类对信息的需求相比，信息的供给明显不足。第二，信息一旦公开就意味着信息成立公共物品，一部分人的信息消费就不能排除其他人的信息消费。因此，人们利用"信息封锁"来获得信息优势，信息越稀缺，获取信息的价格成本就越高，信息成本过高也是政府部门面对海洋资源破坏和污染问题束手无策的重要原因。

此外，海洋生态系统中还存在着信息不对称。信息不对称是建立的人们获取信息能力不对称的基础上之上，这种不对称通常会导致逆向和道德风险，逆向选择是"合同前的机会主义"，道德风险则是"合同后的机会主义"，主要体现在代理方利用自己的信息优势做出一些有利于自己而不利于对方的行为选择。由于合约双方无法在合约中明确限定代理人的行为选择，同时，合同执行的监督成本太高，导致代理人的行为具有相对隐蔽性，最终合约监督只能依靠代理人自身约束，而这种情况下的自我监督相同虚设。

三、政府失灵：干预不当加剧灾害程度

在解决生态环境问题时，政府干预的存在是为了矫正和弥补市场失灵，削弱经济的外部性，促进公共资源的利用效率。但是，政府在实施干预的过程中，采取的诸如立法、行政管理和各种激励政策并不必然产生积极作用，政府行动也会产生不能促进公共资源的配置效率和收入分配的公平的结果，即政府失灵的现象，导致政府干预的失败和社会福利的损失。总的来说，政府失灵的原因主要有：信息不对称、政策实施的时滞性、政府决策的内在性、政府官员的寻租行为和政府目标函数的晋升最大化。对于海洋生态灾害问题上政府失灵的主要以下几方面。

（一）现有的海洋生态保护政策失灵

现行的政府部门在制定宏观经济政策和部门政策上没有给予海洋生态环境足够重视，对于整个海洋生态环境系统运行状况的信息掌握不全面。同时，有的下级政府部门出于自身利益考虑，呈报上级的统计数据失真情况严重，这也给政府部门制定政策造成了很大的干扰。信息的不完全性导致决策失误，以至误解了海洋环境资源使用或配置的成本，造成海洋生态环境的破坏和环境污染。

（二）海洋环境管理失灵

各级政府组织中存在一系列管理问题，这些问题导致有关政策无法得到有效执行。海洋环境管理失灵体现在两个方面，一方面涉海部门的协调能力不够，海洋

环境部门缺乏强有力的干预手段和强制措施,涉海政策的制定和工具的选择不匹配等;另一方面,海洋生态环境管理有可能受污染者寻租行为的影响。由于政府对于海洋生态环境的管理是以相应的法律法规为基础实施的,这些法律法规仅仅提供了大概的准则,大量具体详细的规则需要根据具体情况而定。这样政府官员就有了一定的"自由裁量权",在自利主义的驱动下,政府部门为了个人利益通过自由裁量权进行寻租行为,导致了涉海管理的效率低下[10]。

(三)政府机构和官员缺少激励机制

与企业性质根本不同的是,政府部门没有减低成本增加利润的动力驱动,没有创新激励机制。政府机构作为公权机构,利润最大化不是政府追求的目标,控制权最大化才是政府工作的中心,即追求机构规模大、经费多和权力大,追求更多的政治资源和晋升机会。同时,业绩至上也是政府的驱动力量,主要体现在中国的各级政府考核标准上,经济的发展水平、社会的稳定情况和财政的税收程度占有相当大的比重,而对资源和环境的考核标准却无足轻重,要求其建立一种经济和环境协调发展的模式也是相当难的事情。因为这种发展模式见效周期长,短时间内很难看到效果,因此也成为政府部门决策过程中较少考虑的项目。

四、应对海洋生态灾害的经济学思考

综上所述,虽然海洋资源的有效配置和环境保护既可以通过市场调节,也可以通过政府干预来实现,但这两种机制自身都存在着缺陷和失效的风险。市场失灵和政府失灵已经成为海洋生态环境灾害频发的两大原因。因此,应尽量避免市场失灵和政府失灵给海洋生态环境带来的损失,让两者相互配合,发挥最大的效用。

一是要建立健全的海洋生态环境的产权制度,明确海洋的归属问题,将竞争机制引入海洋生态环境资源的使用过程中,通过正确的市场引导和恰当的激励机制促使人们科学规范自己的经济行为,实现资源利用的可持续发展,减少人们的机会主义行为、道德风险和逆向选择[11]。同时利用海洋产权的特许经营等形式,是经营在保护海洋生态的前提下,大力发展海洋经济,为人类提供丰富的生产和生活资料,满足人们的效用最大化的要求。

二是政府要形成科学合理的政策制定与执行机制,确保涉海政策的民主参与性,加强海洋生态环境资源的民主监督,提高海洋权利执行的透明度,抵制个别政府官员的寻租行为和私利主义,实行综合的政府官员考核机制,完善官员的行政晋升体系。尽可能地通过市场解决环境问题，比如海洋环境管理的庇古税的收取（海洋排污收费），应从政府行政管制为主过渡到市场机制（比如排污权交易），适当削减政府对海洋管理的权力，降低政府官员的寻租空间。

三是尝试引入社会机制，对市场和政府行为进行补充、完善和监督。社会机制通过提高区域居民的环保意识，以此控制生态环境恶化和人为灾害的发生，被认为是保护生态环境的第三种机制，具有政府干预和市场机制难以比拟的优势。社会机制在发达国家中也得到了应用，被认为是环境保护的有效机制。一定范围内的居民是环境资源的共享者，是环境灾害的共同施害者，也是灾难的共同承受者。通过社会机制带动居民的利益共同体意识和环境意识，从人们的行为习惯入手实现环境的保护。海洋环境的保护不能仅局限于市场和政府两个主体，要充分利用社会机制保护环境，控制海洋生态灾害的发生。

参 考 文 献

[1] 朱晓颖. 中国长江口水污染致赤潮爆发频率加快[EB/OL].(2011-10-27). http://www.chinanews.com/sh/2011/10-27/3419998.shtml.

[2] 苏万明，陈灏. 青岛开发区中石化输油管道爆燃事故[EB/OL].(2013-11-23). http://news.xinhuanet.com/local/2013-11/23/c_118264182.htm.

[3] 李紫桓. 许苔大面积登陆青岛 海滩变"绿滩"[EB/OL].(2011-07-11). http://www.ce.cn/xwzx/gnsz/gdxw/201107/11/t20110711_22535067.shtml.

[4] 肖笃宁，等. 环渤海三角洲湿地的景观生态学研究[M]. 北京：科学出版社, 2001.

[5] H·A·Simon. Administrative Behavior[M]. New York：Macnmillan, 1947.

[6] H·A·Simon. 管理行为——管理组织决策过程的研究（中译本）[M]. 北京：北京经济学院出版社, 1991.

[7] 加勒特·哈丁. 珍惜地球——经济学、生态学、伦理学[M]. 北京：商务印书馆, 2011.

[8] 陈万灵，郭守前. 海洋资源特性及其管理方式[J]. 湛江海洋大学学报, 2001(4)：7.

[9] 巴泽尔. 产权的经济分析（中译本）[M]. 上海：三联书店, 1997.

[10] 张峰. 产权与海洋利益论[J]. 中南大学学报（社会科学版）, 2013(1)：97-102.

[11] 鲁传一. 资源与环境经济学[M]. 北京：清华大学出版社, 2004.

论文来源：本文原刊于《生态经济》2014年08期，第185-189页。

基金项目：中国海洋大学海洋发展研究院基地自设项目"海洋生态经济协调发展模式研究"（2012JDZS03）；中国海洋发展研究中心海大专项"海洋灾害影响近海资源开发的测度、风险评估及对策研"（AOCOUC201205）。

第二篇
海 洋 战 略

近期的南海形势与应对

曾　勇　刘建飞[*]

本文要点：自国务委员杨洁篪访越后，中越之间围绕"海洋石油981"钻井平台的摩擦不但未停止，两国在南海问题上的矛盾还有进一步激化的趋向。中国在南海的维权行动虽然获得不少收益，但是也付出了代价。在南海问题上，越南、菲律宾开始抱团取暖，联合对我；其他一些东盟国家出于自身利益，声援越菲；美日趁势搅局，偏袒越菲。南海形势进一步复杂化，我维护南海权益所面临的挑战更加严峻。我应继续把握好南海维权与维稳的关系，对侵犯我领土权益的行为，既要进行坚决的斗争，又要避免局势失控，迫使我陷入军事冲突。我要注意斗争策略，引导国际舆论，让更多的人了解我南海维权行为的正当性；同时规制国内舆论，以维护我走和平发展道路的形象。

2014年5月以来，随着"海洋石油981"钻井平台在西沙群岛靠近中国领土一侧的油气勘探活动的不断推进，越南骚扰行径逐步强化并导致中越关系不断趋紧。当前，中国继续持守对越斗争强硬态度，而越南为扭转其被动局面，正在动员国内外资源寻求帮助。

一、当前南海形势

首先，中国对越强硬维权态势已经成为当前南海局势的主要焦点。远离越南海岸、离中国西沙群岛更近的油气勘探活动是中国渐进式南海油气开发的第一步，完全不构成对所谓越南权益的侵犯。然而，越南不断强化其干扰活动，甚至在国内掀起排外的民族主义情绪来对抗中国。在这些行径纷纷失败的情况下，越南继而力图联合菲律宾、向美国等求助方式来挽回局面。事实上，越南还准备步菲律宾后尘寻

---

* 曾勇，中国西南大学政治与公共管理学院讲师。

刘建飞，中国海洋发展研究会理事，中共中央党校国际战略研究所副所长、教授。

求国际仲裁，并以金兰湾、沿海油气资源为饵引俄罗斯等介入中越南海之争。面对越南的无理无法的蛮横行径，中国与之进行了强硬的斗争。考虑到越南至今还没有停止挑衅的趋势，中国应继续维持对越的强硬维权态势。

其次，由越南挑动的针对中国的抱团取暖趋势不断强化。越南以并不存在争议的西沙群岛问题挑战中国南海主权，本应受到各方谴责。但事实是，不仅美日菲等对其支持，连一向相对中立的东盟都发表了在实质上支持越南的声明。近来，越菲关系不断加强，对于还在国际仲裁问题上同中国进行纠缠的菲律宾而言，密切同越南的关系肯定会提升其地位；在钓鱼岛问题上不断遭到中国打击的日本同越南的关系更为亲近；马来西亚等国也出现意欲强化与越南关系的声音。与此同时，从不断受挫的越南身上，东盟一些国家也有部分政治力量认为，单靠一国之力无法维护其南海非法所得，必须团结对华。

最后，美国强势干涉中国南海问题已成现实。在经济上与中国关系极为密切的越南胆敢在西沙群岛问题上对中国发难，除了自身经济对油气资源的高度依赖外，一个不可忽视的背景就是美国在南海争端中的立场。在迄今为止的中越南海之争中，美国总会在越南最需要援手时果断发声，甚至直接付诸军事动作，如大张旗鼓地联合军演。与"亚太再平衡"战略相伴随的美国军事战略重大调整，其针对中国的一面决定了其对越南等的支持会长期化。美国对中国南海问题的强势干涉已经成为现实，而且不断深化。

二、中国对越斗争政策效果评估

首先，中国的小步前进政策效果较好，但有可能刺激各南海争端国联合对华。黄岩岛事件之后，中国对菲律宾一意孤行的国际仲裁做法所展开的斗争颇有收获；继而通过地方政府（海南省）颁布《渔业法》条例，强化了中国对南海的主权管理；2014年5月，中国直接动用"海洋石油981"到西沙开钻。总的来看，通过一系列南海维权措施的实施，中国海洋战略推进的基础更加牢固了。但与此同时，包括越南在内的争端国和美国等第三方意识到，中国在南海的自主开发将会坚定不移地推进，从而完全改变昔日他方开发热火朝天、我方搁置悄无声息的被动局面。这有可能刺激各争端国加强联合，共同对我。

其次，我对越斗争有理有利，但有可能使越南挫折感加强，从而导致对越斗争长期化，进而对"海上丝绸之路"建设带来负面影响。一个多月的对越斗争，中国力求宽严相济，并不希望因此影响中越关系大局乃至与东盟的关系。然而，从黄岩岛事件中吸取了经验教训的越南并不领情，执意将其闹到国内、地区乃至国际场合。鉴于所有方向并未取得令其满意的效果，越南的挫折感加强。这反过来可能会进一步强化其对华不妥协的立场，中国对越斗争将长期化。但与此同时，我"海上丝绸之路"构想也开始着手落实。作为该构想的重要相关国越南却由于钻进平台一事与中国处于事实上的对立状态，这势必对该构想的实施造成不利影响。

再次，与美国就该问题形成的博弈尽管有效地避免了双方误判，但同时又给中美新型大国关系建设带来不良影响。习奥会后，中美新型大国关系的大方向更加明确。然而，如何具体运作始终是双方关注的焦点。美国并不认同中国关于南海的原则及相关举措，同时中国也坚决反对来自美国的干预。另外，中国军方的维权宣示却被美国看成是过于高调，这极有可能招致美国军方的反弹。这意味着中美在南海问题上的摩擦会高概率出现。

三、中国应对南海局势政策建议

首先，对越南，守住基本盘，在经济、宣传领域加大攻势。越南不会轻易认输，一般情况一不会寻求武力，但不排除在特定情况下铤而走险。中国有十足的把握在一场有限的海上冲突中获胜。然而，动武的代价与风险过大。为避免物极必反情况的出现，除了继续落实西沙钻井外，中国可以采取不主动出击但对各种挑衅给予有力回击的策略。其一，认真考虑并落实针对越南的经济制裁，主要手段是持续大幅度降低投资、压缩贸易额。其二，外宣部门立即组织力量制作此次斗争的各种宣传材料，让世界最大限度地了解西沙群岛主权的真相。其三，将从越南抽调出来的经济资源在东盟进行再分配，并将对中国南海政策的认可程度作为主要分配依据，同时限制直至杜绝中国企业只为经济利益而不顾国家战略大局的经贸活动。

其次，对东盟，加快与东盟关于"南海行为准则"的磋商，着手落实"海上丝绸之路"构想，为中国—东盟关系巩固发展夯实基础。中国的善意需要为包括越南在内的东盟十国准确感知。"南海行为准则"不可能是解决南海问题的终极方案，在朝向达成该准则的不短的时间里，中国—东盟的相互依存度会更高、更加复杂化，那时的准则也会与现在的有很大的不同。发展中国—东盟关系需要中国同东盟的共同努力，着手落实"海上丝绸之路"构想就是大力加强双方关系的务实之举。可以考虑首先与柬埔寨、老挝、缅甸、泰国、马来西亚和印度尼西亚先期合作进而铺开。

再次，对美国，坚持将南海问题置于中美关系大盘中进行考量的策略。同美国就南海问题展开的博弈不应该局限于南海一隅，而应该有大局观；同时应注意斗争艺术，既要用美国看得懂的方式，又无必要过分刺激之而节外生枝。必须立足于在美国强硬干预的基础上展开在南海的进取政策。我可以和美国通过利益交换实现至少短期内不干涉中国行动的目标。西沙海战、美济礁事件告诉我们，完全可以迅速行动以小步快跑的方式收回更多权益。

第四，对南海全局加强"文攻武备"，既不断推进我南海维权，又保持周边形势总体稳定。文的一面主要是打好与南海维权相关的舆论战、法律战、外交战。武的一面主要是加强针对南海的武力准备，增强我威慑力，使想进行武力挑衅者不敢轻举妄动。通过文武两手使相关争端国及美国深切感知我维护南海权益的决心，同时又让东盟各国不动摇同中国一起构建命运共同体的信心，也让世界各国认知我维护海洋权益并不与我走和平发展道路相冲突。

论文来源：本文原刊于《世界经济调研》2014年第29期。

地缘政治与地缘经济双重视角下的
美国"印太战略"

夏立平*

摘　要：从地缘政治角度而言，美国的"印太战略"是将其"亚太再平衡"战略和亚太"轴辐"安全同盟体系扩大到印度洋区域，实行两洋联结，形成大月牙形同盟与伙伴国网络。此举试图以合作与制约双管齐下，将中印崛起规制在美国主导的国际机制和国际规则框架内。从地缘经济角度而言，世界经济重心从大西洋两岸向印太地区转移是促使美国推出"印太战略"的主要原因之一。亚太经济重心从美国向东亚及西太平洋地区和印度洋地区东部转移也促使美国提升这些次区域的战略地位。印太地区战略格局正在从一超多强向多极格局演变，形成多个三角关系。构建中美新型大国关系的进程不仅取决于两国国内因素，也受到印太地缘政治中其他行为者的影响。印太地区正在成为全球地缘经济和地缘政治的下一个中心地带。美"印太战略"使印太地区战略态势更为复杂，使中国和平发展面临更加复杂的外部环境。

关键词：美国军事与外交；亚太；印太；奥巴马；亚太再平衡

近年来，美国奥巴马政府逐渐推出"印太战略"（Indo-Pacific Strategy），将其作为保持美国世界领导地位的重要举措。该战略将对全球和地区战略形势产生重大影响。

早在1924年，德国地缘政治学者卡尔·豪斯霍弗尔（Karl Ernst Haushofer）提出"印太地区/空间"（Indo-Pacific region/space）的概念。[1]他的地缘政治理论对纳粹德国制定侵略扩张战略产生影响。20世纪60年代，澳大利亚学界在有关地区安全的研讨中开始使用"印太盆地"（Indo-Pacific Basin）一词。[2] 2007 年,印度学者格

---

* 夏立平，中国海洋发展研究会理事，同济大学国际与公共事务研究院院长、教授。

普利特·S·库拉纳（Gurpreet S. Khurana）在《海上通道安全：印度—日本合作的前景》一文中，认为"印太地区"指"从东非和西亚的沿海地区，经过印度洋和西太平洋，直到东亚的沿海地区"。[3]

在经过一段时间关于是否应接受"印太"术语的辩论后，2012年末和2013年初，时任印度总理曼莫汉·辛格（Manmohan Singh）在界定印度与东盟和日本关系时使用了"印太"概念。[4] 2013年3月，日本首相安倍晋三在美国演讲中谈到日本在太平洋和印度洋两个地区汇合的利益时，使用了"印太"这一术语。[5] 同年5月，澳大利亚政府颁布的《澳大利亚国防白皮书》正式使用"印太地区"概念，提出："印太地区对于澳大利亚来说至关重要，与印度建立密切的战略伙伴关系是澳大利亚战略的重要组成部分"。[6] 同月，印度尼西亚外交部长马蒂·纳塔莱加瓦认为，形成东亚峰会是东南亚国家推行"印太外交"（Indo-Pacific diplomacy）的有意识的行动，并提出制定"印太条约"（Indo-Pacific Treaty），以保障"全球增长的地区引擎"。[7]

2014年，澳大利亚国际问题研究所学者梅丽莎·康利·泰勒（Melissa Conley Taylor）等发表文章认为："印度与澳大利亚之间对于印太概念的理解有着本质的差异：澳大利亚不希望它成为遏制中国为目的的组织或框架协议的一部分，更倾向于构建包容性的框架协议，然而印度的想法恰恰与其相反，印度的主流看法是反对将中国纳入印太概念，并且对于中国在印太地区不断上升的地位忧心忡忡。"[8] 2014年，美国学者莫汉·马利克（Mohan Malik）提出"印太正在从地理概念转变为战略概念"，印太地区是指"从西太平洋至西印度洋，直到沿着非洲东海岸的地区"。[9]

中国学者从2013年开始发表研究"印太"概念和美国在印太地区战略调整的论文。对于"印太"概念及其影响，张力认为，美国战略学界提出"印太"的地缘政治概念，是"旨在以符合美国战略利益的方式，以海洋和海上通道整合西太平洋与印度洋所涉范围内的广阔地区"；[10] 赵青海提出，"印太地区重要性的上升推动国际战略重心的东移，后者促使'印太'概念被重新发现和广泛使用，并被赋予了新的战略含义"；[11] 吴兆礼认为："'印太'概念是对印度洋和太平洋地区地缘经济发展趋势的真实反映，其中除印度战略空间'东向'扩展至西太平洋地区外，另一个重要的趋势就是中国经济与安全利益的'西向'延伸"。[12]

对于美国在印太地区的战略调整，韦宗友认为，"奥巴马政府的'亚洲再平衡'战略将印太地区作为一个战略整体，在此基础上对其亚洲战略进行重新调整和布局，加强与印度、澳大利亚等印太地区枢纽国家的政治、军事关系，拓展在印太枢纽地区的军事存在，以此塑造该地区的未来秩序、确保美国的国家利益和地区领导权"；[13] 曹筱阳指出，"奥巴马政府将战略关注重点集中到了海上亚洲，其对'印太'海上安全的承诺不断抬升。期间,美国大力增强在'印太'的前沿存在和军事部署,支援'印太'国家的海上能力建设,还通过'小多边'方式构建以规则为中心的'印太'海上秩序"。[14]

本文通过对《美国国家安全战略报告》、美国海军《21世纪海上力量合作战略》等官方文件和美国高级官员政策性讲话的解析,借鉴地缘政治理论及其和地缘经济理论,运用理论分析和文本分析方法,对美国"印太战略"的主要内容及其与地缘政治和地缘经济的关系,以及该战略的影响等的问题进行探讨。

一、美国"印太战略"的主要内容

2010年以来,奥巴马政府逐步推出"印太战略"。该战略虽然仍在形成过程中,但其主要内容已呈现,主要有以下几个方面。

(一) 将"亚太再平衡"战略拓展到印度洋区域,实行太平洋和印度洋两洋联结

奥巴马政府在出台"亚太再平衡"战略的同时,推出"印太战略",表明是为了推行其"亚太再平衡"战略而配套以"印太战略"。"印太战略"实际上是"亚太再平衡"战略的重要组成部分之一。

2011年11月17日,奥巴马总统在对澳大利亚国会发表演说时宣称,美国是一个太平洋国家,亚太地区是美国未来的战略重点地区,并将为此倾注力量。尽管美国在削减防务预算,但"美国正在将我们的注意力转向亚太地区的巨大潜力"。[15]同月,时任美国国务卿希拉里·克林顿发表文章称:"亚太地区已成为全球政治的一个关键的驱动力","利用亚洲的增长和活力是美国的经济和战略利益核心,也是奥巴马总统确定的一项首要任务。"[16]这标志着奥巴马政府"亚太再平衡"战略的出台。在这篇文章中,希拉里还强调印太地区对于美国的战略重要性。她指出,从印度次大陆到美国西海岸的横跨太平洋和印度洋的广阔地区正在被航运和战略日益紧密地联系在一起。这一区域占据世界人口的一半,是全球经济的关键引擎,也是美国关键盟国和重要新兴大国中国、印度等国的聚集地。为维护该地区的和平与稳定以及确保美国在该区域的战略利益,美国将调整在印度洋和太平洋区域的军力部署,将这两洋区域整合为一个统一的可操作的概念系统,进一步发展与澳大利亚的军事同盟关系,将其由太平洋伙伴关系提升为印太伙伴关系。[17]这表明,奥巴马政府将太平洋和印度洋这两洋区域整合在一个统一的概念系统中,是为了推行其"亚

太再平衡"战略。

2012年1月，时任美国务院东亚事务助理国务卿科特·坎贝尔（Kurt Campell）指出，如何在操作层面将印度洋和太平洋联系起来，是美国战略思维面临的"下一个挑战"。[18] 2013年4月，美军太平洋总部司令塞缪尔·洛克利尔（Samuel Lock-lear）海军上将在美国国会作听证时，详细论证了"印度洋—亚洲太平洋"区域在美国全球战略中日益增长的重要性、面临的安全挑战，以及奥巴马政府"亚太再平衡"战略已经和行将采取的战略步骤。[19] 2013年7月，美国副总统乔·拜登（Joe Biden）访问印度和新加坡，称美国现在在性质上将印太看作一个地区，将印度向东看战略和外交接触看作亚洲未来不可分割的组成部分。[20] 这些表明，奥巴马政府试图在推行"亚太再平衡"战略框架下建构印度洋和太平洋两洋战略上的联系。

2012年1月，美国防部公布的美国国防战略方针也强调了亚太战略的重要性，指出"美国的经济与安全利益不可分割地维系于从西太平洋和东亚延伸到印度洋和南亚的这一弧形地带的事态发展"，美国的军事力量"势必将向这一地区平衡"。[21] 2014年初，美国国防部将原属于美军中央司令部管辖的巴基斯坦和阿富汗划入美军太平洋司令部管辖。这说明，美国国防战略已经将印度洋和太平洋整合在一起进行设计和运作。

（二）将美国亚太"轴辐"安全体系扩大到印度洋区域，形成大月牙形同盟与伙伴国网络

自冷战以来，美国在东亚与西太平洋地区依靠以自己为核心的"轴辐"安全体系。这一安全体系主要是由美日、美韩、美澳、美泰、美菲五对双边联盟组成。冷战结束后，美国在继续加强这些双边联盟的同时，试图在亚洲建立以美国为主导的多边军事联盟或安全机制。

进入21世纪以来，美国一直在推动建立美日韩联盟。2003年第二次朝核危机发生后，美国政府力促建立美日韩应对朝核危机的协调机制。2003年1月，美日韩三方协调监督小组在华盛顿发表声明，要求朝鲜立即采取可以核查的措施，完全放弃核计划。2010年，美日韩开始举行国防部长会谈。2013年6月1日，在香格里拉对话会上，美日韩防长举行三边会谈，讨论朝核问题，一致认为，朝鲜的核研发和挑衅行为不仅对本地区安全，对世界也是严重威胁，因此三方将合力迫使朝鲜放弃核武器。2014年4月，美日韩三国高级官员在华盛顿就朝鲜问题举行三边对话，共同敦促朝鲜避免采取进一步威胁行动。同年12月，美国、韩国、日本三方正式签署谅解备忘录，开始共享涉及朝鲜核计划和导弹计划的军事情报。由于近年来日本右翼势力和

安倍晋三政府企图否认日本军国主义在第二次世界大战前和期间发动侵略战争给亚洲其他国家人民造成深重灾难和日本军队强征慰安妇，韩日关系冷淡，韩国只同意将美日韩三边会谈议题限制在讨论朝核与导弹问题及美日韩在这方面的合作。美国和日本建立美日韩三边联盟的企图搁浅。

奥巴马政府推出"印太战略"实际上是将其亚太"轴辐"安全体系扩大到印度洋区域。美国亚太"轴辐"安全体系是以日本为北锚、澳大利亚为南锚，是一个缺半边的半月形安全体系。而将这一体系扩大到印度和印度洋区域后，就可以形成一个环绕着东亚大陆的大月牙形同盟与伙伴国战略网络，把日本和印度作为平衡和牵制中国的"东西两翼"，[22] 从而使美国在地缘战略上占有优势。

奥巴马政府"印太战略"的重点之一，是将印度拉入美国的战略伙伴国网络。2015年1月，美国总统奥巴马应印度新总理纳伦德拉·莫迪（Narendra Modi）的邀请，出席印度共和国日庆祝活动，成为史上第一位受邀参加印度国庆活动、也是唯一一位任期内两度访问印度的美国总统。在访问期间，两国发表《美印关于亚太与印度洋地区的战略视角联合声明》。[23] 美印达成"突破性的谅解"，同意最终克服数年来阻碍美国公司在印度建核反应堆的僵局。两国领导人续签了一份10年的防务协议，同意从2015年起延长美印防务合作框架协议，两国决定在两国军方之间开展更频繁的对话，扩大联合演习规模，实施"更宏大的防务计划和活动"，在印度共同研发和制造先进的美国武器系统。这标志着美印防务合作取得重大突破，将助推两军关系以及印军现代化迈上新的台阶。

从加强防务对话与交流机制来说。美印已经建立了两国军队高层互访机制、联训联演机制、人员培训机制、情报共享机制、海上合作机制等。目前，美印两国国防部长、参谋长联席会议主席已经实现了双向定期互动，两国还建立了"国防工作小组""陆军指导小组""海军指导小组"等机制，定期就陆军发展、反恐、海上通道安全、打击海盗和海上安全等问题进行交流。2015年，奥巴马总统访印期间，美印一致同意进一步就双方关切的领域加强情报交流，美国可以利用其先进的空间侦察与监视系统，向印度提供周边其他国家的军事部署动态等情报，印度则能利用其在印度洋地区和安达曼海地区的地理优势，向美国提供其他国家军队在上述地区的活动情报，这将进一步提高双方对这一地区安全态势的了解程度和反应速度。

从联合进行军事训练演习来说。印度已经成为与美国举行联训联演活动最多的非军事联盟国家之一，定期举行的年度联合军事演习涉及各个军种，内容也很丰富。其中，美印海军举行的年度"马拉巴尔"（Malabar）联合军演始于1992年，已经发展为全球著名的多边联合军演，内容包括反潜、防空和反水面战等。两国空军定期举行的年度"对抗印度"和"红旗"系列联合军演，旨在促进双方飞行员的技战术交流，加强两国空中联合作战能力。美印陆军定期举行"准备战争"（Yudh Abhyas，印度当地语言）年度联合军事演习，演习地区通常靠近中印或印巴边境地区，旨在交流双方在特殊地带作战的经验和技能。两国特种部队定期举行的"瓦吉拉·普拉哈尔"（Wajila-Pulahal）联合演习，演习内容包括战术演练、远程监视技能、直升机空降作战、作战生存、射击技巧和联合跳伞，旨在加强双方联合反恐能力。随着美印防务合作的深入，未来两国联合军演将更加频繁，更富实质性内容。

从军品贸易与军事技术合作来说。2013年，美国已超过俄罗斯成为印度最大的军备供应方。2005年以来，印度已从美国购买了近90亿美元的军事装备。美国已经和准备向印度提供的先进武器装备，包括"鱼叉Ⅱ"（Harpoon II）型反舰导弹、P-8I（P-8 Poseidon）海上反潜巡逻机、C-130J"大力神"（Hercules）运输机、C-17Ⅲ"环球霸王"（C-17 Globemaster III）战略运输机、"奥斯汀"级（Austin class）"特伦顿"号船坞登陆舰（Trenton dock landing ship）、"支奴干"（CH-47 Chinook）重型运输直升机、"阿帕奇"武装直升机（Apache）、M-777超轻型榴弹炮等。美印两国在奥巴马总统2015年访印期间就未来10年防务合作达成新的协议，为美向印进一步提供先进的武器装备开启了绿灯。

（三）合作与制约双管齐下，将中印崛起规制在美国主导的国际机制和国际规则框架内

近年来，美国对亚洲，特别是对崛起中的新兴大国——中国、印度等密切关注。2010年5月奥巴马政府出台的第一份《美国国家安全战略报告》指出，"亚洲经济的迅速增长已使该地区与美国的未来繁荣紧密相连。这一点因该地区存在数个'影响力中心'而更显重要"。美国力图运用接触、合作和制约等多种手段将新兴大国中国和印度的崛起规制在美国主导的国际机制框架内。2015年2月奥巴马政府的第二份《美国国家安全战略报告》认为，"大国力量平衡的变化产生合作的机遇和风险……特别是印度的潜力、中国的崛起和俄罗斯的侵略都对大国关系的未来造成重大影响。"[24]

美国对中国继续采取"两面下注"战略，即与中国在能合作的领域和问题上合作，同时对中国可能对美国世界和亚太领导地位的挑战进行制约。2010年的《美国国家安全战略报告》宣称，"我们将继续寻求与中国建立积极合作全面的关系。我们欢迎中国与美国及国际社会一道，在推进经济复苏、应对气候变化与不扩散等优先议题中，担当起负责任的领导者角色。我们将关注中国的军事现代化，并做好

准备，以确保美国及其地区和全球性盟友的利益不会受到负面影响。"[25] 2012年1月出台的美国国防战略方针关于中国崛起的表述是，"中国崛起为地区大国将使其具备从不同层面影响美国经济和安全的潜在能力。"2015年的《美国国家安全战略报告》宣布，美国将继续推进"亚太再平衡"战略。但报告也提到美国欢迎"一个稳定、和平与繁荣的中国崛起"，寻求同中国建立"建设性"关系。报告指出，尽管美中之间有竞争，但美方不接受双方必然走向对抗的说法。与此同时，美方将从"实力的立场"出发来管控美中竞争，要求中方在海洋安全、贸易和人权等议题上遵守国际准则。美方将"密切监控"中国军事现代化进程以及在亚洲扩大存在的相关动向，同时想办法降低出现误解、误判的风险。[26] 对比这两份报告，美方对中国的戒备感愈来愈强。

奥巴马政府对印度政策以接触和合作为主。2010年5月奥巴马政府《美国国家安全战略报告》指出："美国与印度正在构建战略伙伴关系，这是基于双方共同利益、世界上两个最大民主国家的相同价值观，以及两国人民的紧密联系……我们赞赏印度通过20国集团等组织，在全球性问题上发挥日益提升的领导力。我们将寻求与印度一道，努力促进南亚及世界其他地区的稳定。"[27]

2015年的《美国国家安全战略报告》指出："在南亚，我们继续加强与印度的战略和经济伙伴关系。作为世界上最大的民主国家，我们分享内在的价值和相互利益，这形成了我们合作的基石，特别是在安全、能源、和环境领域。我们支持印度发挥安全的地区提供者作用和它扩大在关键的区域机构中的参与。我们继续推行"亚太再平衡"与印度的"东向"政策有战略交汇点。"[28] 这表明，美国试图利用印度推行其"亚太再平衡"战略。

二、地缘经济与美国的"印太战略"

地缘经济学是从地理学的角度研究、探讨地理因素是怎样在不断变化的世界经济和国际关系中发挥作用。运用地缘经济理论分析美国"印太战略"可以得出如下观点。

（一）世界经济重心从大西洋两岸向印太地区转移是促使美国推出"印太战略"的重要原因之一

进入21世纪以来，世界经济重心开始从大西洋两岸向印太地区转移。根据国际货币基金组织统计，在过去30年中，亚洲占全球国内生产总值（GDP）的比重从

10%上升至30%。[29]这一地理区域是当前全球经济最为活跃的地区，既有中国、印度这两大正在崛起的经济巨人，也包括日本、韩国和澳大利亚等发达经济体。全球10大港口中的9个均在亚洲。目前，印太地区已成为世界经济的引擎、全球消费品的主要生产地。仅2012年，印太地区内的双向贸易就超过8万亿美元。[30]

经济全球化和中印崛起使亚太地区与印度洋地区在经济上联为一体，这也使得印度洋重要性上升。受亚洲经济增长的驱动，印度洋正超过大西洋和太平洋成为世界最繁忙、最具战略意义的贸易走廊。世界1/3大宗商品和约2/3的海运石油经过印度洋。[31]印度洋还提供全球一半的集装箱运输，70%的石油产品运输需要通过印度洋由中东运往太平洋地区。印度洋在地理上是四大洋中与各大陆平均距离最近的大洋，连接印度洋和南海的马六甲海峡和印度洋上的霍尔木兹海峡、曼德海峡是全球能源运输的咽喉要道和对全球贸易有重大影响的战略要点。其中，全球40%的原油贸易要通过霍尔木兹海峡。40%的全球贸易运输经过马六甲海峡，每年约有10万艘船只（大多数为油轮）通过马六甲海峡，该海峡每年的商船通行量占全世界的1/3，吞吐量分别为苏伊士运河和巴拿马运河的6倍和17倍。印度洋的石油航线尤其是西方发达国家和许多发展中国家仰赖的"战略生命线"。"随着南亚和东亚经济活动的迅速增加，印太海上通道正成为21世纪具有支配地位的国际水道——正如古时地中海和20世纪大西洋一样。"[32]美国在印度洋的战略目标是，保证控制印度洋具有战略意义的航道、海峡和海域，特别是对波斯湾水域的控制，确保印度洋航道的畅通及美国在印度洋的战略优势。

印太地区经济重要性的大大上升和在经济上联为一体是促使美国推出"印太战略"的主要原因之一，美国企图以此为实现其"亚太再平衡"战略的目标服务。

（二）亚太经济重心从美国向东亚及西太平洋地区和印度洋地区东部转移，促使美国提升这些次区域的战略地位

自从第二次世界大战结束至20世纪末，亚太地区的经济重心在太平洋西岸，即在美国。美国曾是全球和亚太地区经济增长的发动机，是最大的市场和最大的产品制造及出口国之一。现在印太地区发生的一个重大趋势是，亚太地区经济重心开始从美国向东亚及西太平洋地区和印度洋地区转移。2014年世界第二大经济体中国、第三大经济体日本和第八大经济体印度在印太地区。普华永道国际会计事务所2015年的一份研究报告预测，按购买力平价计算，到2050年中国和印度将分别是世界第一大经济体和第二大经济体，美国是第三大经济体。[33]美国花旗集团2012年3月一份报告预测，印度经济总量到2050年有望达到85.97万亿美元，届时将超过中国和美国

成为世界第一大经济体。[34]

与此同时，印太地区经济合作和经济一体化趋势正在发展。2014年11月，在北京举行的亚太经合组织（APEC）领导人非正式会议决定启动亚太自由贸易区进程，批准了亚太经济合作组织推动实现亚太自由贸易区路线图。这是朝着实现亚太自由贸易区方向迈出的历史性一步，标志着亚太自由贸易区进程的正式启动，体现了亚太经合组织成员推动区域经济一体化的信心和决心。2014年7月14日，中国国家主席习近平和印度总理莫迪在巴西举行的首次会面中，邀请莫迪总理参加2014年11月于北京举行的亚太经合组织峰会。这表明中国对印度参与亚太自由贸易区进程持开放包容的态度。

自20世纪90年代初以来，东亚区域合作进程取得较大进展，逐步形成了包括东盟分别与中、日、韩（10+1）自贸区、东盟与中日韩（10+3）对话机制在内的一系列区域合作机制。2010年1月1日，中国—东盟自贸区正式全面启动。2014年东盟和中国的贸易额超4 800亿美元，[35]成为一个涵盖11个国家、19亿人口、国内生产总值达13万亿美元的巨大经济体，是目前世界人口最多的自贸区，也是发展中国家间最大的自贸区。

近年来，由东盟10国发起，邀请中国、日本、韩国、澳大利亚、新西兰、印度共同参加的"区域全面经济伙伴关系"（Regional Comprehensive Economic Partnership，英文缩写RCEP），也取得进展。它的目标是通过削减关税及非关税壁垒，达成建立16国统一市场的自由贸易协定。若"区域全面经济伙伴关系"达成，"区域全面经济伙伴关系"机制将涵盖约35亿人口，国内生产总值总和将达23万亿美元，占全球总量的1/3，所涵盖区域也将成为世界最大的自贸区。

由中国、俄罗斯、哈萨克斯坦、吉尔吉斯斯坦、塔吉克斯坦和乌兹别克斯坦6国作为成员国的上海合作组织（The Shanghai Cooperation Organization,SCO）将开展经贸、环保、文化、科技、教育、能源、交通、金融等领域的合作，促进地区经济、社会、文化的全面均衡发展作为宗旨之一。该组织近年来在经贸合作方面取得重大进展。印度、巴基斯坦、伊朗、阿富汗和蒙古国是观察员。印度和巴基斯坦等国正在积极申请成为正式成员。

2013年,中国提出建设"一带一路"的倡议。丝绸之路经济带涵盖若干通往印度洋地区的经济走廊，包括孟、中、印、缅经济走廊、中国—巴基斯坦经济走廊等。21世纪海上丝绸之路将主要有西线、东线和南线三条线。其中，西线从中国沿海港口过南海，经马六甲海峡和印度洋，途经东南亚、南亚、西亚、中东、北非，通达欧洲。

（三）"跨太平洋伙伴关系协定"在现阶段排除中、印、印尼等印太地区经济大国

"跨太平洋伙伴关系协定"（TPP）原是2005年5月28日由文莱、智利、新西兰、新加坡4国发起，其宗旨是成员之间彼此承诺在货物贸易、服务贸易、知识产权以及投资等领域相互给予优惠并加强合作。其中最为核心的内容是达成包括所有商品和服务在内的综合性自由贸易协议，即成员国90%的货物关税立刻免除，所有产品关税将在12年内免除。该协议的重要目标之一就是建立自由贸易区。2008年美国宣布加入谈判，并邀请澳大利亚、秘鲁等一同加入谈判。2009年11月，美国正式提出扩大"跨太平洋伙伴关系协定"谈判。自此美国全方位主导"跨太平洋伙伴关系协定"谈判。此后，日本、马来西亚、越南、墨西哥和加拿大也成为"跨太平洋伙伴关系协定"谈判成员，使"跨太平洋伙伴关系协定"谈判成员数量扩大到11个。[36]

"跨太平洋伙伴关系协定"是美国"亚太再平衡"战略的重要组成部分之一。美国主导"跨太平洋伙伴关系协定"谈判进程的主要目的如下。

第一，阻止在亚洲形成排除美国的区域贸易集团，确保美国在亚太地区的经济战略利益。亚洲是美国具有关键战略利益的重要区域。为此，美国不仅要在政治、军事上维持主导地位，还必须在经济上维持主导地位。在区域经济合作方面，阻止在亚洲形成排除美国的区域贸易集团是美国贸易政策的重要目标。美国学者莫新·S·汗（Mohsin S. Khan）认为，亚洲形成一个将美国排除在外的区域贸易集团对美国不利。[37] 根据美国彼得森国际经济研究所的评估，一个没有美国参与的东亚自由贸易区可能使美国公司的年出口至少损失250亿美元，或者约20万个高薪岗位。[38] 美国通过建立"跨太平洋伙伴关系协定"，可以避免自身被排除在亚洲尤其是东亚区域经济合作之外，从而可以获得现实的经济利益和长远的战略利益。

第二，全面介入东亚地区经济一体化趋势，重塑并主导亚太区域经济整合进程。2010年1月1日，有19亿人口和6万亿美元国内生产总值的中国—东盟自由贸易区正式建成，这对东亚经济一体化进程有着重要的影响。在美国看来，名义上是东盟主导整个东亚经济一体化进程，实际上东盟只是东亚经济一体化这辆车的驾驶员，中国对这辆车行驶方向的影响力才是美国关注的焦点。随着东亚经济一体化进程的发展和中国地位的提升，美国在亚洲的经贸影响力相应衰落。美国通过"跨太平洋伙伴关系协定"谈判不仅全面介入东亚地区经济一体化趋势，而且能够重塑并且主导未来亚太区域经济整合进程，成为亚太区域经济整合的规则制定者和进程领导者。通过区域经济合作打开新的市场空间，确保美国企业能够自由和公平地进入这

些最具活力的出口市场。

"跨太平洋伙伴关系协定"打破传统自由贸易区（FTA）模式，创立新的自由贸易区模式，制定高贸易标准和综合性自由贸易协议，使其成为亚太区域一体化进程的典范。该协定专注基础服务业、能源和环境问题的谈判，将规则透明度作为"跨太平洋伙伴关系协定"谈判的优先关注点。"跨太平洋伙伴关系协定"的新标准更加关注工人和环境问题。

奥巴马政府将"跨太平洋伙伴关系协定"作为"亚太再平衡"战略的重要组成部分之一。但"跨太平洋伙伴关系协定"未邀请印太地区经济大国中国、印度、印度尼西亚等参加该进程，其原因主要是为了至少在第一阶段将新兴大国排除在外。美国"印太战略"的矛盾之处是：中国和印度被排除在"跨太平洋伙伴关系协定"之外，但中国和印度是印太地区经济发展的两大引擎，这使"跨太平洋伙伴关系协定"的影响力在一定程度上受到影响，这也是美国"印太战略"在经济方面的欠缺之处。

三、地缘政治与美国的"印太战略"

地缘政治是人类政治中历史最悠久的现象之一。它包括客观和主观两个层面的涵义。在客观层面上，它指客观存在的地缘政治态势、关系和过程；在主观层面上，它指人们在对这些客观存在的地缘政治现实认知、理解和运筹的基础上产生的思想、理论和方法论。

美国地缘政治学家尼古拉斯·斯皮克曼1943年发表《和平地理学》一书，在麦金德的"心脏地带"概念基础上，提出了相应的"边缘地带（rimland）"学说。他认为，两次世界大战都是发生在边缘地带，而且边缘地带在经济上、人口上都超越心脏地带。因此控制了边缘地带就等于控制了欧亚大陆，控制了欧亚大陆就等于控制了世界的命运。他提出，从西亚、南亚、东南亚到东亚整个沿海地带，是世界上最重要的地带，其原因有以下几点：第一，这一地带具有发展经济的优势，是工业化的重要地带；第二，它集中了能源以及很多战略性的资源；第三，这里还是海权和陆权进行角逐的最关键所在。[39] 这一理论突出了印度洋至东亚和太平洋地区在国际地缘政治中的重要地位，对奥巴马政府"印太战略"的形成有一定的影响。

（一）"印太战略"把亚太地区与印度洋地区在地缘政治上联为一体

在古代，由于喜马拉雅山脉的阻隔，东亚地区和南亚地区在地缘政治上是相对独立区域，相互影响较少。冷战结束后，随着经济全球化趋势的发展和中印的崛起，亚太地区与印度洋地区在经济贸易上的联系越来越密切。

在此背景下，奥巴马政府的"印太战略"将亚太地区与印度洋地区在地缘政治和地缘战略上联为一体，增加了东亚地区和南亚地区的互动，进一步鼓励了印度"向东看"战略。2012年12月3日，时任印度海军司令D.K.乔什（D.K.Josh）在记者会上称，虽然印度不是"南海争议"的相关国家，但印度已经做好准备赴南海，以保护该国在这一海域的海事和经济利益。同月20日，印度和东盟决定，将双方关系升级为"战略伙伴"关系，并在共同发表的《印度—东盟展望2020年宣言》中提出加强海洋安全领域的防务合作。2013年11月，印度与越南签订为期三年的石油勘探备忘录。根据该文件，越南向印度提供南海上的7个石油区块，包括3个独家开采的石油区块。这使得南海的安全形势更加复杂。

近年来，巴基斯坦也开始接受"印太"概念。2015年2月，巴基斯坦参联会主席拉沙德·穆罕默德（Rashad Mohammed）在卡拉奇举行的第六届国际海洋研讨会上指出："印太地区有活力的社会政治条件和经济潜力，各国在该地区安全环境中印太地区沿海要应对的挑战增加。在这种情况下，减轻海上风险和脆弱性要求协调一致的努力。因此，该地区沿海国家需要以合作而不是竞争的精神关注合作性的海上安全。它们在发展军事能力、部署海军和开发资源时不应导致地区紧张局势的上升。"[40]

（二）印太地区格局正在从一超多强向多极格局演变，形成两类多个三角关系

当前，亚太地区正处于地缘政治的转型期。冷战结束后，亚太地区是美国这个超级大国和多个强国并存的"一超多强"格局。随着中国、印度、东盟等新兴力量崛起，以及美国在伊拉克战争和阿富汗战争中受到削弱，美国的实力相对下降，亚太地区正在向多极化方向发展。印太地区作为地缘政治和地缘战略整体性的形成，进一步加快了多极化趋势的发展。

印太地区多极化趋势的表现形式之一是形成两类多个三角关系。第一类三角关系以三角博弈为主，包括中美印三角关系、中美日三角关系、中美俄三角关系、中美澳三角关系等。第二类三角关系以三边合作为主，包括美日印三边关系、美日澳三边关系、美印澳三边关系、美日韩三边关系等。虽然根据国际政治中的三角关系理论，这第二类三角关系主要是三边合作，不是典型的三角关系，但美国越来越重视这些三边合作关系，这就表明美国在实力相对下降的情况下，不得不更多依靠盟

国和伙伴国家的力量。

中美印三角关系是印太地区最重要的三角关系之一。美国是世界上唯一超级大国，最大的发达国家，又是国际体系中占主导地位的大国。中国和印度是两个人口最多的发展中国家，互为邻国，又是国际体系中两个上升的大国。中美印互动关系朝什么方向发展，将在很大程度上决定未来世界的战略格局和国际体系的走向。美国有的人企图用提升美印关系来制约中国。但美国能否利用印度来平衡和制约中国，并不完全取决于美印关系的发展。因为在经济全球化趋势下，中印两国之间有许多共同利益。首先，中印两国的发展是在亚洲兴起大背景下进行的。世界经济和政治重心正在从大西洋两岸向印太地区转移，中印两国都发展起来，才能实现亚洲崛起和亚洲世纪；其次，中印作为两个最大发展中国家，都致力于提高本国人民生活水平和教育水平，相互军备竞赛或相互牵制，并不符合两国国家利益；最后，中印两国都是新兴大国，在历史上都有着遭受帝国主义和殖民主义侵略的类似遭遇，现在都面临着实现现代化的相似任务，因此它们的战略目标是并行不悖的，相互间共同利益远远大于分歧，两国都致力于国内经济发展，并希望实现地区与世界和平。中美之间也有许多利益交汇点，它们的战略目标并不是相互冲突的，虽然有相当多的矛盾之处。中美印之间是有可能避免"安全困境"的，因为安全的内涵正在发生重大变化，传统军事安全虽然仍很重要，但非传统安全威胁的上升促使中美印更多进行合作。世界正处于一个新的经济全球化时代，在"地球村"中，中美印共同面临恐怖主义、传染性疾病等许多非传统安全威胁，需要合作加以应对。

中美澳三角关系是印太地区重要的三角关系之一。美澳是盟国，两国承担安全方面的相互义务。2014年，中国购买了澳全部出口商品总额的33.8%，中澳贸易总值达到约12 820亿美元。[41]近年来，美澳军事关系加强。2011年11月，奥巴马总统宣布，美国从2012年开始在澳大利亚驻扎250名海军陆战队员，未来驻澳美军总兵力将达到2 500人。这些部队进驻澳大利亚北部达尔文港的罗伯逊军事基地。这是美军战斗部队首次正式驻军澳大利亚。美国海军正在考虑获得更多使用珀斯附近西部港口舰队基地设施的机会，甚至希望派遣美国军舰轮换驻扎使用这些基地设施。美国核潜艇曾不时利用这些设施，因此存在先例。美国空军B-52战略轰炸机和B-2隐形轰炸机将可能开始使用澳大利亚北部的跑道，这也是加强美国与澳大利亚国防军之间联合训练演习的一个途径。美国战略与国际问题研究中心防务分析专家扎克·库珀（Zack Cooper）认为："美国一直对利用这些基地很感兴趣，如果不是能够随时使用，那至少也能够通过它们进行部队的轮换。此外，从地理角度来说，这些基地位置极佳，可以让美国在需要的时候轻松地快速到达东南亚。"[42]由此可见，美国在澳大利亚派驻战斗部队和舰机，以及美澳加强防务关系，主要是为了应对在南海和东南亚可能发生的危机事态。与此同时，澳大利亚在经济上又难以离开中澳经贸关系。中国自2007年起是澳大利亚最大贸易伙伴，也是澳大利亚最大的出口目的地。矿石和能源是澳大利亚出口中国的最大宗商品。这些使得澳大利亚不愿意在中美之间选边站。但中美澳三角关系中也存在一些博弈因素。

中美俄三边关系是在冷战结束后逐渐形成的。在中美俄三边关系中，中美之间和美俄之间的关系竞争与合作并存，摩擦与协调交替。1996年中国和俄罗斯决定建立和发展两国"平等信任的战略协作伙伴关系"。这一关系是"建立在不结盟、不对抗、不针对第三国基础上的新型国家关系"。[43] 2001年7月16日，中俄签署《中俄睦邻友好合作条约》，"彻底摒弃了那种不是结盟就是对抗的冷战思维，是以互信求安全、以互利求合作的新型国家关系的体现"。[44] 中美经贸关系的日益密切已经使经济合作成为两国关系的最重要压舱石。在中美俄三边关系中，中俄两国之间的关系要好于他们各自与美国的关系。中俄两国并不是与美国全面对抗，而只是在某些主要问题上，如美国发展导弹防御系统、北约东扩等，寻求加强相互合作以在外交上应对美国。从现实情况看，中美之间和俄美之间由于既有很多共同利益又有许多矛盾，因此形成既合作又竞争关系的可能性最大。但自乌克兰危机发生后，美俄之间的对抗性有所上升。中俄两国与美国之间在某些传统安全问题上会出现"零和"模式；但由于各国在经济方面相互依存关系的发展和存在许多跨国界问题，它们在大多数非传统安全问题上，如环境恶化、国际恐怖主义、毒品等，将不得不寻求良性互动或良性互不动，面临"三赢"模式或"全输"模式。

中美日三角关系在冷战结束后成为印太地区影响最大的三角关系之一。当前，国际战略形势正处在深刻变化之中。中美日三角关系也在进行前所未有的调整。现在中美日有很多共同利益。它们相互之间的贸易和经济合作关系不断发展，在经济上日益相互依存。中美都希望亚太地区保持和平与稳定，都需要进行合作来解决一些全球性问题。但日本右翼和安倍政府企图否认日本军国主义的侵略历史，安倍政府意在修改日本和平宪法，加强军事力量。日本政府宣布所谓"钓鱼岛国有化"，激化了中日关于钓鱼岛主权归属的争议。美国为了制约正在上升的中国，强化美日联盟。这些成为造成中美日三边关系复杂化的重要因素。从长远来说，中美日有必要建立平衡稳定、合作共赢的三边关系，这将是构建全球大国战略稳定框架的重要一环。

美日印三边关系、美日澳三边关系、美印澳三边关系有一些共同的特点，即都是以美国为主导、通过三边政治和军事合作来巩固美国在印太地区和世界领导地位，加强应对地区不测事态能力，牵制和平衡中国，日印澳三国则企图通过这种合作中加强自身地位和能力，获取自己需要的利益。2007年4月，美日印三国在日本海域举行首次联合军演。同年9月，美日印澳等国在印度洋举行了代号为"马拉巴尔07-2"（Mallabar 07-2）的海上联合军演。2009年，美日印三国海军再度合作，在冲绳附近海域展开军演。2011年12月19日，美日印首次三边对话在华盛顿举行。2013年10月第五次美日澳三边战略对话部长级会议发表含涉东海、南海问题内容的联合声明。2014年7月，正在澳大利亚访问的日本首相安倍晋三呼吁加强美日澳三边关系，日澳并签署两国《经济伙伴关系协定》（EPA）和《防务技术和装备转移协定》。

总体来说，在第一类以博弈为主的三角关系中（包括中美印三角关系、中美日三角关系、中美俄三角关系、中美澳三角关系等）中，虽然美国是矛盾的主要方面，即矛盾中起主要作用的方面，而这些三角关系的性质，主要是由矛盾的主要方面决定的，但中国仍有较大或一定的回旋余地和博弈空间，特别是在中美俄三角关系中。在第二类以三边合作为主的三角关系（包括美日印三边关系、美日澳三边关系、美印澳三边关系、美日韩三边关系等）中，美国占有主导地位。

美国和日本试图构建"美日印澳菱形"安全合作机制。2013年1月，日本首相安倍晋三发表文章认为，中国快速扩张军力，已经造成严重威胁，提出构建美日印澳"亚洲民主安全之钻"的构想，希望拉拢美国、澳大利亚和印度一起建构对中国的"钻石包围网"。2014年7月，日澳签署《防务技术和装备转移协定》加强了美国与日澳三边安全对话的轴心，美希望把印度也拉进来变成"四边机制"。但是，澳大利亚对此并不积极，印度也不愿成为美日制约中国的棋子。因此，美日构建"美日印澳菱形"合作机制的企图仍然搁浅。

（三）构建中美新型大国关系的进程不仅取决于两国国内因素，也受到印太地缘政治中其他行为体的影响

当前，中国和美国作为世界第二大和第一大经济体既有共同利益，也存在许多分歧，两国既合作，又竞争。中美关系从冷战时期以外部驱动（苏联霸权主义威胁）为主到现在是以内在动力与外部驱动并存，以内在动力为主。中美关系内在动力正在深化，不仅两国经济上的相互依存上升，中美互为第二大贸易伙伴，中国是美国最大的债权国、第三大出口目的地和首要进口来源地，中美互为主要外国投资来源地之一，而且两国从官方到民间相互交流的深度和广度都已经发展到前所未有的程度。外部驱动力也从冷战时期共同应对苏联霸权主义军事威胁为主，转变为在

许多全球问题和地区问题上应对非传统安全和传统安全的共同挑战，需要合作维护共同或并行不悖的利益。

近年来，中国倡导中美构建"新型大国关系"，但是奥巴马政府推行"亚太再平衡"和"印太战略"，使影响中美关系的其他行为体数量由此增加。例如，奥巴马政府在推行"亚太再平衡"战略和"印太战略"中加强美日联盟，发展美印战略伙伴关系，将美日联盟和美印战略伙伴关系作为 "美地区战略的重要压舱石"[45]，使日本安倍晋三政府有恃无恐解禁集体自卫权，有意修改日本现行宪法第九条，为与中国发生冲突做准备，今后甚至可能主动挑起与中国的武装冲突，拉美国下水，故意引发中美冲突。这将加剧地区的紧张局势。

四、美国"印太战略"的影响

随着美国继续推行"亚太再平衡"战略，其"印太战略"的影响在增加，主要表现在以下几方面。

（一）印太地区正在成为全球地缘经济和地缘政治的下一个中心地带

美国"印太战略"作为"亚太再平衡"战略的重要组成部分之一，促进亚太地区与印度洋地区在地缘经济、地缘政治和地缘战略上联为一体，加速世界经济政治重心从大西洋两岸向印太地区转移。这将使印太地区成为大国竞争、领导权博弈、领海争端的下一个集中地，也促使印度成为亚太地区的重要地缘战略行为者之一。

从地缘经济上说，印太地区是当今世界上经济最有活力的地区。该地区内的区域化（regionalization）与区域主义（regionalism）合作都在发展。区域化是指某一区域内由非国家实体，主要是跨国公司在市场力量影响下进行贸易和投资所推动的区域经济和社会一体化。而国家推动的区域主义又称"地区主义"，是指国家通过进行相互之间的经济合作安排，建立各种多边国际机制包括区域性的经济合作组织，来推动区域经济一体化。"区域全面经济伙伴关系"进程和亚太自由贸易区进程都是开放性的，有很大的包容性，其发展必然推动印太地区经济一体化，虽然这是一个很长的过程。

从地缘政治上说，印太地区在全球的地缘战略地位正在上升。该地区内既有国际体系的守成大国美国，也有国际体系中的新兴力量中国、印度、东盟等，还有国际体系中的其他重要行为者俄罗斯、日本、韩国、澳大利亚等。印太地区当前和未来相当长时期地缘政治的核心问题是，一方面，国际社会特别是西方国家，包括美国能否顺应世界多极化趋势的新潮流，适应、接受和容纳中国、印度等发展中大国的崛起并在国际体系中发挥更大和积极作用；另一方面，中国、印度等崛起的新兴发展中大国能否融入和适应国际体系和地区秩序，并在参与中推动国际体系和地区秩序向更加公正合理的方向转变。这种相互之间的安全博弈将是一个长期的过程。

（二）印太地区战略态势更为复杂

美国"印太战略"将其亚太"轴辐"安全体系扩大到印度洋区域，使印太地区战略态势更为复杂，使能够影响中美博弈的地缘政治行为者增加，也使中美博弈和合作的战略空间大为扩大。首先，美国企图拉拢印度来制约中国，中国为了保护在印度洋海上航道的安全而向印度洋派出海军舰艇，中美印在印度洋既有博弈，也可以合作；其次，美国在地缘战略上企图形成对中国的大月牙形制衡圈，将增加中美之间的战略互疑，刺激该地区海军军备的竞争；再次，日本借机加强与印度的防务合作，企图在东西两个方向为制衡中国布局。自2012年12月，日本安倍晋三政府上台以来，日印关系，特别是安全合作关系有了很大进展。两国加强防务领域的战略合作，包括定期举办联合作战演习、定期开展军事交流，以及加强反海盗、海上安全和反恐合作等。

（三）中国和平发展面临更加复杂的外部环境

美国为推行"亚太再平衡"战略和"印太战略"，加强在美国在印太地区的军事存在，有针对中国的因素。2015年3月13日，美国海军、海军陆战队和海岸警卫队发布的《21世纪海上力量合作战略》认为，过去两年间，中国在海上和空中都变得更加的咄咄逼人，这加剧了中国同许多邻国之间的领土争端。"这种行为，再加上中国军事意图缺乏透明度，导致了紧张和动荡，这可能带来误判甚至冲突升级。"[46]为了应对这种形势，美国海军和海军陆战队计划向包括印度在内的亚太地区派遣更多先进的军事资产和最尖端的军事平台。这些先进的军事装备包括F-35联合攻击战斗机和MV-22"鱼鹰"运输机等。这些举动表明，未来几十年美国将利用大量的资源确保其从印度洋到太平洋的海上主导地位。

2015年3月3日，美国太平洋舰队司令哈里·哈里斯（Harry Harris）海军上将访问印度时称"我们的经济未来在于太平洋和印度洋"。他提出把一年一度的"马拉巴尔"军演升级为多边军演，让日本和澳大利亚等国家定期参加。他主张，"每个国家的海军在印度洋—太平洋建立多国海上关系的行动中都要发挥一定作用。"[47]"加强美印伙伴关系有助于我们确保其他国家尊重国际法，并推动我们的共同承诺，即所有国家都可以公开获取海洋、天空、太空和网络等共享的全球公域"。[48]美国2015年《21世纪海上力量合作战略》强调美国在印度洋—亚太地区的巨大优势之一是众多的朋友和盟国。该文件说："基于共同的战略利益，美国寻求加强与印度洋—亚太地区的长期盟友的合作，其中包括澳大利亚、日本、新西兰、菲律宾、韩国和泰国，并继续培养与孟加拉国、文莱、印度、印度尼西亚、马来西亚、米克罗尼西亚、巴基斯坦、新加坡和越南等国的伙伴关系。"[49]这些都是美国为推行"亚太再平衡"战略和"印太战略"而采取的举措。对中国捍卫主权和领土完整、和平发展将产生某些负面影响。中国推进"一带一路"建设有的项目需要经过南亚和印度洋，美国如认为需要，可以利用其盟国或伙伴国对中国进行牵制。如果中美之间爆发武装冲突，中国的能源运输也难以通过印度洋。

结语

"印太战略"是美国"亚太再平衡"战略的重要组成部分之一。它将美国亚太"轴辐"安全体系扩大到印度洋区域，形成大月牙形同盟与伙伴国网络。这既出于美国地缘战略的需要，也是地缘经济发展使然。印太地区在全球的地缘战略地位正在上升，将成为全球地缘经济和地缘政治的下一个中心地带。这将使印太地区成为大国博弈一个新的竞技场。

参 考 文 献

[1] Lewis A. Tambs, English Translation and Analysis of Major Karl Ernst Haushofer's Geopolitics of the Pacific Ocean: Studies on the Relationship between Geography and History. translated by Ernst J. Brehm, New York: Edwin Mellen Press, 2002：141.

[2] Rory Medcalf, Mapping theIndoPacific: China, India, and the Ubited States, in Mohan Malik,Maritime Security in the Indo-Pacific: Perspectives from China, India, and the Ubited States. London: Rowman & Littlefield, 2014：50.

[3] Gurpreet S. Khurana, Security of Sea Lines: Prospects for India-Japan Cooperation, Strategic Analysis, Volume 31, No. 1, 2007：139-153.

[4] Manmohan Singh, PM's Address to Japan-India Association, Japan-India Parliamentary Friendship League and International Friendship Exchange Council. May 28, 2013, available at：http://pmindia. nic.in/speech-details.php?nodeid=1319.

[5] Japan Is Back, Speech by Prime Minister Shinzo Abe at the Center for Strategic and International

Studies（CSIS）, Washington, DC, February 22, 2013, available at：http://www.mofa.go.jp/announce/pm/abe/us_20130222en.html.

[6] Department of Defence, Australian Government, Defending Australia and its National Interests, Defence White Paper 2013, May 13, 2013：3.

[7] M. Natalegawa, An Indonesian Perspective on the Indo-Pacific, Speech at CSIS Indonesia Conference, Washington, DC, May 16, 2013, available at：http//www.thejakartapost.com/news/2013/05/20/an-indonesian-perspective-indo-pacific.html.

[8] 梅丽莎·康利·泰勒, 阿卡提·班次瓦特. 澳大利亚与印度在"印太"认识上的分歧. 印度洋经济体研究, 2014(1).

[9] Mohan Malik, Maritime Security in the Indo-Pacific: Perspectives from China, India, and the Ubited States, London: Rowman & Littlefield, 2014：21-22.

[10] 张力. "印太"构想对亚太地区多边格局的影响. 南亚研究季刊, 2013(4)：1-7.

[11] 赵青海. "印太"概念及其对中国的含义. 现代国际关系, 2013(7)：14-22 .

[12] 吴兆礼. "印太"的缘起与多国战略博弈. 太平洋学报, 2014 (1)：29-40.

[13] 韦宗友. 美国在印太地区的战略调整及其地缘战略影响. 世界经济与政治, 2013(10)：140-155.

[14] 曹筱阳. 美国"印太"海上安全战略部署及其影响. 现代国际关系, 2014(8)：27.

[15] Speech by US President Barack Obama to Australian Parliament, November 16, 2011, available at: http://www.americanrhetoric.com/speeches/barackobama/barackobamaaustralianparliament.htm.

[16] Hillary R. Clinton, America's Pacific Century, Foreign Policy, November 2011：55.

[17] Hillary R. Clinton, America's Pacific Century, 57,59,62-63.

[18] Kurt Campell, Campell Joins Bloomfield at the Stimson' Chairman's Forum, January 20, 2012, available as a video, availableat: http://www.Stimson.org/spotlight/asst-secretary-for-east-asia-kurt-campell-speaks-at-stimsons-chairmans –forum/.

[19] Admiral Samuel J. Locklear III, Commander of United States Pacific Command, statement before Senate Committee on Armed Services, U.S. Pacific Command Operations, April 9,2013. http://www.c-spanvideo.org/program/311961-1.

[20] J.Biden. Remarks by Vice President Joe Biden on Asia-Pacific Policy. July 19, 2013, available at: http//www.whitehouse.gov/the-press-office/2013/07/19/remarks-vice-president-joe-biden-asia-pacific-policy.

[21] U.S Department of Defense. Sustaining U.S. Global Leadership: Priorities for 21st Century Defense. January 2012, available at：www.defense.gov/news/Defense_Strategic_Guidance.pdf.

[22] Michael Green and Daniel Twining. Why Aren't We Working with Japan and India? available at: http//articles.washingtonpost.com/2011-07-18/opinions/35238121-1-obama-adminstration-strategic-dialogue-japan-and-india.

[23] U.S.-India Joint Statement, US-India Joint Strategic Vision for the Asia-Pacific and Indian Ocean Region, January 25, 2015,available at: http://www.mea.gov.in/bilateral-documents.htm?dtl/24728/USIndia_Joint_Strategic_Vision_for_the_AsiaPacific_and_Indian_Ocean_Region.

[24] The White House. U.S. National Security Strategy. February 2015, Washington, DC. available at：

http://www.whitehouse.gov//2015/02/06/presidents-obamas-national-security-strategy-2015-strong-and-sustainable-american.pdf.

[25] The White House. U.S. National Security Strategy. May 2010, Washington, DC, available at：http://www.whitehouse.gov/sites/default/files/rss_viewer/national_security_strategy.pdf.

[26] The White House. U.S. National Security Strategy. February 2015, Washington, DC.

[27] The White House. U.S. National Security Strategy. May2010, Washington, DC.

[28] The White House. U.S. National Security Strategy. February 2015, Washington, DC.

[29] International Money Found, World Economic Outlook: Hopes, Realities, Risks, April 2013：139.

[30] World Integrated Trade Solution（WITS）, the World Bank, available at：file:///C:/Users/thinkpad/AppData/Local/Microsoft/Windows/Temporary%20Internet%20Files/Content.IE5/GUVATHDB/eap-update-may-2012-appendixes.pdf.

[31] Admiral Samuel J. Locklear, Commander of U.S. Pacific Command. U.S. Pacific Command Posture. Statement before the House Armed Services Committee, March 5, 2013.

[32] Robert D. Hormats, Under Secretary for Economic Growth, Energy, and the Environment. Asian Regional Economic Integration. Keynote Remarks at,the Asia Society, New York City, NY, December 12, 2012 available at：http://www.state.gov/e/rls/rmk/20092013/2012/202024.htm.

[33] Anthony Fensom. China, India To Lead World By 2050, Says PwC. a news report about "World in 2050" report by PwC, PricewaterhouseCoopers, February 12, 2015, available at：http://thediplomat.com/2015/02/china-india-to-lead-world-by-2050-says-pwc/.

[34] China Top Economy in 2020, India in 2050 (a news report about the 2012 edition of The Wealth Report, released by global property firm Knight Frankand Citi Private Bank), March 30, 2012, available at：http://www.2point6billion.com/news/2012/03/30/report-china-top-economy-in-2020-india-in-2050-10921.html.

[35] 马德林. 2014年中国东盟贸易额超4800亿美元. 中新网：http://www.finance.chinanews.com/.

[36] 夏立平. 美国再平衡战略对中日钓鱼岛争端的影响. 美国研究, 2013(2).

[37] Mohsin S. Khan. Asia: Stepping Up from Regional Influence to a Global Role. East Asia Forum Quarterly October 16, 2011：18.

[38] Jeffrey J. Schott. The FTA Frenzy in East Asia: Current Status and Prospects. Peterson Institute for International Economics, November 1, 2007, available at：file:///C:/Users/thinkpad/AppData/Local/Microsoft/Windows/Temporary%20Internet%20Files/Content.IE5/S4P9QN0Q/schottppt11071.pdf.

[39] [美]尼古拉斯·斯皮克曼. 和平地理学. 刘愈之, 译. 北京：商务印书馆, 1965：96.

[40] General Rashid Mehmood, the Chairman of Joint Chief of Staff Committee of Pakistan. Challenges in Indo-Pacific Region Growing, Maritime Security Conference Told. speech at 6th International Maritime Conference 2015, February 16, 2015, available at: http://epaper.dawn.com/print-imageview.php?StoryText=17_02_2015_003_005.

[41] 澳大利亚对主要贸易伙伴出口额, 2014年. 中国商务部网站：http://countryreport.mofcom.gov.cn/record/view110209.asp?news_id=42743，以及《澳大利亚自主要贸易伙伴进口额》(2014年），参见网页：http://countryreport.mofcom.gov.cn/record/view110209.asp?news_id=42744.

[42] Zack Cooper. Strengthening U.S.- Australia Alliance. available at: http://csis.org/ articles.com/2014-07-20/opinions/287243-1- strengthening- us- Australia-alliance.

[43] 见2001年7月16日签署的《中俄元首莫斯科联合声明》，载《人民日报》2001年7月17日第1版.

[44] 时任中国国家主席江泽民2001年7月16日在莫斯科与俄罗斯总统普京举行会谈时的谈话，载《人民日报》2001年7月17日第1版.

[45] Michael Green and Daniel Twining. Why Aren't We Working with Japan and India? available at: http//articles.washingtonpost.com/2011-07-18/opinions/35238121-1-obama-adminstration-strategic-dialogue-japan-and-india.

[46] U.S. Navy, Marine Corps, Coast Guard. A Cooperative Strategy for 21st Century Seapower, March 13, 2015, http://www.navy.mil/.

[47] Rajat Pandit. Hope India Help Multilateral Navy Engagement. India Times, March 4, 2015.

[48] Rajat Pandit. Hope India Help Multilateral Navy Engagement.

[49] U.S. Navy, Marine Corps, Coast Guard. A Cooperative Strategy for 21st Century Seapower, March 13, 2015, http://www.navy.mil/.

论文来源：本文原刊于《美国研究》2015年第2期，第32-51页。

基金项目：本文是国家社科基金重点项目"构建新型大国关系的理论建构与方略选择"（项目批准号：14AZD060）的中期成果之一，同时本文也得到中国海洋发展研究会"美国印太战略与中国应对方略研究"（项目编号：CA-MAZD20140）和同济大学人文社科跨学科研究团队"海洋强国战略"的资助。

美国南海政策的历史分析
——基于美国外交、国家安全档案相关南海问题文件的解读[*]

鞠海龙[**]

摘　要： 美国南海政策形成于20世纪50年代冷战时期，发展于70年代中美建交的过程中，最终经由冷战后中美战略关系的调整而趋于定型。在这一历史过程中，美国南海政策确立了从属于东亚整体战略，以及一般情况下保持中立"不介入"具体争端事务的基本原则。然而，东亚整体战略主导美国南海政策的情况下，中立不介入原则并非永恒不变。美国国务院外交档案、国家安全档案和盖尔公司解密文件数据库的资料分析显示，美国南海政策的基轴不在于南海争端不选边站的原则，也不在于对盟友的承诺，而在于美国亚太利益对南海政策的战略需求。

关键词： 美国；南海政策；外交档案；国家安全档案

2009年，美国"高调介入"南海地区事务。其后，美国南海政策成为影响南海问题发展的一大外部因素。美国南海政策的内容、目标、趋势无疑已经成为南海争端各当事国，尤其是在南海地区有重要利益的国家制定相应政策的重要参照系。在南海问题热点化的过程中，不同国家基于自身的利益和政策欲求对美国的政策做出不同解读和判断。然而，由于缺乏对美国南海政策历史过程的理解，相关解读和判断要么过多强调美国战略东移的影响，夸大美国介入南海争端的政策可能性；要么

----

[*] 相关资料来源于美国国务院历史文献办公室解密的美国外交关系文件集（Foreign Relations of United States，简称FRUS）、美国Gale公司的电子数据库解密文件参考系统（Declassified Documents Reference System，简称DDRS），以及美国国家安全档案馆的数字国家安全档案（Digital National Security Archive，简称DNSA），本文注释相关标识即上述三大数字档案的简称。

[**] 鞠海龙，中国海洋发展研究会理事，暨南大学国际关系学院教授、博士生导师，暨南大学中国海洋发展研究中心南海战略基地执行主任；"中国南海问题研究协同中心"客座研究员。

过多强调美国在南海地区的宏观战略利益，否认美国在南海问题上选边站的可能。依据美国外交档案和国家安全档案，美国南海政策形成过程相对漫长。这一政策不仅对国家利益的界定非常清晰，而且底线清晰。在南海问题持续升温和美国对华政策调整的过程中，全面了解和认识美国南海历史档案所呈现的规律性特征，对于当代南海问题研究和相关政策决策无疑具有非常重要的意义。

一、美国当代南海政策的历史起点

"二战"结束到冷战的开始是美国的全球战略逐渐生成的过程。随着两极格局的确立，美国在欧洲、东亚地区的全球战略布局也逐渐成形。美国当时的东亚政策从属于这一国际战略框架。由于当代南海权益声索国均处于刚独立，或尚未独立，内战刚结束，或者内战尚未结束的状态，南海主权争端虽已初现端倪，但还不是东亚热点问题。决定南海地区形势的重要因素仍然是冷战。

1951年8—9月间美、菲、澳、日等国先后缔结《美菲共同防御条约》《澳新美太平洋安全保障条约》《日美安全保障条约》。依据这些条约，"日本列岛—琉球群岛—台湾地区—菲律宾—澳大利亚"一线的国家和地区被赋予了近东亚大陆"岛屿链"的特殊地缘战略价值。[1]南海诸岛及处于东亚大陆和"近海岛屿链"的中间，虽然临近若干海上通道，但因岛屿自然条件差，军事价值并不特别突出。因此，美国冷战期间并没有完整的南海政策。相关政策基本上都是基于整个东亚战略框架而做出的政策反应。

根据据美国国务院历史文献办公室解密的美国外交关系文件集、美国国家安全档案馆解密开放的国家安全数字档案，以及美国盖尔公司解密文件电子数据参考系统，美国在外交上关注南海问题缘于20世纪50年代菲律宾独立后对南海相关岛屿主权的声索。这一时期，美国已经注意到了南海诸岛相关岛屿的主权争端问题。然而，美国在这一时期并没有确定南海诸岛及其周边海域的战略价值。对于当时热议的"西沙群岛"主权归属等问题，美国官方仅做出了"西沙群岛的法律地位并不明确"的初步结论。[2]

美国军方和外交部门首次南海政策的探讨缘起于1956中国建设永兴岛和登陆甘泉岛的情报。1956年1月11日，美国海军第七舰队指挥官根据相关情报向国防部提出加强侦察西沙地区，警告中共，考虑公开宣称永兴岛已成为美军轰炸目标等措施建议。[3]2月，太平洋部队总司令基于后续情报跟踪情况，提出美军暂不宜直接参与到任何针对中共的反对行动中去。借助第三方力量，如：授权台湾防卫司令部向中共发出警告等方式应对事态的发展对美国更有利。[4]

1956年6月10日，美国国务卿胡佛接到驻西贡大使马丁关于中共登陆甘泉岛的消息后，立即在家中召开紧急会议讨论行动方案。会后，在国务院回复驻西贡大使的4011号电报指出：尽管岛屿主权争议使目前的事态显得很混乱，但是，美国政府仍将对"采取军事行动清除永兴岛、甘泉岛和珊瑚岛等区域可能的共产主义活动给予最高程度的严正考虑"[5]。当天，国务院即授权美国海军于次日对侦察相关区域。次日，美国国务院再次向驻西贡使馆发出电报（4021号）。电报提出两种行动方案。第一个方案是武力行动方案，即：先警告，警告期后授权美军依据1954年《东南亚集体防务条约》直接采取单边行动，以武力逼退中共；第二个是外交行动方案。该方案建议推动"台湾当局"和越南达成联合行动协议。美军则提供必要的支持。电报要求驻西贡使馆准确研判方案的可行性，以及中越双方达成妥协的可能性。[6]

1956年西沙事件对美国南海政策的形成和发展具有重要意义。因为美国国防部海军办公室在相关政策反应做出后不久就发现，来自越南的情报与美军实际侦察到的情报之间存在着非常严重矛盾，[7] 所以美国国务院不但在其与西贡使馆的往来密电中反复讨论了虚假情报存在的可能性，[8] 而且还意识到了南海岛屿争端的复杂。[9] 1956年6月26日美军参谋长联席会议再次讨论了西沙和南沙问题。会议的结论显示：一旦中菲越之间因领土争端诱发相关事件，美国最好的选择不是作为某一方的盟友，直接参与到争端的冲突中去，是要保持中立并努力成为各方之上的仲裁者。[10] 此次会议确立了美国对南海争端的基本认识和政策原则。这些基本认识包括：南海主权争端本身与美国无关。美国不应对具体问题选边站，也不会直接介入具体问题的解决。美国宜以中立仲裁者的身份参与南海主权争端的解决进程。

二、美国南海政策主要原则成型的历史轨迹

1969年，联合国暨远东经济委员会"亚洲外岛海域矿产资源联合勘探协调委员会"公布了南沙群岛东部及南海南部海域油气资源勘察报告。[11] 该报告的公布恰逢国际海洋法公约相关会议对当代海洋权益相关概念的讨论逐渐成形的时期。依据相关概念，海洋国家可以获得的对海洋权利的范围将会迅速扩大。联合国海洋法对海洋权益的重新界定和南海油气资源的发现直接改变了东南亚相关国家对南海问题态度，菲律宾、马来西亚、越南各国对中国南海权益主张的态度迅速逆转。

南海地区形势的逆转过程适值美国全球战略调整与中美建交的酝酿时期。借助与中国关系的调整摆脱越战，并顺带调整与南越、菲律宾等盟友的关系成为这一时

期美国东亚政策的核心。这一时期中美在南海问题上的外交往来，美国对中菲、中越南海争端的政策均体现了东亚宏观战略转型的特征。

1972年3月24日，中国常驻联合国代表黄华在与美国代表黑格（Alexander M.Haig, Jr.）在纽约第91次秘密会议。黄华抗议美方"从1972年3月18日18点40分至1972年3月20日，美国军舰乔治·K.麦肯锡号闯入中国领海，广东省西沙群岛外围东岛附近，北纬16°14′6″东经112°43′48″。3月19日，一架美国军用飞机连续5个时段闯入中国领空。中国政府已持续在国际公共场合警告美国基于任何理由以飞机或军用船只入侵领海或领空的行为。"[12]美国政府回应称："美方证实在中方所列举的时间内，美方船只与飞机的确曾驶进西沙群岛周围12海里以内，但未曾航行至岛屿周围3海里……为了美中关系的利益，美方已发出指示，军舰和飞机今后在西沙群岛周围应保持至少12海里的距离。"[13]

此外，美国国家安全委员会（NSC）同一时期给基辛格一份关于如何建设中美关系的分析中称，南海问题被列在美国应以"海洋法"为重点考虑的政治行动。建议中称："我们应感谢中方以私人方式向美方传达的关于军机闯入西沙群岛地区的抗议。我们表明了美国为防止事件重演所作出的努力。但同时，但我们必须说明，我们并不清楚中国划定其领海的规则。因此建议双方专家参与讨论边界的划定，同时讨论领海边界的划分以及可能在1973年联合国海洋法会议中提出的问题。"[14]

1974年1月，美国西贡使馆马丁（Graham Anderson Martin）大使向基辛格发出急电。电文称："阮文绍决定悄悄地将人员送上景宏岛、南威岛、安波沙洲、银洲、乐斯暗沙南沙五岛，以增强目前在鸿麻岛的守卫。"然而，这一计划没有考虑过"中国在1月11日发表的对西沙群岛和南沙群岛拥有主权的坚定立场，以及他们可能将采取的反应。""如果在南沙的情形没有变化，中国不会立即进驻南沙。"如果"超越这个范围"，那么就可能给中国找到借口。[15]其后，马丁建议："美国必须重申反对用武力解决领土争端的立场，但是不能直接陷入越南（西贡政府）、中华民国（台湾）和菲律宾之间的领土争端，也不能直接介入这些盟友与中国之间的争端，特别是当美国希望与中国建立新的关系的时候。"[16]马丁的电文还称，他已强烈建议阮文绍不要向尼克松总统提出介入南海争端的要求，并建议他以将事件提交国际法庭或者向东盟汇报等方式低调处理。同时，他不建议美国坚持让中国"归还"西沙群岛给越南，但建议美国在与中国发展关系的同时，让越南觉得美国"做了他们所要求的、对我们来说唯一比较合理的事情"。[17]

同月，基辛格的回电要求马丁明确答复阮文绍，美国对越南的支援不包括南海争议性区域，美国只能继续其中立且不支持南海争端任何岛屿主权声明的政策。美国可以支持越南将争端提交国际法庭，支持寻求主权争议实现和平仲裁的努力。美国相信越南政府避免进一步行动和公开的声明是必要的，以免被中国利用为对南海武装干涉的托辞。[18]

菲律宾是冷战时期美国在东南亚地区最重要的盟友。1974年中越西沙海战后，菲律宾外长罗慕洛将"中国已准备好捍卫包括西沙和南沙群岛在内的领土主权"的信息转给美国驻菲律宾大使威廉·沙利文（William H.Sullivan）。1月26日，沙利文致电国务院敦促美国政府对事件作出回应，并提出一系列建议：① 授权美军对菲律宾一旦在南沙群岛遇袭便能够采取"行动"，加强侦察力度以防止突然袭击；② 制定对北京的行动方针，并明确警告中国一旦中国对菲律宾军队采取军事行动，美国将启动《美菲共同防御条约》；③ 请国务院授权他在《美菲共同防御条约》框架下向菲方官员进一步咨询菲律宾在南海问题上的具体意图以及美方需要采取的行动。[19]

1974年1月31日，美国国务院在一份标示大使亲启的电报中答复了沙利文的建议。电报分五大点对美国当时的考虑政策做了详细说明。第一，菲律宾一旦在南沙群岛遭受袭击，美国有义务采取行动。然而，这种义务的法律地位仍未确定，因此当下的行动限于派遣017663号作为局部和初步的回应。第二，美国军方正在开展侦查以应对在南沙群岛地区的突击行动。但是这种侦查无法重复进行。第三，沙利文有关"向北京发出行动方案，警告中国美国将有义务介入其对菲律宾的军事行动"的建议在当时的情况下并不可行。第四，之所以做出上述答复的原因在于：① 美国在推动中美建交的过程中，尚未最终确定在南海问题上的立场；② 缺乏证据表明中国打算向南沙及其他群岛进攻。第五，由于美国仍然在思考一旦菲律宾在南沙群岛遇袭美国采取行动的义务在《美菲共同防御条约》中的法律定位，因此具体的行动方针与进一步与菲方的接触都必须再讨论。[20]

电报发出当天下午，基辛格召开国务院内部会议。会上，基辛格指出："我们不应该让中国人觉得他们在那里的军事行动是不受约束的，我们也要让我们在那里的朋友相信我们，没有必要感到惊慌。"但是，"我不知道在我们没有被（菲律宾）要求的时候主动且勉强地对付中国是不是符合我们的利益。"当前的情况下，我们政策的重点在于留出更多的迂回空间，无论菲律宾还是中国，给他们心中留下模棱两可的感觉似乎比调用共同安全条约更为重要。[21]

1976年，菲律宾总统马科斯利用美国总统换届的机会向美国施加压力，[22]以美军驻菲律宾基地为筹码敦促美国对《美菲共同防御条约》作出更加明确的陈述，希望换取美国对菲律宾在南沙群岛领土主张的军事支持。针对美菲谈判，美国国家安全事务局（NSA）在给总统福特的一份详细的谈判分析中表示，马科斯试图拖延谈判的做法潜藏着讨价还价的可能。"菲律宾所要的报偿可能是要我们同意对他们在南沙群岛的主权作出军事支持，以及通过我们对中国和越南的明确态度换取自由使用基地的权利。""我们与菲律宾政府的军事基地谈判僵持在两个问题上：我们的共同防御条约是否要求我们当受争议的礼乐滩区域遭受袭击时对菲律宾部队提供援助，以及我们将提供的以菲律宾基地使用权作为交换的军事支援数量""马科斯要求我们给他一份书面担保，承诺我们将在礼乐滩地区为他提供防御。"从共同防御条约的内容上看，"条约要求我们对菲律宾领土、岛屿或其在太平洋上的武装部队、公共船只或飞机的攻击作出回应。作为受争议地区，南沙群岛和礼乐滩可以被定义为条约不适用的领土。"尽管如此，"对使用武装力量的范围也可以做更为的宽泛理解，那就是'在太平洋'的船只或飞机可以被理解为包括在南沙群岛或礼乐滩上被袭击的菲律宾部队。"由于"我们一直拒绝在南沙群岛和礼乐滩主权问题上采取任何立场。因此，我们在答复马科斯的时候，有3种选择：① 清晰地扩大我们的军事承诺范围，将在礼乐滩遇袭的菲律宾部队包括在防御范围之内；② 将该区域从我们的防御承诺中排除；③ 继续做出模棱两可的回应，避免美国与中越两国关系可能的紧张，以及美军在菲律宾军舰遇袭时应对的灵活性。"[23]

10月6日，美国国务卿基辛格与菲律宾外长罗慕洛举行秘密会议。会上，罗慕洛表示，南海争端能够在有关各方谅解的基础上得到解决，并不需要美国的协助，同时以总统马科斯的名义向基辛格担保，菲律宾政府无意影响美国对南沙群岛问题的解决方案。基辛格回应称，美国在条约适用于防御基地和菲律宾都市地区的防御方面不存在疑问。然而，对于菲律宾在礼乐滩和南沙群岛的行动而引起的军事冲突却没有明确的法律授权。因此，任何美国政府关于那些无关地区的声明都必须是绝对授权且与菲律宾政府的观点相对应的情况下才有效。美菲双方达成共识，即：共同防御条约对菲律宾陆上安全与争议性岛屿海域进行区别对待，不修改当前的条约。菲律宾不在南海问题上牵涉美国。[24]

1977年，美国总统卡特上台，美国在韩国、台湾地区驻军减少，菲律宾试图提议重启谈判。重新谈判对于美国维持西太平洋地区的军事安全能力有现实意义。美国也愿意加强菲律宾领海、领空侦察及拦截能力，但美国的政策分析仍然特别强调了小心避免认同任何南沙群岛主权主张的原则。[25]

与此同时，美国也对中国的南海政策做出了新的判断。总体判断是，"中国人将因试图在南海岛屿的问题上与越南人维持有摩擦的领土争端而产生更多的问题。但是，温和派领导人上台后，可能在避免中国和越南军队交火方面比后过去做得更好。"[26] 中国海军虽然拥有战斗能力，但是其海军主要执行防御战略。此外，中国海军油料补给、运输和进攻手段还不足以威胁美国的利益。[27] 考虑到中国在中美苏战略转折过程中的所具有的战略价值，盟友的南海利益和它们所诉求的具有争议性的岛屿主权仅仅是美国南海政策中的次要因素。

20世纪70年代，美国南海政策体现出明显地服从于东亚整体战略需求的特征。这一特征不仅表现在美国对中国南海主张的温和态度方面，表现坚定地坚持对具体争端的中立立场方面，也表现在美国对盟友军事义务可以预留迂回空间的政策界定方面。

三、美国对中国南海权利主张政策的历史线索

美国南海政策成型的过程中，中美关于南海问题的交涉一直没有断过。这其中不仅包含了中国对南海主权权利的一贯坚持，也包含了美国自《杜鲁门公约》之后对航行自由问题的执著。随着南海周边国家的相继独立和内战状态的结束，当代南海问题的格局基本形成。1979年卡特政府"自由航行计划"的确立后，如何对待中国的南海权利主张也成为美国南海政策的重要内容。

20世纪六七十年代，美军控制着整个东南亚地区的安全局势，在南海地区的军事活动也非常活跃。由于中国南海权利主张几乎覆盖整个南海地区，因此两国在南海问题上的外交互动也相对频繁。中美双方在相关问题上的主张差异与矛盾也逐渐明朗化。在一次大使级会谈中，中国大使王炳南对美方陈述，美军军舰和飞机在两个月的时间内先后11次涉嫌侵犯中共西沙群岛区域的行为。这种"军事挑衅"验证了美国咄咄逼人的意图并提出强烈的抗议。对于中方的指责，美方代表的反应是，"美国反对中共对西沙群岛的占领，美国有权在国际水域进行海军活动。中国应与其他分裂国家当局一样……同意避免采取可能导致战争的行动。"[28] "王炳南的回应简要陈述了中共对西沙群岛及南海其他岛屿的声明文件，为单方面延长领海作辩护，继续强调美军进犯中国领海的问题，同时攻击'美国两个中国的阴谋'。"美方代表则提出"美国从未承认中方南海领土主张，强调美海军在国际海域上执行防御任务的正当性观点"。[29]

在美国国务院给中美第82次会谈要点的电文中，决策部门建议称："美国海军在国际水域标准的巡航路线事实上已经在假定的中国共产党基线的12海里以外。军方的活动实施了几个月都没有引起任何抗议。中共声称岛屿没有主权，以及近期就岛屿作出的"严重警告"，是一种共产主义在西太平洋地区扩张的努力。它的目的

是迫使美国巡航线因在威胁、索赔、抗议和不时的攻击中后退。"[30]

此后，中美就美国海军和军机入侵西沙群岛的问题进行了不断地交涉，这种交涉直至中美建交前后才逐渐平复。然而，对于中国的南海主张，美国并没有做出过多的让步。1972年6月，基辛格向周恩来就军事活动侵入西沙问题做出正式承诺。基辛格表示："我们接受了贵国的抗议，并在3月12日制定了一项限制条例。"[31] "为了美中关系的利益，我们已经发出指示，今后西沙群岛周围应保持至少12海里的距离。"但是，"这并不损害美国在领海问题，或有关西沙群岛的众多声明中的既有立场。"[32]

1974年和1988年，中国与越南之间发生西沙海战和赤瓜礁海战。对于这两场战争，美国保持了基本中立的态度。1974年1月，美国驻南越大使马丁在给美国总统国家安全事务副助理斯考克罗夫特的电报中表示："我们应该寻找利用这次事件的方法。相信用低调的方法对中国是有用的。我不建议美国坚持让他们归还西沙群岛给越南。他们占领了西沙群岛，并且很显然，他们不准备归还它们。""缄默地接受既成事实可能为越南挽救南沙群岛和群岛下可能蕴藏的石油。"[33] 马丁的建议得到了美国国务院的支持。其后，美国国务院官员在与中国驻美联络办公室副主任韩叙等人的会谈中表示，"我只想做出两个与西沙群岛相关的要点说明。南越政府正在向国际组织派出许多的代表，也派向包括美国在内的东南亚条约组织。我们的第一个要点是，我们不会将我们自己与那些代表联系在一起。尽管如此，我们关注那些包括美国人在内俘虏和我们注意到你的政府指示说那些俘虏将在适当的时间被释放的问题。"[34]

1988年，中越发生赤瓜礁海战。当时中美两国关系处于苏东解体前蜜月期的最后阶段，加上当时苏越关系良好，美国自然采取了相对超脱的中立立场。按照美国国务院发言人的说法，美国在中国和越南相互指责对方袭击在南沙群岛水域的船只之后，一直关注着那里的事态发展。[35]但是，"美国不支持任何一方。"[36]美国太平洋舰队司令罗纳德·海斯也表示："中越南沙冲突虽然严重，但是美国也不想介入这个争端。"[37]

20世纪90年代，冷战结束，中美关系恶化。美国对中国南海主张的态度逐渐发生了变化。1992年2月，中国公布《中华人民共和国领海及毗连区法》，宣布西沙群岛和南沙群岛等为中国领土。[38]美国对中国南海政策的评估开始发生变化。国务院的内部评估认为，中国领导人宣称"中国将一直充当维护亚太地区和平稳定及持续发展的积极的力量。中国的和平外交政策经得起时间的考验。"但这样的言论并不是令人放心的。相反，北京有一个清晰的区域领土议程……它有着比世界上任何大国更多的领土纠纷和广泛的领海纠纷。1992年中国人民代表大会通过的领海法令人十分担忧。[39]3月，美国国际安全事务助理李杰明（James Lilley）宣称，中国的领海法将引起南沙群岛主权争议的升级，[40]中国通过关于南沙群岛的法律不合时宜。[41]7月，美国副国务卿强调反对任何与国际法和《联合国海洋法公约》不相符的南海政策与法律。[42]

1995年2月，菲律宾宣称发现中国在美济礁建造军事设施。当月，美国向中国表达了对中国占领美济礁的关注，并认为中方在美济礁的行为将会鼓励其他声索国作出相似的行动和回应。[43]5月，美国正式发表了第一份公开的南海政策声明。美国在声明中宣称南海地区的单边行动和反应增加了地区紧张局势，美国对此表示担忧；美国强烈反对使用或者威胁使用武力去解决主权争端，呼吁所有声索国自我克制，避免采取破坏稳定局势的行为。[44]

1996年5月15日，中国公布了《中华人民共和国政府关于中华人民共和国领海基线的声明》，并以直线连线的方式划定了西沙群岛的领海基线。[45]6月27日，美国助理国务卿洛德在众议院国际关系委员为亚太小组委员会听证会作证时表示，美国关注南海的航行自由，以及任何不符合国际法的领海要求。[46]7月9日，美国国务院海洋及国际环境暨科学事务局发表研究报告称，西沙群岛的小岛和岩礁不符合《联合国海洋法公约》采用直线基线划定领海的标准，建议美国不允许中国在西沙群岛周围设立群岛直线基线。[47]8月21日，美国向中国发出外交照会指出，中国应该用"低水线"原则而非直线原则去划定在西沙群岛的领土主张。[48]1997年7月，美国太平洋舰队司令部在为接待中国解放军吴权许中将准备的内部文件显示，美国军方眼中，中国南海主张是自相矛盾的。尽管美国不愿意对这种自相矛盾的主张的法律价值做出评价，但是，美国反对中国用武力或者武力威胁的方式实现中国自相矛盾的主张。[49]

冷战结束，中美关系转折大背景下，美济礁事件和中国南海相关国内法出台的过程中，美国改变了之前南海问题上不表态的立场，重点针对中国南海权利主张做出了忧虑、质疑的外交回应。其内容集中在两个方面：一方面是指责中国关于海洋权益的立法不符合国际法，尤其是《联合国海洋法公约》的原则；另一方面是批评中国正在破坏地区稳定。

四、美国对中越、中菲南海争端历史的基本态度

1976年越南统一之前，中越南海争端主要发生在中国和南越之间。越战期间，北越政府多次在中国和南越南海争端问题上表态支持中国的南海权利主张。越南统

一之后，北越对南海权利主张的态度转变，开始反对中国并宣称与南越政府同样的主张。由于美国与越南的关系经历了支持南越，参与越战，直面北越统一越南三个阶段，因此它对中越南海争端的态度也相对复杂。

1954年7月召开的日内瓦会议确定了法国撤出越南，南越和北越以北纬17°线分治的决议。随后，美国正式接替法国成为扶持南越的主要力量。越南统一之前，南越和北越在南海问题上立场不同。北越承认中国对西沙群岛、南沙群岛等岛礁的主权，而南越主要以法国殖民政府非法占领南海九小岛事件为基础，反对中国的南海权利主张。

虽然美国从反共的角度对南越提供了众多支持，但在南海主权争端上，美国并没有对南越表现出积极的支持态度。在南越政府存续期间，美国仅在1956年的"甘泉岛事件"初期表现出插手南海事务的冲动，但很快又确立了在南海主权争端中保持中立的立场。对于南越声称拥有南海岛礁的主权的立场，美国中央情报局在1971年8月的一份备忘录中指出，"虽然南越宣称其对南沙群岛的主权来自于法国殖民时期并由法国交还给南越，但法国否定了这一说法；而对于南越辩称他们在旧金山和会上声明对这些岛屿的主权没有遭到任何与会国家的反对，因此获得各国默认的说法。但是，这种声明并没有得到其他国家的承认。""南沙群岛只具备很小的军事重要性，目前各方对它的兴趣主要集中在它的海底可能蕴藏的资源。另外，国家声誉的观念也会对这些声索方的立场产生影响……近年来在此区域存在石油的传言相当普遍，但到目前为止还没有被已知的地质探测证实。"[50]

基于这种判断，以及中美建交的战略需求，1974年中越西沙海战过程中，尽管南越总统阮文绍曾希望给尼克松总统写信，要求美国介入并谴责中国，但受到美国驻南越大使马丁的劝阻。马丁指出："我们应建议越南政府简单地向安理会提出申诉。但是，我们不要推动联合国组织听证，更不要投票。阮文绍希望给尼克松总统写信，要求美国介入和谴责中国。我们强烈建议他不要发送这样的信件……我们已经向外交部长建议越南政府将这件事提交国际法院，并且低调地向东南亚条约组织做报告。"[51]

西沙海战后，基辛格在致驻越大使马丁的电报中表示，"美国没有其他选择，只能继续避免支持南海岛屿争端的任何一方。关于西沙群岛和南沙群岛，我们可以支持越南政府的只能是将争端提交国际仲裁，放弃用武力解决争端。"[52]此外，在公开的渠道，美国务院官员还宣称，美国对于这个争端不采取任何立场，不承担任何义务，而是强烈希望这个争端得到和平解决。[53]对于南越在西沙海战失败后出兵侵占南沙部分岛礁的行为，美国政府也只是表示：希望那个地区所有这些冲突的要求得到和平解决。[54]

北越统一越南后继承了南越在南海问题上的政策。1988年中国和越南发生赤瓜礁海战。美国负责远东事务的助理国务卿斯顿·西古尔在记者招待会上表示："美国不对这种争端表态。从某种意义上讲，我们不支持任何一方。"美国太平洋舰队司令罗纳德·海斯被问到是否会派军舰到南沙争议地区时，他回答："不，这不是目前美国应该做的事情。"[55]

冷战结束后，国际形势与亚太地区格局发生很大变化。坚持社会主义制度的中国成为美国新的遏制对象。美国对越南的政策却出现松动。1992年，美国政府对该国克里斯通公司与中国签订有争议的万安北海区石油合同表示不满，但默认了同年美国美孚公司与越南签订紧靠万安北区域的油气合作合同。当时，美越尚未建交，美孚公司与越南的合作在某种程度上体现了美国政府南海政策立场的微妙变化。[56]

1995年7月，美国和越南实现外交关系正常化。在接下来的几年，美国国防部长、国务卿等高官先后访问越南，而越南的外长、国防部长和总理等高官也对美国进行了访问，美越在经济、军事等领域的关系逐渐改善。但在克林顿政府和小布什政府时期，因为人权、军事禁运、政治制度等问题，美国和越南的关系仍面临多重障碍。越南在美国的对外战略中的地位并不占有优先地位。美国也没有明确地表达过支持越南南海政策的支持立场。

在冷战期间，中国在南海的关注点主要局限于西沙群岛，而菲律宾主要是对南沙群岛的部分岛礁提出了主权声索，所以中菲在冷战期间虽在外交上就南海问题存在一些摩擦，但并未发生明显的冲突。中菲在南海的正面冲突大致开始于1995年的美济礁事件。1995年2月，菲律宾宣称发现中国在美济礁建造军事设施。当月，美国通过外交途径向中国表达了对中国占领美济礁的关注。否定了中国关于美济礁行动既没有危害在南海的航行自由也没有对和平解决争端作出任何威胁的说法，明确表达了这种行为"会鼓励其他要求主权的国家作出相似的行动和回应"的观点。[57] 5月，美国正式发表了第一份公开的南海政策声明，表达了美国对南海地区的单边行动和相关反应将引起地区紧张局势的担忧。[58] 6月16日，五角大楼负责国际安全事务的助理国防部长约瑟夫·奈表示，如果南沙群岛发生了军事行动并且妨碍了海上航行自由，美国就准备进行军事护航，以确保航行自由。这是美国第一次介入南海地区冲突的公开官方表述。[59] 6月19日，美国参议院通过"97号决议案"，表达了参议院对南海和平与稳定的关注。同时，该参议案还强调南海地区的和平与稳定关系到美国及其盟友的重要国家安全利益，所以要求美国行政当局密切关注南海地区的局势，并考虑南海周边所谓"民主"国家的防卫能力。[60] 其后，美菲两国举行了双边军事演习，签订了《军队互访协定》。美菲军事合作渐趋紧密。这种密切的军事关系一直持续到阿罗约中美平衡政策出台之前。

五、当代美国南海政策的国家利益认知

当代美国南海政策是国家利益的直接体现。美国国家利益决定了美国南海政策的基本原则，也决定了美国南海政策的变与不变。在冷战期间，美国仅在1956年从反共的角度对"中共登陆甘泉岛"作出了应急反应，但很快确立了在岛屿争端中不持立场的看法。1974年美国并没有因为中越西沙海战而指责中国。越战结束后，美国在亚洲执行了战略收缩，并没有过多关注南海问题。

20世纪90年代，中国海军战略能力的增长和美国对东亚格局的重新审视改变了美国南海政策的基础。1994年1月5日，美国一份题为《从亚洲安全角度看中国：认知、评估与美国的选择》的研究报告指出：中国军事力量的增长及其对南海地区的影响将可能威胁到美国的利益。为此，美国应该维持亚洲军力优势，保持通过经济手段获得对中国不确定的行动施加压力的能力，通过东盟或亚太经济合作论坛等模式推动区域内多边外交，将中国纳入区域组织的约束中。[61] 1995年，美国总审计局提交给国会委员会的报告提醒美国政府重新审视中国成为区域大国的意图，以及中国军事现代化对太平洋地区的影响。[62]

随着美国亚太战略利益对中国的重新定位，美国的南海政策也发生了微调。按照哥伦比亚大学国际安全项目主任理查德·K·贝茨的说法，美国南海政策是亚太政策的一个部分。美国亚太政策的最佳选择是使华盛顿处于地区多极化的态势下，充当一个外部制衡者角色。美国南海政策与亚太政策的基本原则类似。美国需要表明，美国有权为遭受武力打击的南海权益声索国提供军事支援。但是，美国不能置身于直接的南沙争端之中。[63]

1995年5月，克林顿政府发表《南沙群岛与南海政策声明》，首次确认了美国在南海地区的利益及其在这一问题上的相关政策。《声明》指出："美国在南海的国家利益主要是维持南海航行自由""美国不偏袒南海陆地领土争议任何一方"，美国"愿意协助处理南海问题"，并"支持争议各方联合通过规范各方南海行为的政治或法律文件""美国反对任何声索方使用，或威胁使用武力去解决冲突"，并"要求各方在南海地区的行动必须符合国际法，尤其是1982年《联合国海洋法公约》的规定"。[64]

1996年美国和平研究所发表了题为《南海争端：预防性外交的前景》的研究报

告。该报告分析了中国正式批准《联合国海洋法公约》之后的南海形势，再次强调了美国政府应该在南海争端中保持中立立场，不陷入具体争端，鼓励争议各方通过和平方式解决争议，以"权力平衡者"的姿态在南海地区发挥作用，并拥有维持地区"均势"的能力等政策原则。[65]

美国南海政策的形成是一个漫长的过程。这一过程伴随着东南亚南海权益声索各国的独立和统一，也伴随着美国亚太政策冷战中和冷战后的大调整。这一过程中，美国南海政策经历了持续，也经历了微调。其中，持续的的内容主要体现着对具体争端的不介入态度，微调的内容主要体现在对中国南海政策的重新评估和应对。然而，无论坚持还是微调，美国南海政策都没有改变其从属于东亚政策的政策属性。进入21世纪，美国不但调整了在关岛基地的军事部署，高调介入南海地区事务，而且还积极支持菲律宾和越南的南海政策，反对中国南海历史性权利主张。这些变化引起了学界关于美国南海政策是否改变了"不介入南海争端"的讨论。从历史的角度考察，无论美国是否介入南海争端具体事务，美国南海政策从属于东亚整体战略的政策基线从未改变。从东亚战略视角反观美国对南海争端的具体政策，美国从未对介入与否进行过死板的界定，也没有过绝对的承诺。美国对菲律宾和越南模棱两可的政策表达为美国自身的决策留下了足够的迂回空间。是否真的会武力介入相关争端，取决于美国主导东亚地区战略主导权是否将因这一具体争端而真正的损害。

参 考 文 献

[1] The U. S. Department of State, Foreign Relations of the United States（FRUS），1951, Volume VII, Washington D.C., United States Government Printing Office, 1983, p. 28.

[2] Declassified Documents Reference System（DDRS），CK3100444999, p.4，Note 2.

[3] DDRS, CK3100444999, p.4, Ibid., Note 4.

[4] DDRS, CK3100444999, p.5, Note 5.

[5] The U.S. Department of State, FRUS, 1955–1957, Volume III, China, Document 186, p.4.

[6] Ibid.

[7] DDRS, CK3100444999, p.1-3, Note 13.

[8] The U.S. Department of State, FRUS, 1955–1957, Volume III, China, Document 187.

[9] FRUS, 1955–1957, Volume XXII, Southeast Asia, Document 312.

[10] DDRS, CK3100444930, p.2, Note 4.

[11] ECAFE, Committee for Coordination of Joint Prospecting for Mineral Resources in Asia Off-Shore Areas（CCOP）, Technical Bulletin, 1969.

[12] FRUS, 1969-1976, Volume E-13, Documents on China, 1969-1972, Document 120[DB].

[13] FRUS, 1969-1976, Volume XVII, China, 1969-1972, Document 219[DB].

[14] FRUS, 1969-1976, Volume XVII, China, 1969-1972, Document 229[DB], p.907-908.

[15] DDRS, CK3100505822[DB], p.2, Note 3.

[16] DDRS, CK3100047514[DB], pp.1-2, Note 3.

[17] Ibid., p.5,Note 10.

[18] DDRS, CK3100061576[DB].

[19] FRUS, 1969-1976, Volume E-12, Douments on East and Southeast Asia, 1973-1976, Document 325[DB], Note 5.

[20] FRUS, 1969-1976, Volume E-12, Douments on East and Southeast Asia, 1973-1976, Document 326[DB]Ibid., Note 1.

[21] FRUS, 1969-1976, Volume E-12, Douments on East and Southeast Asia, 1973-1976, Document 327, p.8.

[22] 解密档案显示，当时美国获得情报显示，一名前菲律宾谈判小组成员裴纳兹（Emmanuel Pelaez）于1976年6月29日表示菲律宾政府相信卡特当选总统后将有利于菲律宾重启谈判。菲律宾方面认为"鹰派"的卡特总统将会更加重视美军基地。裴纳兹还表示菲律宾政府准备等到美国共和党大会后再开始真正的谈判，因此现在对美国寸步不让以拖延谈判进度。8月6日在菲律宾总统与美国副国务卿罗宾逊的会议中，菲总统马科斯与外长罗慕洛、国防部长胡安·庞塞·恩里莱（Juan Ponce Enrile）联合向美方施压，借责怪美方没有在1972年棉兰事件上提供支援为由，要求美方对菲律宾在美济礁的主权声明表明立场。 FRUS, 1969-1976, Volume E-12, Douments on East and Southeast Asia, 1973-1976, Document 349, p.1-2.

[23] FRUS, 1969-1976, Volume E-12, Douments on East and Southeast Asia, 1973-1976, Document 353.

[24] FRUS, 1969-1976, Volume E-12, Douments on East and Southeast Asia, 1973-1976, Document 354[DB].

[25] DDRS, CK3100501576, P9-10.

[26] FRUS, 1969–1976，Volume XVIII，China，1973–1976，Document 148.

[27] DNSA, CH00343.

[28] FRUS, 1958–1960, Volume XIX, China, Document 291.

[29] FRUS, 1958–1960, Volume XIX, China, Document 291.

[30] Ibid., Document 293.

[31] FRUS, 1969–1976 Volume E–13, Documents on China, 1969–1972, Document 146.

[32] FRUS, 1969–1976, Volume XVII, China, 1969–1972, Document 219.

[33] DDRS, CK3100047514.

[34] FRUS, KT01010.

[35] 刘连第, 汪大为. 中美关系的轨迹：建交以来大事纵览. 北京：时事出版社，1995：246. 转引自张明亮. 超越航线：美国在南海的追求. 香港：香港社会科学出版社有限公司，2011：228.

[36] 美国负责远东事务的助理国务卿斯顿·西格尔称在海战后的官方言论，转引自，席来旺. 美国

对南沙问题政策言论选(1945—1994年9月）. 国际资料信息, 1994(10)：28.

[37] 汪洋，王义桅. 美国亚太安全战略中的南海问题. 东南亚研究, 1998(5)：34.

[38] 《中华人民共和国领海及毗连区法》，中华人民共和国中央人民政府网站：http://www.gov.cn/ziliao/flfg/2005-09/12/content_31172.htm，2014年11月20日.

[39] FRUS, KT01827, p.16.

[40] 路透社吉隆坡1992年3月1日英文电。转引自张明亮. 超越航线：美国在南海的追求. 香港：香港社会科学出版社有限公司, 2011：247.

[41] 合众社马尼拉1992年3月2日英文电。转引自张明亮. 超越航线：美国在南海的追求. 香港：香港社会科学出版社有限公司，2011：247.

[42] "Washington's Priorities", Far Eastern Economic Review, 13 August 1992, p.18. 转引自曾勇. 中美关系视角下的南海问题研究. 中共中央党校博士论文, 2013：152.

[43] FRUS, KT01828, pp.4-5.

[44] Christine Shelly, US Policy on Spratly Islands and South China Sea, May 10, 1995.
http://dosfan.lib.uic.edu/ERC/briefing/daily_briefings/1995/9505/950510db.html，2014年11月19日.

[45] 中华人民共和国政府关于中华人民共和国领海基线的声明，国务院法制办公室网站.
http://fgk.chinalaw.gov.cn/article/fgxwj/199605/19960500276656.shtml，2014年11月20日.

[46] 新华社华盛顿1995年6月28日英文电，转引自张明亮. 超越航线：美国在南海的追求. 香港：香港社会科学出版社有限公司，2011：267.

[47] Robert W. Smith, Straight Baselines Claim: China, Office of Ocean Affairs Bureau of Oceans and International Environmental and Scientific Affairs U.S. Department of State.
http://www.state.gov/documents/organization/57692.pdf，2014年11月19日.

[48] Lee Kim Chew in Hanoi, U.S. Keen to Limit China's Claims to South China Sea Territory, The Strait Times, September 10, 1996, p.27. 转引自张明亮. 超越航线：美国在南海的追求. 香港：香港社会科学出版社有限公司, 2011：268.

[49] DNSA, CH02027.

[50] DDRS, CK3100398594.

[51] DDRS, CK3100047514.

[52] DDRS, CK3100061576.

[53] 美新社华盛顿1974年1月21日电.

[54] 美新社华盛顿1974年1月31日电.

[55] 席来旺. 美国对南沙问题政策言论选. 国际资料信息, 1994(10)：28.

[56] 吴士存. 南沙争端的起源与发展. 北京：中国经济出版社, 2010：165.

[57] FRUS, 01828, pp.4-5.

[58] Christine Shelly, US Policy on Spratly Islands and South China Sea, May 10, 1995.
http://dosfan.lib.uic.edu/ERC/briefing/daily_briefings/1995/9505/950510db.html，2014年11月20日.

[59] Nigel Holloway. Jolt from the Blue: U.S. prodded to firm up its policy on Spratlys. Far Eastern Economic Review, August 3, 1995, p.22. 转引自张明亮. 超越航线：美国在南海的追求. 香港：香港社会科学出版社有限公司, 2011：266.

[60] S.RES.97, Expressing the sense of the Senate with respect to peace and stability in the South China Sea. The Library of Congress Thomas, June 19, 1995.

http://www.gpo.gov/fdsys/pkg/BILLS-104sres97rs/pdf/BILLS-104sres97rs.pdf，2014年11月20日

[61] DNSA, CH01667.

[62] DNSA, CH01838.

[63] Richard K. Betts. Wealth, Power, and Instability: East Asia and the United States after the Cold War. International Security，Vol. 18，No. 3, Winter, 1993-1994：76.

[64] Christine Shelly, US Policy on Spratly Islands and South China Sea, May10, 1995, Statement by Christine Shelly, acting Spokesman, May 10, 1995, in U.S. Interest in Southeast Asia, Hearing before the Subcommittees on International Economic Policy and Trade and Asia and the Pacific of the Committee on International Relations, House of Representatives, 104th Congress, 2nd Session, May 30, and June 19, 1996（Washington, D.C.: GPO, 1997), p.157. http://dosfan.lib.uic.edu/ERC/briefing/daily_briefings/1995/9505/950510db.html. 2014年12月12日.

[65] Scott Snyder, The South China Sea Dispute: Prospects for Preventive Diplomacy, Special Report No. 18, the US Institute For Peace, Washington, DC, August 1996.

论文来源：本文原刊于《学术研究》2015年第6期，第106-115页。

国家社科基金重点项目："台美日法东海、南海外交档案及其海洋维权与国际法应用研究"（14AGJ005）阶段性成果。

论俄罗斯海洋强国战略

胡德坤　高　云*

摘　要： 俄罗斯海洋强国战略是其强国战略的组成部分。总体上看，其根本目的是通过全面发展海洋事业谋求国家社会和经济的发展以及长治久安；其主要内容包括建设海洋经济强国、海军强国和海洋科技强国，其中，以发展海洋经济为重点，表现为开发海底油气资源、发展海上航运业、布局渔业产业、复兴船舶工业、恢复海军实力和开展海洋科学研究这六大方面。

关键词： 俄罗斯；海洋强国；海洋经济

自普京1999年12月29日发布《千年之交的俄罗斯》提出"强国"理念开始，俄罗斯开始探索自身强国之路。为实现促进国内社会和经济发展的国家战略，俄罗斯开始积极寻求复兴海洋事业。在这一过程中，俄罗斯确立了海洋同军事、安全、法律、经济和外贸这五大事业委员会并列的政府架构，推出了以《2020年前俄联邦海洋学说》为核心的海洋战略文件体系，普京更是做出"俄罗斯只有成为海洋强国，才能成为世界大国"的论断，明确将海洋战略纳入强国战略框架，并陆续采取了一系列有力的海洋事业发展举措，俄罗斯海洋强国战略逐步成形。

一、开发海底油气资源，服务国内经济建设

俄罗斯认为，"开发世界海洋空间和资源是新世纪世界文明发展的主要方向。"[1]近几年，世界海上石油天然气产量已占世界总开采量的30%以上。据俄罗斯行业专家判断，俄罗斯陆架可开采的碳氢化合物资源超过1 000亿吨，其中天然气占比超过80%。为使海底油气资源助力国家经济发展，俄罗斯采取了以下措施。

---

* 胡德坤，中国海洋发展研究会理事，武汉大学人文社科资深教授、国家领土主权与海洋权益协同创新中心主任。

高云，武汉大学历史学院博士生；军事科学院助理研究员。

一是出台国家能源战略，加强俄罗斯能源领导者地位。2005年12月，普京发表"俄罗斯要成为世界能源领导者"的讲话，提出了完整的能源强国战略构想。2003—2007年，俄罗斯石油公司收购尤甘斯克石油公司和天然气工业公司收购西伯利亚石油公司后，俄罗斯成功确立了国家对石油产业的控制权。[2] 利用这些巨型石油国企，俄罗斯通过政府授权的方式逐步确立了俄罗斯对油气资源开发的主导权。2008年7月，俄罗斯发布总统令，授权俄联邦政府可以跳过竞拍程序，指定企业开采大陆架油气资源。2010—2012年，俄政府向俄罗斯国家石油公司颁发了一系列开发北方海域重要地段的许可证。在俄罗斯国家石油公司2012年成功收购石油天然气合成公司100%股权和北极大陆架石油天然气公司50%股权之后，实际上取得了北极大陆架油气的主导权。[3]

二是保持里海油气影响力，启动里海油气开采。俄罗斯对里海地区资源状况十分熟悉，在里海国家独立后西方资本进入环里海国家油气资源领域的情况下，俄罗斯主要采取参与联合开发和控制油气输出管线的方法保证对里海资源的掌控。随着俄罗斯经济实力的恢复，俄开始启动里海石油开采项目。为鼓励俄罗斯各大石油公司开发里海石油，俄政府决定对里海石油免除矿产资源开采税，并考虑降低里海石油出口税的问题。受此利好牵引，俄罗斯卢克石油公司在1995—2005年对里海北部6块油气田勘探开发的基础上，2010年4月启动了里海大陆架科尔恰金石油钻井平台，开始正式开采里海石油。[4]

三是推进北极地区油气田开发，保持北极资源主导权。俄《2020年前后北极地区国家政策基础》明确提出要把"北极地区作为保障国家社会经济发展的战略资源基地"。[5] 目前，俄罗斯北极地区油气开采主要集中在巴伦支海东南部的季曼－伯朝拉油气带和喀拉海大陆架油气田。巴伦支海海域最重要的开发项目是2007年启动的什托克曼凝析气田，根据参与开发的俄、挪、法三方协议，从2016年起通过海底管道将什托克曼凝析气田的天然气经由俄罗斯摩尔曼斯克向欧洲供气，欧洲管道将与正在建设中的北溪管道相连。2011年，俄天然气工业公司还启动伯朝拉湾陆架的普利拉兹洛姆油田项目。在这些项目的推动下，目前北极圈的油气产量已占全球石油产量的1/10，天然气产量的1/4，而其中石油的80%和天然气的99%都出自俄罗斯北极地区。

四是进行国际战略合作，加快推进大陆架油气开发进程。鉴于西方石油公司在钻探技术和资金方面的巨大优势，俄罗斯积极同西方石油公司进行战略协作。如巴伦支海域最为重要的什托克曼凝析气田，最初是俄罗斯天然气工业公司同法国道达尔公司合作，后来又加入了挪威国家石油公司，三方各占51%、25%和24%的股份。

2011年1月，俄罗斯石油公司和英国BP石油公司签署了在北极大陆架进行合作的协议。[6] 在BP公司因自身原因退出后，俄罗斯石油公司与美国埃克森美孚石油公司达成战略合作协议，在喀拉海进行地质勘探和开发。[7] 2012年4月俄罗斯石油公司与埃克森美孚石油公司又签署了一揽子有关合作条件的协议，包括成立在俄罗斯黑海和喀拉海开展地质勘探的合资企业，成立北极大陆架开采科研中心，共同为北极项目研发新技术，包括钻井技术、建造冰级开采船只和平台等。为帮助企业降低风险，俄罗斯为该项目提供优惠税收政策：新地岛沿岸石油免缴出口关税，而矿产开采税只征收5%。[8] 此外，俄罗斯石油公司还将获得美孚在北美地区西德克萨斯州、美国墨西哥湾和加拿大阿尔伯塔省三个高风险项目的30%股份。

二、发展海上航运业，增强国际竞争力

俄罗斯认为，海运同其他运输方式相比，能够以地理上的灵活性来保障"政治"的独立性，是最有效且具有军事战略意义的经济活动样式。[9] 对俄罗斯的远东联邦区而言，海运还是这些偏远地区唯一同国家政治、经济和文化中心的联系工具。俄发展海运业采取以下具体措施。

一是出台配套规划设计，予以国家扶持。《2030年前俄联邦交通战略》规定了俄将投入9.9万亿卢布用于海运业的发展。其具体指标为：在海上活动发展第一阶段（到2012年），使悬挂俄罗斯国旗营运的商船运输国家物资、外贸货物和过境商品占俄罗斯海运总量和各方向海区总运量的10%，使悬挂俄罗斯国旗的商船总吨位达到900万吨，使其平均船龄降至24年，使在俄海港用俄罗斯商船转运的进出口货物量占其总量的84%；到海上活动发展第二阶段（到2020年），使悬挂俄罗斯国旗营运的商船运输国家物资、外贸货物和过境商品占俄罗斯海运总量和各方向海区总运量的20%，使悬挂俄罗斯国旗的商船总吨位达到1 200万吨，使其平均船龄降至15年，使在俄海港用俄罗斯商船转运的进出口货物量占其总量的95%；远期（到2030年）是更新商船队，为其装备运输石油、液化气、集装箱和其他专门设备的新型船舶，发展河海混合水运船队，实现海港现代化，开发并推广海运电子信息系统，采用数字化海图，开发一体化岸基航海安全保障系统，建造足够数量的现代化海上救援船。[10]

二是建立新港口，提高海港的货物吞吐量。俄罗斯共有43个商用海港，海上交通网四通八达，海洋运输线路总长约100万千米，主要海港位于波罗的海、黑海、太平洋、巴伦支海、白海等，主要港口有摩尔曼斯克、圣彼得堡、符拉迪沃斯托克、

纳霍德卡、新罗西斯克等。固定国际航线大体上覆盖全球各大洲：北方海—北美洲和南美洲东海岸；北方海—欧洲和非洲西海岸；波罗的海—南、北美洲东海岸和欧洲、非洲西海岸；黑海—地中海，南、北美洲东海岸和欧洲、非洲西海岸，以及东南亚；太平洋—南、北美洲东海岸，大洋洲，澳大利亚和东南亚；里海—里海南岸，黑海和地中海。[11] 2000年后，俄罗斯海运业贸易保护主义盛行，俄政府专门规定本国外贸进出口货物应由本国商船和港口保障。到2012年，经俄罗斯海港出口的外贸货物已经由2002年的不到一半上升到占到货物总量的85%。当前，俄罗斯海运业发展的主要方向是提高海港的吞吐能力。2002—2011年俄海港货物吞吐量增长了1倍多，2012年预计达到5.5亿吨。在此基础上，俄将进一步改扩建港口：2015年以前，在北方海域，重点改造阿尔汉格里斯克运河码头、摩尔曼斯克海港、新建别洛莫尔斯克海港；在波罗的海区域，重点完善联邦海港基础设施建设，包括圣彼得堡港、维索茨克港、维堡港、加里宁格勒港等；在亚速-黑海区域，重点开发新罗西斯克港、塔甘罗格港、高加索港、亚速和顿河罗斯托夫港等港口，新建塔曼港，在索契建设现代国际客运港口；在里海区域，续建奥里亚港基础设施，开发马哈齐卡拉港和阿斯特拉罕港；在远东区域，开发瓦尼诺港、彼得罗夫巴甫洛夫斯克港、纳霍德卡港、马加丹港、霍尔姆斯克港等；2016至2030年，继续全方位开发国内海运港口，鉴于开发油气资源（包括大陆架）及其出口，重点建设北方海域和远东海域的港口设施。[12]

三是给予政策倾斜，提高悬挂俄罗斯国旗营运商船队的竞争力。为提高商船队的国际竞争力，俄罗斯提出了在外贸海运中给予优先照顾、并简化船舶注册手续并减少行政方面主要是税收和海关障碍的政策，[13] 在俄罗斯的贸易保护政策支持下，加上原油和成品油出口价格上涨、铁路运输费的上涨和卢布对美元汇率升值等一系列有利因素作用，俄罗斯商船队得到了较快发展。2007年由俄罗斯控制的商船队船只总数达1536艘，总吨位1530万吨，其中60%以上用于赚取外汇。这些船只分属俄罗斯船东协会旗下的80家会员公司，其中大型船队公司有：现代商船队集团公司、新罗西斯克航运公司、远东航运公司、滨海航运公司、萨哈林航运公司、摩尔曼斯克航运公司、北方航运公司、俄罗斯石油船队公司、俄罗斯天然气船队公司等，这些大型航运公司基本上占据了俄罗斯航运市场的主要份额，它们共有400多艘大中型船舶，船队总载重吨位达1200万吨。[14] 这种大型国有航运公司彻底改变了俄罗斯航运市场的格局，提高了俄罗斯海运业的竞争力。同时，为了适应俄罗斯石油天然气未来发展的需要，2007年6月，俄罗斯总理普京签署命令，重组俄罗斯现代商船公司和新罗西斯克航运公司，组建俄罗斯大型超级油船运输公司。2008年完成俄罗斯海运业两大航运公司资产重组，现代商船队集团公司代表国家控股新罗西斯克航运公司，从而将俄罗斯航运两大公司打造成为世界海运业油船船队前五位的超大型航运公司。[15]

四是建设北方海航线，布局未来航运新格局。"北方海航线"基本沿俄整个北方海岸巴伦支海、喀拉海、拉普捷夫海、东西伯利亚海、楚科奇海等近岸水域行驶，是连接俄罗斯的欧洲和亚洲部分的重要通道，从圣彼得堡到符拉迪沃斯托克，经行这条航路是14 000千米，而走苏伊士运河则要23 000千米。[16]同时，该航道也是俄罗斯向极北地区输送给养的唯一便捷通道。随着全球气候变暖，航道夏季通航能力加大，其洲际运输价值凸显。据俄罗斯安全会议秘书帕特鲁舍夫提供的资料，北极航道在2012年的货物运输总量将超过500万吨，专家预测总体上还能再增长10倍。根据开发亚马尔半岛、发展西伯利亚和远东矿业的规划，新开辟的北冰洋海运系统能够保障北极航道的货运总量在2020年前达到6 400万吨，2030年前达到8 500万吨。[17]目前，俄正加大航线开发力度，将该航线打造成未来连接欧洲和亚洲与北美洲的国际性水道。为此，2011年11月22日普京宣布："在最近三年内，将投入210多亿卢布用于建设和改造北极海洋基础设施。"[18]其举措包括：大力更新其破冰船队，在建3艘新型新核动力破冰船，计划到2020年保持至少5艘大功率核动力破冰船的目标，满足油气运输任务需求；建立海岸保障系统，重点是覆盖俄罗斯全境的统一气象雷达系统，2013年在阿尔汉格尔斯克部属首部可预测危险天气状况的高精度大功率气象雷达，2016年前将沿航线安装140部该型雷达，同时对航线覆盖可对货物运输线路进行跟踪的控制校正站点网络，保障航道顺利运行；完善搜救系统，目前已部署了总数3 000人的4支救援队和65支消防救援分队，俄罗斯计划在摩尔曼斯克至堪察加北方海航线一共建立10个区域海上救援中心。此外，2012年俄还在亚马尔半岛上开设了新港口。在完善基础设施的同时，俄罗斯还正式开始启动北方海航线国际化进程。2012年，俄罗斯制定并通过了《北方海航线水域商业航行国家调节法》，规定了外国船只通航的各种条件，特别要求外国船只必须接受俄方提供的有偿导航破冰服务。2013年1月17日俄交通部发布了《北方海航线水域通航条例》，详细规定了北方海航线航运组织方法、破冰、冰区领航、航线分段、导航和水文气象保障、通讯和船只环保要求等一系列与航运相关的问题。[19]2013年3月15日，俄正式成立联邦国家机关北方海航线管理局，总部设在莫斯科，并在阿尔汗格尔斯克开设分支机构。该局建立的主要目的是保障北方海航线水域的航海安全，保护环境免遭船舶航行污染。下设三个处：航运处，导航和水文气象保障处，组织—法律处，具体管理和协调北方海航线的一切航运及保障事务。[20]

三、布局渔业产业，保障国家粮食安全

当前，渔业已被俄作为国家粮食安全的重要保障性要素。为发展渔业，俄罗斯相继出台《2020年前俄联邦渔业发展构想》和《2009—2013年渔业综合体发展构想》，采取综合举措布局渔业恢复和发展。

一是加强国家管理，推行民族渔业产业保护政策。针对解体后国家捕捞委员会职能的弱化，无法有效监管渔业生产，打击非法捕捞和过度捕捞，俄政府首先于2007年恢复了国家渔业署，加强了对渔业生产的宏观管理。在此基础上，俄通过修改渔业法规，严格捕捞配额的分配机制，推行排他性渔业政策。如俄2009年通过《渔业和水生物资源保护法》修正案，规定不向外资参股的俄罗斯渔业加工企业发放捕捞配额；俄罗斯人在本国经济区捕捞的所有水产将运到俄罗斯水岸办理手续等。[21]

二是改变捕捞业单一结构，由单纯的海洋捕捞转变为捕捞与人工养殖相结合。在2008年出台的《2030年前渔业发展构想》中，俄罗斯提出了国家和私人资本合作共同发展渔业的全新模式，计划吸纳620亿卢布的投资，国家和私人资本各出一半，国家负责建造渔业资源保护船、科学考察船、建设码头等设施，而私人则专门从事水产养殖和加工。在该计划框架内，俄将在包括车臣捷列克地区的全国各地建设50家水产养殖场。[22] 2009年俄联邦预算更安排了3.4亿卢布用于发展水产养殖和其他一些食品的生产。

三是发展大型渔业公司，重振远洋渔业。2008年，俄罗斯出台《2009—2013年渔业综合体发展构想》，确定了国家渔业综合体由原料出口型向集约创新型发展的总体目标。由此，俄在阿尔汉格尔斯克拖网捕鱼队公司的基础上组建国家控股渔业公司，并由政府担保建造27艘渔船转交给新公司运营。[23] 俄希望依托该公司参与激烈的国际渔业竞争，重振俄罗斯的远洋渔业。受此牵引，2009年俄罗斯渔船队开始重返世界公海捕鱼。

四是加大对渔业的投入，增加渔获量。渔业的发展离不开国家政策和资金支持。《2020年前渔业发展构想》提出了建造493艘渔船的总目标。为完成这一目标，2009年俄政府专门预留了大笔资金用于补贴渔船建造、改造以及其他渔业基础设施建设。在对旧渔船进行现代化改造的同时，俄政府还与俄国内的造船厂商讨购买挪威先进技术建造渔业捕捞船。从2008年起，俄渔业产量开始稳步回升。2011年俄罗斯渔获量达到430万吨，据俄专家评估，在现有资源情况下这几乎是最佳成绩。[24] 为保持渔业发展潜力，2013年俄政府又专门拨款900多亿卢布解决渔船队损耗问题，加

强渔业基础设施建设，提高沿岸地区的鱼品加工能力。[25]

五是推行交易所制度，打击非法捕捞，促进产业健康发展。为保障渔业交易的平稳有序，打击非法捕捞，俄罗斯开始强制推行渔业交易所制度，通过减少中间商降低最终产品的价格，保证俄渔企的市场竞争力和合作权益。2008年，俄罗斯政府在俄罗斯五个拥有最大码头的地区：堪察加的彼得罗巴甫洛夫斯克、萨哈林、符拉迪沃斯托克、加里宁格勒和摩尔曼斯克建立渔业交易所，并规定从2009年1月1日起，俄罗斯所有出口的渔业产品将通过渔业交易所进行。[26] 俄还希望以此配合水产养殖场来彻底杜绝俄水域的非法捕捞活动，遏制其对市场和资源的破坏性作用。

四、复兴船舶工业，筑牢海洋战略根基

在经过20世纪90年代的长期危机后，从1999年开始俄罗斯船舶工业进入调整期，船舶工业重新被纳入国家战略性产业体系。为复兴船舶工业，俄罗斯出台了《2020年前后船舶工业发展战略》，布局复兴船舶工业的整体战略，提出分三个阶段着力解决以下三方面问题：发展科技和生产潜力，实现造船业的全面现代化和技术换装；建立造船业发展的法律和制度保障；对造船业进行结构性改组，优化能力。其最终目的是使船舶工业形成有竞争力的新面貌。

一是打造船舶康采恩，形成规模效应。针对私有化改革后俄船舶工业企业较为分散，无法形成规模优势，缺乏必要的市场竞争力的问题，俄通过行政手段进行国营造船企业结构改革，将其重新转型国家控制之下。同时，优先发展一些关键性企业，满足保障国家防卫能力的需求。2003—2004年俄罗斯就将21个船舶工业仪表设备企业和机械制造企业改组为4个康采恩："花岗岩－电子"康采恩、"潜艇武器－水声设备"康采恩、"大洋仪器"康采恩、"海洋信息系统－玛瑙"康采恩。这四大康采恩都是全资国有企业，俄罗斯以这四大联合企业集团为龙头对相关领域的生产活动进行整合优化，增强其实力。2007—2009年，俄罗斯政府又组建了完全由国家控股的"联合造船工业集团"，按方向设立了三个子公司："船舶建造西部中心"股份公司、"船舶建造和维修北部中心"股份公司和"船舶建造和维修远东中心"股份公司，从而使该集团能够承担船舶建造和使用全周期的任务：从开始的研究设计到最后的供货、担保、服务、维修及使用。[27] 为了提高集团产品竞争力和质量，集团内部施行统一的科技、工艺和投资政策，组建会计管理和编制预算机关，并组织专家培训和进修，培养企业骨干人才。

二是设置贸易保护壁垒，扩大出口。为使船舶工业能够走出困境，俄罗斯政府

2010—2012年提高了俄国内同型船只的新船进口关税，并准备降低船舶工业设备和相关配套设备的进口关税，以支持国内造船业。同时，俄罗斯还提出了庞大的造船计划，推动船舶工业自我造血。在《2030年前俄联邦海洋活动发展战略》中，明确提出了2020年前增加2 100万吨悬挂俄罗斯国旗的船舶的建造任务，包括海军在未来20年建造300艘军舰，商船队建造700艘各类运输船舶，捕鱼船队要建造493艘渔船等。除满足自身需求外，俄罗斯还积极开拓海外市场，加大了向印度、越南等国输出有竞争力船舶产品的力度。目前，俄作战舰艇及其他军事技术装备的年出口额超过10亿美元，在军用造船业市场的份额占世界订货总量的20%左右。

三是直接补贴，给予国家政策指导扶持。俄罗斯将造船业视为国家工业体系的龙头和国家国防潜力的重要组成部分，将之纳入国家现代化轨道。2009年3月，俄罗斯政府《关于国家扶持国防工业综合体组织的措施》的决议中，规定了包括造船业在内的国防订货主要执行人可申请金额不超过资金再提供利率2/3（也就是大约8.6%）的贷款利率补贴，并专门在2009年预算安排了150亿卢布的扶持资金。在2010年提出总额20万亿卢布的国家武器纲要时，专门安排了3万亿卢布用于军工综合体的现代化改造和技术升级。[28]目前，俄罗斯正引导其船舶工业主攻大陆架开发需要建造大量工程船舶和钻井平台，俄罗斯预计首期开发金额将能达到150亿美元。[29]俄希望以此进一步推动船舶工业复兴发展。

五、恢复海军实力，保卫国家海上安全

海军历来是俄罗斯海洋战略关注的重点之一。在《2020年前俄联邦海洋学说》中专门规定，"海军是俄联邦海上潜力的主要组成部分和基础，是国家对外政策的工具之一，其使命是用军事方法确保维护俄联邦及其盟国在世界海洋上的利益，维护俄罗斯沿海海域的军事政治稳定和海洋方向的军事安全。"[30]为复兴由于国家转轨时期而日渐凋敝的海军，俄罗斯制定了专门的海军战略，并成立了以总理为首、包括国家各部委一把手的海军委员会，形成了国家全力建设海军的格局。

一是制定海军战略，明确海军建设和使用的原则方针。长久以来，在俄罗斯军种战略被排除于主流军事思想之外，普京执政后，基于对海军重要性的认识，俄罗斯开始仿效西方国家，于1999年推出了历史上首部《海军战略》（草案），明确了海军建设和使用的各项原则和方针。虽然最终该文件还是没有获得正式批准，但在之后批准的《海洋学说》《海上军事活动原则》和海军的各项建设计划纲要中，完全体现了俄罗斯对冷战后海军发展和使用的原则方针。具体而言：一是要合理够

用，"海军编制结构要符合国家对海军提出的要求及海军所担负的任务"；二是要讲质量效能，"海军作战能力提升由增强武器装备的突击力、信息力来达成"，不走数量规模型老路；三是重视技术装备，"研制新型武器装备，使之具有国际先进水准"，突出海军这一技术军种的特性；四是经济适用，"要根据国家经济能力，推行合理的军事技术、社会和干部政策，提高人员素质、更新武器装备、改善驻泊等保障条件"，不搞运动式突击建设，使海军与国家经济建设协调发展。

二是加大投入，优化结构，提高建设效益。2000年普京上台后，俄罗斯国防预算获得了大幅增加，年增幅在20%以上，2007年已由1999年的47亿美元增加到300多亿美元，2011年达到520亿美元，首次突破了GDP的3%。海军逐步成为军备建设的重要方向之一，从1999年的9.3%上升到2000年的20%左右。在2000年提出的《海军战略》草案中，试图以法律形式将海军拨款予以固化，使其不低于20%的比例。虽然最终这一提案没有得到批准，但这一原则基本上得到了军政领导层的认可。海军得以在之后的军费结构中一直保持着这一份额。在个别年份，出于补偿性发展的需求，俄罗斯还大幅增加了当年的海军预算。如2002年普京就主导提出了海军装备更新计划，把新增加的15亿美元国防费的大部分投向海军装备建设，2003年又将海军预算增加了50%。[31] 在军费投量增多的同时，军费结构也逐步由"维持型"向"发展型"转变，俄罗斯已为此确立了明确的目标：使军队维持费与装备费比例由2001年的7∶3上升到2015年前的接近5∶5，到2020年达到3∶7的最终目标。

三是更新海军装备，提高海军现代化程度。普京上台后，逐步调整海军政策，加大投入力度，但海军建设是一项长期工程，当时并未能有效扭转俄海军颓势，海军建设计划事实上陷入中断。[32] 直到2010年其建设成果才得到显现，俄海军真正步入发展期。当年俄海军最新型"北风"级战略导弹核潜艇配载研发的"布拉瓦"潜艇导弹发射终获成功；建造了17年的"亚森"级攻击型核潜艇终于下水，2009年开工的第二艘进展顺利；建造了21年的护卫舰"知者雅拉斯拉夫"号终于加入现役，而2006年开工的新一代护卫舰首舰"戈尔什科夫海军元帅"号下水，第二艘同级舰有序进行；开始了引进多功能两栖攻击舰的招标，最终确定从法国引进"西北风"级舰及其生产技术；轻护卫舰、新型柴电潜艇、小型导弹舰、救援拖船等陆续入役；海军航空兵装备也得到了改善；岸防部队开始装备"棱堡–P"反舰导弹系统。[33] 截至2012年7月，俄罗斯海军拥有潜艇70艘。[34] 俄罗斯认为，俄海军在数量上已经接近能够执行战斗任务的最低限度，"有必要立即更新海军的舰队组成"。[35] 因此，俄海军加速推进正在执行的总额20万亿卢布《2011—2020年国家武器纲要》，其中，海军能获得4.44万亿卢布的装备采购费，用于采购8艘"北风"级战略导弹核潜艇，保持俄罗斯的战略遏制力量；同时采购16艘多用途潜水艇和54艘各级别水面战舰，在2016年前使一般任务部队的现代化武器装备比例达到30%，2020年前达到70%。

四是恢复远洋存在，拓展战略空间。普京明确提出海军应重返远洋，提高出海演训的强度，重振海军雄威，恢复俄海洋强国地位。2000年俄海军总司令库罗耶多夫宣布，2001年是俄海军重返大洋之年。为此，当年底俄海军太平洋舰队派舰艇编队远航至印度洋。2001年俄北方舰队派潜艇到英国参加了演习，黑海舰队派旗舰出访地中海国家，而俄海军还模拟了攻击美国海军"小鹰"号航母编队。但这一时期，由于装备超期服役较多，资金不足，海军远航时继时断，2007年俄战略导弹核潜艇只完成了3次巡逻。尽管如此，俄海军高层仍多次表示要克服困难，"不间断作战巡逻"，保持远洋存在。2009年俄总参谋部批准了海军舰艇全球各地"友好港口"永久停靠计划，俄海军远航实现机制化，远航的次数和频率都大为增加，据不完全统计，2008年1月到2013年1月，俄海军舰艇编队远航累计50次。[36] 俄海军也正式开始参与国际亚丁湾护航任务，并加大了北冰洋巡逻力度，俄海军海外存在地位得到确认。当前，俄海军正依照苏联海军的第5地中海分舰队和第8印度洋分舰队为组建模式，积极筹措远洋作战分遣队建设，初步计划以黑海舰队兵力为基础兵力，其他船队轮流按值勤顺序派舰参加，必要时进行快速扩充。主要用于维护俄罗斯政府的外交政策和行动，确保俄罗斯在世界大洋上的利益。

六、开展海洋科学研究，促进海洋资源开发利用

1993年俄政府做出国家科技政策转向以保存科技潜力和适应市场经济为主要目标后，俄罗斯的海洋科学研究也相应做出大的调整，海洋研究重点从公海转向内海，开发内海资源，而保护海洋环境、调查海洋资源、船舶现代化和水文地理研究则成为俄罗斯海洋科学研究的四个核心问题。当前，随着俄罗斯国家发展对北极油气资源依赖度上升，俄罗斯海洋研究将近海油气开发所急需的海上地质-地球物理学和生态学研究课题研究作为优先任务。

一是完善地震监测网。油气开采地区地震发生情况不明、震中分布不均衡是开发北极油气资源面临诸多风险之一。俄罗斯科学院地球物理所建立的地震监测网站，只能识别3.5～3.9级以上的地震，根本不能满足需要。2005年俄联邦政府海洋委员会就建议在所有海上矿床强制建立水底地震自动监测站，2010年首批三座水底地震监测站在卢克石油公司里海的科尔恰金矿区安装完毕。目前正在巴伦支海和喀拉

海筹建新的地震监测站，以更加准确、详细地记录由自然因素和技术因素引起的地球内部变动情况，避免出现2010年挪威埃科非斯克矿区开采过程中出现过底部沉降9.5米的现象。[37]

二是开发地震监测技术。目前西方国家普遍采用四维（4D）地震监测技术，有效提高了油气开采过程中的生态安全和碳氢化合物抽采系数。俄罗斯提出自主开发以四维—四要素监测系统（4D～4C）为核心的海上油气田开采综合地震监测工艺，认为该系统实质上是水下雷达系统，具有军民两用的潜在价值。利用该监测系统，一方面可实时监控矿区地震和生态情况、抽采区环境变化情况和油气层变化情况，避免天然气井喷等事故，另一方面也可用于执行国防部所赋予的海底监控任务。

此外，俄还针对北极地理特点，进行直接影响海上油气开采和运输的浮冰研究，使浮冰漂流站的数量增至36个，保持了俄在这方面处于绝对领先地位[38]；进行了对大陆架冻岩的研究，掌控受油气开发等人类活动产生的热量和水波侵蚀作用影响下北极海域大陆架冻岩的变化情况。

综合分析俄罗斯海洋强国战略整个措施体系，可以看到，俄罗斯的海洋强国战略已完全摆脱了传统大国权势争夺的旧有框架，确立了"以发展保安全"的全新理念，注意强化经济实力这一内涵性要素，在确保自身利益的基础上寻求广泛的国际合作，并将战略目标定位于服从服务于国内经济建设，指向社会经济发展和国家综合安全，集中精力解决国内民生问题，发展经济和科技竞争力为核心的综合国力，稳住阵脚再徐图拓展。应当说，这是俄罗斯经过苏联时期全面扩张的狂热和解体时期全面收缩的苦痛后所得出的基本教训，也是俄罗斯基于现实主义的强国方略。

总之，俄罗斯海洋强国战略整个措施体系要素齐备，结构完整，是俄罗斯根据自身实践经验和时代发展趋势对海洋事业发展所做出的方向性规划，是俄罗斯强国战略的重要组成部分，其重"利"而非重"力"，着眼于综合国力的提升，体现了当今全球化深入发展时代的发展趋势。

参 考 文 献

[1] Концепция Федеральной Целевой Программы «Повышение эффективности использования и развитие ресурсного потенциала рыбохозяйственного комплекса в 2009 - 2013 годах. http://fish.gov.ru

[2] 郑羽. 新普京时代(2000—2012). 经济管理出版社, 2012：118.

[3] Богоявленский В.И., Лаверов Н.П., Стратегия освоения морских месторождений нефти и газа Арктики. Морской сборник. № 6. 2012., http://helion-ltd.ru/strateg-dev-sea/.

[4] РИА: Россия начала промышленную добычу нефти в Каспийском море, http://lenta.ru/news/2010/04/28/casp/.

[5] Основы государственной политики Российской Федерации в Арктике на период до 2020 года идальнейшую перспективу. http://www.rg.ru/2009/03/30/arktika-osnovy-dok.html.

[6] Роснефть и *BP* договорились о сотрудничестве на шельфе в РФ, http://top.rbc.ru/economics/15/01/2011.

[7] Арктические моря России, http://www.rosneft.ru/Upstream/Exploration/arctic_seas/.

[8] ИТАР-ТАСС: Сотрудничество «Роснефти» с «*Exxonmobil*» и создание Арктического научно-проектного центра шельфовых разработок. http:// www.itar-tass.ru/news/16/06/2012.

[9] Корзун В.А. Интересы России в Мировом океане в новых геополитических условиях. М.: Наука. 2005. с.164.

[10] Стратегия развития морской деятельности в РФ до 2030 года. http://www.bestpravo.ru/federalnoje/bz-praktika/q7a.htm.

[11] Корзун В.А. «Интересы России в Мировом океане в новых геополитических условиях». М.: Наука. 2005. с.165-166.

[12] Транпортная стратегия РФ на период до 2030 года (проект). http://rosavtodor.ru/.

[13] Стратегия развития морской деятельности в РФ до 2030 года. http://www.bestpravo.ru/.

[14] 左凤荣. 俄罗斯海洋战略初探. 外交评论, 2012(5).

[15] 中国驻俄罗斯联邦使馆经商参处. 俄罗斯远洋商船队现状与发展. 船舶经济贸易, 2009(12).

[16] Конышев В.Н., Сергунин А.А. Арктика в международной политике: сотрудничество или соперничество? М.: РИСИ, 2011., с.54.

[17] http://www. rg.ru/2011/08/08/patrushev.html.

[18] http://www.rg.ru/2011/11/22/shelf-anons.html.

[19] Правила плавания в акватории Северного морского пути. http://www.morflot.ru/.

[20] ФГКУ. Администрация Северного морского пути. http://www.nsra.ru/.

[21] 俄新社2008年2月6日电. 俄罗斯从明年起将取消对外资参股企业发放捕捞配额.

[22] 俄新社2008年3月21日电. 俄罗斯渔业发展五年计划投资额达620亿卢布.

[23] 左凤荣. 俄罗斯海洋战略初探. 外交评论, 2012(5).

[24] 俄新社2012年9月7日电. 梅德韦杰夫：2020年前俄捕捞量将增至450万吨.

[25] 俄新社2013年2月28日电. 俄将拨款900多亿卢布用于国家渔业发展计划.

[26] 俄新社2007年12月24日电, "2009年起俄罗斯鱼类出口将通过交易所进行".

[27] Стратегия развития судостроительной промышленности на период до 2020 года и на дальнейшую перспективу. http://www.minpromtorg.gov.ru/ministry/programm/5.

[28] Гасанов Р.М., Развитие судостроения и Военно-Морского Флота России — важная составляющая обеспечения безопасности страны. Военная Мысль. №2. 2011.

[29] 中国商务部驻俄经商参处. 俄罗斯的海洋战略. 市长参考, 2009.

[30] Морская доктрина РФ на период до 2020 года. http://www.scrf.gov.ru/documents/34.html.

[31] 杨晴川. 俄罗斯海军恢复战略核潜艇全球巡逻. 中国国防报, 2003.

[32] Гасанов Р.М., Развитие судостроения и Военно-Морского Флота России — важная составляющая обеспечения безопасности страны. Военная Мысль. №2. 2011.

[33] Барабанов М.С., Новая армия России. М: Аналистический Центр Стратегии и Техники. 2011.

[34] 俄文维基百科："俄罗斯海军"词条，http://ru.wikipedia.org/wiki/.

[35] 俄新社2012 年2 月2 日北德文斯克电.

[36] Карта присутствия ВМФ РФ в Мировом океане: Основные завершенные вахты российских боевых кораблей. http://flot.com/project/map/.

[37] Богоявленский В.И., Лаверов Н.П., Стратегия освоения морских месторождений нефти и газа Арктики. Морской сборник. № 6. 2012.

[38] 刘新华. 试析俄罗斯的北极战略. 东北亚论坛, 2009, 18(6).

论文来源：本文原刊于《武汉大学学报（人文科学版）》2013年06期，第41-48页。

基金项目：中国海洋发展研究中心2011年重点项目（AOCZDZ201101-2）。

"二战"期间美国世界海权
霸主地位的确立

卞秀瑜[*]

摘　要： "二战"为美国世界海权霸主地位的确立提供了有利时机。参战前，在表面中立的同时，美国通过建立西半球中立区、出台"猎犬计划"战略、开展大西洋护航等措施有效应对时局；参战后，在坚持"猎犬计划"战略前提下，美国在大西洋和太平洋分别与德、日成功开展海权争夺战。大战结束时，美国已拥有所向无敌的海军，由此确立了世界海权霸主的地位。

关键词： "二战"；美国；海权霸主

1939年9月，第二次世界大战全面爆发。面对战争浩劫，美国不得不采取有效措施积极应对。参战前，通过建立西半球中立区、出台"猎犬计划"战略、开展大西洋护航等措施，美国赢得了一定的备战时间；参战后，在"欧洲第一"的"猎犬计划"战略前提下，美国在大西洋和太平洋分别与德、日同时展开了激烈的海权争夺战，并取得最终胜利。经过"二战"，美国海权再度壮大，成功崛起为世界海权霸主。

一、参战前美国"中立"背后的积极应对

受孤立主义影响，"二战"全面爆发之初美国多数民众无意卷入战争。但美国海权决策者却根据形势的不断发展，在表面中立的同时，采取有效海权措施积极应对。

第一，建立西半球中立区，维护西半球的暂时稳定。面对日趋紧张的局势，1939年7月底，美国海军作战部部长威廉·雷希表示，海军部应该采取积极进攻战

* 卞秀瑜（1979—），男，山东莒南人，历史学博士，中国海洋大学军事教学部讲师，中国海洋大学海洋发展研究院研究员，主要从事"二战"史、海权问题研究。

略，并要求政府放手发展海上力量。他说："一旦和平不能继续维持，美国舰队要在任何可能与敌人发生战事的地方打败对方。"[1] 由于担心德国在欧洲取胜后，会将矛头指向西半球。9月5日，美国宣布将在西半球建立中立区，规定交战国双方的舰队都不能进入。罗斯福总统随后宣布美国海军进行西半球中立地带的防御巡逻，并将刚组建的大西洋舰队命名为"中立巡逻队"。

为了在未来可能的太平洋战争中取得主动，又充分保证西半球中立区的海军力量，美国国会同意增建战舰。1940年6月，国会通过了"两洋海军法案"，授权海军部建造1万架飞机用于新航母，48艘硬式飞艇用于"中立巡逻队"的反潜艇。[2] 随着形势的发展，美国不断扩大中立区。1941年春，德国宣布将战区扩大到冰岛和格陵兰岛。4月20日，罗斯福宣布扩大西半球中立区，包括大西洋彼岸的亚述尔岛、格陵兰岛和冰岛。7月7日，美国海军陆战队在冰岛登陆，随后建立海军航空基地，并组建了丹麦海峡巡逻队。

第二，出台"猎犬计划"战略，开展大西洋护航。1940年6月，法国败降。美国民众哗然，这是加强海军建设的大好时机。6月14日，海军部提交了一份庞大的战舰建造计划，主张美国打造两大舰队，分别部署在大西洋和太平洋。[3] 随后，国会高票通过了"两洋海军法案"。海军部预测德国可能在8月入侵大不列颠岛。11月，新任海军作战部长哈罗德·斯塔克撰文称：如果英国被打败，大英帝国解体，世界主要贸易航道将被控制，美国将无法进行全面战备；同时，英国战败后整个西半球就暴露于轴心国魔爪下，美国将没有基地和德国在欧洲作战，处境会相当危险。[4] 斯塔克明确阐述了"欧洲第一"的战略思想，意在说服决策者加强与英国的合作，在大西洋保持强大攻势，而在太平洋进行相对保守的防御。该文后来被称作"猎犬计划"（Plan Dog），很快得到罗斯福总统和军方的认同。

12月17日，罗斯福发表讲话，提出美国可以借出军火。不久，美国通过《租借法案》。据此，美国共向英国等几十个反法西斯国家提供500多亿美元物资。这是美国走向参战的重要一步。为保证法案的顺利实施，必须开展有效的跨大西洋护航。1941年1月，英国欣然接受"猎犬计划"战略，并表示迫切需要美国给予护航帮助。2月1日，罗斯福任命欧内斯特·J·金为新大西洋舰队总司令，开始组织跨大西洋护航。

第三，实施"西半球共同防御计划"，完善大西洋护航体系。1941年5月21日，德国潜艇U-69在南大西洋击沉了美国商船"罗宾·穆尔"号，此后美国进一步加强护航体系。7月9日，罗斯福批准了海军部起草的"西半球共同防御计划"，正式下令海军保护从美国到冰岛的跨大西洋航道，并将英国、加拿大的商船纳入护航体系。8月，美、英大西洋峰会召开。与此同时，美英两国军事首脑举行会晤，就美英护航体系的合并重组达成共识：从9月开始英国海军护航队从大西洋西部撤出，交由美国大西洋舰队统一指挥护航；大西洋舰队对所有加拿大海域以西的大西洋护航负责；因美国暂时中立，所有商船将悬挂至少一面美国或冰岛国旗。

会后，美国进一步加强大西洋舰队，护航舰队已经包括3艘航母、5艘战列舰和50艘驱逐舰。[5] 9月16日，英美混合护航舰队开始第一次护航。同时，加拿大也将护航指挥权交给了美国。1941年最后几个月中，护航舰队和德国潜艇连续发生多次交火。10月初，罗斯福向国会提议修改《中立法案》，允许商船全副武装和进入欧洲战区。经过激烈辩论后，国会最终高票通过了修改提案。美国向参战又迈进了一大步。

第四，被逼对日战略物资禁运，太平洋防御政策最终失败。美国在太平洋地区的退缩防御政策以及1941年4月签署的苏日《中立条约》，使日本对亚洲的侵略更加肆无忌惮。7月24日，日本法属印度支那驻军已达3万，联合舰队也驶入金兰湾和越南岘港。资源丰富的东南亚和西太平洋尽受日本掌控。尽管如此，坚持"欧洲第一"战略的海军部仍希望美不要对日本实行石油禁运，以免刺激日本对美宣战。26日，罗斯福顶住压力，宣布冻结日本在美全部资产，并对日实行石油、钢铁和其他战略物资的禁运。

对此，日本铤而走险地选择了对美开战。9月6日，日本战争委员会通过了东条英机的战略计划。据此，日本宣战后立即派出联合舰队袭击并打败美国的亚洲分舰队和太平洋舰队，随后入侵菲律宾、英属马来亚、荷属东印度群岛，并在中国展开新一轮行动。11月，日本御前会议正式决定出兵太平洋。12月7日清晨，日本海军突然袭击美国海军太平洋舰队基地珍珠港，太平洋战争爆发。美国太平洋防御政策宣告失败，并最终卷入"二战"。

通过实施上述海权措施，美国在尚未卷入大战的情况下对时局做出了积极回应，为备战赢得了一定的宝贵时间。然而，法西斯的疯狂肆虐，使美国最终卷入大战成为历史的必然。

二、参战后与德、日的激烈海权争夺战

参战后，美国改变了前期的太平洋防御政策，在坚持"欧洲第一"的"猎犬计划"战略前提下，在大西洋和太平洋主动出击，与德、日展开了激烈的海权争夺战。

一方面，在大西洋战场与德国进行潜艇战和两栖登陆战。1942年1月到6月，美国遭遇了其历史上最大的"海洋屠杀"[6]，将近234万吨船只在西半球被德国潜艇击沉；同盟国被潜艇击沉的船只总量达280万吨。有历史学家曾将这和珍珠港袭击的损

失相提并论。[7] 德国的这种优势一直保持到1943年5月。7月，由于已拥有足够护航的驱逐舰，美国立即组成护航航母方队专门猎杀大西洋德国潜艇。到1944年4月，德国在大西洋的潜艇只剩50艘。"二战"中美国北大西洋的护航舰船有8 233艘，共为47 997艘商船进行过护航。另外在中、南大西洋到地中海的航线上，美国一共组织了24个护航方队，成功护送53.613 4万部队前往欧洲战场，且没有1艘部队运输船或者游轮遭受损失。[8]

美国取得大西洋潜艇战的胜利是诸多因素共同作用的结果。从美国方面看：第一，海军部庞大舰船建造计划的开展，很快弥补了初期护航舰船的不足和潜艇战中的损失。第二，海军部调整战略思维，将反潜目标定位于避免被潜艇攻击，而不以击毁潜艇为目标。第三，陆军后来同意派出大量战斗机帮助护航，而此前这一申请一直被拒绝。从德国方面看，这与希特勒轻视海权建设直接相关。希特勒信奉的是"生存空间论"，他将主要目标定位在欧亚大陆，认为只要控制了欧亚大陆就足以打败英美的海权联合，而征服欧亚大陆并不需要强大的海军。

反潜战的胜利为欧洲第"二战"场的开辟扫清了较为安全的海洋之路，这是大战最终取得胜利的重要前提。自"猎犬计划"实施以来，美国始终坚持"大西洋战场第一，兼顾太平洋战场"的原则，希望在大西洋战场开辟一个主要战线，全力取得主要战场的胜利，然后再转战其他战场。为此，美国海军先后进行了北非登陆作战、西西里登陆和诺曼底登陆战。1944年6月6日，诺曼底登陆战打响。这次战役是迄今为止世界上规模最大的一次海上登陆作战，近300万士兵渡过英吉利海峡前往诺曼底。战役持续了2个多月，最终，盟军92.9万兵力、58.6万吨物资和17.7万辆坦克成功登陆，并解放巴黎，诺曼底战役结束。[8] 诺曼底成功登陆宣告了盟军在欧洲第"二战"场的开辟，使纳粹德国陷入两面作战，有利于迫使其无条件投降，以便美军把主力投入太平洋对日作战，由此加速了"二战"的结束。

另一方面，在太平洋战场与日本展开潜艇战和岛屿争夺战。珍珠港事件发生后，面对太平洋的被动局势，美国海权战略家立即要求对资源短缺的日本全面开展潜艇战。日本殖民地面积大而分散，大量岛屿需要建立防御工事，很难仿效英美组织有效护航。因此，缺乏护航的日本商船极易受到潜艇攻击。美国开战之时只有70艘潜艇，其中一半是一战时期的老式潜艇。但关键时刻，海军部显示出强大的备战能力。1942年春，228艘新型"加托"级、"巴劳尔"级、"丁鲷"级潜艇建成并投入使用。这批潜艇都装备有雷达系统，后来又安装了平面位置显示器，攻击力大增。美国太平洋潜艇战取得了巨大成绩。大战期间美国击毁日本共477.9万吨的1113艘商船，以及1艘超级航母和4艘护卫航母在内的201艘战舰。另外，商船队被击沉也导致了至少6.9万日本船员伤亡。[9]这些损失都是日本在战时短期内无法弥补的。

尽管在太平洋的潜艇战卓有成效，但美国海权战略家伺机进行一场决定性海战，以扭转在太平洋的被动局面。1942年3月，欧内斯特·J·金建议在太平洋南部实行主动有限进攻战略，认为这将可能缓解太平洋其他地区的压力。[10]为此，珊瑚岛海战和中途岛大战打响。珊瑚岛海战从5月4日开始，持续到5月8日。它使日本海军在太平洋战争中第一次受挫。由于损失的飞机和飞行员无法立即补充，日军的武力扩张第一次遭到遏制。中途岛大战于6月4日凌晨打响，到5日下午结束。日本海军遭受了前所未有的重创，一共损失了4艘航母、1艘重型巡洋舰、253架飞机，从此舰队基本处于支离破碎的状态。[11]太平洋战争的主导权转到美国手中。

1942年8月7日，美军开始局部反攻。到1944年2月，美国海军完全掌握了太平洋的制空权和制海权。3月，美国最终决定太平洋战争实行双重推进的全面反攻战略：麦克阿瑟从东南亚包抄，尼米兹控制中太平洋并向日本岛屿防御链和本土推进。1945年3月18日，冲绳战役打响。冲绳岛在日本本土防御中占有重要地位，被称为日本的国门。冲绳战役是美日两军在太平洋岛屿作战中规模最大、时间最长、损失最重的也是最后一次战役。6月22日，美军攻占冲绳岛，由此打开了日本的门户，为登陆日本本土作战创造了条件。到8月中旬前，美国海军已经集结了超过90%的潜艇、1 137艘战舰、14 847架飞机、2 783艘大型登陆舰、数以万计的小型登陆艇在太平洋。[12]为了降低伤亡并尽快结束战争，美国最终于8月6日和9日分别向广岛和长崎投放了一颗原子弹。15日，日本政府宣布投降。

参战后美国与德、日的海权争夺战取得的巨大成功，为反法西斯战争的胜利做出了重要贡献。一方面，成功地开辟了盟军欧洲第"二战"场，加速了纳粹德国的失败；另一方面，也彻底摧毁了日本的海上力量，加速了日本法西斯的投降。

三、大战结束时世界海权霸主的诞生

"二战"期间美国海权措施的成功实践具有重大意义：它使美国从战前的海权强国一举崛起为世界海权霸主。参加"一战"使美国从海权大国成长为海权强国。"一战"结束时美国已成为世界头等海权强国，拥有与英国并驾齐驱的海上力量并不断发展。"二战"的爆发和美国的参战，则促成了美国海权的再度膨胀和世界海权格局的再次重组。"二战"导致了日本和英国两个海权强国的没落。"一战"结束后，日本成为仅次于美、英的海权强国，海上力量不断增强。但因"二战"中战败，日本海上力量近乎彻底崩溃。英国曾是世界上最强大的海权国家，却在"二战"中输给了海权相对较弱的德国和日本。"二战"结束时，英国海军在将领、飞行员、战舰等各方面都和美国拉开了巨大差距。1940年7月1日美国海军部在役官兵为20.3127万人，拥有1099艘舰船。到1945年8月31日，在役官兵达340.8455万，舰船数量达68936艘，主力舰1166艘。5年内，美国海军人数增长了20倍，舰船数量增长60倍，舰队总吨位数增长6倍，海军飞行器增长24倍。[8]大战结束时的美国海军已所向无敌，完全具备了在全球任何地点采取主动攻势的能力，"可以去地球上任何想去的海洋任意航行"。[17]美国已成为名副其实的世界海权霸主。

"二战"期间，美国之所以能够采取有效海权措施成功地应对时局并崛起为世界海权霸主，主要有以下四个方面的原因。

第一，美国拥有最为雄厚的经济力量，为海权措施的成功实践奠定了坚实的经济基础。战时，美国煤、原油、钢铁、炮弹的产量分别是日本的11倍、222倍、13倍和40倍。[8]长期消耗战给日本带来了毁灭性后果。太平洋战争第一年双方损失都很大，美国丧失了约40%的主力舰，日本丧失了约30%。美国大规模的舰船建造项目很快弥补了损失，并建造了更多的战舰，但日本连丧失的部分都无力弥补。1943年日本建造了3艘航母，而美国却建造了22艘。同年日本的飞机产量也只有美国的20%。[15]日本由于资源短缺，极度依赖外来战略物资。因此，商船被击沉就意味着这些战略物资的丧失。罗斯福曾说："日本输掉太平洋战争的时间是它的商船队的损失大于其所能替代的能力的时候。"按此说法，这个时间应该是1944年春，从新加坡到日本的航线被切断的时候。从那以后，"日本帝国及其战争机器走向土崩瓦解。"[16]

第二，海军领导机关得到国会、总统和公众的大力支持，拥有合理、高效的运作机制。大战期间美国海军部表现积极，作用突出。美国总统和作战统帅甚至习惯将之称为"我们"，将陆军部称为"他们"。[8]参战后，海军部军事作战指挥的重要性凸显，罗斯福几天后就重新设立了美国舰队总司令的职位，并挑选原大西洋舰队司令金担任。舰队总司令直接向总统负责。1942年3月后，舰队总司令同时担任海军作战部长。金统揽了海军部军事大权，成为"美国历史上权力最大的海军官员。"[13]权力的增大，使海军作战部长能够在必要时决断如何使用部队等重大问题。文职部长和武职作战统帅的合理分权是美国海军部高效运作的重要原因。有专家曾这样评价："没有人能够重新建构一个这样合理的海军部。"[14]

第三，审时度势的战略、战术的有效运用，成为美国海权措施成功实践的重要保证。大战爆发后，虽尚未参战，但审时度势，美国海权战略家先后提出"两洋海军法案""猎犬计划"战略、开展大西洋护航等战略，使美国在表面中立的同时能够对时局加以有效应对。参战后，在坚持"欧洲第一"的"猎犬计划"战略的前提下，美国在大西洋和太平洋两个战场与德日之间展开了激烈的海权争夺战，并取得了最终胜利。随着科技的发展，对海军作战的要求是海面、海底、空中、海岛和海岸的全方位作战。为了完成这些作战任务，海军必须要有强有力的陆战部队和空中部队。1934年，海军部获得国会拨款在弗吉尼亚州匡提科建立海军陆战队战斗指挥试验基地。战时，指挥基地将海军陆战队训练按功能分为6个部分：指挥系统、炮火系统、航空支持系统、舰对岸指挥系统、滩头防御系统和后勤系统。[17]海军陆战队最终成为两栖作战的主力军。

第四，用先进科技武装的强大现代化海军，是美国海权措施成功实践的坚强力量支撑。1940年6月"两洋海军法案"支持下的"埃塞克斯"级快速型航母，于1943年底建成并投入舰队作战。该航母消除了之前飞机依靠陆地的限制，改变了大洋中部岛屿作战必须以另外岛屿作为基地的弊端，对决定性海战具有无可比拟的战略价值。瓜达尔卡纳尔岛战役后，美国海军航空舰载机进行了重大革新，作战性能大幅提升。F6F"泼妇"式战机是美国海军最新装备的性能卓越的舰载机，比日本的"零"式战机更优越。这种战机1942年开始装备部队，配有6挺12.7毫米机枪，虽然在灵活性方面不如"零"式，但在飞行速度、升高和俯冲方面却更优越。其飞行速度可达600千米每小时，航程可达2 400千米；相比之下，"零"式的飞行速度只有500千米每小时，最大航程只有1 800千米。[17]

综上所述，"二战"为美国由海权强国崛起为世界海权霸主提供了有利时机。通过"二战"全面爆发后相关海权措施的实践，至大战结束时，美国已成功确立了世界海权霸主地位。美国海权霸主地位的确立及不断巩固，对美国乃至世界都产生了重大而深远的影响。一方面，它推动了美国综合国力的进一步大幅提升，美国由此成为战后世界两大超级大国之一；另一方面，它也为战后美国海洋战略乃至全球战略的实施奠定了极为雄厚的基础。

参 考 文 献

[1] Annual Report of the Chief of Naval Operations for the Fiscal Year 1939 [Z]. Washington D.C.: GPO.

[2] William L. Langer and S. Everett Gleason. The Challenge to Isolation, 1937-1940 [M]. New York: Published for the Council on Foreign Relations by Harper, 1952.

[3] Frederick W. Marks. Wind over Sand: the Diplomacy of Franklin Roosevelt [M]. Athens & London: University of. Georgia Press, 1988.

[4] Louis Morton. Germany First: the Basic Concept of Allied Strategy in World War II [M]. Washington, D.C.: Center of Military History, U.S. Army, 1990.

[5] Joseph P. Lash. Roosevelt and Churchill 1939-1941: the Partnership that Saved the West [M]. New York: Norton, 1967.

[6] Michael Gannon. Operation Drumbeat: The Story of Germany's First U-boat Attacks along the American Coast in World War II [M]. New York: Harper & Row, 1990.

[7] John Gooch. Decisive Campaigns of the Second World War [Z]. London: Cass, 1990.

[8] George W. Baer. One Hundred Years of Sea Power: The U. S. Navy, 1890-1990 [M]. Stanford, Calif.: Stanford University Press, 1994.

[9] Joint Army-Navy Assessment Committee. Japanese Naval and Merchant Shipping Losses during World War II by all Causes [Z]. Washington, D.C.: GPO, 1947.

[10] Robert William Love. The Chiefs of Naval Operations—Ernest Joseph King [M]. Annapolis, Md.: Naval Institute Press, 1980.

[11] Fuchida Mitsuo and Masatake Okumiya. Midway: The Battle That Doomed Japan [M]. Annapolis, Md.: Naval Institute Press, 1955.

[12] Duncan S. Ballantine. U.S. Naval Logistics in the Second World War [M]. Princeton, New Jersey: Princeton University Press, 1947.

[13] Thomas B. Buell. Master of Sea Power: A Biography of Fleet Admiral Ernest J. King [M]. Annapolis, Md.: Naval Institute Press, 1995.

[14] Robert Greenhalgh Albion and Robert Howe Connery. Forrestal and the Navy [M]. New York: Columbia University Press, 1962.

[15] John Ellis. Brute Force: Allied Strategy and Tactics in the Second World War [M]. New York: Viking, 1990.

[16] Theodore Roscoe. United States Submarine Operations in World War II, Annapolis [Z]. Md.: United States Naval Institute, 1949.

[17] Lisle A. Rose. Power at Sea, Volume 2: The Breaking Storm, 1919-1945 [Z]. Columbia, Missouri: University of Missouri Press, 2007.

论文来源：本文原刊于《山西大学学报（哲学社会科学版）》2013年04期，第72-76页。

基金项目：教育部人文社会科学研究青年基金项目（项目编号11YJC-GJW001）、中国海洋发展研究中心青年项目（项目编号AOCQN201227）、教育部人文社会科学研究青年基金项目（项目编号10YJCZH035）。

浅析澳大利亚在南海地区的战略利益

王光厚　袁　野[*]

摘　要：近两年来，澳大利亚对南海局势亦开始予以密切关注，成为影响南海问题发展的新的外部因素。澳大利亚对南海事务的介入受多种国家利益的驱动。从经济层面看，澳大利亚在南海地区有着重要利益；从安全层面看，南海所处的东南亚地区是澳大利亚安全防范的主要区域；从政治层面看，介入南海事务有助于澳大利亚扮演更重要的国际角色。然而，受国家力量的限定，澳大利亚上述几项战略利益诉求彼此之间存在一定的矛盾性。

关键词：澳大利亚；南海；国家利益

近两年来，伴随澳大利亚逐步向东亚靠拢，它对南海局势的发展亦开始予以密切关注并采取多种方式介入其中。2010年7月继美国宣布在南海地区有着"自己的国家利益"[1]之后，澳大利亚外长陆克文也明确表示南海问题关乎澳的利益，澳成为公开就此问题表态的又一个南海域外国家。2011年7月，当中国与东南亚有关国家之间的南海争端不断升温之际，澳大利亚海军会同美国海军、日本海上自卫队在濒临南海的文莱附近海域举行了一次联合军事演习。国家利益是一国对外政策的基本出发点和最终归宿。澳大利亚政府之所以积极介入到南海事务之中，主要是因为南海局势的发展以及南海争端的处理"对澳大利亚而言非常重要"[2]，直接关系到澳大利亚现实国家利益的实现和未来的国家发展。

一、澳大利亚在南海地区有着重要的经济利益

"经济利益是最经常性的国家利益，当国家生存有了一定的保障时，经济利益是国家对外政策所追求的最主要利益，所以也可说经济利益是根本利益或最终利

---

* 王光厚，男，黑龙江齐齐哈尔人，1974年8月生，法学博士，东北师范大学政法学院副教授。
　袁野，男，吉林省通化人，东北师范大学政法学院研究生。

益。"[3] 澳大利亚在南海地区有着重要的经济利益，澳大利亚的经济发展离不开南海地区的和平、稳定与繁荣。

首先，南海周边的东盟诸国和中国都是澳大利亚的重要经济伙伴。长期以来，东盟一直是澳大利亚的主要贸易伙伴。据统计，2010年澳大利亚与东盟的双边商品和服务贸易额达到804.82亿澳元，占澳对外贸易总值的14.6%。其中，澳大利亚对东盟的出口值为298.67亿澳元，占澳对外出口总值的10.5%；澳大利亚从东盟的进口值为506.15亿澳元，占澳进口总值的18.9%。目前，东盟作为一个整体已经位列澳大利亚第三大贸易伙伴，新加坡、泰国和马来西亚均跻身澳大利亚十大贸易伙伴行列[4]，而印度尼西亚亦位列澳大利亚第13大贸易伙伴[5]。2010年1月1日，东盟—澳大利亚—新西兰自由贸易区（AANZFTA）正式启动。该自由贸易区的创建将会消除区域内国家间商品与服务贸易的诸多障碍，这将为澳大利亚与东盟国家经济关系的发展提供新的动力。根据初步估算，东盟10国、澳大利亚、新西兰这12个国家的经济在2020年之前将因自由贸易区的建立而增加480亿美元。对于AANZFTA，澳大利亚方面给予高度评价，认为该自由贸易区的建立对澳经济发展"具有里程碑意义"。[6] 由于近年来对华铁矿石和煤炭出口激增，中国现已迅速成长为澳大利亚的最大贸易伙伴和第一大出口市场，中澳贸易已经连续多年保持高速增长。根据澳大利亚方面的统计，2010年中澳货物和服务贸易额为1 053.06亿澳元，同比增长23.69%。[7] 需要重点指出的是，澳大利亚现已成为中国对外直接投资（FDI）的最大目的国。在全球经济疲软的情况下，中国对澳的直接投资依然保持强劲增长势头，对澳大利亚经济的持续发展日益发挥重要作用。[8] 目前，中国与澳大利亚正就建立自由贸易区进行谈判。据澳大利亚国际经济研究中心数据显示，中澳自由贸易协定的签订将在未来20年内为澳经济创造1 460亿澳元的收入。[9]

其次，南海航线是澳大利亚开展对外贸易的重要通道。澳大利亚是一个以出口农矿产品为主要经济支柱的国家，对国际贸易的依存度十分高。据统计，2010年澳大利亚的对外贸易总额为5 524亿美元，其中出口额达到2 846亿美元，而包括铁矿石和煤炭在内的原材料的出口占其出口总额的47.5%。[10] 东北亚是澳大利亚的主要贸易区，经济高速发展的中国和资源较为匮乏的日本、韩国对澳大利亚的农矿产品需求量极大。目前，除了中国外，日本、韩国分别位列澳大利亚的第二和第四大贸易伙伴，而澳与东北亚国家的贸易额事实上已经超过了其国内的贸易额[11]。据统计，2010年澳大利亚与中、日、韩三国的贸易额占澳对外贸易总额的比重分别为19.1%、12%和5.4%。并且，与澳大利亚—东盟的贸易关系不同，澳大利亚与中、日、韩这三个国家的贸易均处于明显的出超地位。2010年澳大利亚对中国的出口总值为643.56

亿澳元，占其出口总额的22.6%，从中国的进口总值为409.50亿澳元，占其进口总额的15.3；澳大利亚对日本的出口总值为456.66亿澳元，占其出口总额的16.0%，从日本的进口总值为204.22亿澳元，占其进口总额的7.6%；澳大利亚对韩国的出口总值为223.87亿澳元，占其出口总额的7.9%，从韩国的进口总值为77.15亿澳元，占其进口总额的2.9%。[12]这表明澳在对中、日、韩的贸易中处于明显的有利位置。澳大利亚地处大洋洲，海洋运输是澳大利亚与东北亚诸国贸易往来的主要方式。出于运输成本和运输安全的考量，目前澳大利亚很大一部分国际贸易是经由南海到达东北亚市场的[13]。南海在澳大利亚对外贸易全局中的位置由此可见一斑。这条贸易通道如果出现混乱或被切断，澳大利亚的经济发展也将陷入困顿。

最后，参与南海资源开发是澳大利亚在南海地区的又一项重要经济利益。南海地区蕴藏着各种丰富的战略资源，其中石油和天然气的储量更是引人注目。据估计，南海海域油气储量在230亿~300亿吨之间，相当于全球储量的12%，故被称为"第二个波斯湾"[14]。南海区域外部的某些国家之所以积极介入南海事务，其目的之一是试图在南海地区的油气勘探和开发上分得一杯羹。澳大利亚虽然是世界著名矿产大国，但是石油资源却较为匮乏。根据BP《世界能源统计2012》的最新资料，截至2011年底，澳大利亚探明的石油资源剩余仅有39亿桶，仅占世界石油剩余可开采储量的0.2%。2011年，澳大利亚的石油产量为484千桶/日，较2010年下降14.5%；消费量为1003千桶/日，较2010年上升5.7%。[15]这意味着目前澳大利亚石油产量仅占其消费量的48.26%。另据统计与计算，2011年澳大利亚石油生产量为484千桶/日，相较于2001年的757千桶/日，年均下降4.37%；2011年澳大利亚石油消费量为1003千桶/日，相较于2001年的837千桶/日，年均上升1.82%。这一降一升表明澳大利亚的对外石油依赖正日益增强。石油与现代生活息息相关，石油资源的贫乏使得澳大利亚的能源安全面临严峻挑战。南海地区石油储量前景广阔且在地理上与澳大利亚毗邻，如果能够参与南海地区的石油开发，澳大利亚就可以更为便利地获得石油。目前，一些澳大利亚公司已经参与到南海石油的勘探与开发之中。2009年3月下旬，澳大利亚全球勘探公司（AWE）和Serica Energy公司签署了一项合作意向协议，将获得在越南南部海域昆山盆地06/94区块23.33%的勘探权。当并购计划顺利完成后，AWE将获得应有的股份份额。2010年1月上旬，澳大利亚Neon能源公司获得了越南近海红河盆地105-110/4区块的产量分成合同，期限4年。Neon公司在开发的区块中获得90%的股份。[16]从获取石油资源的角度来看，南海主权归属的模糊化、多元化最符合澳大利亚经济利益的需要。

从历史的角度看，澳大利亚经济已经连续21年保持增长，如此亮丽的成绩单在发达国家中可谓凤毛麟角。究其根源主要是因为这一时期澳搭上了东亚经济发展这趟快车。当前，与东亚国家的贸易额已经占据澳大利亚对外贸易的半壁江山。[17] 南海地处东亚，南海航线是众多东亚国家的经济生命线，而南海局势的稳定系东亚国家经济发展的前提。澳大利亚与东亚国家有着密切的经济联系，这一现实决定了南海区域的和平、稳定与繁荣对澳经济发展的战略价值。

二、南海所处的东南亚地区是澳大利亚安全防范的主要区域

安全利益是"决定国家战略关系性质的首要因素"，[18] 在国家利益构成的诸要素中，安全利益居于基础与核心地位的。尽管其在不同历史时期所追求的具体国家目标有所不同，但是保证自身的生存与安全在任何时期都是其首要的、最基本的外战略目标。在保障这一目标实现的前提下，一国才会去追求其他国家利益。澳大利亚地处南太平洋和印度洋之间，尽管四面环海且不与大国为邻，但是受历史文化传统、政治制度和价值观念等因素的影响，澳大利亚政府依然认为"作为一个在地理位置上孤悬于南太平洋的国家，自身未来所可能受到的威胁是全方位的和不确定的"[19]。

在澳大利亚看来，当前澳的安全战略利益依次有以下几项：其一，是国家的本土安全，即"保卫澳大利亚，使其免受直接武装攻击"。"这包括其他国家和有能力运用包括大规模杀伤性武器在内的战略力量的非国家体的武装进攻。"其二，是包括印度尼西亚、巴布亚新几内亚、东帝汶、新西兰和南太平洋岛国在内的澳大利亚周边的安全与稳定。澳大利亚对其近邻的"稳定和凝聚力表示关切""主要是因为这将使它们在外部影响方面变得脆弱，以致有损于澳大利亚的利益"。其三，是"从北部亚洲到东印度洋之间的亚太更广阔区域"的安全，"特别是东南亚的安全"。这一层面的安全直接关系到澳大利亚"与世界的贸易以及关键资源的供给"。澳大利亚的"战略利益是未来几十年里亚太地区没有一个强国通过运用武力或武力威胁来强迫、威吓他国"。其四，是整个世界的安全。澳大利亚认为自己在"保持一个限制国家之间相互侵略，以及有效管理其他诸如大规模杀伤性武器扩散、恐怖主义、国家的脆弱与失败、国内的冲突、气候变化和资源匮乏所带来的安全挑战等其他风险与威胁方面"有着战略利益诉求。[20] 南海所处的东南亚地区的安全介于澳大利亚第二项和第三项战略利益之间，与澳大利亚第一项和第四项战略利益亦息息相关，[21] 因而对澳大利亚的国家安全而言该地区系澳本土之外最重要的区域。

澳大利亚政府认为目前澳大利亚是安全的,但是,澳大利亚政府同时也认为亚太大国之间的竞争、恐怖主义、大规模杀伤性武器扩散、周边国家的混乱等可能引发地区局势的动荡,对澳大利亚的安全构成直接威胁。"在威胁方向的判断上,澳大利亚认为未来威胁最大的地区是北部海域"。[22]澳大利亚政府认为"在战略上,我们(澳大利亚)在东南亚的邻居地跨我们北部的门户。为了持续部署力量来对抗澳大利亚,敌对势力将会操控这一门户。一个稳定而团结的东南亚将会减弱这种威胁。"[23]尽管澳大利亚官方从未言明"敌对势力"可能是哪些国家,然而考虑到意识形态、地缘政治、国家力量、历史等因素,澳对中国的防范将会更多一点。澳大利亚于2009年发布的题为《在亚太世纪保卫澳大利亚:2030年军力》的国防白皮书专门就中国的未来发展进行了研判,认为"到2030年,中国将成为地区和全球经济活动的主要驱动力,而其战略影响力将超越东亚"。该白皮书还重点探讨了中国军事力量的发展情况,认为中国将成为"亚洲最强大的军事强国。其军事现代化将以不断深入地发展力量投射能力为特征。中国将发展一支与其规模相适应的、全球性的军事力量。但是,如果中国不能对其军事计划进行详细解释,同时也不能为建立信任而与其他国家就其军事计划进行沟通,那么中国军事现代化的步伐、规模和结构将可能使其邻国有理由产生疑虑"[24]。该白皮书虽未直接将中国列为澳大利亚现实的对手,但是其背后却隐含着视中国为潜在威胁的意味[25]。目前,"为了防范可能来自北部海岸的入侵",澳大利亚海军在努力成为一支在本地区具有"无与伦比"的攻防能力的海上作战力量的同时,还将"战略防御重点由东部和南部改到北部和西部"。为此,澳大利亚海军在北部海岸配置了警戒雷达体系、在北部海区的重要水域和水道布设了海底声呐基阵、加强了北部海区的海上巡逻,而澳大利亚的海军舰艇也以北部和西部为防御重点配置了"三级保卫网"。与此同时,澳大利亚还通过海军出访、联合军事演习、军事人员交流与培训等方式密切了同印度尼西亚等东南亚国家以及中国的军事合作,以保持自己在东南亚地区的军事存在。澳大利亚希望通过这种主动"介入",能在其海上紧邻地带"培育形成稳定、完整和联系紧密的周边海上安全环境"。[26]南海地处东南亚的核心区域。如果南海海域出现动荡局面甚或战争,那么整个东南亚地区的安全都将会受到波及。届时,与东南亚毗邻的澳大利亚亦难以独善其身。就此而论,维护南海区域局势的稳定、使其免受某一大国控制系澳大利亚的重要安全利益之一。

当前,亚太地区的力量格局正处于重组之中,各种不确定因素明显增多。这其中南海问题正引起人们越来越多的关注。这不但是因为南海本身拥有重要的战略价值,而且还因为一些国家将中国在南海的行动看作是崛起中的中国外交政策走向的

"试金石"[27]。澳大利亚临近南海，在南海业已成为地区"热点"的背景下，如何维护自己的安全利益日益成为澳大利亚政府的重要课题。

三、介入南海事务有助于澳大利亚扮演更重要的国际角色

除了经济发展需求、国家安全需求外，在国际社会争取一定的话语权、发挥一定的作用等政治诉求也是一国追求的主要国家利益。自"二战"结束以来，澳大利亚历届政府都坚持澳"中等强国"的国家定位，力求在国际舞台上发出自己的声音。[28]对澳大利亚而言，成就"中等强国"应善于把握时机；有一定的外交地位规模、能够应对小国所不能为、大国又不能同时关注的且具有现实解决必要性的重大国际问题；即使在解决某些问题时没有权威，但要有理智的想象及创造性以打破僵局，至少也要有挑头提出设想，形成解决问题的观点及构想的能力。[29]近年来，随着澳大利亚国家力量的提升，澳渴望发挥一定政治影响的愿望更趋强烈。陆克文政府时期，澳大利亚提出了成为"富有创造力的中等强国"的外交目标，力求突出澳的"首创精神"，实现澳国际形象的"破"与"立"[30]。目前执政的吉拉德政府在外交上亦积极进取，不但积极参与亚太地区事务，而且还力求成为新一届联合国安理会的非常任理事国。

对澳大利亚而言，亚太地区是其开展独立外交的首选区域，而东南亚则是其扮演重要国际角色、成就"中等强国"目标的理想平台。其原因如下。其一，从宏观的区域环境来看，亚太是当今世界经济最具活力和增长潜力的地区。亚太地区的发展正在重塑世界地缘经济和政治格局，这将惠及包括澳大利亚在内的诸多亚太国家。亚太的发展给澳大利亚提供历史性机遇。澳大利亚政府认为"这是我们第一次比竞争者更接近于世界上增长最快、经济动力最强大的地区"。目前，吉拉德政府正在撰写一份名为《亚洲世纪中的澳大利亚》的白皮书，以重新审视亚洲经济、政治、战略变化给澳带来的机遇，确立澳在未来五年的对策乃至更长远的战略规划。[31]其二，东南亚在地理上与澳大利亚彼此临近，澳大利亚与印度尼西亚、东帝汶等东南亚国家的距离甚至要近于与某些大洋洲国家的距离。从地缘政治的视角看，"国家的地理位置即使不是最终决定，也在很大程度上影响着它们的政治行为""国家处在地理和其他各种环境之中，如果国家行为体的政治行为在很大程度上是包括地理环境在内的各种环境的产物，那么政治领导人的全部任务就是在环境规定的范围内工作。"[32]地理上的毗邻使得澳大利亚在政治上对东南亚有一种无法摆脱的、"天然"的兴趣。其三，不同于亚太其他主要地区，后冷战时期的东南亚地区并不存在一个居于主导地位的大国。面对本地区"无大国主导"的地缘政治格局，东盟

积极推行"大国平衡"战略——承认各大国在东南亚地区的利益，使各大国彼此之间相互制衡，以确保本地区的安全与稳定以及东盟对地区事务的主导权。[33]东盟欢迎包括澳大利亚在内的大国参与本地区的事务。东盟邀请澳参加首届东亚峰会就是一个典型的例证。东南亚的基本地缘政治格局以及东盟的"大国平衡"战略，为澳大利亚这样的"中等强国"发挥政治作用奠定了良好的地缘基础。其四，长期以来澳大利亚与东南亚国家一直保持着较为密切的政治经济关系。早在1974年澳大利亚就第一个成为东盟的对话伙伴国。30多年来，"澳大利亚和东盟的伙伴关系持续增强和提升"[34]。目前，澳大利亚与东盟间业已建立起包括东亚峰会、东盟地区论坛、亚欧会议、东盟—澳大利亚论坛在内的一系列多边和双边合作机制，并共同签署了《东盟—澳大利亚全面伙伴关系联合宣言》等政治文件。借助这些合作机制，澳大利亚与东盟无论在政治-安全领域还是在经济领域都建立起非常密切的关系[35]。在经济层面，2010年东盟—澳大利亚—新西兰自由贸易区的启动，进一步给力澳与东盟关系的发展。在政治层面，2010年10月30日，澳大利亚与东盟在越南首都河内召开了首次峰会。在这次峰会上，双方一致同意加强经贸、教育、旅游、文化、民间交流等优先领域的合作，并加紧配合应付气候变化、天灾、疾病等全球性挑战。[36]这些合作将进一步提升澳在东南亚地区的影响力。其五，澳大利亚在东帝汶维和的成功经验，增强了其参与东南亚地区事务的热情与信心。1998年8月，东帝汶独立后局势恶化。联合国安理会随后通过决议授权以澳大利亚为首的多国维和部队进驻东帝汶。1999年，澳大利亚5000名维和军人进驻东帝汶。此次维和行动为澳大利亚而非某一大国所主导，这使得澳大利亚举国激昂，对澳大利亚在本地区的"领导作用"津津乐道，而澳大利亚参与东南亚地区事务的信心亦因此大增。此外，如前所述，从经济、安全层面来看澳大利亚在东南亚地区亦有着重要的利益诉求。

南海问题现已成为亚太地区的热点问题之一。该问题不但直接牵涉到东盟几个国家的现实利益而且与整个东南亚地区的安全和稳定息息相关，因而，介入南海问题无疑会提升澳大利亚在地区事务中的影响力。为此，澳大利亚不但多次就南海问题提出有关建议，而且还表达出成为南海问题"调停人"的意愿。[37]对澳大利亚而言，成为"调停人"不但有利于推动南海地区的稳定，而且还可以使自己在地区安全事务中发挥一定的作用。

四、结语

国家利益是一国对外政策与行为的根本指针。无论从经济、安全还是政治层面看，澳大利亚在南海地区都拥有重要的利益诉求。众所周知，一国国家利益的实现是以其国家力量为基础和后盾的。对于澳大利亚这样的中等国家来说，由于国家力量的局限性，上述三项利益诉求之间往往存在一定的内在矛盾性。例如，防范敌对势力控制东南亚与寻求外交独立性两项利益诉求就很难得兼。亚太地区大国众多，无论哪个国家单独控制南海，澳大利亚都不具备与其抗衡的实力。在这种情况下，澳大利亚要么"屈从"于某一个大国，要么依靠一个大国来对另一个大国进行制衡。然而，无论哪种结果都将会大大压缩澳大利亚外交活动的空间，乃至使其丧失外交独立性。面对这种不同国家利益诉求之间的矛盾性，澳大利亚需要根据具体的国际环境来平衡这三项战略利益诉求，在特定时期选择某一项利益诉求而不是全部利益诉求作为自己最核心的战略目标。当前，澳大利亚在南海问题上的政策选取就是此种平衡的结果。

参 考 文 献

[1] Hillary Rodham Clinton. Remarks at Press Availability. http://www.state.gov/secretary/rm/2010/07/145095.htm.

[2] Daniel Flitton. Spratly Spat Threatens to Overshadow Summit. The Sydney Morning Herald, 22 July 2011.

[3] 阎学通. 中国国家利益分析. 天津：天津人民出版社, 1997：23.

[4] Australia's trade in goods and services by top ten partners 2010. www.dfat.gov.au/publications/tgs/partners-top10-2010.pdf.

[5] Indonesia fact sheet, http://www.dfat.gov.au/geo/indonesia/index.html.

[6] 东盟与澳大利亚、新西兰签自贸协定. http://world.people.com.cn/GB/1029/42354/8884321.html.

[7] Australia's trade in goods and services by top ten partners 2010, www.dfat.gov.au/publications/tgs/partners-top10-2010.pdf；Australia's trade in goods and services by top ten partners 2009, http://www.dfat.gov.au/publications/tgs/2009_top10_exports_GandS.pdf.

[8] See Peter Drysdale, A New Look at Chinese FDI Australia, China & World Economy,Vol.19, Issue.4, 2011.

[9] 曾德金. 中澳重启自由贸易谈判，专家认为：自贸区建立有利于突围贸易壁垒. 经济参考报, 2010-02-25.

[10] Australian Government Department of Foreign Affairs and Trade, Trade at a Glance 2011, http://www.dfat.gov.au/publications/trade/trade-at-a-glance-2011.html.

[11] 芮捷锐. 澳大利亚外交政策与中国维度. 当代亚太, 2008(3).

[12] Australian Government Department of Foreign Affairs and Trade, Trade at a Glance 2011, http://www.dfat.gov.au/publications/trade/trade-at-a-glance-2011.html.

[13] Carl Ungerer, Ian Storey and Sam Bateman, Making Mischief: the Return of the South China Sea Dispute, Special Report of Australian Strategic Policy Institute, Issue 36, December 2010：2.

[14] United States Institute of Peace, The South China Sea Dispute: Prospects for Preventive Diplomacy, http://www.usip.org/files/resources/SR18.pdf.

[15] BP世界能源统计年鉴(2012年6月）. http://www.bp.com/liveassets/bp_internet/china/bpchina_ chinese/STAGING/local_assets/downloads_pdfs/Chinese_BP_StatsReview2012.pdf，第6、第8、第9页.

[16] 曹云华, 鞠海龙. 南海地区形势报告(2011—2012). 时事出版社, 2012：64, 66, 71.

[17] See Australia's trade in goods and services by top ten partners 2010, www.dfat.gov.au/publications/ tgs/partners-top10-2010.pdf.

[18] 阎学通. 国家安全比经济利益更重要. 环球时报, 2003-02-14日(5).

[19] 甘振军, 李家山. 简析澳大利亚海洋安全战略. 世界经济与政治论坛, 2011(4).

[20] Department of Defence（Australia）, Defending Australia in the Asia Pacific Century: Force 2030, http://www.defence.gov.au/whitepaper/docs/defence_white_paper_2009.pdf, p.12.

[21] 第二次世界大战期间，日本在控制东南亚后曾经入侵澳大利亚的北部城市达尔文并且日本的潜艇曾经出现在悉尼湾.

[22] 张炜. 国家海上安全. 海潮出版社, 2008：332.

[23] Department of Defence（Australia）, Defending Australia in the Asia Pacific Century: Force 2030, http://www.defence.gov.au/whitepaper/docs/defence_white_paper_2009.pdf.

[24] Department of Defence（Australia）, Defending Australia in the Asia Pacific Century: Force 2030, http://www.defence.gov.au/whitepaper/docs/defence_white_paper_2009.pdf.

[25] 胡欣. 澳大利亚的战略利益观与"中国威胁论"——解读澳大利亚2009年度国防白皮书. 外交评论, 2009(5).

[26] 张炜. 国家海上安全. 海潮出版社, 2008：332-336.

[27] ASEAN Studies Center, Energy and Geopolitics in the South China Sea: Implications for ASEAN and Its Dialogue Partners, Institute of Southeast Asia Studies, Report No.8, 2009, p.78.

[28] See Carl Ungerer, The 'Middle Power' Concept in Australian Foreign Policy, Australian Journal of Politics and History, Vol. 53, No.4, 2007.

[29] 岳小颖. 冷战后澳大利亚为何追随美国. 国际政治科学, 2009(4).

[30] 唐小松, 宾科. 陆克文"中等强国外交"评析. 现代国际关系, 2008(10).

[31] 阮宗泽. 澳大利亚想演"东成西就". 人民日报（海外版）, 2012-08-29.

[32] 詹姆斯·多尔蒂, 小罗伯特·普法尔茨格拉夫. 争论中的国际关系理论（第五版）. 北京：世界知识出版社, 2003：166.

[33] 朱进, 王光厚. 论东盟的对外战略. 国际关系学院学报, 2008(4).

[34] Overview of ASEAN-Australia Dialogue Relations, http://www.aseansec.org/23212.htm.

[35] See ASEAN Secretariat, Overview of ASEAN-Australia Dialogue Relations, http://www.asean. org/23213.htm.

[36] 首届东盟—澳大利亚峰会，http://cn.news.gov.vn/Home/%E9%A6%96%E5%B1%8A%E4%B8%9

C%E7%9B%9F--%E6%BE%B3%E5%A4%A7%E5%88%A9%E4%BA%9A%E5%B3%B0%E4%BC%9A/201010/1657.vgp.

[37] Rowan Callick, Australia Enlisted as Regional Mediator, The Australian,21 August 2010.

论文来源：本文原刊于《海南师范大学学报（社会科学版）》2013年05期，第106-111页。

基金项目：本文系中国海洋发展研究中心2012年青年项目（AOCQN201205）的阶段性研究成果。

维多利亚时代英国主导的海洋世界体系
及其对中国的启示

胡 杰[*]

摘 要：在维多利亚时代，英国凭借绝对海权优势建立起以它为中心的海洋世界体系，这一体系主要体现在英国主导的全球自由贸易体系和国际秩序两方面。以史为鉴，当前中国要推动构建东亚海洋新秩序，要注意四个方面的问题：第一，稳健地增强海权力量，提升中国对东亚海洋事务的话语权；第二，以构建"一带一路"为契机，深化"和谐海洋"理念；第三，广泛参与地区和国际海洋事务，积极提供海上公共产品；第四，妥善处理中美海权矛盾，有效开展中美海洋合作。

关键词：维多利亚时代；英国海洋世界体系；中国；启示

在维多利亚女王统治时期（1837—1901年），即维多利亚时代，英国逐步确立起了全球海上霸权，并在此基础上建立起以英国为中心的海洋世界体系。这一体系以全球为舞台，表现出鲜明的海洋性特征，在内容和结构上都适应了英国面向海洋发展的需要，并对世界历史发展产生了深远影响。

一、英国海洋世界体系的建立

1588—1805年，在经历了数百年同西班牙、荷兰和法国的海上争霸斗争之后，以1805年特拉法尔加海战的胜利为标志，英国最终取得了对海洋的绝对统治地位。到维多利亚时代，英国的海权优势达到了顶峰。在强大的海权基础上，英国逐步建立起以它为中心的"世界体系"（world system），这一体系与英国海洋战略和海洋思维有着不可分割的密切联系，因此维多利亚时代英国主导的世界体系也可以被称

* 胡杰（1984—），男，湖北武汉人，武汉大学中国边界与海洋研究院、国家领土主权与海洋权益协同创新中心讲师，历史学博士，法学博士后，主要研究方向：英国海洋战略、海洋文明史。

为海洋世界体系。

全球存在的英国海权既是英国主导的世界体系的一种表现，也是服务于这种以推行自由贸易、构建全球秩序为主要追求的世界体系的。其中，维护英国主导的海洋秩序既是英国海权的根本要求，也是英国海洋世界体系的核心内容。正如一部优秀的著作所阐述的那样：尽管"英国式的世界体系"（the British world-system）统治了广阔的非西方世界，但它却不是一个全球霸权（global hegemony）的结构。[1]英国海军力量的主要任务，是同贸易、帝国、外交和少数武力行动一道，按照英国的方式共同塑造19世纪的世界形态。[2]换言之，英国并非要建立统治世界、以暴力征服为主要特征的罗马式的军事霸权，而是要建立一种英国主导的世界秩序（world order），英国将从这一秩序中收获安全、行动自由和繁荣的贸易。

在维多利亚时代中后期，寻求建立一个"更大的不列颠"（Greater Britain）的思潮风起云涌，这种"更大的不列颠"的概念无疑就是帝国主义者所畅想的"全球国度"（global state）。不过，在学者们的笔下，这种"全球国度"并不是一个庞大的罗马式帝国，而是一个具有某种联邦性质的联合组织。简言之，就是在政治之外，殖民帝国要同英国这个母国（mother country）建立更为密切的道德和血缘联系，从而构建一个具有共同信念和目标的统一体。[3]而英国世界体系，就是以这个"全球国度"为基石、扩大化的英国主导的世界秩序。在这个世界秩序之中，英国关注的重点不是它有意要与之保持距离的欧洲列强，而是拉美等地新独立的国家，即"新世界"（new world）。由于拥有显著的海军优势、贸易优势和强大的政治影响力，英国完全有能力将新世界纳入自己的掌控之中。[4]即便是欧洲列强，也由于英国海军的绝对优势而对挑战英国的海上垄断地位逐渐失去信心，从而基本上接受了英国式的经济合作方式，即自由贸易、和平和繁荣必须连为一体等。[5]

二、自由贸易：英国海洋世界体系的经济追求

建立全球自由贸易体系是英国海洋世界体系最核心的经济追求。1846年，英国废除了谷物法，此举标志着英国正式开始全面推行自由贸易政策。1849年，英国又废除了历史悠久的航海条例，实现了海洋的自由开放。到1854年，英国甚至允许外国船只参与英国沿海贸易。1859年和1860年，英国分别同俄国和法国签订了以实现自由贸易为主要内容的商约。英国力求通过率先实行自由贸易，来带动建立一个由它主导的全球自由贸易体系，从而促使英国主导的商业规范、航运制度、法律体系和国际规则在全球范围内的建构和推广，以实现商品、资金、人员的自由流动。而

一旦实现全球自由贸易，拥有世界上最强大的海军、掌握最先进的造船工业和航运业，以及建立了最发达的海洋服务产业的英国将成为最大的受益者。因此，维多利亚时代英国决策层的普遍共识是，英国要成为一个捍卫自由商业以及自身海洋交通线的全球性强国。[6]

在维多利亚时代，自由贸易制度的建立和拓展新市场的努力共同促进了英国对外贸易的繁荣。到1867年，英国的出口总额攀升至1.81亿英镑，其中出口到英帝国以外地区的商品总值就占到了1.31亿英镑。英国在全球不断开拓新市场，尤其是在南美洲大力拓展贸易，阿根廷、巴西、智利、秘鲁等都成为英国工业品的重要进口国。[7] 与此同时，得益于全球自由贸易体系，英国从海洋产业中获得的收益也在迅速增长。19世纪末20世纪初，伦敦作为全球贸易中心和金融结算中心的地位得到进一步巩固。对于大多数进出口货物而言，它们在伦敦的定价就是在全世界的定价。英国公司在全球贸易和商业服务中扮演了主要角色，特别是在航运和海上保险方面占据了主导地位。1870—1913年，尽管海运货物的运价下跌了50%，但这些"看不见"的出口收入却从1870年的8000万英镑上升到1913年的1.7亿英镑。[8]

三、国际秩序：英国海洋世界体系的政治理念

稳定的国际秩序是维多利亚时代英国海洋世界体系的政治理念，制定实现海洋自由开放的国际规则成为这种政治理念的核心诉求。

在维多利亚时代，英国以追求海洋自由（freedom of the sea）为核心，逐步建构起一套以它的海洋历史和海洋实践经验为基础的国际海洋规则，这种规则成为近代国际海洋法中诸多重要规定的来源。为了维护海洋自由原则，英国推动订立了多个关于航海和海洋管理的国际条约和协定，包括1841年的《伦敦海峡公约》、1856年的《巴黎宣言》、1871年的《伦敦条约》、1885年柏林会议上签署的关于海洋自由通航的文件、1888年的《苏伊士运河自由通航公约》、1899年第一次海牙和平会议上通过的《日内瓦公约原则适用于海战的公约》、1907年第二次海牙和平会议上通过的一系列海战规定，以及1909年主要规定封锁和中立原则的《伦敦宣言》等。这些条约和协定有力地促进了国际海洋立法，从制度上确保了海洋的自由开放状态。其中，1856年的《巴黎宣言》对于英国的意义尤为重大，签字国一致同意废除对英国威胁最大的私掠制度，同时彻底否定了一直困扰英国的"海上游击战"（guerre de course）的合法性。[9] 此外，维多利亚时代的英国国际法学家还一直谋求将欧洲的法律准则推广到全世界，特别是中国、日本、印度等亚洲国家，从而为它们建构一套

商业法规体系。[10]

四、英国海洋世界体系的维护与扩展方式

（一）海洋扩张模式：网络控制与有限战争

维多利亚时代英国的帝国扩张不是着眼于占领广袤的海外领土，而是更注重占据可以控制海上交通线的重要据点和战略基地，尤其是确保通往印度的海上交通线控制在英国手中。[11] "日不落帝国"虽然十分庞大，但它并不是连为一体、高压统治的大帝国，其本质是一个遍布全球的海洋控制网络。英国在大西洋、太平洋和印度洋上沿着贸易通道和海外领地，建立起了这个由战略岛屿和海军基地组成的网络，保卫这个网络的重任则落到了英国海军身上。[12] 换言之，英国秉持的是"海洋扩张模式"，这种模式赋予了掌握绝对海洋优势的英国最大的行动自由，即可以将冲突局部化，甚至可以在有限行动和无限战争之间做出选择。[13] 相比之下，推行大陆扩张模式的沙俄则不具备英国的这种灵活性和自由度，为扩张而耗尽资源、加剧国内矛盾的风险要远大于英国，沙俄的最终崩溃也证明了这一点。

海洋扩张模式的题中之意是承认海权的局限性。这种局限性主要表现为海权力量无法深入内陆，海上胜利无法对陆上局势产生直接而决定性的影响，海权的作用是间接的、缓慢的。因此，在维持欧洲均势时，英国海权必须依赖大陆盟友陆权的支持。朱利安·科贝特指出，英国十分清醒地认识到海权的局限性，它并不寻求利用其强大的舰队彻底消灭敌人，而是充分发挥殖民地和海外的资源优势置身于战争之外，即从海外获取财源来资助大陆盟友对敌人作战。英国在战争的大部分时间里都避免同大陆霸权国在陆上直接对抗，而主要利用海军优势对敌人进行封锁，并对敌国本土和海外领地进行袭扰。[14]

同时，作为一个人口、资源都十分有限且陆军实力薄弱的岛国，英国也经不起旷日持久的大规模陆上战争的消耗。在1815—1914年欧洲维持了一百年的大体和平情况下，英国所要警惕的主要是陷入大规模殖民战争泥潭的风险，1899—1902年的布尔战争就是一个深刻的教训。[15] 据统计，1815—1880年，英国先后经历了阿富汗战争、鸦片战争等13场主要战争，1837—1880年间还参与了近150场小规模作战行动和武装冲突。但除了克里米亚战争外，这些战争都是针对非欧洲国家的，[16] 而且大多数都是能充分发挥英国海权优势，短暂、廉价的"有限战争"。以海权为基础的"英国战争方式"的立足点就是这种"有限战争"。

（二）危机管理手段：海军威慑与炮舰外交

众所周知，"光辉孤立"与均势外交是英国外交最大的特点，这种外交传统主要针对的是欧洲地区错综复杂的政治局势。显然，英国能恪守"光辉孤立"与实行均势外交的前提，是拥有占据绝对优势并随时能遏制欧洲大陆潜在威胁的海军力量，而英国海洋战略也要求英国凭借"光辉孤立"与均势外交在欧洲地区保持置身事外的超然立场，从而能专心开拓海外世界。

进入19世纪以后，随着"不列颠治下的和平"的建立，相比大规模的海战，英国更强调发挥海军威慑的作用，以求以最小的代价达到最大的战略效果。海军威慑作用最突出地表现为所谓的"炮舰外交"，正如詹姆斯·凯布尔（James Cable）所言，炮舰外交是同有限海军力量紧密相连的。"炮舰外交是使用或威胁使用有限海军力量，而不是真的进行一场战争，其目的是捍卫既得利益或避免遭到损失。"[17]

当国际危机严重到必须进行武力干涉时，英国通常的作法是对敌对国实行海上封锁。在局部冲突中，封锁的主要目的不是扼杀敌人的经济潜力，而是要让它感受到损害英国利益和威严的后果，以迫使其坐到谈判桌前。而在一场全球战争中，英国皇家海军则必须充分动员其力量，对敌国进行严密的海上封锁，切断其海上交通线，打击其进出口贸易，以慢慢削弱甚至绞杀其持续进行战争的能力。

1853—1856年的克里米亚战争是英国在确立海上霸权后第一次大规模的局部战争，也是英国皇家海军从风帆时代跨入蒸汽机时代后的首次全景亮相，这场战争充分体现出英国海权注重控制海上战略通道和以有限干涉来应对危机的特点，即通过"秀肌肉"来阻遏敌人对英国利益的侵犯。[18] 这一点成为维多利亚时代中后期英国外交战略的常用手法，并在多次海军威慑行动中屡试不爽。

（三）结盟合作战略：英美海上霸权和平转移

维多利亚时代晚期，随着德国、美国等后起海上强国的崛起，英国的海洋世界体系面临严峻的挑战。英国权衡再三之后，最终将德国确定为最大的威胁和敌人，而积极寻求同美国的和解与合作。在这一思想指导下，英美和平解决了委内瑞拉危机，英国承认美国有权开凿巴拿马运河，并在1904—1906年陆续撤走了部署在百慕大的英国皇家海军北美舰队，关闭了在牙买加和圣卢西亚的基地，减少了在加拿大哈利法克斯和埃斯奎莫尔特的主力舰队力量配置。这表明，英国在一定程度上承认了美国的新兴海洋强国地位，并以此为条件换取美国在国际海洋政治中对英国的支持，甚至只能依靠美国海军来保卫英国在西半球的利益，并借助美国的力量维护全球海洋秩序。[19]

维多利亚时代晚期英国与美国的和解与合作，是英美海上霸权和平转移的开端，也是日趋衰落的英国将其海洋世界体系继续维持至第二次世界大战爆发的重要条件。在两次世界大战中，正是得到美国力量的支持和介入，一度因为深陷海上困境而危如累卵的英国才得以取得最终的胜利，但其海洋世界体系也在二战中寿终正寝。二战后，英国的海洋霸主地位被美国所取代，英国在其殖民帝国土崩瓦解的情况下，借助美国的力量继续保持了海洋大国地位。冷战时期，在共同反苏的大背景下，海军合作成为英美海洋合作的重中之重。英国海军是北约盟国中仅次于美国海军的第二大海军力量，英国更成为西方阵营对苏联反潜战的前哨阵地。冷战后至今，英美海洋合作得到进一步拓展和深化。作为英美特殊关系的重要表现形式，英美在共同应对海上恐怖活动、各种形式的海上犯罪，以及在全球海洋事务的制度性安排等方面，都保持了密切的互动合作关系。有一种观点认为，同样作为海洋国家，美国也秉承了追求航行自由、重视贸易开放、推行均势战略、倡导民主政治等所谓的"盎格鲁·撒克逊海洋思维"。[20] 这种观点有一定的合理性，当前美国所主导的全球海洋秩序，在一定程度上可以视为维多利亚时代英国海洋世界体系的延续和发展。

五、对中国推动构建东亚海洋新秩序的思考

维多利亚时代英国主导的海洋世界体系对当前中国的启示可以概括为以下四点。

1. 稳健地增强海权力量，提升中国对东亚海洋事务的话语权

维多利亚时代的英国得以构建起由其主导的海洋世界体系，首要条件是它拥有无与伦比的海权优势，特别是作为硬实力的强大海军力量。在此基础上，英国掌握了国际海洋事务中绝对的话语权，建立了无与伦比的海洋软实力。在海洋竞争更为激烈、海洋争端更加复杂的21世纪，中国要更好地维护海洋权益，就必须稳健地增强自身的海权力量。

近年来，中国海军现代化的步伐不断加快，海军建设朝着远洋性、合成化、快速反应方向发展，以海警为代表的中国海洋维权力量也在显著增强。不过，我们必须时刻提醒自己：中国海权力量的增长必须是稳健的，"大跃进"式的海军建设既不符合海权发展的客观规律，也会引起西方国家不必要的猜忌和恐惧，从而恶化中国的外部战略环境。同时，中国发展海权，也应借鉴维多利亚时代英国的经验，发展主要着眼于西太平洋地区的有限海权，以维护国家主权和海洋权益，同时提升中国对东亚海洋事务的话语权。

不可否认，美国在相当程度上主导了当前的世界海洋秩序，尤其是它在东亚海洋事务中拥有最大的话语权，中国要推动构建东亚海洋新秩序必然绕不开美国，而中美海权矛盾也是中美战略关系中最为敏感和复杂的问题之一。随着中国海军现代化的步伐不断加快，特别是航母的入列，美国对中国的猜忌和提防不断加深，中美深层次的海权矛盾，围绕着聚焦于亚太地区的台湾问题、钓鱼岛问题、南海问题等事关中国领土主权、国家安全和核心利益的重大问题而日益凸显。在今后相当长的一段时间内，中国海洋战略的目标之一是必须着力避免挑战美国的海洋主导地位，防止中美海权矛盾因为中国海权力量的增强而持续升级。事实上，中国海权力量的稳步增长不会也足以挑战美国在亚太地区的海上主导地位，而是旨在改善长期以来失衡的中美海权力量对比，进而推动东亚海洋秩序由当前美国主导的单一霸权结构逐步向各大国（美、中、俄、日）既竞争又合作的均势结构转变。

2. 以构建"一带一路"为契机，深化"和谐海洋"理念

维多利亚时代的英国海洋世界体系鲜明地反映出英国注重构建国际秩序的海洋观，这一海洋观对世界海洋史的发展产生了深远影响。以史为鉴，中国也应该及时构建自己的海洋观，在国际海洋政治舞台上明确地发出"中国声音"。尽管迄今为止，中国尚未对其海洋观有一个完整、明确、权威的阐述，但维护国家海洋主权一直是中国海洋政策的首要出发点。历史上，中国曾有过郑和七下西洋的壮举，它所体现出的"怀柔四海、睦邻友好"的精神同西方海权史上的殖民掠夺、暴力征服形成了鲜明对比，"以和为贵"也构成了中国海洋传统的精髓。2009年4月21日，作为庆祝中国海军成立60周年系列活动的一项重要内容，中国在青岛举行了多国海军高层研讨会，首次提出了"和谐海洋"的理念。此后，推动建设和谐海洋成为中国处理国际海洋事务的一个重要原则。和谐海洋是对中国传统的和平海洋理念的继承和发展，它为树立中国特色海洋秩序观指明了方向，而进一步细化和深化和谐海洋理念将是今后构建中国海洋观的主要任务。

当前，在中国进入国际海洋政治较晚、海军力量的使用又过于敏感的情况之下，塑造中国海洋观的外在形式可以从发挥中国的经济优势角度切入，近年来中国提出的建设"新丝绸之路经济带"和"21世纪海上丝绸之路"的战略构想就是一个很好的尝试。这一构想虽然首先是一个经济议题，但也可以就此促进中国和谐、合作、共赢的理念在"海上丝绸之路"和"陆上丝绸之路"沿线国家和地区的传播，以欧亚地缘政治大格局之下的陆海互动的方式推动国际社会逐渐凝聚起对中国走和平的海洋发展之路的共识，进而以中国的成功赢得全世界的理解、欣赏甚至是效仿，届时中国的海洋影响力走出亚洲、辐射全球就成为势所必然。

3. 广泛参与地区和国际海洋事务，积极提供海上公共产品

维多利亚时代英国的海洋实践证明，推动国际海洋合作是主导海洋秩序的国家减轻履行国际义务的负担、降低风险、多方汲取资源的有效途径，而广泛参与国际海洋事务、积极提供海上公共产品，也是新兴海上强国更快地融入国际社会、减少既有海洋大国的猜忌，以及为自己赢得海洋事务话语权的正确选择。

当前，在大国之间爆发大规模海上冲突的可能性下降的同时，地区性的海上争端却有不断升级之势，恐怖主义、海上犯罪活动、环境污染等非传统海洋安全威胁也日益突出，打击海盗、确保公海航行自由和海上安全等成为最急需供给的海上公共产品。而随着海上威胁来源的多元化和复杂化，美国等主要海洋大国提供海上公共产品的热情和能力呈现下降之势，作为新兴海洋大国的中国应该同各主要海洋国家一道共同应对挑战，特别是以《联合国海洋法公约》和相应的国际规范为准则，尽己所能提供反海盗、打击恐怖主义和跨国犯罪等海上公共产品。2008年底，中国向亚丁湾派出舰队，执行反海盗和护航任务，赢得了国际社会的欢迎和认可。[21] 这是中国海权力量走向远洋的里程碑，也是中国有能力在国际海洋事务中提供公共产品的有力证明。具体到东亚地区，尽管该地区的领土海洋争端错综复杂，但中国仍然可以在打击海盗、海上反恐、灾难救援、提供海洋气象信息等敏感度较低且各国共同关心的领域积极提供海上公共产品，以发展地区海洋事业、增进各国间的战略互信。

4. 妥善处理中美海权矛盾，有效开展中美海洋合作

维多利亚时代英国的一大成功经验，是妥善处理了与后起海上强国美国的关系，延缓了英国海洋霸权的衰落，进而不断推进英美海洋合作。时至今日，英国仍然可以借助美国的力量来维护其海洋利益，保持其全球海洋影响力。

无须讳言，美国是中国在东亚海洋事务中最主要的博弈对象。改善中美海权关系，最重要的切入点是有效开展中美海洋合作。冷战结束后，美国推出了"防扩散安全倡议""千舰海军计划""全球海上伙伴关系倡议"等一系列构想和方案。这些构想和方案的共同出发点，都是充分认识到当前海洋威胁的多元化和全球化，以及美国海上力量在应对这些威胁方面的局限性和不足，因此推动实现广泛的全球性海洋合作。虽然美国对中国的提防之心随着奥巴马政府推出的"亚太再平衡"战略而持续增强，但从全球战略着眼，美国并不排斥同中国的海洋合作。2007年10月出台的美国《21世纪海上力量合作战略》就强调，美国21世纪海洋战略的重点是开展广泛、全面的国际合作，共同维护全球海洋安全和繁荣。[22] 有美国学者指出，这份文件代表了美国海洋战略的新指向，它的题中之意就是加强中美之间的海上安全合作。[23] 著名学者詹姆斯·库尔斯也认为，"未来美国海洋战略的目标，是保护和促

进那些出于维护和平和繁荣的共同目标而愿意同美国合作的大国的共同利益……中国就是这样一个大国……中国未来将走哪条道路将深受美国对华政策和战略影响,特别是其中的遏制与合作之间微妙而困难的平衡将发挥举足轻重的作用。"[24]

因此,未来中国在国际海洋事务中能发挥多大的作用,既取决于中国自身的决心和能力,在很大程度上也将深受美国对华海洋战略的影响。在21世纪的海洋博弈中,中美两国是否能真正做到尊重对方的核心利益,审慎而准确地判断彼此的战略意图,尽量避免出现海上摩擦和政治危机,不断拓展两国之间海洋合作的层次和水平,将极大地考验两国决策者的智慧。

参 考 文 献

[1] John Darwin, The Empire Project: The Rise and Fall of the British World-System, New York: Cambridge University Press, 2009:1.

[2] Gregory A. Barton, Lord Palmerston and the Empire of Trade, Boston: Pearson Education, Inc., 2012:118.

[3] Duncan Bell, Victorian Visions of Global Order: Empire and International Relations in Nineteenth-Century Political Thought, Cambridge: Cambridge University Press, 2007:161.

[4] John Darwin, The Empire Project: The Rise and Fall of the British World-System, New York: Cambridge University Press, 2009:27-28.

[5] Gerald S. Graham, The politics of naval supremacy: studies in British maritime ascendancy, Cambridge: Cambridge University Press, 1965:120-121.

[6] John Darwin, The Empire Project: The Rise and Fall of the British World-System, New York: Cambridge University Press, 2009:410.

[7] Lawrence James, The Rise and Fall of the British Empire, London: Abacus, 1998:171.

[8] John Darwin, The Empire Project: The Rise and Fall of the British World-System, 1830-1970, New York: Cambridge University Press, 2009:115-116.

[9] Arthur Herman, To Rule the Waves: How the British Navy Shaped the Modern World, New York: HarperCollins Publishers, 2004:444.

[10] Duncan Bell, Victorian Visions of Global Order: Empire and International Relations in Nineteenth-Century Political Thought, Cambridge: Cambridge University Press, 2007:68.

[11] L.C.B. Seaman, Victorian England: Aspects of English and Imperial History, 1837-1901, London: Methuen, 1973:143.

[12] Peter Padfield, Maritime power and the struggle for freedom: naval campaigns that shaped the modern world, 1788-1851, Woodstock and New York: The Overlook Press, 2003:356.

[13] John Darwin, The Empire Project: The Rise and Fall of the British World-System, 1830-1970, New

York: Cambridge University Press, 2009：75.

[14] David French, The British way in warfare, 1688-2000, London: Unwin Hyman, 1990：xiv-xv.

[15] David French, The British way in warfare, 1688-2000, London: Unwin Hyman, 1990：155.

[16] David French, The British way in warfare, 1688-2000, London: Unwin Hyman, 1990：120-121.

[17] James Cable, Gunboat diplomacy, 1919-1991: Political Applications of Limited Naval Forces, London: Macmillan, 1971：21.

[18] Gregory A. Barton, Lord Palmerston and the Empire of Trade, Boston: Pearson Education, Inc., 2012：95.

[19] Clark G. Reynolds, Command of the Sea: The History and Strategy of Maritime Empires, Morrow, 1974：482.

[20] Jeremy Black, A Post-Imperial Power? Britain and the Royal Navy, Orbis, Spring 2005, pp.355-356. Clark G. Reynolds, Command of the Sea: The History and Strategy of Maritime Empires, Morrow, 1974：23.

[21] You Ji and Lim Chee Kia, "China's Naval Deployment to Somalia and its Implications", EAI Background Brief, No.454：10.

[22] U.S. Navy, Marine Corps, and Coast Guard, A Cooperative Strategy for 21st Century Seapower, October 2007. http://www.navy.mil/maritime/MaritimeStrategy.pdf.

[23] Andrew S. Erickson, New U.S. Maritime Strategy: Initial Chinese Response, China Security, Vol.3, No.4, Autumn 2007：43-44.

[24] James Kurth, The New Maritime Strategy: Confronting Peer Competitors, Rouge States, and Transnational Insurgents, Orbits, Fall 2007：600. 关于中美海洋合作，尤其是就双方减少误判、管控冲突、拓展合作渠道等问题，有不少中美学者都提出了自己的见解，其中美方学者主要有罗伯特·罗斯（Robert S. Ross）、伯纳德·科尔（Bernard D. Cole）、彼得·达顿（Peter Dutton）、莱尔·戈德斯坦（Lyle Goldstein）、迈克尔·蔡斯（Michael Chase）、安德鲁·埃里克森（Andrew S. Erickson）、詹姆斯·霍姆斯（James Holmes）、吉原恒淑（Toshi Yoshihara）等。

论文来源：本文原刊于《太平洋学报》2015年06期，第96-102页。

基金项目：本文是中国海洋发展研究中心重点项目（AOCZDA201309）"英国海洋战略问题研究"，中国博士后科学基金面上资助项目（2012M511244）"海权与近代英国的崛起"，中国博士后科学基金特别资助项目（2013T60736）"维多利亚时代英国海洋战略研究"，中央高校基本科研业务费专项资金资助的武汉大学自主科研项目（人文社会科学）（2012YB031）"海权视角下近代英国的崛起研究"，武汉大学人文社会科学"70后"学者学术团队项目"中国领土与海洋争端研究"的阶段性研究成果。

"一战"后美日海权角逐与
太平洋战争的爆发

胡德坤 刘潇湘*

摘 要：第一次世界大战结束后，相对和平的国际大环境使美日海权角逐以新的形式展开。1919年凡尔赛和会至1930年第一次伦敦海军会议期间，美日在国际体系的制度规范下，通过外交谈判等体制内和平方式进行争夺太平洋制海权的政治博弈。其间，控制岛屿殖民地与扩充海军是双方角逐太平洋海权的基本内容。在这种新的形式与旧的矛盾发展进程中，两国围绕着亚太地区的利益冲突逐渐升级并最终不可调和从而走向太平洋战争。

关键词：华盛顿会议；伦敦海军会议；美日海权角逐

太平洋战争是日本发动的侵略战争，同时也是美日两国海权角逐的必然结果。关于太平洋战争爆发的原因，国内外学术界从"二战"时期两国间围绕中国问题的外交冲突、日本"南进"战略、美英的经济制裁与日本的能源等问题，给予了见仁见智的解读。[1]但是，从"一战"后美日在太平洋地区的海权角逐入手，对太平洋战争爆发的原因进行系统分析研究还有待深化。为此，笔者以1919年凡尔赛和会至1930年第一次伦敦海军会议期间，美日在海军力量及岛屿殖民地等问题上的争斗着手，探讨两国的海权角逐与太平洋战争之间的内在联系。

一、凡尔赛会议期间的美日海权竞争

20世纪初，亚太地区成为了帝国主义列强角逐的竞技场，太平洋的制海权就成了列强霸权争斗的主题。其间，美国和日本在亚太地区异军突起，为争夺该地区的

---

* 胡德坤，中国海洋发展研究会理事，武汉大学人文社会科学资深教授，武汉大学边界与海洋研究院博士生导师。

刘潇湘，武汉大学历史学院博士研究生。

海上主导权展开了激烈的争斗。第一次世界大战爆发后，由于欧美列强忙于厮杀而无暇东顾，日本迅速填补了亚太地区的权力真空，夺占德国在亚太地区的殖民地，"它没有卷入欧美冲突，而攫取了亚洲大陆的许多地方，因此也获得了很大利益"。[2] 1914年10月，日本借口对德作战占领了德国在赤道以北的太平洋岛屿殖民地，将其势力范围推进到加罗林群岛、马里亚纳群岛及马绍尔群岛一线，使日本在太平洋上的控制海域扩展了3000海里，从而在太平洋海权角逐中占据了极其有利的位置。[3]

马汉指出，在争夺制海权的博弈中，控制海上交通是"政治或军事战略中唯一最重要的因素"。对海上通道的战略控制就蕴含着确立海权优势地位这一特征与掌握海权是不可分割的。[4] 日本的扩张对美国太平洋战略造成了极大威胁。日本控制了加罗林群岛和马绍尔群岛，就意味着日本能切断夏威夷与菲律宾之间的海上通道，这是美国不能允许的。欧洲战争结束后，美国立即调整其太平洋政策，以遏制日本咄咄逼人的扩张势头。

1918年1月，美国总统威尔逊抛出了所谓的"十四点"和平计划，这是美国出台的争夺战后世界霸权的总方针，企图在"门户开放、机会均等"的口号下取代英法，排挤日本，夺取亚太地区的主导权。其后，美国在巴黎和会上正式提出了以"十四点"为蓝图的战后国际秩序构想。

针对美国的"十四点"计划，日本政府于1919年1月18日通过了《有关单独与日本存在利害关系的讲和条件之条约案》，并在巴黎和会前出台了《讲和三大方针》《对威尔逊"十四点"的意见》等文件，明确提出了日本在太平洋地区的权益诉求及规定了应对欧美列强的具体方针。上述文件将德国在赤道以北，往东则从0纬度东经168°至北纬6°东经174°，向西则从0纬度东经140°至北纬2°30′至东经130°的太平洋岛屿殖民地划定为日本的势力范围，要求无偿让渡德国对中国青岛及赤道以北太平洋各岛屿的领土主权，而由日本继承。[5]

1919年1月27日，在和会第十次会议上，日本全权代表牧野伸显提出了对赤道以北德属太平洋诸岛的领土主权，要求无条件接收德国在当地的所有权利和财产。威尔逊认为如果听任日本控制了太平洋上的德属岛屿殖民地将导致美国在菲律宾的防务陷于空洞化，因此，他明确反对日本的要求，重申了美国的立场："马绍尔群岛和加罗林群岛，德国的新几内亚和萨摩亚，都应该由国际共管。"[6] 威尔逊"国际共管"论就是要逼迫日本交出将到手的利益。日本感到势单力薄，遂拉上英国来对付美国。由于日本已经在事实上完成了对上述岛屿的军事占领，加之英国明确表态支持日本，美国只得退让。1920年12月17日，国联根据《凡尔赛和约》第119条和国际联盟盟约第22条制定《关于中太平洋赤道以北德国殖民地委任统治书》，明文确认了日本、英国和澳大利亚对其实际占领的各个岛屿的委任统治权，日本遂正式以委任统治的形式控制了赤道以北的太平洋诸岛。[7]

根据和约规定，美日划定了彼此在太平洋上的势力范围，其中，日本攫取了对赤道以北的西太平洋广阔海域的控制权，美国则实现了对包括夏威夷与阿留申群岛在内的东北太平洋海域的统治。巴黎和会后美日在远东国际政治中的格局是：巴拿马运河的开通巩固了美国在太平洋地区的战略地位，而日本控制的赤道以北的西太平洋又在美国与菲律宾之间深深地钉入了一枚楔子，美日由此在太平洋战略上形成了尖锐的对峙。[8]

二、华盛顿会议期间美日海权争斗

巴黎和会上通过《凡尔赛和约》暂时调整了列强的利益分配，但它们在亚太地区的矛盾仍然非常尖锐，其中，日美矛盾尤为激烈。美国对于自己在凡尔赛会议上的铩羽而归耿耿于怀，始终寻机解决《凡尔赛和约》未能解决的美日之间有关海军力量对比、确保在太平洋地区特别是在中国的利益。这样一来，华盛顿会议在实质上是巴黎和会的延续，美日在海军军控、岛屿殖民地要塞化等问题上的较量，构成了华盛顿会议期间美日海权争斗的主要内容。

第一次世界大战的经验使美日均认识到发展海军的重要性，两国根据马汉的大海军主义（Navalism），互以对方为假想敌竞相扩充海军军备。1916年，威尔逊发表了为期五年的海军建设计划，提出了将美国建设成为"世界第一的海军强国"的设想。此后经过连续5年的扩军，截至1921年，包括加上现役的战舰、完工及在建的军舰在内，美国海军拥有包括一线战列舰27艘、二线战列舰25艘，战列巡洋舰6艘，巡洋舰41艘，驱逐舰108艘，潜艇175艘，炮舰20艘在内的庞大规模与实力，成为了名副其实的世界第一海军大国。[9]针对美国海军的扩军，日本毫不示弱，将1917年至1921年的海军预算增加三倍，并于1920年批准了海军组建"八八舰队"的扩军计划，预计到1927年建成拥有25艘主力舰的大舰队，其中包括8艘新型战列舰和8艘战列巡洋舰。日美两国掀起的"大海军竞争"，使美国切实嗅到了潜在的战争危险，甚至担忧"在此后25年内将与日本爆发战争"。[10]为了缓和局势，美国总统哈定建议召开一次国际裁军会议，以遏制日本在太平洋上全面扩张。

华盛顿会议上，如何界定两国海军实力的比例成为美日争斗的焦点。美国为弥补在太平洋上海军基地的不足，强调通过保持己方海军对日本海军在舰队实力上的战略优势来压制日本的扩张势头。据美国海军作战部战争计划处在所制订的"跨洋对日作战计划"中推定：战争时期，海军应出动主力舰队攻击日本的近海以切断其海上交通，通过经济封锁击败日本迫使其屈服。为此，海军在舰队实力上必须保持对日本海军10比7以上的优势。[11]

日本早在"一战"前，秋山真之就指出，日本海军平时必须维持美国兵力70%的实力，在与其交战时也才能获得50%的胜算。佐藤铁太郎也认为，进攻一方的舰队必须对防御一方的舰队多出50%以上的优势兵力才能取得战争的主动权，而防守一方的舰队则必须达到进攻一方舰队70%以上的兵力才能立于不败之地。[12]战后，鉴于美国以"世界第一"（Second to None）为目标的海军扩军计划，日本海军大臣加藤友三郎在内阁会议上鼓吹，"从海军军备的角度着眼，美国应该被视为日本帝国的第一假想敌"，并强调对美战备的必要性。[13]

华盛顿会议开幕后，美国就海军实力比例问题向日本发难。1921年11月12日，美国国务卿休斯提出了裁减海军军备的具体方案，主张美日两国大幅裁减主力舰，并向大会建议美、英、日三大海军强国在达成协定后10年内主力舰更新标准的上限分别为50万吨、50万吨、30万吨。日本代表团表示坚决反对，认为是对日本"不平等的束缚"，完全是"美国站在霸主的地位上对日本所施行的威胁行径"。[14]16日，日方代表向会议提交了针对休斯提议的修正案，坚持日美海军比例至少为7:10；日本在航空母舰拥有量上与美英持平。[15]

会议期间，美国海军情报机关破译了日本的密码，美方对日方往来电报内容了如指掌，对日反驳能做到有的放矢，日本逐渐陷入了被动的境地，立场开始松动，首相高桥是清于11月28日向日本代表团发出训令并指示其可以接受美方的比例，但前提条件是"裁减太平洋防务或至少确保维持现状"，保持与美国的均势。[16]从高桥内阁的训令可以看出日本政府的战略考虑，即通过制约美国在太平洋上的军事部署来削弱美国海军的战力，从而扭转日本海军因在主力舰问题上对美国做出让步所形成的不利态势。

1921年12月1—2日，美英日展开新一轮谈判。根据政府的训令，日方代表加藤宽治在谈判中仍坚持海军主力舰占七成的比例。但是，休斯对于比例问题毫不让步，贝尔福也"站在公正的立场"上发言表态支持美国的提案，从而导致加藤陷入了"不利的境地"。[17]在美英的联合攻势下，日本被迫做出让步。15日，美日就主力舰比例与维持太平洋岛屿防务现状达成妥协，日本接受美方提出的主力舰10:6的比例，双方一致同意除日本本土及夏威夷群岛外，两国维持在太平洋海域岛屿属地的军事要塞及海军基地的现状。[18]1921年12月13日至1922年2月6日，与会的各国签署了《关于太平洋区域岛屿属地和领地的条约》（四国条约）及其补充条约、《美、英、法、意、日五国关于限制海军军备条约》（五国条约），明确了五国主力舰总吨位限额并规定美、英、日在太平洋上的岛屿要塞维持现状，同时将日本的"岛屿属地"和"岛屿领地"限定为库页岛南部、日据台（湾）澎（湖）列岛以及由日本委任统治的太平洋诸岛。[19]

华盛顿会议对在"一战"后的美日双方的海权竞争产生了重大的影响。日本军部认为华盛顿会议的决定对日本的安全与在大陆的利益构成了威胁，从而激起了对美国的极端仇视。加藤宽治就对华盛顿条约对日本的压制耿耿于怀，甚至公开宣称"对美国的战争始于今日，日本一定要对此进行报复"。[20] 表明华盛顿会议埋下了日美争夺太平洋霸权的种子。

三、华盛顿体制下的美日海权竞争

华盛顿体制的确立在表面上缓和了美日冲突，但是不能从根本上解决两国在海权竞争中的结构性矛盾。20世纪20年代，日本在华盛顿体制的框架内对美国奉行软硬兼施的两面政策。一方面，日本政府在外交上放软身段，通过采取"币原外交"对美国奉行有限的协调方针。另一方面，在军事上强化对美国作为头号假想敌的战备，并以武力为后盾与美国展开竞争。日本海军根据1923年度《帝国国防方针》所提出的日美战争是"大势所趋"的战略构想，积极开展扩军备战[21]。

华盛顿会议未能解决辅助舰比例问题。会后，美日竞相投入了建造辅助舰的军备竞赛当中。1924年，美国决定建造8艘万吨级巡洋舰，国会批准拨款完成1916年军备计划中规定的9艘潜艇的建造工作。按照该计划，截至1926年，美国拥有的巡洋舰总数将达到40艘，总吨位达334 560吨。此外，尚有2艘万吨级巡洋舰在建，获得建造批准的巡洋舰则为6艘。[22] 日本海军也不甘人后。1924年，海军当局根据军令部"通过增加辅助舰以期巩固国防"的战略出台了辅助舰的扩军方案，预期计划的主力舰达31.5万吨、航空母舰8.1万吨，日本海军各型舰艇的总吨位将达到1 120 840吨。[23] 如此一来，海军军控问题再度构成了华盛顿体制下美日海权竞争的主要内容。

1927年2月10日，美国总统柯立芝建议召开日内瓦海军会议，商讨限制辅助舰的军控问题。日本若槻礼次郎内阁任命海军大将斋藤实、驻法大使石井菊次郎为全权代表率团出席会议。6月20日到8月4日，美英日三国在日内瓦举行海军裁军会议。会上，美国将华盛顿会议上的主力舰比例标准套用到辅助舰上[24]，日本则根据华盛顿会议的教训强烈反对美方提出的辅助舰比例标准。4月19日，日本向美英提出，日美万吨级的重型巡洋舰的比率为10：7，潜艇维持现有的数量。[25] 美国强烈反对日方提出的标准，他认为日本对美国70%的比例将导致两国海军实力对比的失衡。他甚至提请日本注意：美国不会在可能成为交战海域的西太平洋给予日本以任何优势。[26]斋藤实则提出日本的方案进行反制，要求辅助舰达到为英美70%的标准。恰在此时，美国与英国在巡洋舰型号问题上意见相左，导致会议宣告无限期休会。

日内瓦会议后，日本海军加快建造辅助舰，从而促使美国再次召开国际裁军会议以遏制日本。1930年1月21日，英、美、日、意、法等华盛顿海军条约的缔约国，在伦敦举行旨在限制海军军备的国际裁军会议。会前，美日双方都进行了精心的准备。1929年6月，日本方面为出席会议的代表团确定了坚持辅助舰的总比例为美国的70%等三大原则。[27]为了避免重蹈日内瓦会议的覆辙，美英进行了为期半年的双边会议并就联手遏制日本达成了共识。国务卿史汀生在会见日本驻美大使出渊胜次时明确拒绝了日方所主张的辅助舰70%的比例，强调美国在华盛顿会议上提出的主力舰比例60%的标准适用于全部军舰，从而表明了美国对日的强硬立场。

会上，美英与日本针锋相对。美国在英国的支持下要求日本将拥有海军辅助舰和大型巡洋舰的吨位比例保持在美国同等舰艇60%的水平，而日本则要求享有对美国70%的比例，双方互不相让，谈判呈现胶着状态。美国代表史汀生警告若槻，如果日本不接受美国60%的标准，美国将继续扩充海军。不仅如此，美英还暗示，如果日本不遵守华盛顿会议制定的战舰比例，美英两国将组成针对日本的军事同盟，以施加军事压力的方式迫使日本就范。加藤宽治等海军强硬派对美英深表不满，要求坚决抵制华盛顿和伦敦方面提出的海军裁军方案。[28]

鉴于日本的强硬立场，美国稍作让步，提出了日本辅助舰占美方61.1%的比例，但又被日本拒绝。后经反复磋商，双方均做出让步：日本接受了美方提出的69%的比例。1930年3月13日，两国在美方提出的最后妥协草案的基础上缔结"里德—松平协议"，规定日本对美国的辅助舰总吨位的比例为69.75%，重型巡洋舰为60.22%，轻型巡洋舰为70%，驱逐舰为70.33%，潜艇总排水量为5.27万吨并与美国持平。5月20日，根据滨口的指示，日方代表团在会议上签署《限制和削减海军军备条约》（即伦敦海军条约），在法律上确认了"里德—松平协议"的相关裁军条款。[29]

伦敦海军公约的签署标志着"一战"后美国在华盛顿体制内遏制日本的努力获得成功，美国感到满意。反观日本，则认为公约是"美国压迫日本"的产物而将其视为"屈辱的条约"，对于日本海军而言，其最关注的要务就怎样从华盛顿条约和伦敦条约所形成的"桎梏"中挣脱出来。[30]这样一来，从凡尔赛和会到伦敦海军会议，经过10余年在外交上的折冲樽俎，日本认为凭借对美协调的手段无法满足自己在亚太地区殖民扩张的利益诉求，决计改弦更张，用武力推行亚洲版的"门罗主义"，将美国挤出东亚大陆，从而完全掌握亚太地区的主导权。

1931年9月18日，日本发动"九·一八"事变入侵中国东北，"打开了激进的军事扩张的新局面"。[31]日本公然以武力挑战华盛顿体制的行径预示着美日的海权竞争进入了新的阶段。此后，日本于1935年废除《五国限制海军军备条约》，1936年退出第二次伦敦裁军会议，重启并升级与美国的建造军舰竞赛，直至偷袭珍珠港从而最终走上了太平洋战争之路。可见，美日在太平洋的海权角逐是太平洋战争爆发不可忽视的重要原因。

参 考 文 献

[1] 相关研究成果可参阅：William L Neumann. America encounters Japan: from Perry to MacArthur. Baltimore: Johns Hopkins Press, ©1963; Peter Duus（ed）.The Cambridge History of Japan. Vol.6 : The Twentieth Century. Cambridge : Cambridge University Press, 1988; Akira Iriye .The origins of the Second World War in Asia and the Pacific. London; New York: Longman, 1987.　谷川甲子郎『なぜ太平洋　争が起こったか？：維新から日中全面戦争、そして米の石油戦略発動』、新潟：長谷川印刷、1995年；日本国際政治学会、太平洋戦争原因研究部『太平洋戦争への道　1　満州事変前夜：開戦外交史』、東京：朝日新聞社、1963年.

[2] 列宁. 共产国际第二次代表大会文献 1关于国际形势和共产国际基本任务的报告. 列宁全集（第39卷），北京：人民出版社，1986：207.

[3] 防衛庁防衛研修所戦史室『戦史叢書　大本営陸軍部〈1〉——昭和十五年五月まで——』，東京：朝雲新聞社，1969：255.

[4] A·T.Mahan, Francis·P. Sempa. The Problem of Asia: Its Effect upon International Politics. New Brunswick, New Jersey: Transaction Publishers, ©2003：116.

[5] 鹿島守之助『日本外交史：12パリ講和会議』、東京：鹿島研究所出版会、1971：55.

[6] 库尼娜. 1917—1920年间美国争夺世界霸权计划的失败. 北京：世界知识出版社，1957：296.

[7] 外務省『日本外交年表　主要文書』「上巻」、東京：原書房、1966：491, 499.

[8] 防衛庁防衛研修所戦史室『戦史叢書　大本営陸軍部　〈1〉——昭和十五年五月まで——』，東京：朝雲新聞社，1969：255-256.

[9] 黒羽茂『太平洋をめぐる日米抗争史』「改訂新版」，仙台：東北教育図書株式会社,1966：201-202.

[10] Sadao Asada. Japan and the United States, 1915-25. Thesis（Ph. D.）——New Haven, Connecticut: Yale University, 1962：124.

[11] 高木惣吉『自伝的日本海軍始末記：帝国海軍の内に秘められたる栄光と悲劇の事情』，東京：光人社，1971：49.

[12] 野村実『太平洋戦争と日本軍部』，東京：山川出版社，1983：287-288.

[13] 海軍大臣官房『海軍軍備沿革』「第一巻」[復刻版],東京：巌南堂書店，1970：220.

[14] 加藤寛治大将伝記編纂会『加藤寛治大将伝』，東京：加藤寛治大将伝記編纂会，1941：746-759.

[15] Morinosuke Kajima. The diplomacy of Japan: 1894-1922.V. 3（First World War, Paris Peace Conference, Washington Conference）. Tokyo: The Kajima Institute of International Peace, 1980：467-471.

[16] 防衛庁防衛研修所戦史室『戦史叢書大本営海軍部・聯合艦隊〈1〉―開戦まで―』, 東京：朝雲新聞社, 1975：186-187.

[17] 防衛庁防衛研修所戦史室『戦史叢書大本営海軍部・聯合艦隊〈1〉―開戦まで―』, 東京：朝雲新聞社, 1975：187-188.

[18] Morinosuke Kajima. The diplomacy of Japan: 1894-1922.V. 3（First World War, Paris Peace Conference, Washington Conference）. Tokyo: The Kajima Institute of International Peace, 1980：480-482.

[19] 外務省『日本外交年表竝主要文書』「下巻」, 東京：原書房, 1966：10. Arnold Toynbee. Survey of international affairs: 1920-1923.London: H. Milford: Oxford University Press, 1927：508.

[20] 細谷千博・斎藤真・加藤一郎『ワシントン体制と日米関係』, 東京：東京大学出版会, 1978：363.

[21] 防衛庁防衛研修所戦史室『戦史叢書大本営海軍部・聯合艦隊〈1〉―開戦まで―』, 東京：朝雲新聞社, 1975：199.

[22] Christopher Hall, Britain, America, and arms control, 1921-37.New York : St. Martin's Press, 1987：39.

[23] 防衛庁防衛研修所戦史室『戦史叢書　大本営陸軍部〈1〉――昭和十五年五月まで――』, 東京：朝雲新聞社, 1969：219.

[24] 細谷千博・斎藤真・加藤一郎『ワシントン体制と日米関係』, 東京：東京大学出版会, 1978：362.

[25] 防衛庁防衛研修所戦史室『戦史叢書大本営海軍部・聯合艦隊〈1〉―開戦まで―』, 東京：朝雲新聞社, 1975：218.

[26] 細谷千博・斎藤真・加藤一郎『ワシントン体制と日米関係』, 東京：東京大学出版会, 1978：386.

[27] 外務省『日本外交年表竝主要文書』「下巻」, 東京：原書房, 1966：147.

[28] Gordon M. Berger. "Politics and Mobilization in Japan,1931-1945", in Peter Duus（ed）.The Cambridge History of Japan. Vol.6 : The Twentieth Century. Cambridge : Cambridge University Press, 1988：105-106.

[29] 外務省『日本外交年表竝主要文書』「下巻」, 東京：原書房, 1966：157.

[30] 日本国際政治学会太平洋戦争原因研究部『太平洋戦争への道：別巻　資料編』, 東京：朝日新聞社, 1963：64-65.

[31] John W· Dower, Empire and Aftermath: Yoshida Shigeru and Japanese Experrise,1878-1954. Cambridge:Council on East Asian Studies, Harvard University,1979：85.

论文来源：本文原刊于《武汉大学学报（人文科学版）》2013年02期，第105-109页。

基金项目：中国海洋发展研究中心重点项目"海洋大国发展历史经验教训及其现代海洋观研究"（项目编号：AOCZD201101-2）。

第三篇
海洋法律法规

南海问题的政策及国际法制度的演进

金永明[*]

摘　要：南海问题是我国建设海洋强国过程中必须着力处置的重大问题，关系中国实现区域性海洋大国或海洋强国的进程和目标。为解决南海问题争议，有必要分析近期国际社会针对南海问题的政策和国际法制度。本文分析了南海问题的背景及其政策和国际法制度在各阶段的内容及特点，认为它们是不断递进和深化的，其体现的原则和精神是一贯的，也是符合时代发展的趋势和要求的，尤其是符合国际法制度规范的，必须得到切实贯彻。其目的是为了合理开发和利用南海的资源及空间，通过各层面的合作尤其是海洋低敏感领域的合作，实现南海资源的功能性向规范性方向发展，实现共享利益和维护权利相统一的目标，以稳固及促进南海的和平与发展。对于中国来说，尤其应以制定南海行为准则和充实海洋体制机制包括完善海洋法制为契机，推进中国海洋事业发展进程，以确保领土主权和海洋利益，为人类造福。

关键词：南海问题；南海政策；国际法制度；合作目标

　　南海问题是推进中国建设海洋强国必须面对和处理的重大问题，直接关系到中国实现区域性海洋大国或海洋强国的进程和目标，所以，必须合理有效地处置。如何使南海问题争议向制度性规范发展，实现海洋的功能性和规范性的目标，实现共享利益和维护权利的有机统一，则是一个重要的研究课题。为此，有必要对近年来国际社会针对南海问题的政策和国际法制度的演进予以评价。

---

*金永明，中国海洋发展研究会理事，上海社会科学院法学研究所研究员，上海社会科学院创新工程特色人才，法学博士。

一、南海问题的背景及其政策与国际法制度的显现（1992—2001）

南海问题争议自20世纪70年代以来出现，表现之一为东盟一些国家就南沙群岛提出了非法的领土主张。呈现此境况的背景如下。

背景之一为国际社会对南海油气资源储藏量的乐观估计和判断，引发了东盟一些国家加快争抢南海岛礁及资源的步伐。[1]例如，越南、菲律宾、马来西亚等国以军事手段占领南沙群岛部分岛礁，在其附近海域进行大规模的资源开发活动并提出主权要求，南沙群岛领土主权争议由此产生并日趋激烈。应该说，长期以来，尤其在"二战"后相当长时期内，南海周边没有任何国家对我国在南海诸岛及其附近海域行使主权提出过异议，世界上绝大多数国家都对中国在南海诸岛的主权予以承认和尊重。[2]

背景之二为海洋法制度的成型和生效。影响海洋法出台的标志性事件为，1945年9月28日美国发布了《关于大陆架的底土和海床的自然资源的政策的第2667号总统公告》（简称《杜鲁门公告》）。《杜鲁门公告》指出，美国政府认为，处于公海下但毗连美国海岸的大陆架的底土和海床的自然资源属于美国，受美国的管辖和控制。[3]换言之，《杜鲁门公告》的目的是建立排他性的资源保护区以及获取大陆架的利益。在其影响下，联合国于1958年2月24日至4月27日在日内瓦召开了第一次海洋法会议。会议成果为通过了《日内瓦海洋法四公约》，以及《关于强制解决争端的任意签定议定书》。[4]这些公约初步确立了海洋法的国际制度，包括领海、毗连区、大陆架和公海制度。尽管这些海洋法制度并不完善，但加快了各国霸占岛屿和开发海洋资源的进程，从而影响了南海问题争议的爆发。

背景之三为修改海洋法制度和建议制定新的海洋法制度的要求。即随着海洋科技的发展和人类对资源需求的日增，尤其是《大陆架公约》内大陆架制度的可开发标准的模糊性受到了挑战，出现了需要修正和完善的必要。[5]特别是1967年8月17日，马耳他驻联合国大使帕多提议在第22届（1967年）联大会议议程中补充一项议题（《关于专为和平目的保留目前国内管辖范围外海洋下海床洋底及为人类利益而使用其资源的宣言和条约》）的建议，得到了采纳，从而推动了联合国第三次海洋法会议的召开（1973—1982年），以重新制定全面规范所有海域的法律制度，消除日内瓦海洋法四公约的缺陷，实现构建公正合理的国际海洋法律新秩序的目的。[6]不可否认，联合国第三次海洋法会议的召开，以及会议审议的内容等，加速了东盟各国抢占和开发南海资源的行为及活动。

南海问题争议在20世纪90年代显现对立的势态，"主要原因"为中国于1992年2月25日制定了《领海及毗连区法》。其第2条规定，中国的陆地领土包括中华人民共和国大陆及其沿海岛屿、台湾及其包括钓鱼岛在内的附属各岛、澎湖列岛、东沙群岛、西沙群岛、中沙群岛、南沙群岛以及其他一切属于中华人民共和国的岛屿。

为应对所谓的中国法律主张，1992年7月22日，东盟国家决定在南海问题上凝聚一致立场，通过了《东盟南海宣言》（ASEAN Declaration on the South China Sea），简称《马尼拉宣言》（Manila Declaration）。东盟国家的六国外长在马尼拉作出的《东盟南海宣言》是首次建立东盟区域对于南海问题基本认知与共识的基础文件，可以认为是东盟国家针对南海问题政策的雏形。

《东盟南海宣言》强调各方应自我克制，并通过和平且不采用武力解决的方式处理南海主权与管辖权的争端，同时也间接向中国大陆传达了东盟希望各声索国自我节制的共同关切。它首次完整地勾勒出各方期待的南海潜在合作领域，其中包括海上航行与交通安全、海洋环境保护、搜救行动、打击海盗与武装抢劫以及反走私与贩毒等议题；也建议有关各方以东南亚地区友好合作原则作为制订南海国际行为准则的基础。

1994年，中国与越南在南沙群岛引起武装冲突事件。1995年11月《中越联合公报》第4条规定，双方同意成立海上问题专家小组，进行对话和磋商。中越海上问题专家小组于1995年11月举行了第一次会谈，经过5年的努力，在2000年的《中越联合声明》中，针对南海问题指出，双方将积极探讨在海上，诸如海洋环保、气象水文、减灾防灾等领域开展合作的可能性和措施。此外，中越间还缔结了《中越北部湾划界协定》和《中越北部湾渔业合作协定》（2000年12月30日）。

1995年中菲美济礁冲突，更让东盟及其成员国深知当前的南海争端并非仅局限于东盟内部共识拟定上，要妥善处理南海争端，东盟国家必须要共同面对同为南海主权声索国的中国。

在此背景下，域外大国美国政府于1995年5月10日发表了《关于南沙群岛和南海的政策声明》（简称《美国政府南海政策声明》）。[7]其指出，美国强烈反对使用武力或威胁使用武力来解决领土争端，敦促所有领土提出要求各方加以克制，避免采取破坏稳定的行动；在维护南海的和平与稳定方面，美国有持久的兴趣；美国呼吁有领土要求各方在外交上加强努力，解决同领土争端有关的问题，要考虑到所有各方的利益，这样的外交努力将有利于该地区的和平与繁荣；美国愿意以有领土要求各方认为有帮助的任何方式给予帮助；美国重申欢迎东盟1992年发表的有关南海的宣言；美国同时指出，保持航行自由涉及美国的利益。使所有船只和飞机不受阻碍地在南海航行和飞行对于保持包括美国在内的整个亚太地区的和平与繁荣是极为重要的；对于南海各岛屿、礁脉、环礁和沙礁主权的领土争端的法律依据，美国不表明态度。然而，对于南海不符合国际法，包括1982年《联合国海洋法公约》的任何海上领土要求或限制海上活动的行动，美国将深表关切。

受《美国政府南海政策声明》影响，1995年8月10日，中国与菲律宾就南沙问题发表了联合声明。中菲南沙问题联合声明指出，双方同意，分歧未解决前，双方在南海地区的行为应恪守以下原则：第一，有关争议应通过平等和相互尊重基础上的磋商和平友好地加以解决，即和平解决争议原则；第二，双方将努力建立相互信任，加强本地区和平稳定的气氛，不诉诸武力或以武力相威胁解决争端，即建立信任及不使用武力原则；第三，本着扩大共同点缩小分歧的精神，双方承诺循序渐进地进行合作，最终谈判解决双方争议，即求同存异及循序渐进解决争议原则；第四，双方同意根据公认的国际法（包括《联合国海洋法公约》）的原则解决双方间的争议，即依据国际法包括《联合国海洋法公约》解决争议原则；第五，双方对本地区国家为寻求适当时候在南海开展多边合作所提出的建设性主张和建议将持开放态度，即南海多边合作开放原则；第六，双方同意在海洋低敏感领域推动合作，即推进海洋低敏感领域合作原则；第七，有关各方将就南海海洋资源的养护进行合作，即南海海洋资源养护合作原则；第八，争端应由直接有关国家解决，不影响南海地区的航行自由，即相关国家解决争端应不损害航行自由原则。

1996年，中菲发布的联合新闻公报指出，双方同意建立双边磋商机制，具体包括成立渔业、海洋环保和建立信任措施三个工作小组，尤其在增强双方的信任方面还具体列出了搜救行动、打击海盗和走私方面的合作。2000年5月，中菲两国达成《关于21世纪双边合作框架的联合声明》，双方表示将依据国际法原则，通过双边方式解决南海问题争议。可见，中菲两国针对南海问题的政策是不断深化和具体化的，从而基本保持了两国在南海问题上的合作进程，延缓了南海问题的争议。

另外，在中国批准加入《联合国海洋法公约》（1996年5月15日）的同时，中国政府依据《中国领海及毗连区》（1992年2月25日）的规定，宣布了中国大陆领海的部分基线和西沙群岛的领海基线，即中国政府于1996年5月15日发表了《中国领海基线的声明》。[8]该声明同时指出，中国政府将再行宣布中国其余领海基线。1998年6月26日，中国制定了《中国专属经济区和大陆架法》。其第2条规定，中国的专属经济区，为从测算领海宽度的基线量起延至200海里；中国的大陆架为领海以外依本国陆地领土的全部自然延伸，扩展到大陆边外缘的海底区域的海床和底土，如果其距离不足200海里，则扩展至200海里；中国与海岸相邻或相向国家关于专属经济区和大陆架的主张重叠的，在国际法的基础上按照公平原则以协议划定界限。其第14条规定，本法的规定不影响中国享有的历史性权利。可见，中国依据联合国日内瓦海洋法四公约（1958年4月29日）和《联合国海洋法公约》的要求初步明确和构建了针对海洋问题的政策及法律制度，为合理解决中国与其他国家之间的领土争议和海域划界问题作出了制度性的规范，应该受到尊重。

在双边层面外，区域层面也达成了与南海问题有关的政策和制度性共识，例如，《中国与东盟国家首脑会晤联合声明：面向21世纪的中国—东盟合作》（1997年12月16日）。其第8条指出：他们认为，维护本地区的和平与稳定符合所有各方的利益；他们承诺通过和平方式解决彼此之间的分歧或争端，不诉诸武力或以武力相威胁；有关各方同意根据公认的国际法，包括1982年的《联合国海洋法公约》，通过友好协商和谈判解决南海争议；在继续寻求解决办法的同时，他们同意探讨在有关地区合作的途径；为促进本地区的和平与稳定，增进相互信任，有关各方同意继续自我克制，并以冷静和建设性的方式处理有关分歧；他们还同意，不让现有的分歧阻碍友好合作关系的发展。

在中越、中菲围绕南海问题争议进行双边政策和制度化协调过程中，中国分别于1999年6月与马来西亚、2000年5月与印度尼西亚签署了联合声明，表示要通过和平方式解决国际争端，共同维护南海的和平稳定。在此基础上，2002年11月，中国与东盟十国签署了《南海各方行为宣言》，使区域合作制度化，达成了南海问题的制度性共识，其可谓是南海问题国际法制度的显现。

二、南海问题的政策及国际法制度的形成（2002—2012）

随着《联合国海洋法公约》的生效，尤其是其岛屿制度、专属经济区和大陆架制度的实施，各国加大了对海洋资源的开发利用力度，所以为合理地管理南海资源，在双边合作制度的基础上，如上所述，中国与东盟十国外长于2002年11月4日在金边签署了《南海各方行为宣言》（以下简称《宣言》），成为管理南海问题的国际法文件，可以认为是南海问题的国际法制度的形成标志。其主要内容如下。

首先，《宣言》的目的。其规定，认识到为增进本地区的和平、稳定、经济发展与繁荣，中国和东盟有必要促进南海地区和平、友好与和谐的环境；希望为和平与永久解决有关国家间的分歧和争议创造有利条件。

其次，《宣言》的原则。包括如下方面：①依据国际法作为处理国家间关系的基本准则；②在平等和相互尊重的基础上，探讨建立信任的途径；③尊重并承诺依据国际法原则所规定的在南海的航行及飞越自由；④依据国际法由直接有关的主权国家友好协商，以和平方式解决争议，不使用武力或以武力相威胁；⑤承诺保持克制，不采取使争议复杂化、扩大化和影响和平与稳定的行动，包括不在无人居住的岛礁或其他自然构造上采取居住的行动，应以建设性的方式处理分歧。本着合作与谅解的精神，努力寻求各种途径建立相互信任；⑥在解决争议之前，有关各方可探讨或开展在海洋低敏感领域的合作。在具体实施之前，有关各方应就双边或多边合作的模式、范围和地点取得一致意见；⑦有关各方愿通过各方同意的模式，就有关问题继续进行磋商和对话，包括对遵守本宣言问题举行定期磋商，推动以和平方式解决彼此间争议；⑧各方承诺尊重本宣言的条款并采取与宣言相一致的行动；⑨各方鼓励其他国家尊重本宣言所包含的原则；⑩有关各方重申制定南海行为准则将进一步促进本地区和平与稳定，并同意在各方协商一致的基础上，朝最终达成该目标而努力。

最后，《宣言》的效力及努力义务。尽管《宣言》的法律效力比较低，但各方应努力遵守以下政治性质的义务。主要为：第一，不采取使争议复杂化、扩大化和影响和平与稳定的行动，要求各方保持克制，即遵守保持克制和避免复杂化的义务；第二，应努力寻求各种途径建立相互信任，包括开展对话和交换意见，救助危险境地的所有公民，在自愿的基础上通报联合军事演习和通报有关情况，即遵守构筑信任及保持沟通义务；第三，探讨或开展海洋低敏感领域合作的方式（模式、范围和地点），在取得一致意见后开始实施，即遵守协商一致合作义务；第四，由直接的主权国家间依据国际法原则，以通过友好协商和谈判的和平方式解决彼此间的争议，而不诉诸武力或以武力相威胁，即遵守依国际法和平解决争议义务；第五，以协商一致的方式，努力制定南海行为准则，即遵守努力协商一致制定行为准则义务；第六，确保依据国际法原则规定的在南海的航行及飞越自由，即遵守确保国际航行及飞行自由原则；第七，区域外国家应尊重本宣言所包含的原则，即域外大国尊重宣言原则义务。

不可否认，《宣言》的签署和实施，为延缓南海问题争议的爆发起了积极的作用。但由于其存在一些缺陷，所以无法最终地管控和解决南海问题争议。笔者认为，《宣言》的缺陷，主要体现在以下方面：第一，缺少组织机构。即《宣言》无常设性的组织机构（例如，决策执行委员会、秘书处），从而无法对各国的行为或活动予以认定。第二，缺少惩罚措施。由于《宣言》的抽象性和原则性，尤其缺乏具体的行为准则，也缺少对于违反《宣言》行为或活动的制裁或惩罚措施，而各国往往采取利于本国利益的解释，致使冲突和争端无法获得认定和解决。所以为追求更大的利益，各国也有采取进一步行动的发展趋势。即对各国在南海的单方面或联合的行动，无法作出判断，从而无法确定其行为或行动，是否使争议复杂化、扩大化和影响了南海的和平与稳定。[9]所以，制定诸如南海行为准则那样的具有法律拘束力的文件，就显得特别重要。

此后，中国于2003年6月28日批准加入了《东南亚友好合作条约》及其两个修改议定书。《中越北部湾划界协定》及《中越北部湾渔业合作协定》于2004年6月30日生效。中国、菲律宾和越南于2005年3月14日签署了《在南海协议区三方联合海洋地震工作协议》。这些成果均被认为是依据《宣言》的原则和精神达成的成果，对于延缓和解决南海问题争议有重要的参考价值和作用。

此外，中国与东盟国家领导人通过的联合宣言：《中国与东盟国家联合宣言——面向和平与繁荣的战略伙伴关系》（2003年10月18日），确认了《宣言》的重要性。例如，中国与东盟国家联合宣言指出，在安全上，中国与东盟积极实践通过对话增进互信，通过谈判和平解决争议，通过合作实现地区安全的理念；为加强安全合作，决定落实《宣言》，讨论并规划后续行动的具体方式、领域和项目。为此，于2004年12月设立了中国与东盟联合工作组，自2005年8月至2010年12月举行了六次会议，但未能就制定具有法律拘束力的文件内容达成一致。所以，各方应继续就制定南海行为准则那样的文件进行协商，并为协商一致而努力，这是符合区域海洋制度的原则和要求的。因为，《宣言》第10条规定，有关各方重申制定南海行为准则将进一步促进本地区的和平与稳定，并同意在各方协商一致的基础上，朝最终达成该目标而努力。

中国政府对在条件成熟时，讨论制定"南海行为准则"持开放的态度，并认为当前的重要任务为，应启动南海低层面或低敏感领域的务实合作，待合作深化、互信增强后，再拟订"南海行为准则"较妥。[10]应该说，采取这样的步骤是比较合理的，因为如果在各方间未达成足够的互信和共识，要想制定具有法律拘束力的文件是比较困难的。可以预见，在制定"南海行为准则"时遇到的难题之一为：如何处理他国已抢占或非法控制的原属于我国的岛礁行为及资源开发活动的法律属性，即这些行为或活动是无效，冻结，还是其他，对此各方会产生严重的对立和分歧。所以，即使中国与东盟各国就制定"南海行为准则"达成共识，而要最终签订具有法律拘束力的文件的任务仍很艰巨。

另外，鉴于《联合国海洋法公约》内的大陆架制度要求，即成为缔约国的沿海国应于2009年5月13日前向大陆架界限委员会提交国家200海里外大陆架划界案，南海问题争议再次升级，同时，2009年以来美国"重返亚太战略"或"亚太再平衡战略"的出台及部署，加剧了地区热点问题的爆发，也使诸如南海问题那样的争议的解决更为困难。一个重要的现象为，东盟某些国家强化了对南海诸岛的所谓管辖和管理，具体表现为制定国内法，"强化"对岛屿的"主权宣示"，以符合大陆架界限委员会的审核条件并作出建议的"要求"。例如，2009年2月17日，菲律宾国会通过了领海基线法案。3月10日，菲律宾通过第9522号共和国法案——《领海基线法》，将中国的黄岩岛和南沙部分岛礁划为菲律宾领土。2009年3月5日，马来西亚总理登陆南沙群岛的弹丸礁，宣示对该礁及其附近海域的"主权"。2009年5月6日，越南和马来西亚提交联合划界案；2009年5月7日，越南针对南海的划界案。2012年4月，中菲黄岩岛对峙事件；2012年，越南海洋法的制定。此后经过各方努力，制定了延缓南海问题争议的双边及区域性文件，例如，2011年10月11日，《关于指导解决中国和越南海上问题基本原则协议》；2011年10月15日，《中越联合声明》；2011年7月20日，中国与东盟就落实《宣言》指导方针达成一致（即落实《宣言》指导方针，2011年7月21日，中国—东盟外长会议通过）。[11]这些成果为推动落实《宣言》进程，包括协商南海行为准则，推进南海务实合作铺平了道路，提供了保障。

在上述文件中，尤其是中国—东盟落实《宣言》指导方针，旨在指导落实《宣言》框架下可能开展的共同合作活动、措施和项目。其内容为：①依据《宣言》条款，以循序渐进的方式进行；②各方将根据《宣言》的精神，继续推动对话和磋商；③落实《宣言》框架下的活动或项目应明确确定；④参与活动或项目应建立在自愿的基础上；⑤《宣言》范围内最初开展的活动应是建立信任措施；⑥应在有关各方共识的基础上决定实施《宣言》的具体措施或活动，并迈向最终制定南海行为准则；⑦在落实《宣言》框架下达成共识的合作项目时，如有需要，将请专家和名人为有关项目提供协助；⑧每年向中国—东盟外长会报告《宣言》范围内达成共识的合作活动或项目的实施进展情况。

此后，由于2012年第45届东盟外长会议无法汇聚共识提出联合宣言，印度尼西亚便开始以区域大国的身份，由总统委派印度尼西亚外长出使东盟各成员国，在36小时内积极协商，并凝聚东盟的共同立场与利益。在印度尼西亚外长积极从事外交斡旋的努力下，其与柬埔寨外长在2012年7月20日针对南海问题的后续发展提出了"东盟南海六项原则"（ASEAN's Six-point Principles on the South China Sea），强调：①全面落实《宣言》及其有关声明；②落实《宣言》后续行动指针；③尽快达成"南海行为准则"；④全面遵守包括《联合国海洋法公约》在内的被国际社会广泛认可的国际法；⑤各方继续保持克制，不使用武力；⑥依据《联合国海洋法公约》在内的、被国际社会广泛认可的国际法和平解决有关争议。[12]

2012年8月3日，美国国务院代理副发言人帕特里克·文特瑞尔（Patrick Ventrell）就南海问题发表声明。[13]美国针对南海问题的声明指责中国进一步加剧南海地区紧张局势。主要内容为：①美国对南海局势紧张升级表示关切，正在对形势发展密切跟踪；近来局势发展中对抗性言论、资源开发分歧、胁迫性经济行动，包括使用障碍物阻止进入黄岩岛周边事件不断升级，特别是中国提升三沙市行政级别，在南海有争议地区建立一个新的警备区之举有违通过外交合作解决分歧，进一步加剧地区紧张局势升级风险。②美国在南海领土争端中不选边站队，也没有领土野心，但美国相信该地区国家应通过合作及外交努力解决分歧，而不应强迫、恫吓、威胁和使用武力。③为建立和平解决分歧的清晰程序规则，美国鼓励东盟国家和中国就最终完成南海行为准则取得有意义的进展，同时，美国支持东盟最近就南海问题达成的六点原则。

对此，中国外交部发言人秦刚就美国国务院发表所谓南海问题声明阐明了中方严正立场，指出，美国的所谓南海问题声明，罔顾事实，混淆是非，发出了严重错误信号，无助于有关各方维护南海乃至亚太地区和平稳定的努力；中方对此表示强烈不满和坚决反对。具体内容为：

第一，中国对南海诸岛及其附近海域拥有无可争辩的主权，历史事实清楚，包括1959年中国就设立了隶属广东省的西、南、中沙群岛办事处，对西沙、中沙和南沙群岛的岛礁及其海域进行行政管辖，这次设立三沙市是中国对现有有关地方行政管辖机构的必要调整，是中国主权范围内的事情。

第二，近20多年来，在中国和有关地区国家的共同努力下，保持了南海的和平稳定，航行自由和正常贸易得到充分保障，包括2002年中国与东盟国家共同签署的《宣言》，规定了利用和平方法直接由有关主权国家解决领土争议和管辖权争议，各方承诺不采取使争议复杂化、扩大化的行动，但个别国家再三破坏上述宣言的基本原则和精神，缺乏商谈"南海行为准则"的条件和气氛。

第三，美国对中国正常、合理之举的无端指责不能不使人们对美方的意图指出质疑……这种选择性视盲和发声有悖其所声称的对争议"不持立场""不介入"的态度，不利于地区国家的团结合作与和平稳定；美国应尊重中国的主权和领土完整，多做有利于亚太稳定繁荣的事，而不是相反。

在这种背景下，尤其在域外大国美国的参与下，中国针对制定南海行为准则的态度发生了变化。主要标志为中国同意与东盟就南海行为准则举行磋商。这是在中国与东盟就落实《宣言》第八次联合工作组会议后作出的决定。[14]为此，于2013年

9月14—15日在中国苏州举行了中国—东盟联合工作组的第九次会议，各方同意遵循循序渐进、协商一致的磋商思路，从梳理共识开始，逐步扩大共识、缩小分歧，在全面有效落实《宣言》的过程中，继续稳步推进准则的进程，会议决定授权联合工作组就南海行为准则进行具体磋商，并同意采取步骤成立名人专家小组。[15]这是值得祝贺的，体现了对南海问题的政策和国际法制度由功能化向规范化发展的趋势。[16]

可见，中国同意就南海行为准则开始磋商，对于南海问题向规范性方向发展，具有重大的意义，也可发挥中国的应有作用。

三、南海问题的政策及国际法制度的发展（2013至今）

如上所述，中国同意与东盟就南海行为准则开始正式磋商，是对南海问题国际法制度发展的重要贡献，对于规范各方在南海尤其在南沙群岛及其周边海域的行为或活动，有一定的拘束力，但对最终解决相关国家之间的领土争议问题，则只能规定原则性的条款，即相关国家之间针对的南沙岛礁领土的主张不可轻易改变，在协商谈判解决领土主权问题时，也不会轻易地达成妥协，但南海行为准则对于延缓南海问题争议有积极的稳固作用，为此，在磋商制定南海行为准则的过程中，应注意以下问题及遵守以下几项原则。主要为：

第一，合理预期原则。制定南海行为准则涉及多方利益，需要有一个细致复杂的协调过程，以照顾各方的关切和利益，兼顾各方的舒适度和可接受度。南沙岛礁领土争议问题，依然需在声索国间通过直接的对话和谈判协商解决。任何试图利用其他方法包括利用法律或司法方法解决，存在一定的难度，存在曲折性。

第二，遵守协商一致原则。制定南海行为准则应继承包括《宣言》在内的原则和精神，寻求最广泛的共识，努力达成协商一致，不应把个别国家或几个国家的意志强加给其他国家，确保制度实施的有效性和稳定性。

第三，排除干扰原则。尽管各方均表示愿意继续推进南海行为准则进程，但仍未能就制定具有法律拘束力的文件内容达成一致，主要原因之一是受到了东盟内部某些国家及其他外部国家的干扰，所以，各方和其他国家应多做有利于推进南海行为准则进程的事，确保推进其进程的条件和环境。

第四，遵循循序渐进原则。南海问题争议十分复杂和敏感，不可能一蹴而就并一次性地最终解决，需要在坚持先前相关政策与制度原则和精神的基础上进行广泛而持续的努力，实现阶段性的突破，特别需要坚持先易后难、循序渐进的原则。当然，这些原则均符合国际法尤其是与南海问题有关的政策和国际法制度规范，必须坚持。

当前的任务之一是，应加强双边层面的合作进程，尤其应强化海洋低敏感领域的合作，推进区域合作步伐，包括制定和实施南海区域海洋领域合作制度。而其基础或前提是增进互信，尤其是巩固政治互信。

2013年10月8日，在印度尼西亚巴厘岛签署了《中国—东盟面向和平与繁荣的战略伙伴关系联合宣言》。其指出，我们强调共同维护南海和平稳定，确保海上安全，维护航行自由，将继续加强落实《宣言》，保持定期磋商，朝着《宣言》所确定的达成南海行为准则的目标而努力，以加强互信，维护地区和平、稳定和繁荣。2013年10月10日，李克强总理在第16次东盟与中日韩领导人会议上的讲话指出，我们愿积极探讨签署中国—东盟国家睦邻友好合作条约，遵守《宣言》精神，积极稳妥推进南海行为准则，妥善应对和处理地区热点敏感问题，避免其复杂化、扩大化。中方将考虑建立东亚海洋合作平台。中国将与东盟携手建设更为紧密的中国—东盟命运共同体；发展海上合作伙伴关系，推动海洋经济尤其是渔业、海上互联互通、海上环保和科研、海上搜救等领域务实合作，共同建设21世纪"海上丝绸之路"。这些具体的政策和制度性倡议均是积极推动南海问题争议解决的有效途径和方法。

在双边层面上，2013年10月15日，《新时期深化中越全面战略合作的联合声明》指出，双方同意继续推进在海洋环保、海洋科研、海上搜救、防灾减灾、海上互联互通等领域合作。双方同意切实管控好海上分歧，不采取使争端复杂化、扩大化的行动，用好两国外交部海上危机管控热线，两国农业部门海上渔业活动突发事件联系热线，及时、妥善处理出现的问题，同时继续积极探讨管控危机的有效措施，维护中越关系大局以及南海和平稳定。双方一致同意，全面有效落实《宣言》，增进互信，推动合作，共同维护南海和平与稳定，按照《宣言》的原则和精神，在协商一致的基础上朝着制定南海行为准则而努力。

这些针对南海问题的政治性文件，为增进互信具有重要的保障作用，也为延缓和合作处理南海问题提供了重要基础和保障，值得推进和具体落实。

总之，中国的发展已成为不可阻挡的历史潮流，如何让中国在南海问题的处理上发挥重大的作用，是各国所期待的，所以，中国应以处理南海问题争议包括制定南海行为准则为契机，提供更多的公共产品，发挥大国的责任，为树立海洋秩序和海洋安全新理念，确立公正合理的海洋文化和价值观，是应持续努力的方向和重大任务。

结语

　　从以上规范南海问题的政策和国际法制度，包括从双边、区域层面的交替递进，以及其蕴涵的原则和精神的一致性，无疑为解决南海问题争议提供了重要的条件和基础，为此，我们必须切实贯彻和具体落实，为维护南海区域的和平、稳定与发展，增进合作，共享南海资源利益作出贡献。由于南海问题争议复杂、敏感，不可能在短期内解决，所以，应考虑延缓南海问题争议的途径和方法，主要的目标取向为：实现海洋低敏感领域功能性和各方行为或活动的规范性的协调统一，为最终解决南海问题争议提供基础性的条件和保障，实现共享南海资源利益和维护海洋权利相统一的目标，为人类造福。同时，我国应以制定南海行为准则为契机，积极加快充实国家海洋体制机制步伐，包括进一步完善海洋法律制度，以维护我国领土主权和海洋利益，为实现海洋强国战略目标提供保障。

参 考 文 献

[1] 20世纪50年代，"东亚和东南亚沿岸和近海地学计划委员会"在南沙海域进行地质和地球物理勘探，发现了储量丰富的石油天然气资源；1968年，联合国远东经济委员会下属的"亚洲外岛海域矿产资源联合勘探协调委员会"出具的调查报告，进一步揭示了南海海域石油储量丰富性的前景。20世纪60年代后期，外国一些石油公司、科研单位对南海进行地震、重力、磁力、测深和地质取样等方面的调查及估计等，加剧了南海问题争议的爆发。参见张良福著：《中国与邻国海洋划界争端问题》，海洋出版社2006年版，第27页。

[2] 参见李国强：《中国南海诸岛主权的形成及南海问题的由来》，《求是》2011年第15期（2011年8月），http://www.qstheory.cn/zxdk/2011/201115/201107/t20110728_98322.htm，2014年1月15日访问。

[3] 北京大学法律系国际法教研室. 海洋法资料汇编. 北京：人民出版社, 1974：386-387.

[4] 联合国日内瓦海洋法四公约是指，《领海与毗连区公约》（1964年9月10日生效），《公海公约》（1962年9月30日生效），《捕鱼与养护公海生物资源公约》（1966年3月20日生效）和《大陆架公约》（1964年6月10日生效）。

[5] 例如，《大陆架公约》第1条规定，"大陆架"是指邻接海岸但在领海范围以外，深度达200米或超过此限度而上覆水域的深度容许开采其自然资源的海底区域的海床和底土。在这一定义中包含了两项独立的、平行的标准，即200米水深标准和可开发标准。而随着海洋科技特别是资源开发装备和技术的发展，发达国家开发大陆架的深度有无限扩展的趋势，严重地损害了发展中国家的利益，所以出现了要求对大陆架的标准予以修正和完善的要求及趋势。

[6] 参见金永明著：《国际海底制度研究》，新华出版社2006年版，第1-8页。联合国第二次海洋

法会议于1960年3月7日至27日在日内瓦举行，以审议领海宽度和捕鱼区的界限，但由于各国意见分歧很大，同时时间仓促，未实现预期目标。参见魏敏主编：《海洋法》，法律出版社1987年版，第15-19页。

[7] 吴士存. 南海问题文献汇编. 海口：海南出版社, 2001：377-378.

[8] 例如，《中国领海及毗连区法》第2条第2款规定，中华人民共和国的陆地领土包括中华人民共和国大陆及其沿海岛屿、台湾及其包括钓鱼岛在内的附属各岛、澎湖列岛、东沙群岛、西沙群岛、中沙群岛、南沙群岛以及其他一切属于中华人民共和国的岛屿。第3条规定，中华人民共和国领海的宽度采用直线基线法划定，由各相邻基点之间的直线连线组成；中华人民共和国领海的外部界限为一条其每一点与领海基线的最近距离等于12海里的线。

[9] 例如，《南海各方行为宣言》第5条规定，有关各方承诺保持自我克制，不采取使争议复杂化、扩大化和影响和平与稳定的行动，包括不在现无人居住的岛、礁、滩、沙或其他自然构造上采取居住的行动，并以建设性的方式处理它们的分歧。

[10] See http://www.dfdaily.com/html/51/2011/11/19/699790.shtml，2011年11月19日访问。

[11] 中国与东盟落实南海各方行为宣言指导方针内容，参见http://www.mfa.gov.cn/chn/gxh/tyb/wjbxw/t844329.htm，2011年8月2日访问。

[12] 东盟外长发表关于南海问题六原则. 文汇报. 2012-07-21(4).

[13] 美国南海问题声明内容，参见http://www.state.gov/r/pa/prs/ps/2012/08/196022.htm，2012年8月8日访问.

[14] 中国与东盟就落实《南海各方行为宣言》的第八次联合工作组会议于2013年5月29日在泰国曼谷举行。中国和东盟国家代表出席会议，会议表示愿意继续推进"南海行为准则"进程。参见《文汇报》2013年6月7日，第6版。

[15] 参见《中国海洋报》2013年9月17日，第1版。

[16] 所谓的南海问题的功能性，是指应合理地开发利用南海资源，尤其应加强在海洋低敏感或低层面领域的合作进程，以共享南海资源利益。所谓的南海问题的规范性，是指为合理地开发利用南海资源，应就制定诸如南海行为准则那样的具有法律拘束力的文件而共同努力，以规范各国的行为或活动，弥补包括南海各方行为宣言文件在内的制度性缺陷，实现南海资源的有序开发和合理利用。参见金永明：《论南海资源开发的目标取向：功能性与规范性》，《海南大学学报》（人文社会科学版）2013年第4期，第5页。

论文来源：本文原刊于《当代法学》2014年第3期，第18-26页。

基金项目：本文系中国海洋发展研究中心重点项目"我国应对海洋权益突出问题的策略研究"（AOCZD201202）的阶段性成果。

建立我国环境公益诉讼制度的
诉讼法解释路径

时　军[*]

摘　要： 环境公益诉讼制度的建立势在必行，在立法条件还不成熟的情况下，通过法律解释的方法可以为环境公益诉讼寻找到一条现实可行的路径。通过对诉讼法的文义解释、扩大解释、体系解释、目的解释和合宪解释等，可以突破《民事诉讼法》和《行政诉讼法》对环境公益诉讼的限制，从而在不改变现有法律制度的情况下建立起环境公益诉讼制度。

关键词： 环境公益诉讼；法律解释；利害关系

随着我国环境状况的迅速恶化及公众的生存，政府、媒体、民间环保组织不断推进的保护环境宣传与动员，公众的环境意识已经有了巨大提升，环境公益诉讼受到了社会的广泛关注。在现有的诉讼制度框架内，建立环境公益诉讼制度的关键是找到适格原告。现行诉讼法对原告资格的严格的限制，这种限制阻碍了环境公益诉讼的建立。然而，在不改变现行法律的前提下，通过对《民事诉讼法》和《行政诉讼法》解释也可以使环境公益诉讼得以建立。

一、现行法律为环境公益诉讼制度的建立留下解释空间

依照我国《民事诉讼法》第108条的规定，提起民事诉讼的原告必须是与案件有"直接利害关系"[①]的人。现行的法律并没有对"直接利害关系"的范围做出明确规定。学术界对"直接利害关系"的理解主要集中于两点：一为"直接"，即原告

---

* 时军（1970—），女，法学博士，中国海洋大学法政学院副教授，硕士研究生导师。主要研究方向为环境法学基本理论。

① 《民事诉讼法》第108条：起诉必须符合下列条件：（一）原告是与本案有直接利害关系的公民、法人和其他组织；（二）有明确的被告；（三）有具体的诉讼请求和事实、理由；（四）属于人民法院受理民事诉讼的范围和受诉人民法院管辖。

与损害或所争议的权利、义务之间的关系是直接的；二为"利害关系"，其出发点为民事实体权利的享有，[1]并且这些权利是"独占的""排他的"。[2]在环境公益损害事件中，损害并不直接体现为原告个人的人身权或者财产权的损害。据此学者们认为，在大家所讨论的环境公益诉讼案件中找不出与案件有"直接利害关系"的主体，也就是没有适格原告。大部分法院也都是按这一看法处理环境公益诉讼案件的。

根据我国《行政诉讼法》第2条①、第11条②、第12条③和最高人民法院发布的《关于执行<中华人民共和国行政诉讼法>若干问题的解释》第12条④的规定，行政诉讼的原告必须是与具体行政行为具有"法律上的利害关系"的公民、法人或者其他组织。与"直接利害关系"相比，"法律上的利害关系"标准的确立在一定程度上扩大了原告的范围，但这一扩大也无法实现对环境公益诉讼原告的接纳。学者们这样理解"法律上的利害关系"：首先，这种利害关系是"法律上"的利害关系而非一切利害关系；其次，这种法律上的影响是行政权运作的结果；最后，被诉具体行政行为对原告应享有的合法权利的影响是必然的。[3]环境公共利益与任何主体都不具有这种法律上的利害关系，因而，"法律上的利害关系"的规定堵塞了产生环境公益诉讼原告的通道，同样没有给环境公益诉讼制度的建立留出空间。

虽然《民事诉讼法》和《行政诉讼法》中对原告资格的表述并不相同，但两者都是采用了"利害关系人"理论。诉讼法中采用的"利害关系人"理论对建立环境公益诉讼制度形成了无法克服的障碍。首先，该理论所设定的利益保护框架是一个

---

① 《行政诉讼法》第2条：公民、法人或者其他组织认为行政机关和行政机关工作人员的具体行政行为侵犯其合法权益，有权依照本法向人民法院提起诉讼。

② 《行政诉讼法》第11条：人民法院受理公民、法人和其他组织对下列具体行政行为不服提起的诉讼：（一）对拘留、罚款、吊销许可证和执照、责令停产停业、没收财物等行政处罚不服的；（二）对限制人身自由或者对财产的查封、扣押、冻结等行政强制措施不服的；（三）认为行政机关侵犯法律规定的经营自主权的；（四）认为符合法定条件申请行政机关颁发许可证和执照，行政机关拒绝颁发或者不予答复的；（五）申请行政机关履行保护人身权、财产权的法定职责，行政机关拒绝履行或者不予答复的；（六）认为行政机关没有依法发给抚恤金的；（七）认为行政机关违法要求履行义务的；（八）认为行政机关侵犯其他人身权、财产权的。除前款规定外，人民法院受理法律、法规规定可以提起诉讼的其他行政案件。

③ 《行政诉讼法》第12条：人民法院不受理公民、法人或者其他组织对下列事项提起的诉讼：（一）国防、外交等国家行为；（二）行政法规、规章或者行政机关制定、发布的具有普遍约束力的决定、命令；（三）行政机关对行政机关工作人员的奖惩、任免等决定；（四）法律规定由行政机关最终裁决的具体行政行为。

④ 《最高人民法院关于执行<中华人民共和国行政诉讼法>若干问题的解释》第12条：与具体行政行为有法律上利害关系的公民、法人或者其他组织对该行为不服的，可以依法提起行政诉讼。

封闭的体系，仅限于实体法限定的范围，即当事人的利益诉求必须是现行法律设定的利益保护框架之内的；其次，法律预先设定了一个严格的、普适的利益代表判断标准，也就是说，诉讼的适格当事人只能是法律规范明确规定的实体权利义务的当事人。[4]

环境公共利益是近年来随着环境破坏日益严重才引起人们关注的，传统的法律并没有对其进行明确规定。"环境损害不同于民法所关心的利益，在许多情况下，环境问题都只是带来整体环境的损害，而没有造成具体主体的利益的损害。"[5]这也就意味着对环境公共利益的保护难以纳入现有利益保护的封闭体系之内。环境公共利益与公民、法人等主体之间难以形成《民事诉讼法》中的"直接利害关系"或者《行政诉讼法》上的"法律上的利害关系"，从而，公民、法人便无法担当环境公共利益的维护者，难以启动环境公益诉讼程序。"利害关系人"的诉讼理论关闭了对环境公共利益的诉讼救济之门，导致那些欲为维护环境公共利益而诉的私人主体无法利用司法力量。因此，冲破"利害关系人"理论的束缚是环境公益诉讼制度得以建立的关键，而对"直接利害关系"和"法律上的利害关系"的扩大解释则可能打通这一关键。实际上，"现行法律为公民等取得主体资格留下了解释空间。"[6]

二、对《民事诉讼法》"直接利害关系"的扩大解释

我们先来看对《民事诉讼法》"直接利害关系"的扩大解释。

我国的《民事诉讼法》和《行政诉讼法》对"直接利害关系"和"法律上的利害关系"的界定是比较笼统的，适用这些规则的审判人员可以在审理疑难案件时做"自由裁量"。裁量者完全可以做出自己的价值选择。法律解释的方法具有多样性，解释者在选择解释方法上具有一定的自主权。也正因为如此，学者们才认为解释方法具有很强的"工具色彩"。[7]法律解释的工具特性决定着它可以为一定的价值服务。因此在进行法律解释之前首先需要确定解释者的价值选择。

环境民事公益诉讼存在《民事诉讼法》的权威性与保护环境公共利益之间的矛盾，解释者需要从中做出价值选择。一方面，法律具有至高的权威，司法实践需要严格遵守法律规定；另一方面，环境公益诉讼是保护环境公共利益的重要手段。维护法律的权威性需要我们严格遵守《民事诉讼法》而排斥环境公益诉讼制度；而维护环境公共利益则需要我们对《民事诉讼法》有关原告资格的规定做出变通。"坚守"还是"变通"，两种选择之间存在冲突。然而这一冲突却并非不可调和。毋庸讳言，法律具有滞后性。为了解决法律的滞后性这一问题，有解释权的机关在适用

法律时可以为克服法律的"时滞"而按已经前进了的社会实践做出解释。《民事诉讼法》的某些规定在保护环境公共利益方面是明显滞后于现实社会需求的。在此情况下，如果人们仍然机械地遵守法律规定，是对维护环境公共利益不负责任。因此，法律适用者可以在不破坏法律权威性的前提下，对法律做适当的扩大解释，给予环境公益诉讼制度挤出空间。

文义解释是最基本的法律解释方法。我们可以尝试从文义解释着手对"直接利害关系"进行扩大解释。

《民事诉讼法》第3条关于人民法院受理案件范围的规定[①]对"直接利害关系"进行了较多的限制，这些限制集中表现在将"利害关系"仅仅限定为"人身关系"和"财产关系"，即只有有关财产关系和人身关系的案件才属于法院的受理范围。法院在司法实践中也以是否属于"人身关系"和"财产关系"作为是否受理起诉的依据。以《民事诉讼法》规定的精神损害赔偿为例。最高人民法院颁布的《关于确定民事侵权精神损害赔偿责任若干问题的解释》明确规定了精神损害赔偿制度。该司法解释规定：自然人的人格权利遭受非法侵害后，权利人可以向人民法院提起诉讼，请求被告赔偿其精神损害。根据我国《民法通则》的规定，人格权属于人身权利，人格权受到损害的原告与被告之间存在人身关系。该类纠纷属于《民事诉讼法》的调整范围。但该司法解释还规定：自然人死亡后，其近亲属也可以以被告侵害死者"人格权"而使其遭受精神痛苦为由向人民法院提起诉讼，请求被告赔偿其精神损害。[②] 我们都知道，人身关系是与主体的人身不可分离的、不以经济利益而以特定精神利益为内容的社会关系。传统的民法理论规定人的权利始于出生，终于死亡。死者的人格随着肉体的死亡而归于消灭，也就不存在"人格"受到侵害的问题。《关于确定民事侵权精神损害赔偿责任若干问题的解释》虽然规定死者的近亲属可以侵害死者人格权为由提起诉讼，但是这种人格权是一种消失的权利，此时原告与被告之间的关系很难被认定为一种"人身关系"。这一解释为对"直接利害关系"做扩大解释提供了借鉴。

---

① 《民事诉讼法》第3条：人民法院受理公民之间、法人之间、其他组织之间以及他们相互之间因财产关系和人身关系提起的民事诉讼，适用本法的规定。

② 《关于确定民事侵权精神损害赔偿责任若干问题的解释》第3条：自然人死亡后，其近亲属因下列侵权行为遭受精神痛苦，向人民法院起诉请求赔偿精神损害的，人民法院应当依法予以受理：（一）以侮辱、诽谤、贬损、丑化或者违反社会公共利益、社会公德的其他方式，侵害死者姓名、肖像、名誉、荣誉；（二）非法披露、利用死者隐私，或者以违反社会公共利益、社会公德的其他方式侵害死者隐私；（三）非法利用、损害遗体、遗骨，或者以违反社会公共利益、社会公德的其他方式侵害遗体、遗骨。

公民、法人等主体与环境公共利益之间是否存在"直接利害关系"呢？确定是否具有"利害关系"一般需要从权利和义务两个方面进行考量，因此在对"直接利害关系"进行扩大解释时，可以从主体享有环境利益和承担环境责任两个方面着手。一方面，从社会个体对环境享有的利益来看，公民等主体与环境公共利益之间存在"直接利害关系"。环境公共利益的享有者并不是某一个自然人或者某一个团体，而是全体社会成员。"我们每个人生存所依赖的环境的最大特点是它的整体性。环境是不可分的，这种环境所带来的利益也是不可分的，是人类的共同的利益。"[8]这种共同的利益属于全体社会成员，我们无法将环境公共利益分割成数份而由个体来分享其中的份数。作为须臾不能脱离环境而存在的生命体，任何人从出生之日起，就与环境有着息息相关的"利害关系"。作为社会成员的每一个个体都"享有环境利益"。只不过社会个体只能"享有"环境公共利益而不能"分割"环境公共利益而已。环境公共利益的存在或者损害对于生活在环境中的社会个体会产生影响，这种影响会以水、空气等环境要素的形式影响到每一个人。另一方面，从社会个体对环境负有的责任来看，公民、法人等主体与环境公共利益之间存在"直接利害关系"。各种主体"都对由一定的环境区域所决定的环境共同体负有不可推卸的责任，都有义务为环境保护有所付出或有所克制"。[9]社会发展在一定程度上加剧了环境破坏，享受到社会发展利益的社会成员对环境破坏都负有相应的责任，包括对环境进行管理和保护的责任。损害环境公共利益就是对环境保护责任者的责任的追加，也就是影响了这些责任者的利益。公民、法人等其他主体可以因利益受损为由而提起环境公益诉讼。

这一结论可以在"利害关系"的有关理论中得到印证。学者们认为"利害关系"主要包括三部分内容，即公民、法人或者其他组织的财产权、人身权或者其他权益遭到他人的侵害；公民、法人或者其他组织之间发生了权利、义务归属的争执；依法保护他人权利的个人和组织因受其保护的权利被他人侵害。[10]其中第三部分主要针对民法中的管理人制度而设计：管理人对被管理人的财产进行管理，当被管理财产受到第三人的损害时，管理人可以向法院对侵害人提起诉讼。这一解释的实质在于管理人基于管理义务对侵害行为提起诉讼。也就是说，基于义务提起诉讼是可以被认定为具有原告资格的。在管理人之诉中，确定管理人与被管理财产之间存在利害关系的理由在于管理人如果不对侵害行为提起诉讼，管理人本人就会因为自己管理不善的行为而受到损失。同样的道理，在环境公益损害事件中，每一个公民、法人都可以"因受其保护"的环境公共利益受到"他人侵害"而向人民法院提起诉讼。

我们还可以运用体系解释、目的解释以及合宪解释等解释方法来验证，[11]对"直接利害关系"的扩大解释没有破坏法律体系内部的一致性，没有与《民事诉讼法》的立法目的相冲突，更没有与我国《宪法》的规定相背离。

首先，对"直接利害关系"的扩大解释，没有破坏法律体系内部的一致性。对"直接利害关系"进行扩大解释，探寻建立环境公益诉讼制度的条件，可以补充人们适用其他法律处理环境损害的救济方式。如《水污染防治法》第88条规定："环境保护主管部门和有关社会团体可以依法支持因水污染受到损害的当事人向人民法院提起诉讼。"这条法律规定虽然没有直接涉及环境公益诉讼，但是其中为环境公益而诉的基本理念已经初见端倪。"直接利害关系"的扩大解释，为"因水污染受到损害的当事人"提起环境公益诉讼提供了一定的法律依据。

其次，对"直接利害关系"的扩大解释与《民事诉讼法》的立法目的相一致。《民事诉讼法》第2条明确规定了民事诉讼法的任务，其中"保护当事人的合法权益"①是民事诉讼法的首要目的。"直接利害关系"的规定把《民事诉讼法》的保护范围压缩为仅包括当事人人身权和财产权，忽视了公民享用环境公共利益这一"合法权益"。对"直接利害关系"进行扩大解释，使环境公益诉讼制度得以建立，可以及时制止环境侵害，从而减少环境侵害带来的不利后果，这样更有利于全面保护公民、法人的"合法权益"。

最后，对"直接利害关系"的扩大解释与《宪法》的规定不相悖。《宪法》虽然没有明确规定环境公益诉讼制度，但是《宪法》第9条②和第26条③的规定都显示了国家对环境保护工作的重视，而环境公益诉讼正是保护环境的一个重要手段。此外，"直接利害关系"的扩大解释还为公民参与国家事务管理提供了新的渠道。根据我国《宪法》第2条的规定，公民拥有通过各种途径和形式管理国家事务的权利。也就是说，公民当然拥有管理国家"环境事务"的权利。而提起诉讼的途径应该是"各种途径和形式"中可以选择的一种。

---

① 《民事诉讼法》第2条：保护当事人行使诉讼权利，保证人民法院查明事实，分清是非，正确适用法律，及时审理民事案件，确认民事权利义务关系，制裁民事违法行为，保护当事人的合法权益，教育公民自觉遵守法律，维护社会秩序、经济秩序，保障社会主义建设事业顺利进行。

② 《宪法》第9条：矿藏、水流、森林、山岭、草原、荒地、滩涂等自然资源，都属于国家所有，即全民所有；由法律规定属于集体所有的森林和山岭、草原、荒地、滩涂除外。国家保障自然资源的合理利用，保护珍贵的动物和植物。禁止任何组织或者个人用任何手段侵占或者破坏自然资源。

③ 《宪法》第26条：国家保护和改善生活环境和生态环境，防治污染和其他公害。国家组织和鼓励植树造林，保护林木。

三、对《行政诉讼法》"法律上的利害关系"的扩大解释

再来看对《行政诉讼法》"法律上的利害关系"的扩大解释。在完成了从"直接利害关系"中为环境公益民事诉讼寻找原告的解释之旅之后,对《行政诉讼法》的"法律上的利害关系"的突破就变得十分容易了。

对"法律上的利害关系"同样可以从文义解释入手寻找扩大解释的空间。首先,《行政诉讼法》并未对"法律上的利害关系"进行明确的规定。最高人民法院发布的《关于执行<中华人民共和国行政诉讼法>若干问题的解释》第12条规定,与案件有"法律上的利害关系"的公民、法人或者其他组织可以提起行政诉讼。从"法律上的利害关系"的字面含义来看,存在对其进行扩大解释的空间。"法律上的利害关系"一词可以分为"法律上的"和"利害关系"两个部分。其中"法律上的"是"利害关系"的限定词。"利害关系"即"利益与损害的关系"。对于"法律上的利害关系"的理解重点在于"法律上的"这个限定。仅对"法律上的"一词进行字面理解来看,其内涵和外延是广泛且不确定的。学者们认为"法律上的利害关系"包括以下要素:原告必须具有合法权益;侵权行为与被侵害或影响的权益之间存在因果关系。按照这样的分析思路可以从"法律上的利害关系"中解释出环境公益行政诉讼原告成立的条件。

第一,关于合法权益的规定。《行政诉讼法》第2条明确规定行政诉讼法保护的是公民的"合法权益"。对于"合法权益"中"合法"的理解并不存在分歧。学界基本一致认为"合法"是原告的一种主观判断而非客观的存在。[12]但是对于"权益"的理解却不尽相同。有些学者将"权益"的范围限定于人身权、财产权以及法律法规明确规定的其他权利。这种观点实际上是将"权益"等同于"权利"。《行政诉讼法》第11条给环境公益行政诉讼制度的建立提供了机会。该条规定,"除前款规定外,人民法院受理法律、法规规定可以提起诉讼的其他行政案件。"这为扩大"法律上的利害关系"留出了充分的解释空间。

将"权益"限定为人身权、财产权的观点,忽视了"共同利益"的存在。从理论上讲,公民、法人与其他组织是私权主体而不是公权主体。一个公权主体必须有法律的规定和授权才会有权力;对于个人而言,只要法律不禁止,就是个人的权利或自由。法律明确规定和赋予个人权利、权益的情形有很多,但是我们不能反过来说,法律没有明确规定和赋予的权利,就不是个人的权利、权益;更不能说,法律没有明确规定的利益都是非法利益或者不受法律保护的利益。因此,即使没有法律上的规定,只要不违反法律规定,公民的"利益"都应该是受法律保护的。同样,

在环境公益诉讼中，公民等主体对于环境享有的利益是人生存的本能需求，而人所拥有的利用和享有环境的权益，法律并未禁止。因此可以说，环境公益诉讼中提起诉讼的主体所享有的利益可以被认定为是一种"合法权益"。

第二，关于因果联系的理论。行政诉讼中的因果联系是指原告权益的损害与被诉的具体行政行为之间存在因果联系。人类对于环境的依赖深入到生活的各个方面。相应地，人类活动对于环境的影响也遍及各个领域。行政行为作为行政机关进行社会管理的一种手段，必然会对环境产生一些影响。行政行为对环境造成的损害与环境公共利益之间也完全可能存在因果联系，只不过这种因果联系的存在与否需要在具体案件中做出判断。因此，在环境行政公益诉讼中，因果联系理论并不构成对环境公益诉讼制度建立的阻碍。

对"法律上的利害关系"的扩大解释也应该用其他解释方法加以验证。首先，对"法律上的利害关系"的扩大解释并未破坏法律体系内部的一致性。在《行政诉讼法》及其司法解释中，对于适格原告的条件做了诸多规定。因此对于《行政诉讼法》内部体系一致性的检验必不可少。根据《行政诉讼法》第2条的规定，只要是公民、法人或者其他组织"认为"行政机关及其工作人员的具体行政行为侵犯其合法权益，就可以向人民法院提起诉讼。也就是说，《行政诉讼法》对原告诉讼资格的限制很少。其次，对"法律上的利害关系"的扩大解释更好地体现了《行政诉讼法》的立法目的。《行政诉讼法》第1条将该法的立法目的概括为三方面[①]：第一，是对法院审理案件的指导意义；第二，是对原告利益的维护；第三，是对行政机关依法行政的维护和监督。对"法律上的利害关系"做出扩大解释符合这些立法目的：为环境公益诉讼制度的建立提供法律依据。环境公益行政诉讼为公民提供在环境公共利益受到损害时的司法救济途径；也能够在环境公共利益损害发生之时对环境损害行为予以及时制止，从而使公众免受更大的环境损害。最后，对"法律上的利害关系"的扩大解释不违背《宪法》的精神。正如前文所述，《宪法》的有关条款彰显了国家保护环境与自然资源的立法本意，而实施环境公益诉讼符合这一立法本意。

通过对《民事诉讼法》和《行政诉讼法》有关条款进行扩大解释，我们发现，可以为建立环境公益诉讼制度找到法律依据。人民法院完全可以通过法律解释迎接

①《行政诉讼法》第1条：为保证人民法院正确、及时审理行政案件，保护公民、法人和其他组织的合法权益，维护和监督行政机关依法行使行政职权。

环境公益诉讼原告走进法庭，运用司法的力量建立环境公益诉讼制度。[①]

参 考 文 献

[1] 常怡. 民事诉讼法学[M]. 北京：中国政法大学出版社, 2000：271.

[2] 金瑞林. 环境法学[M]. 北京：北京大学出版社, 1994：203.

[3] 张锋. 环境公益诉讼原告资格分析[J]. 政法论丛, 2010：(3).

[4] 齐树洁. 环境公益诉讼原告资格的扩张[J]. 法学论坛, 2007：(3).

[5] 徐祥民. 山东省法学会环境资源法学研究会2010年学术年会上的讲话（代前言）[A]. 见：徐祥民, 等. 生态文明建设与环境公益诉讼[C]. 北京：知识产权出版社, 2011：5.

[6] 徐祥民. 环境公益诉讼研究——以制度建设为中心[M]. 北京：中国法制出版社, 2009：404.

[7] 孔祥俊. 法律解释方法与判解研究[M]. 北京：人民法院出版社, 2004：254.

[8] 徐祥民. 环境权论——人权发展历史分期的视角[J]. 中国社会科学, 2004：(4).

[9] 徐祥民. 环境与资源保护法学[M]. 北京：科学出版社, 2008：15.

[10] 常怡. 民事诉讼法学[M]. 北京：中国政法大学出版社, 2000：271.

[11] 鲁千晓, 何媛. 司法方法学[M]. 北京：法律出版社, 2009：259.

[12] 胡建淼. 公法研究（第4卷）[M]. 北京：中国政法大学出版社, 2005：169.

论文来源：本文原刊于《法学论坛》2013年06期，第117-122页。

项目名称：中国海洋发展研究中心海大专项（AOCOUC201102）"黄河三角洲高效生态经济区生态环境保护法规的制定与完善研究"的阶段性成果。

---

① 不过，通过司法解释建立环境公益诉讼制度只是制度建设的权宜之计。正如徐祥民先生所言："环境公益诉讼中的许多问题都会涉及我国的其他诉讼制度，在其他法律未作修订的情况下，环境公益诉讼只能在狭窄的范围内发生，也就是保持在有缺失的状态下"。参见徐祥民等：《在现行司法制度下法院受理环境公益诉讼的权能》《中国海洋大学学报（社会科学版）》2009年第5期。

海洋法与人权法的相互影响

曲　波[*]

摘　要： 现代国际法的各分支之间存在差别，但同时也存在密切关系，这一点在海洋法与人权法之间体现得尤为明显。作为海洋法宪章的《联合国海洋法公约》将人权保护的内容纳入公约。实践中，国际海洋法法庭审理案件时考虑了人权保护问题；欧洲人权法院在适用《欧洲人权公约》时也考虑了海洋法因素。

关键词： 海洋法；人权法；国际海洋法法庭；欧洲人权法院

海洋法与人权法作为国际法的分支，虽在产生时间、调整对象等方面存在差异，但随着人权保护理念的不断深入及海洋活动的快速发展，二者彼此作用，产生了相互影响。

一、《联合国海洋法公约》对人权保护的关注

被称为海洋法宪章的《联合国海洋法公约》（以下简称《海洋法公约》）虽然本身不是保护人权的文件，但其文本中同样体现了对人权保护的关注。

（一）《海洋法公约》序言中对人类利益的提及

《海洋法公约》序言中开篇写道：公约作为一个整体通过"为海洋建立一种法律秩序，以便利国际交通和促进海洋的和平用途，海洋资源的公平而有效的利用，海洋生物资源的养护以及研究、保护和保全海洋环境"的方式来促进人类的利益。由于公约序言对公约内容具有指导意义，所以序言中提到的"建立一种海洋秩序""保护海洋环境""人类的利益"实质是将人权保护问题纳入了《海洋法公约》中。

* 曲波（1973－），女，吉林省吉林市人，中国海洋发展研究会理事，大连海事大学法学院教授，法学博士，主要从事国际法方向的研究。

（二）对个人权利的保护

1. 对生命权的保护

生命权是最基本的人权，《海洋法公约》对生命权的保护主要体现在以下几个方面。

（1）人命救助的规定。《海洋法公约》第98条对此明确规定，每个国家应责成悬挂该国旗帜航行的船舶的船长，在不严重危及其船舶、船员或乘客的情况下：①救助在海上遇到的任何有生命危险的人；②如果得悉有遇难者需要救助的情形，在可以合理地期待其采取救助行动时，尽速前往拯救；③在碰撞后，对另一船舶、其船员和乘客给予救助，并在可能情况下，将自己船舶的名称、船籍港和将停泊的最近港口通知另一船舶。每个沿海国应促进有关海上和上空安全的足够应用和有效的搜寻和救助服务的建立、经营和维持，并应在情况需要时为此目的通过相互的区域性安排与邻国合作。《海洋法公约》第18条第2款也提到为救助遇险或遇难的人员可以在领海停船或下锚。《海洋法公约》关于人命救助的规定体现出以下特点。

第一，海上人命救助不仅是道德上的义务，而且已上升到法定义务。事实上，不仅《海洋法公约》有此规定，1974年的《国际海上人命安全公约》[①]、1979年《国际海上搜寻救助公约》[②]都对此作出规定。之所以如此，在于生命权的重要性，在生命权与其他权利相冲突时，生命权优先。所以，即便在公海中船舶享有航行自由，同样涉及救助义务。

第二，存在救助义务的主体有"船旗国""船长""沿海国"，但是三者具体承担的义务并不相同。正如学者所言："必须对船长提供救助的义务与船旗国和沿海国的救助义务进行区分。"[1]对船旗国而言，其救助义务主要是通过悬挂其旗帜航行的船长的行为来完成的，即船旗国有义务责成悬挂其国旗的船长实施救助，为

---

① 该公约第5章第10条"遇险通信——义务和程序"第1款规定："船长在海上当由任何方面接到遇险中的船舶或飞机或救生艇筏的信号时，应以全速前往援助遇险人员，如有可能并应通知他们正在前往援助中。如果该船长不能前往援助，或因情况特殊认为前往援助为不合理或不必要时，他必须将未能前往援助遇险人员的理由载入航海日志。"第5章第15条"搜寻与营救"第1款规定"每一缔约国政府承担义务，保证作一切必要的安排进行海岸守望及对沿其海岸的海上遇险者进行营救。这些安排，考虑到海上运输密度和航行障碍物的密度，必须包括被认为是实际可行和必要的海上安全设施的建立、运转和维护，并须尽可能提供足够的为寻找和营救遇险人员的设备。"
② 该公约对救助的组织、合作、准备措施、工作程序、船舶报告制度等进行了规定。指出"各缔约方须保证为在其海岸附近的海上遇险人员提供适当搜救作出必要的安排"；"缔约方应确保为每一个海上遇险人员提供救援，不论遇险人员具有何种国籍和地位，也不论其被发现时处于何种状况。"

此，一些国家设有相关国内法，如按照澳大利亚1912年《航海法》第317A条规定，只要救助行为不会给船舶带来严重危险，船长（包括船员和乘客）应向海上迷失的人员提供救助，即使被救助的人员是与澳大利亚交战国的国民。我国《海商法》第174条规定"船长在不严重危及本船和船上人员安全的情况下，有义务尽力救助海上人命"。这些规定是将国际条约转化为国内法的体现，但不难发现，这些规定都较为原则性，而且具体实施时还面临相关问题：首先，公约规定的救助是义务性条款，不履行义务面临的应是责任的承担，但实践中很多远洋运输的船舶悬挂的是方便旗，方便旗国之所以能够吸引他国船舶在该国登记，主要就是因为该国的管理比较松散，事实上，很多方便旗国家并无不履行救助义务应承担责任的国内法规定；其次，虽然船长是能最快最直接对遇难者进行营救的人，但是因船上条件所限，船长的救助很大程度是对救助者提供拖船、提供食物方面的帮助，而且实施救助的主要是商船，救助意味着费时费力，这实质影响了商船的商业利益，一定程度上导致了救助实施的消极性。尤其是如果救助的对象是海上难民,对难民的救助涉及将其置于安全地点，对商船商业利益的影响更是巨大，也终将影响救助与否的决定。就沿海国而言，沿海国的义务体现在促进建立、经营和维持有关海上和上空安全的足够应用和有效的搜寻和救助服务，如我国的海事局下设海上搜救中心，负责组织、协调和指挥重大海上搜救等突发事件的应急处置；履行有关国际公约，开展与有关国家和国际组织在海上搜救方面的交流与合作等，[2] 这实际就是履行沿海国义务的体现。

对救助义务主体来说，面临的一个问题是救助的限度是什么，即怎么样才算完成了救助，尤其是救助的对象如果是海上难民，达到何种程度才是救助完成？就沿海国而言，如果该国同时是1951年《难民公约》及1967年《难民议定书》的缔约国时，就涉及履行公约及议定书中对难民入境、居留、出境等问题的规定，尤其是难民不推回原则的适用，这使海上救助问题变得愈发复杂。2001年的Tampa号案就是典型的代表。本文认为，难民问题本身就是需要国际社会合作解决的问题，基于海上这一特殊地域，对于海上难民，更需要国际社会合作，这种合作不仅是强调规定国家在海上的救助义务，更强调的是救助后难民解决方面的合作。①

---

① 对于海上难民问题，已有学者进行了专门论述，See Andreas Fischer-Lescano. Border Controls at Sea: Requirements under International Human Rights and Refugee Law [J]. International Journal of Refugee Law, 2009(21): 256-296. See Kenny, F. J. and Tasikas, V. The Tampa Incident: IMO Perspective and Responses on the Treatment of Persons Rescue at Sea. Pacific Rim Law and Policy, 2003(12): 143-177. 张晏珰.论海上人权保障的国际法律制度[M]//徐显明.人权研究.山东人民出版社, 2012: 274-294.

第三，救助的对象是在海上遇到的任何有生命危险的人，不论该人的国籍、该人的法律地位及该人遇难时所处的海域。对此需要注意以下两点：其一，国际法中根据国籍将人区分为本国人和外国人并对不同外国人赋予不同法律地位的规定在人命救助中不予适用。其二，《海洋法公约》对海域的划分也不影响人命救助。虽然救助问题规定在公海范畴，但《海洋法公约》第58条第2款规定："第88条至第115条以及其他国际法有关规则，只要与本部分不相抵触，均适用专属经济区。"第88条至第115条是公海中的条文，由此可见，第98条关于救助的规定在专属经济区同样适用。《海洋法公约》虽没有直接提到在领海的救助义务，但《海洋法公约》第18条第2款规定，"通过应继续不停和迅速进行。通过包括停船和下锚在内，但以通常航行所附带发生的或由于不可抗力或遇难所必要的或为救助遇险或遇难的人员、船舶或飞机的目的为限。"这种允许遇难或为救助遇险或遇难人员情况下可在领海进行停船和下锚的规定实质就是根源于人道主义的救助，是对救助行为的一种鼓励。试想沿海国既然允许遇难船舶在领海停船和下锚，但又不涉及对遇难船舶及船员的救助，那么这种允许的意义何在？因此，在领海中同样也涉及救助义务。"此法律漏洞应是技术性疏忽"。[3]综上分析可见，救助的唯一条件是救助者要在不严重危及其船舶、船员或乘客的情况下才能展开。

（2）《海洋法公约》规定的紧追权行使的条件，同样也是为确保人命安全。按照《海洋法公约》第111条的规定，紧追权的行使需符合以下条件：①紧追必须从国家管辖范围内的水域开始；②被紧追的外国船舶违反了沿海国的法律；③在外国船舶视听范围内发出视觉或听觉停驶信号；④紧追必须连续不断的进行；⑤紧追在被追逐者进入其本国或第三国的领海时必须终止；⑥紧追只能由军舰、军用飞机或其他有清楚标志可以识别的为政府服务并经授权紧追的船舶或飞机进行；⑦在无正当理由行使紧追的情况下，对于被紧追的船舶可能因此遭受的任何损失或损害应予赔偿，追逐国应承担赔偿责任。在这些要件中，关于视听信号的规定及连续紧追的规定，都涉及对海上人命的保护。但是《海洋法公约》的规定也存在不足，主要是对紧追过程中武力的使用问题没有做出规定，但国际实践已对武力的合法使用作出了解释，具体参见下文。

2.人身自由和安全的保护

这一规定突出体现在《海洋法公约》对沿海国在专属经济区执行法律规章问题的限制上。虽然沿海国在其专属经济区行使勘探、开发、养护和管理生物资源的主权权利时，可采取为确保其依照公约制定的法律和规章得到遵守所必要的措施，包括登临、检查、逮捕和进行司法程序。但是按照《海洋法公约》第73条的规定，

①被逮捕的船只及其船员，在提出适当的保证书或其他担保后，应迅速获得释放；②沿海国对于在专属经济区内违反渔业法律和规章的处罚，如有关国家无相反的协议，不得包括监禁，或任何其他方式的体罚；③在逮捕或扣留外国船只的情形下，沿海国应通过适当途径将其所采取的行动及随后所施加的任何处罚迅速通知船旗国。《海洋法公约》的这一规定实质是反映了《公民权利与政治权利国际公约》第9条的内容。按照该条的规定：①人人享有人身自由和安全，任何人不得加以任意逮捕或拘禁，除非按照法律所确定的根据和程序，任何人不得被剥夺自由；②任何被逮捕的人，在被逮捕时应被告知逮捕他的理由，并应被迅速告知对他提出的任何指控；③任何因刑事指控被逮捕或拘禁的人，应被迅速带见审判官或其他经法律授权行使司法权力的官员，并有权在合理的时间内受审判或被释放；④任何因逮捕或拘禁被剥夺自由的人，有资格向法庭提出起诉，以便法庭能不拖延地决定拘禁他是否合法以及不合法时命令给予释放。

3. 公正审判权

《公民权利和政治权利国际公约》第14条是关于"公正审判权"的规定。按照该条规定，所有的人在法庭和裁判所面前一律平等。在判定对任何人提出的任何刑事指控或确定他在一件诉讼案中的权利和义务时，人人有资格由一个依法设立的合格的、独立的和无偏倚的法庭进行公正的和公开的审讯。凡受刑事控告者，在未依法证实有罪之前，应有权被视为无罪。对于该问题，《海洋法公约》有两处有所涉及：第一，《海洋法公约》第292条规定，如果第73条规定的被逮捕的船只及其船员，在提出适当的保证书或其他担保后，没有迅速获得释放，那么释放问题可向争端各方协议的任何法院或法庭提出，如从扣留10日内不能达成这种协议，则除争端各方另有协议外，可通过诉讼或仲裁的方式解决。第二，《海洋法公约》第223条"便利司法程序的措施"规定：在依据本部分提起的司法程序中，各国应采取措施，便利对证人的听询以及接受另一国当局或主管国际组织提交的证据，并应便利主管国际组织、船旗国或受任何违法行为引起污染影响的任何国家的官方代表参与这种程序。

（三）环境权的保护

环境权也称健康环境权，是与生存密切相关的权利。1972年联合国人类环境大会通过的《人类环境宣言》宣布：人类有权在一种能够过尊严和福利的生活的环境中，享有自由、平等和充足的生活条件的基本权利，并且负有保护和改善这一代和将来的世世代代的环境的庄严责任。1994年7月6日人权委员会特别报告员起草的

《人权和环境原则草案》指出：所有人都有权享有安全、健康和生态健全的环境。这个权利和其他权利，包括公民、文化、经济、政治和社会权利，都是普遍的、相互依赖的和不可分割的。虽然，对环境权的保护目前还只是体现在一些软法中，但不能否认，为了实现代际公平，这种权利的规定是非常必要的。

《海洋法公约》单设第12部分对海洋环境的保护和保全进行规定，该部分共分11节，第一节"一般规定"中首先指出各国有保护和保全海洋环境的义务，而后在其余10节中分别对全球性和区域性合作、技术援助、检测和环境评价、防止、减少和控制海洋环境污染的国际规则和国内立法、执行、保障办法、冰封区域、责任、主权豁免、其他公约规定的保护和保全海洋环境的义务作了规定。这些规定都有助于环境权的实现。

二、国际海洋法法庭对人权法的运用

《海洋法公约》第293条第1款明确规定，按照公约规定具有管辖权的法院或法庭审理案件时应适用《海洋法公约》和其他与《海洋法公约》不相抵触的国际法规则。这意味着，人权公约的规定在法院或法庭审理海洋法案件时有适用的空间。由于国际海洋法法庭是《海洋法公约》所创设的一个解决海洋法争端的崭新的国际司法机关，是公约精心设计的和平解决海洋法争端制度的有机组成部分，[4] 故本文结合国际海洋法法庭的司法实践来说明人权法在海洋法中的运用。从国际海洋法法庭审理的案件看，主要用下述方式运用了人权法。

1. 对船长及船员自由的关注

在2000年作出判决的Camouco案中，法庭对船长及船员的"拘禁"作了广义的解释。Camouco是一艘1998年9月21日在巴拿马临时注册的渔船，船长为西班牙人，巴拿马为该船颁发了捕鱼许可证，允许其在2002年9月20日前在南大西洋南纬20°～50°和西经20°～80°的"国际水域"捕鱼。1999年9月16日，该船驶离鲸湾港（Walvis Bay），在南部海域进行捕鱼作业。1999年9月28日，法国"花月号"（Floreal）在克罗泽（Crozet）群岛法国专属经济区内，距该区边界线160海里处登上Camouco号，原因是认为该船船长的下列活动违反了法国的法律：①在法国的专属经济区进行非法捕鱼活动；②未申报渔船所载的齿渔便进入其专属经济区；③悬挂外国国旗时隐瞒船只的标识；④企图逃避海上稽查。后Camouco在法国海军的监督下驶往留尼汪（Reunion）的戴高乐港。1999年10月7日，Camouco号船长被起诉并被拘留，而且其护照被没收。在Camouco案中，争端双方对Camouco号渔船被扣留的事实没有异议，但对船长是否也被拘禁存在争议。由于"船长目前处于法院的监视之下，其护照也被法国当局扣押，他现在无法离开留尼汪"，因此，法庭认为，"在本案这种情况下，根据《海洋法公约》第292条第1款（关于船只及船员释放）的规定，释放船长是比较妥当的。"①在Juno Trader及Hoshinamru案中，法庭对船长及船员的自由也给予了特别关注。在Juno Trader案中，尽管护照已经归还给被扣押的船员，但法庭认为船员仍然在几内亚比绍并受其管辖，法庭认为所有的船员应无条件的自由离开几内亚比绍；②在Hoshinamru案中，法庭认为尽管限制船长活动自由的限制已经被解除，但船长及船员仍然在俄罗斯控制之下，法庭判决俄罗斯应迅速释放Hoshinamru号船只及船上的船员。③

2. 人道及法律适当程序的运用

在Juno Trader案中，法庭认为《海洋法公约》第73条第2款关于船员及船舶提供担保后被迅速释放的规定必须结合公约第73条的上下文作为整体来理解。对船舶及船员的迅速释放的义务包含对人道及法律的适当程序的基本考虑。保证书或其他担保的要件合理显示了关注公平是第73条的立法目的之一。④在Tominaru案中，法庭指出没收船舶的决定不应以阻止船东求助国内司法救济或妨碍船旗国求助公约规定的迅速释放程序的方式进行；也不应以与国际上的法律适当程序标准相违背的方式进行。⑤

3. 合法使用武力的判断

对于海洋法中规定模糊或未进行规定的问题，需要寻找其他的路径进行解决。如《海洋法公约》对执法过程中武力使用问题没有进行规定，那么如何判断武力使用的合法性？如在M/V "SAIGA"案件中，双方对几内亚在登船、停驶和扣留SAIGA号时使用武力是否超过必要限度及是否合理发生争议。在考虑几内亚使用武力扣留SAIGA号时，法庭认为尽管《海洋法公约》没有关于扣留船舶时使用武力

---

① See the "Camouco" case, （Panama v. France）.International Tribunal for the law of the sea. Judgment .7 February 2000. paras.25-34, para.71.

② See the "Juno Trader" case （Saint Vincent and the Grenadines v.Guinea-Bissau）. International Tribunal for the law of the sea. Judgment. 18 December 2004. paras.78-79.

③ See the "Hoshinmaru" case （Japan v. Russian Federation）. International Tribunal for the law of the sea. Judgment. 6 August. 2007. para.77, para.94.

④ See the "Juno Trader" case （Saint Vincent and the Grenadines v.Guinea-Bissau）. International Tribunal for the law of the sea. Judgment. 18 December 2004. para.77.

⑤ See the "Tomimaru" case （Japan v. Russian Federation）. International Tribunal for the law of the sea. Judgment. 6 August. 2007. para.76.

的明文规定，但按照一般国际法的要求，必须尽可能避免使用武力，倘若武力不能避免，武力的使用必须不能超过必要限度而且必须是在当时的情况下是合理且必要的，按照《海洋法公约》第293条的规定，具有管辖权的法院或法庭应适用《海洋法公约》和其他与《海洋法公约》不相抵触的国际法规则来审理案件，那么一般国际法的这一要求同样适用于海洋法的案件。人道主义的考虑必须适用于海洋法，正如他们在国际法的其他领域得以适用一样。法庭注意到，在几内亚的巡逻艇靠近时，SAIGA号几乎满载汽油，最大速度为每小时10海里，所以几内亚官员可以轻而易举地登船。快速巡逻艇使用实弹射击SAIGA号，没有按照国际法和实践要求发出任何信号和警告，这是不可原谅的。而且几内亚官员在登船时也过分地使用了武力，没有顾及船舶及船上人员的安全，更严重的是，不加区分地使用武力致使船上两人严重受伤。基于以上原因，法庭判决几内亚在登上SAIGA号前后过分使用武力且伤害人命，违反了国际法，侵犯了原告的权利。[①]

从上述案件可见，国际海洋法法庭对涉及船长及船员自由、人道及法律适当程序的案件审理时援引的是《海洋法公约》的相关规定，之所以如此，在于《海洋法公约》关于这些问题的规定本身就是吸收了人权法的规定，而对于武力使用这种《海洋法公约》未明确规定的问题，法庭在审理案件时只能动用人权保护的一般原理来加以解释。

三、海洋法在人权法中的体现

如前所述，海洋法与人权法之间存在相互关联性，不仅海洋法的解释适用会考虑人权法，反之亦然。在众多人权保护中，欧洲的人权保护机制最为完善，故本文结合欧洲人权保护中对海洋法的运用进行说明。

欧洲的人权法律保护机制是以《欧洲人权公约》为核心的，《欧洲人权公约》于1953年9月3日生效，该公约保护的是公民权利和政治权利，[②]根据公约设立了欧洲人权委员会、欧洲人权法院和欧洲理事会三重机构。在长期的实践中，"这三重

---

① See the M/V "Saiga"（No.2）Case（Saint Vincent and the Grenadines v. Guinea）. International Tribunal for the law of the sea. Judgement. 1 July 1999.paras153-155,paras157-159. 国际海洋法法庭关于SAIGA号的第一次判决是关于迅速释放问题作出的，2号案是关于临时措施和实质问题的判决。关于紧追过程中武力使用问题，1935年英美之间的"孤独号"案件中就有所说明。参见陈致中.国际法案例[M].北京：法律出版社，1988：180-182.
② 由于《欧洲人权公约》只涉及公民权利和政治权利，为了进一步保障欧洲人民的经济、社会和文化权利，又通过了《欧洲社会宪章》，该宪章于1965年2月26日生效。

机构构成的监督机制所导致的明显结果就是复杂、冗长的诉讼程序和机制的低效率运作，以及过大的经费开支"，[5] 1998年11月1日生效的《欧洲人权公约第11议定书》对原有的机制进行了改革，建立了单一的欧洲人权法院，目前的欧洲人权法院下设4个部，每一部再设3人法官委员会和7人法庭，同时法院设有17人大法庭，欧洲人权法院对缔约国有强制性管辖权，而且个人、非政府组织或个别团体有权在用尽当地救济的前提下直接在人权法院提起对缔约国的指控，从而使欧洲人权保护机制更有力度并更具可操作性。欧洲理事会部长委员会仅保留监督法院判决执行的权能。虽然《欧洲人权公约》及其后的若干议定书中均未提及海洋法，但在欧洲人权法院审理案件时考虑了海洋法。实践中，欧洲人权法院主要是结合行为发生的海域对《欧洲人权公约》进行解释。具体如下。

1. 事件发生在公海对《欧洲人权公约》解释的影响

在Medvedyev and Others v. France案中，法国当局怀疑悬挂柬埔寨国旗的船舶Winner号从事贩运毒品的活动，在得到柬埔寨政府的同意后，法国阻断了该船的航行。2002年6月13日，法国护卫舰在距离法国几千千米的佛得角水域发现了低速行驶的未悬挂船旗的Winner号。Winner号拒绝回答护卫舰指挥官发出的无线电联系请求，其船员将很多货物抛入海中，其中的一件后被法国海员发现，查明内装有100千克的可卡因。后又在船上发现了大量的毒品。winner号船员被禁闭在船上，13天的航程后被护送到法国港口交给司法当局。

请求方主张，他们的自由被任意剥夺，并且主张他们没有立即被"迅速"带见审判官或其他经法律授权行使司法权力的官员。因为根据《欧洲人权公约》第5条第1款第3项的规定，"人人享有人身自由和安全。任何人不得加以任意逮捕或拘禁。除非依照法律规定：如果有理由足以怀疑某人实施了犯罪行为或者如果合理地认为有必要防止某人的犯罪或者是在某人犯罪后防止其脱逃，为了将其送交有关的法律当局而实施的合法的逮捕或拘留。"按照第5条第3款的规定："依照第5条第1款第3项的规定而被逮捕或拘留的任何人，应当立即送交法官或者是其他经法律授权享有司法权的官员，并应当在合理的时间内进行审理或者在审理前予以释放。释放应以担保出庭候审为条件。"

法院注意到Winner号的航行受阻事件发生在佛得角岛海岸外的公海，这距离法国有很长的一段距离，从事件发生的地点及当时的天气情况可见，不可能较快地到达法国港口将船员交给司法当局。而且法院注意到2002年6月26日上午8时45分请求方在警察局被监禁，下午5时零5分至5时45分之间就进行了法院的庭审程序，这意味着请求方到达法国后，在法官对其审理前，只有8个或9个小时的监禁时间。因此，大法庭认为法国的作法没有违反《欧洲人权公约》第5条第3款的规定。[①] 按照《海洋法公约》的规定，公海是不包括在国家的专属经济区、领海或内水或群岛国的群岛水域内的水域，所以公海距沿海国的港口较远，距离因素会影响船舶到达港口的时间，所以法院才会认为法国的做法没有违反《欧洲人权公约》的规定。由此可见，本案中法院结合案件发生的海域对《欧洲人权公约》进行了解释。[②]

2. 领海中的无害通过权对《欧洲人权公约》解释的影响

在The women on Waves案中，法院也用海洋法解释了《欧洲人权公约》。本案中，一名荷兰人和两个葡萄牙非政府间国际组织主张葡萄牙政府用军舰禁止他们租用的The Borndiep号通过葡萄牙水域的做法违反了《欧洲人权公约》的规定。该船悬挂荷兰国旗，此次航行的目的是在船上进行堕胎活动，该行为按照船旗国法是允许的，但按照葡萄牙法是不允许的。因此，非政府间国际组织主张葡萄牙的做法违反了《欧洲人权公约》第10条和第11条规定的表达自由及和平集会和结社自由的权利。

对此，葡萄牙政府提出了两个主张：一是申请人主张的自由是受到限制的，《欧洲人权公约》第10条第2款及第11条第2款提到了限制条件，"自由必须接受法律所规定的和民主社会所必须接受的程式、条件、限制或者是惩罚的约束。这些约束是基于对国家安全、领土完整或公共安全的利益，为了防止混乱或犯罪，保护健康或者道德。"二是按照《海洋法公约》第19条和第25条的规定，葡萄牙干涉The Borndiep号无害通过葡萄牙的权利是合法的，因为这种通过违反了葡萄牙法律。按照《海洋法公约》的规定，船舶只要不损害沿海国的和平、良好秩序或者安全，就可继续不停、迅速地通过沿海国的领海，即外国船舶在沿海国的领海享有无害通过权，但这种通过权是受限制的。一种限制是第19条第2款列举了12种情况下属于非无害通过，其中第7项规定"违反沿海国海关、财政、移民或卫生的法律规章，上下任何商品、货币或人员"的行为属于非无害通过的行为；另一种限制是受第25条的限制，第25条"沿海国的保护权"规定了沿海国可在其领海内采取必要的步骤来防止非无害的通过，如为了保护国家安全，沿海国可在对外国船舶之间在形式上或事实上不加歧视的条件下，在其领海的特定区域内暂时停止外国船舶的无害通过，这种停止在正式公布后就发生效力。

法院认为根据援引的条款，葡萄牙从一开始就已经侵犯了请求方的权利。但是

---

① See Medvedyev and Others v. France, no. 3394/03. Ct. H.R. (2010). Judgment by the Eur. Ct. H. R. Grand Chamb.paras.9-18,para.3, paras.131-134.

② Rigopoulos v. Spain案中，法院也考虑了事件发生在公海海域这一特点，判决西班牙的做法没有违反《欧洲人权公约》。See Rigopoulos v. Spain（dec.），no. 37388/97 Eur. Ct. H. R. (1999).

需要解决的问题是这种侵犯是否是"法律规定的"及"民主社会所必须的"。法院接受了当事方所提出的根据《海洋法公约》第19条第2款第7项及第25条的规定葡萄牙政府的干涉行为是"法律规定的"的主张，但是，法院在分析了一系列的案例法后，认为葡萄牙干涉The Borndiep号航行的行为"不是民主社会所必须的"，在评价葡萄牙采取的措施缺少比例性时，法院注意到"葡萄牙可以采取其他措施去实现防止混乱、维护健康的合法目的，而不是通过用军舰阻止The Borndiep号进入其领海的方式来实现"。① 可以看到，本案中法院结合了《海洋法公约》中的无害通过并综合考虑《欧洲人权公约》的规定来判断当事方的主张是否有效。

四、结语

海洋法虽关注的是海域的划分及国家在各海域从事的活动，但因海洋活动中涉及私主体，所以必然涉及对人权的保护问题，这是海洋法会对人权法产生影响的原因所在。反之，如果侵犯人权的事件发生在海洋，法院也会考虑事件发生地点与事件的发生是否存在关系，这必然会导致人权法与海洋法的关联。可以肯定的是，随着海洋法与人权法的不断发展，二者之间的相互联系会愈加明显。

参 考 文 献

[1] Kenny, F. J. and Tasikas, V. The Tampa Incident: IMO Perspective and Responses on the Treatment of Persons Rescue at Sea [J]. Pacific Rim Law and Policy, 2003(12)：143-177.

[2] 中国海上搜救中心.机构职能[EB/OL]. [2012-06-06]http://www.mot.gov.cn/zizhan/siju/soujiuzhongxin/jigouzhineng/.

[3] 张晏玚.论海上人权保障的国际法律制度[M]//徐显明.人权研究.山东人民出版社,2012：277.

[4] 吴慧.国际海洋法法庭研究[M].北京：海洋出版社，2002：序言.

[5] 朱晓青.欧洲人权法律保护机制研究[M].北京：法律出版社，2003：107.

论文来源：本文原刊于《海南大学学报（人文社会科学版）》2013年05期，第89-95页。

基金项目：教育部重大攻关项目（12JZD048）；国家社科基金项目（11CFX065）；中国海洋发展研究中心项目（AOCQN201202）。

---

① 由于《欧洲人权公约》只涉及公民权利和政治权利，为了进一步保障欧洲人民的经济、社会和文化权利，又通过了《欧洲社会宪章》，该宪章于1965年2月26日生效。

沿海滩涂的"零净损失"法律制度研究

王　刚　李凌汉*

摘　要： "零净损失"法律制度发端于美国，是美国为了保护其湿地而设立的一项制度。这一制度已经得到世界上不少国家的采纳，其实施有效保护了湿地。沿海滩涂作为湿地的重要组成部分，具有非常重要的生态功能，需要进行"零净损失"的保护，而且其所具有的动态性也使得这一制度在我国具有可行性。沿海滩涂的"零净损失"法律制度不仅包括面积的零净损失，也包括生态环境质量的零净损失。因而，其法律制度是一个系统的内容。

关键词： 沿海滩涂；生态环境；零净损失

一、"零净损失"法律制度由来

"零净损失"（No Net Loss）法律制度发端于美国，是美国为了保护其湿地而设立的一项制度。美国是世界上湿地面积较大的国家之一，19世纪上半叶约有2.2亿英亩①的湿地。但是从1850—1950年的百年间，由于开发加剧，美国丧失了约一半的湿地面积。此后，由于环境保护的发展和对湿地的价值认识不断深化，这一高损失率才逐渐降低，但是其损失还在继续。1950—1975年间，美国年度湿地损失量在40万~50万英亩之间，1975—1985年间大约为29万英亩湿地，1985—1995年间大约为11万英亩。[1]此间，淡水湿地的损失主要是由于转变为农业生产用地造成的，海岸湿地（即沿海滩涂）的损失一半以上是由于疏浚、建造码头、船舶和运河开发以及侵蚀的作用造成的。

较高的湿地损失引起了美国社会各界的高度重视，尤其是当湿地的生态功能为

---

*王刚（1979—），男，汉族，山东即墨人，博士，中国海洋大学法政学院副教授，教育部人文社科重点研究基地中国海洋大学海洋发展研究院研究人员。方向为海洋管理、环境保护。
①1英亩≈0.40468公顷。

大家普遍认识的时候。1987年，美国环保署署长汤姆斯·李（Thomas Lee）要求"保护基金会"召集一个由环境、商业、农业、研究机构等各领域领导人组成的精英小组——国家湿地政策论坛（the National Wetlands Policy Forum，简称NWPF），讨论保护湿地的议题。该论坛的讨论结果认为，美国联邦湿地"零净损失"是一个合理的目标。这一目标的含义被解释为：任何地方的湿地都应该尽可能地受到保护，转换成其他用途的湿地数量必须通过开发或恢复的方式加以补偿，从而保持甚至增加湿地资源基数。[2] 随后，"零净损失"目标相继被布什政府及克林顿政府所采纳。有两个农业计划对湿地恢复的影响比其他任何计划的影响都要大。一个是保护储备计划（Conservation Reserve Program），这一计划使那些已被转变成种植用途的湿地得以退耕10年；另一个是湿地储备计划（Wetlands Reserve Program）。这一计划的主要目的是购买那些已被转为作物生产的湿地的永久地役权，并把它们恢复。[3]

自此之后，湿地的"零净损失"成为美国湿地管理的重要政策目标。[4] 而"零净损失"制度得以有效执行，得益于美国《清洁水法》第404条和陆军工程兵部队的管理。[5] 因此，有些美国学者表示，美国已经进入"零净损失"时代，美国的湿地已经不再损失，并且有些正在被创造。[6] 美国对于湿地保护的"零净损失"制度已经受到普遍认可，这一制度相继被德国、加拿大、澳大利亚等国所采纳。

美国湿地保护的"零净损失"法律制度由一系列内容构成：它确立了全国的湿地保护面积；并对湿地的重要程度进行划分；如果要开发湿地，则必须对开发湿地可能造成的生态环境影响进行评估；经过评估之后的湿地开发必须再实现补偿，在异地创造出不小于开发湿地面积的新湿地。例如，据陆军工程兵部队声称，为了赔偿在1993—2000年间损失的2.4万英亩湿地，他们已经新建了4.2万英亩湿地。而且，美国法律制度对湿地"零净损失"的理解不仅仅停留在数量上，还包括湿地所提供的功能和服务也没有净损失。因此，除了在新建和恢复湿地上作努力外，维持和改良剩余湿地的质量也是这一法律制度所追求的一个重要目标。

二、确立沿海滩涂"零净损失"法律制度的必要性及可行性分析

我国于1992年加入《湿地公约》，成为《湿地公约》的缔约国，但是并没有出台相应的湿地保护法律。湿地国内立法的空白，难以实现对湿地的有效保护。在湿地保护方面，我们可以借鉴国外在此方面的立法经验，尤其是成功经验。"零净损失"法律制度就可以称的上是国外在湿地保护方面的成功经验。沿海滩涂作为湿地

的重要组成部分，其"零净损失"法律制度的确立，不仅仅可以促进沿海滩涂自身的保护，而且也会促进我国湿地及海洋的保护。因此，确立沿海滩涂"零净损失"法律制度具有必要性和可行性。

（一）确立沿海滩涂"零净损失"法律制度符合我国渐进立法思路

改革开放30多年来，我国成功的经验之一就是坚持"摸着石头过河"的改革思路。这种渐进的改革思路对于像我国这样地域辽阔、民情相差甚大的大国而言，是非常适合且必要的一项改革和建设思路。相反，我国目前出现的一些问题，很多是没有坚持渐进思路而遵循"一刀切"造成的不良后果。这种"由点及线"，进而"由线及面"的渐进改革，塑造了我国30多年的经济繁荣。这种改革思路不仅仅体现在经济改革中，社会的其他领域也不可避免地受到影响。

在立法领域，这种渐进的思路也同样存在。大量实验性立法的存在就是一个明证。当然，这其中的原因可能并不仅仅在于遵循了渐进立法的思路，立法机关无法完成大量的立法任务以及行政机关独有的实践优势也是其原因之一。 但是不可否认的是，大量实验性立法与我国渐进的改革和建设思路相吻合，从而使得我国的立法得以循序渐进地推进。立法思路能与整个社会弥漫的文化相契合，才能发挥功效并延伸下去。苏力考证了社会契约理论得以在西方产生并得到广泛传播的一个重要原因，在于社会契约理论与西方的文化认同相契合，所以尽管众人共知社会契约不可能真实发生，但是却乐于接受。[7]法律具有相同的性质。美国学者哈罗德·J.伯尔曼（Harold J. Berman）曾经说过，"法律必须被信仰，否则它将形同虚设。"[8]与理相同。唯有与社会文化相契合的立法及出台的法律才能广受信仰并发挥功效。

尽管"零净损失"这一法律制度在美国等国家已被广泛接受并发挥了很好的效果，但是对于我国而言，毕竟这还是一项新的法律制度。要在湿地立法空白的基础上，借鉴这一制度，还有诸多障碍。"零净损失"作为一项"外来"的法律制度，还没有普遍受到社会认同，也没有广泛接受这一制度的社会文化氛围。因此，对于保护湿地的"零净损失"制度，最好也采取渐进的立法思路，从点入手，在效果明显的情况下，再推而广之，将实现这一制度的顺利建立和良好执行。而沿海滩涂就是建立这一制度的很好"实验场"。选取沿海滩涂这一湿地中的独有区域来首先"实验"这一制度，显然符合渐进立法的思路，也容易为国人所认可和接受。尽管沿海滩涂在湿地中所占的比重并不太大，但是却非常重要，而且相比淡水湿地，它具有适合"零净损失"的独有特性。

（二）沿海滩涂的动态性需要"零净损失"法律制度施以保护

与一般的湿地不同，沿海滩涂的显著特征之一就是具有很强的动态性。动态的特征使得不同区域的沿海滩涂其自然淤涨和侵蚀是不同的。处于淤涨地域的沿海滩涂，即使人工侵占大量的沿海滩涂也不会造成这一区域滩涂的大量减少，更不用说付出保护滩涂的巨大努力了。相反，处于侵蚀地域的沿海滩涂，要保持沿海滩涂面积不变，则需要付出巨大的成本和努力。

这种地域特征的差异需要对全国的沿海滩涂统筹规划，否则，单纯规定不同区域保持当地滩涂面积不变，既显失公允，也难以推行。而建立全国沿海滩涂面积的"零净损失"法律制度则可以化解沿海滩涂动态性带来的这种保护难题。而且，沿海滩涂的动态性，也有利于推进"零净损失"法律制度的实施，从而实现沿海滩涂的有效保护。"零净损失"法律制度，并非规定某一地域的沿海滩涂面积不能减少，相反，它着眼于全国的沿海滩涂面积，强调在保持全国沿海滩涂面积总量不变的情况，根据各地不同的淤涨和侵蚀特性，实施不同的沿海滩涂面积保持办法。处于淤涨地域的沿海滩涂，当地政府不仅仅需要保持滩涂面积的不减少，还需要保持这种淤涨，从而为处于侵蚀区域的滩涂增加面积。相反，处于侵蚀区域的沿海滩涂，当地政府可以允许适当减少其面积，但是前提是需要寻找出增加面积的区域，并且增加面积的当地政府愿意为此承担侵蚀区域减少的滩涂面积。当然，侵蚀区域需要为此向淤涨区域支付一定的费用，这就需要建立一定的生态利益补偿制度。

实际上，"零净损失"制度实现了沿海滩涂面积的动态平衡。它不仅仅适合淤涨区域和侵蚀区域之间的动态平衡，也适合侵占区域和保有区域之间的动态平衡。如果沿海城市由于城市扩容的需要，必须侵占沿海滩涂，就可以评估成本，向保有并淤涨滩涂的区域"购买"滩涂面积。"零净损失"对于急需土地的沿海城市而言，是一种福音，而对于保有滩涂面积不被侵占的区域而言，也可以实现利益补偿。

上面的阐述说明了沿海滩涂的动态性使得沿海滩涂的有效保护需要"零净损失"制度，而从另一个角度而言，沿海滩涂的动态性也使得"零净损失"制度的推行减少了一些阻力。着眼于全国滩涂面积不变的"零净损失"制度使得一些不得不侵占滩涂的沿海区域可以通过"购买"其他区域的滩涂面积来实现夙愿。而淡水湿地由于不具备动态性，因此，侵占了湿地的区域，必须自己人工恢复或塑造一些湿地，其成本显然加大。这种状况下，在淡水湿地推行"零净损失"制度显然要面对更大的阻力。也正是在这个意义上而言，首先在沿海滩涂推行"零净损失"制度，可以为其在全国湿地的实施奠定基础。

三、沿海滩涂"零净损失"法律制度内容

首先需要明确，沿海滩涂"零净损失"法律制度并非简单指沿海滩涂面积的不变。保持全国滩涂总面积不变只是其中的内容之一，除此之外，更重要的是保持滩涂的生态功能不被降低。因此，沿海滩涂"零净损失"法律制度是一个系统的内容。

（一）确立全国沿海滩涂面积总量

确立全国沿海滩涂面积总量是沿海滩涂"零净损失"法律制度的基础。但是需要特别指出的是全国的沿海滩涂面积总量确定并非根据现有的沿海滩涂面积统计出来后，简单确立。全国沿海滩涂面积总量，需要根据滩涂承担的生态功能加以计算，确立一个合理的数据。这一数据可能与现有的滩涂面积并不一致。当现有的滩涂的面积难以承担起生态环境保护的功能时，政府需要进行环境规划，规定一些过多侵占沿海滩涂的区域退换滩涂，恢复沿海滩涂的地貌和形态，从而使其发挥生态保护与气候调控的功能。

除了需要确立全国沿海滩涂面积的总量外，还需要确立沿海滩涂不同种类的面积数量。泥滩、岩滩、沙滩等尽管同属于沿海滩涂，但是它们对生态的影响还是存在一些差异，因此实施细化管理、分类保护是实现沿海滩涂生态环境保护的一个重要内容。实际上，在国外，对沿海滩涂进行细化立法也是一个受到普遍认可的做法。例如，美国马里兰州将本州的沿海滩涂分为三大类型，分别用三部法律进行分类保护：非潮汐湿地法；潮汐湿地法；海岸区管理计划。[9]这种分类保护的思路应该为沿海滩涂"零净损失"法律制度所借鉴。

因此，全国沿海滩涂面积总量需要从时间维度和类别维度两个方面加以确定。在时间维度上，需要考虑沿海滩涂的侵占历史，并着眼于未来，而不能拘束于现有的滩面面积当量。易言之，总量从时间上而言，滩涂面积应该是动态的平衡；在类别维度上，需要根据沿海滩涂的种类，确立不同种类的面积总量，从而更好地实现沿海滩涂生态保护和气候调控功能。

（二）建立沿海滩涂面积监测机制

要实现沿海滩涂"零净损失"法律制度，需要建立一个长效的面积监测机制。目前，从技术上而言，建立全国的滩涂面积监测已经可行。卫星遥感技术为其监测提供了很好的技术支撑。尤其是我国在监测一些大宗作物时，已经奠定了一些很好

的技术基础。[10] 而且，如果考虑到建立全国滩涂面积监测成本过高的话，建立抽样监测也是非常可行的。因为经过一个世纪的发展和研究，抽样技术已经非常完善和成熟。[11]

沿海滩涂面积监测数据不仅仅是"零净损失"制度的组成部分，它也应该成为沿海滩涂生态环境保护的重要资料来源。因此，应该设立滩涂面积监测数据信息公开和交流机制，使得社会可以及时获得全国沿海滩涂的面积数据，从而为沿海滩涂生态环境保护提供全社会的智慧。

（三）建立沿海滩涂开发的置换机制

"零净损失"并非要求湿地或沿海滩涂不得开发。相反，它允许开发，只是开发的前提是需要准备好置换湿地或滩涂。因此，建立完善的沿海滩涂开发置换机制，是实现"零净损失"法律制度的核心。唯有建立了完善的开发置换机制，才能使得"零净损失"制度得以有效贯彻执行，并实现沿海滩涂生态环境的保护。否则，可能恰得其反。

建立沿海滩涂开发置换的平台，是这一机制的核心。从某种程度上而言，沿海滩涂"零净损失"制度与碳排放交易具有异曲同工之处。开发置换平台就如同碳减排交易的市场，唯有建立一个交换的"市场"，才能实现有效的置换。沿海滩涂开发置换平台，就是这样一个公平与公开的市场。开发置换平台为急需土地的沿海区域提供了一条通过货币支付手段获得土地的途径，同时，它也为保有滩涂面积的区域提供了生态利益补偿，从而激励沿海区域保护滩涂，实现滩涂面积的不减少。可以预见，如果滩涂淤涨的速度低于滩涂侵占的速度，置换平台下的滩涂"价格"将水涨船高。当这一价格高到侵占滩涂的区域无法承受时，侵占滩涂的速度也将随之降低，甚至停止，从而实现滩涂面积的不减少。相反，当滩涂淤涨速度高于侵占速度时，意味着有大量的滩涂出现，这种情况下滩涂的"价格"也就会随之减低，沿海区域就会适度购买滩涂，从而实现滩涂的合理开发与利用。

在开发置换平台建立的基础上，尚需建立置换价格比较与结算系统。由于沿海区域保有以及淤涨的滩涂面积是不一样的，因此，各个区域的滩涂"出售价格"也是不一致的。这就需要置换平台建立一个滩涂价格比较以及结算系统。购买者与出售者在这一价格平台的基础上，进行权衡和比较，从而达成交易。实际上，开发置换就是在实现滩涂面积的异地转移，从一个急需土地的沿海区域转移到保有滩涂面积成本较低的区域。当然，这一成本也囊括机会成本。

开发置换是否能够有效实施，还需建立置换的执行监督系统。已经出售了滩涂面积的区域，需要保有已经出售的滩涂面积，不得开发。同样，购买滩涂面积的沿海区域可以开发购买的同样面积的本地滩涂，但是不得在开发中扩大购买的面积数量。而这些都需要建立执行监督系统。

（四）建立沿海滩涂的生态环境质量评估机制

需要明确指出的，沿海滩涂"零净损失"法律制度并非仅仅指滩涂面积的零净损失，同样也包括滩涂生态环境质量的零净损失。不可否认，"零净损失"法律制度的确可以遏制一些区域过度开发与侵占沿海滩涂，但是它并非禁止沿海滩涂的完全开发与侵占，只是它需要保障全国滩涂面积的不减少。这种情况下，很多侵占沿海滩涂的区域通过再造或者购买其他区域的滩涂来实现滩涂面积的"零净损失"。但是不管是自己再造，或者购买，可能都意味着人工滩涂的出现。在实现湿地"零净损失"制度的美国，这种情况也较为突出。Dennis F. Whigham通过研究发现，为了实现"零净损失"，很多区域的湿地恢复都是失败的。人造湿地在保有生物多样性方面不能和自然湿地相提并论。而且，被侵占的湿地是周围风景（landscape）的构成部分，从风景的角度而言，也是湿地的功能的丧失。[12]

日本一些学者直接研究了日本人工滩涂与自然滩涂的生物多样性差异，从而得出更为直接的结论。日本在20世纪上半叶，滩涂侵占情况也非常严重。20世纪40年代有滩涂面积82 600公顷，但是到了80年代，有将近40%的滩涂面积被侵占了。[13]随着时间推移，人们逐渐认识到滩涂的重要性，日本经过多方努力，通过修建人工滩涂的方式，恢复了一些滩涂面积。但是研究发现，人工滩涂在生物多样性方面远远不能和自然滩涂相比。不管是微生物，还是有机物的数量，两者都相差甚远。[14]

因此，如果单纯从面积和表面形态上来理解和执行"零净损失"，将无法实现沿海滩涂生态环境的真正保护。要通过"零净损失"制度实现沿海滩涂生态环境保护，需要建立沿海滩涂生态环境质量评估机制。沿海滩涂生态环境质量评估机制需要建立全方位的质量测评与验收。其全方面性体现在内容和时间两个方面。

在内容上，沿海滩涂生态环境质量评估至少需要涵盖四个方面：一是评估滩涂面积是否达到需要恢复的数量。二是对恢复滩涂的生物多样进行检验，或者检验其是否为生物多样性的生存提供了相应的生境。生物多样性或其生境检验应该是质量评估的核心。三是评估恢复的滩涂能够保持多长时间，换言之，恢复后的沿海滩涂是否能够经受住海洋的侵蚀。建立侵蚀区域的沿海滩涂更需要进行这方面的评估。四是建立滩涂环境污染检测，以及时发现并防止沿海滩涂的环境遭受污染。

在时间上，沿海滩涂生态环境质量评估至少需要涵盖两个方面：一是置换之前，需要对将要开发或置换的沿海滩涂生态环境状况进行评估。如果被开发或者置换的滩涂具有无法替代的生态功能，则禁止开发或者置换。如如果被开发的滩涂是一种极为珍贵的物种的生存环境，破坏了这一区域将使得这一物种灭绝，则将禁止开发。只有评估这一滩涂的生态环境改变，不足以造成重大的生态灾难的时候，才允许开发或者置换。二是置换之后，需要对新建造或淤涨的滩涂的生态环境状况进行评估，评估其面积、生物多样性或生境、稳定性等。换言之，获得置换资金的沿海区域，有责任保证现在的沿海滩涂生态环境不低于被置换的沿海滩涂。唯有建立这样全方位的沿海滩涂生态环境质量评估机制，才能保证"零净损失"制度对沿海滩涂生态环境的保护。

参 考 文 献

[1] 王相.美国湿地的法律保护[J].世界环境, 2000(3).

[2] National Wetlands Policy Forum, 1988. Protecting America's Wetlands: An Action Agenda, The Final Report of the National Wetlands Policy Forum. The Conservation Foundation, Washington, D.C., p3.

[3] 张蔚文, 吴次芳. 美国湿地政策的演变及其启示[J].农业经济问题, 2003(11).

[4] Hansen, L., 2006.Wetlands: status and trends. In: Wiebe, K. ,Gollehon,N.（Eds.）, Agricultural Resources and Environmental Indicators, 2006 Edition. Economic Information Bulletin No.（EIB-16）, US Department of Agriculture, Washington, D.C.,July2006（http://www.ers.usda.gov/publications/arei/eib16/Chapter2/2.3/）.

[5] Todd Bendor, A dynamic analysis of the wetland mitigation process and its effects on no net loss policy, Landscape and Urban Planning, 89(2009)：17–27.

[6] Dennis F. Whigham, Ecological issues related to wetland preservation, restoration, creation and assessment, The Science of the Total Environment, 240(1999), p 31-40.

[7] 苏力. 从契约理论到社会契约理论——一种国家学说的知识考古学[J].中国社会科学, 1996(3).

[8] 哈罗德 J. 伯尔曼. 法律与宗教[M]. 梁治平译, 北京：中国政法大学出版社, 2003：3.

[9] William L Want. Law of Wetlands Regulation [DB/OL]. See west law: Environmental Law Series, Clark Boardman Callaghan.

[10] 蒋楠, 等. 不同遥感数据融合方法在南方水稻面积监测中的应用研究[J]. 西南大学学报, 2012(6).

[11] 李金昌. 应用抽样技术[M]. 北京：科学出版社, 2006：8.

[12] Dennis F. Whigham, Ecological issues related to wetland preservation, restoration, creation and assessment, The Science of the Total Environment, 240(1999)：31-40.

[13] Kimura K. The function of water r purification in constructed tidal flat. Jpn. Bottom Sediment Management Assoc. 60(1994)：50-81.

[14] Jeoung Gyu Lee, etc, Factors to determine the functions and structures in natural and constructed tidal flats, Wat. Res. Vol. 32, No. 9,（1998）：2601-2606.

论文来源：本文原刊于《中国海洋大学学报（社会科学版）》2014年02期，第33-37页。

基金项目：中国海洋发展研究中心青年项目资助：我国沿海滩涂可持续利用法律问题研究（AOCQN201326）；山东省软科学一般项目：生态文明视阈下的山东省沿海滩涂可持续利用研究（2013RKE29005）；中央高校基本科研业务费暨中国海洋大学青年教师科研专项基金：沿海滩涂保护法律制度研究（201413035）。

将全球治理引入海洋领域
——论全球海洋治理的基本问题与我国的应对策略

王 琪 崔 野*

摘 要: 全球化的扩展与全球海洋问题的频发等现实因素推动了全球海洋治理的产生,治理理论与全球治理理论则为全球海洋治理提供了基本的理论来源。全球海洋治理是由目标、规制、主体、客体四种要素构成的有机整体,其实现方式主要包括主权国家合作方式、国际政府组织主导方式、国际非政府组织补充方式以及国际规制的强制作用方式。当前,全球海洋治理的实现受到一系列因素的制约。作为一个重要的海洋大国,中国应在权力、能力与国际影响力等方面加以应对和完善,以提升我国在全球海洋治理中的地位。

关键词: 全球化;全球海洋治理;实现方式;制约因素;应对策略

海洋与人类的生存发展息息相关,世界上近4/5的国家(或地区)是沿海国,2/3以上的沿海居民生活在距离海岸线200千米以内的地区。但随着全球工业化和城市化进程的加速,海洋资源枯竭、海洋生态破坏、全球气候变暖等全球性的海洋问题日益严峻,对人类经济社会的可持续发展造成严重威胁。由此需要国际社会将全球海洋作为一个整体加以治理,即实现"全球海洋治理"。本文论述了全球海洋治理的产生背景、基本内涵、构成要素、实现方式以及制约因素等理论问题,并就我国在全球海洋治理中的地位和应对策略进行分析,以期推动全球海洋治理持续、有效地发挥作用。

* 王琪(1964—),女,山东高密人,中国海洋发展研究会理事,中国海洋大学法政学院教授,主要研究方向:海洋公共管理学、海洋政治。

崔野(1991—),男,黑龙江鹤岗人,中国海洋大学法政学院行政管理专业硕士研究生,主要研究方向:海洋治理。

一、全球海洋治理的产生背景与现实意义

全球海洋治理并非古已有之的。在古代社会，世界各个地区自成一体，并不存在"全球"的概念；进入近代社会后，整个世界才逐渐连结为一个整体，国际社会得以最终形成；"冷战"结束以来，伴随着全球化浪潮的扩展和深入，全球海洋治理也逐渐得到国际社会的关注并最终产生。概括来看，全球海洋治理的产生背景主要包括以下几个方面。

首先，海洋的自然特性是全球海洋治理产生的客观基础。海洋自然特性的基础地位体现在以下两个方面：第一，对于人类来说，海洋具有丰富的自然资源和极高的战略价值。一方面，在陆域资源日趋短缺的今天，海洋蕴含着丰富的油气、金属、生物等资源，这些资源对于工业化国家来说是至关重要的；另一方面，部分海域具有极高的战略价值。例如，波斯湾、南海、台湾海峡等海域是重要的战略要道，一直都是世界大国武力和外交的角力场。正是由于海洋在资源和战略上具有重要价值，世界各沿海国家才纷纷将目光转向海洋，加大对海洋的重视程度和治理力度。第二，海洋的广袤性、海水的流动性和立体性、海域边界的模糊性等自然属性使得很多海洋问题具有了国际性。例如，在一国海域上发生的石油泄漏事故，很有可能伴随海水的流动而超出该国的领海范围，因而解决这一问题就需要国家间的协调与合作。海洋的自然特性决定了国际社会共同治理海洋成为一种必然的政策选择。

其次，全球化的不断扩展是全球海洋治理产生的基本前提。全球化代表了当今世界上覆盖范围最广、渗透力最强、影响最为深远的发展趋势。在全球化的深刻影响下，各民族国家的主权在一定程度上受到削弱，国际组织发挥作用的空间越来越大，具有普遍约束力的国际规制变得愈发重要。由此，各国普遍意识到需要采取共同的政策和行动来解决海洋问题，应对海洋危机。

全球化至少在以下三个方面推动了全球海洋治理的产生：一是全球化使各国的联系日益紧密，一国的海洋政策或涉海行为会直接影响其他国家；二是全球化使诸如国际合作、多边协商、生态、反恐、可持续发展等一些价值观念普遍化，并在一定程度上影响了主权国家的政策价值取向；三是全球化使许多原先的国内海洋问题日益国际化，仅依靠单一主权国家的力量难以有效解决这些问题，进而需要跨国的国际合作。主权国家联系的日益紧密以及海洋问题的国际化，促使全球海洋治理在全球化这一大背景下应运而生。

最后，全球海洋问题的频发是全球海洋治理产生的现实背景。近年来，随着全

球工业化进程的加快，海洋环境污染、海洋资源枯竭、海洋生物多样性锐减、全球气候变暖等各种海洋环境问题愈发严重；与此同时，海盗、走私、海上恐怖主义、暴力犯罪以及某些国家间的海上军事冲突等海洋安全问题也给国际社会带来了严峻的挑战。这些问题无论从规模、波及范围还是影响后果上来说都具有全球性，它们的解决途径与国际社会整体联系在一起，因而也就有了全球意义。[1]

全球海洋问题的广泛性与复杂性，使得任何一个国家都没有足够的能力和资源来独立解决这些问题，即使是一个国家内部的海洋问题，也需要依靠国际社会的共同努力。因此，解决全球海洋问题需要的不是单边而是多边的联合行动，不是单个主权国家的个体决策，而是国际社会的一致合作与共同治理。总之，全球海洋问题的频发在现实上迫切需要全球海洋治理。

在上述因素的共同作用下，使得全球海洋治理的产生呈现出一定的必然性。同时，全球海洋治理的出现亦具有深刻的必要性，即其对于当前的国际社会具有重要的现实意义。

第一，全球海洋治理有助于全球海洋问题的解决。如前所述，全球海洋治理产生的原因与追求的目标之一便是有效解决全球海洋问题，这也是其现实意义的首要体现。以全球海洋问题的属性为区分标准，可将其分为海洋环境问题与海洋安全问题两大类。在海洋环境问题方面，国际社会已经对治理海洋环境问题达成了广泛共识，使得全球海洋治理在这方面发挥着极为明显的作用；在海洋安全问题方面，由于这类问题涉及高层政治领域和各国的核心利益，导致全球海洋治理在这领域内的作用受到一定程度的制约。但在总体上，不可否认的是，全球海洋治理的产生和实践已经并将继续促进全球海洋问题的有效解决。

第二，全球海洋治理有助于维护正常的国际海洋秩序。当前，国际海洋秩序受到多种因素的挑战，而全球海洋治理则可以在一定程度上维护正常的国际海洋秩序。一方面，全球海洋治理能有效应对海上恐怖主义、海盗、海上走私、海洋军事冲突等对国际海洋秩序造成威胁的各种不稳定因素，化解潜在风险；另一方面，全球海洋治理倡导世界各国不分大小、强弱与贫富，均能以平等的身份参与到全球海洋治理的进程之中，这就能够打破原有国际海洋秩序被某些海洋强国所垄断和主导的局面，使其朝着更加平等、包容、公正的方向前进。在这两者的共同作用下，正常的国际海洋秩序便有可能得到维护和完善。

第三，全球海洋治理有助于建设和谐海洋，实现海洋的可持续开发与利用。和谐海洋是指在一定海域内海洋生态环境良好，海洋经济发展现状与海洋环境、海洋资源支撑力相适应并与沿海地区经济、社会处于一种和谐、协调的状态。[2]建设和谐海洋是实现海洋可持续开发与利用的必然要求，是全球海洋治理的终极目标。全球海洋治理实践范围的不断扩展，可以更好地解决影响全人类长远利益的各类海洋问题，加深国家之间的交流、了解与合作，可以培育具有全球情怀和海洋意识的现代公民，也可以消除潜在威胁、维护正常的国际海洋秩序，而这些都将在根本上促进和谐海洋的建设，实现海洋的可持续开发与利用。

二、全球海洋治理的基本内涵与构成要素

全球海洋治理是一个复合概念，其基本内涵的确定应取决于对其理论来源的分析。从整体上看，全球海洋治理涉及当今国际性公共事务管理领域的两大基本理论——治理理论与全球治理理论，也就是说，治理理论与全球治理理论是全球海洋治理的基本理论来源。

一方面，全球海洋治理以治理理论的核心思想为其行为取向。治理理论的核心思想可以归纳为一点，即各种公共问题的解决依靠的是政府、社会、公民等各种社会主体的共同参与和协商合作，治理是以民主、多元、平等为基础通过协商与合作而达成社会秩序的。全球海洋治理继承了治理理论的核心思想，主要体现在以下三个方面：一是全球海洋问题的广泛性和复杂性要求主权国家、国际政府间组织、国际非政府组织等主体共同行动，这与治理理论中的多元主体共同参与的理念是不谋而合的；二是在各个主体中并不存在天然的权威，也不存在主体间的地位高低、权力大小之分，各主体是以相互平等、独立的身份参与到行动之中的，这也体现着治理理论的基本精神；三是解决全球海洋问题的方法并非仅依靠强制性的规制与命令，而是更多地通过各主体间的协商、谈判、互动与合作来达成最佳方案，并在自愿的基础上共同付诸实施，这也符合治理理论的基本要求。简而言之，全球海洋治理以治理理论的多元、平等、合作三大核心思想作为其行为取向，是治理理论在全球海洋领域中的扩展和深化。

另一方面，全球海洋治理是全球治理理论的具体化与实际应用。所谓全球治理，是指通过具有约束力的国际规制解决全球性的冲突、生态、人权、移民、毒品、走私、传染病等问题，以维持正常的国际政治经济秩序[3]，它是全球化时代下国际政治与公共事务管理相结合的产物，是治理理论在全球事务上的延伸与拓展。而将全球治理理论引入到海洋领域，即产生了"全球海洋治理"。全球海洋治理的提出深受全球治理理论的影响，是其在全球海洋内的具体应用：首先，全球海洋治理是在全球化不断扩展和全球治理逐渐成熟的背景下产生的，在时间上与全球治理存

在继承关系；其次，全球海洋治理与全球治理有着相似的基本目标，即两者都以有效应对日益严重的全球性问题为目的，而区别仅在于对于这些问题的界定范围有所不同；最后，全球海洋治理与全球治理在价值理念方面存在着一致性，即全球海洋治理认同并遵循全球治理所倡导的多元主体共同行动、关注全人类共同利益、建立全球意识和全球情怀等价值理念，并以这些理念指导着全球海洋治理活动的展开。随着海洋地位的日益提升和全球治理理论的不断完善，全球海洋治理作为一种新兴的全球治理实践领域，不仅具有直接而重要的现实意义，也在不断完善全球治理的理论深度和实践广度。

综合上述分析，本文认为，全球海洋治理是指在全球化的背景下，各主权国家的政府、国际政府间组织、国际非政府组织、跨国企业、个人等主体，通过具有约束力的国际规制和广泛的协商合作来共同解决全球海洋问题，进而实现全球范围内的人海和谐以及海洋的可持续开发和利用。全球海洋治理既是一种理论，体现为其对治理理论和全球治理理论的继承与扩展；也是一种实践，是国家层面的海洋治理活动在国际层面的延伸。

全球海洋治理在本质上是一种政治博弈的过程，带有鲜明的国际政治的色彩。因而，国际性与政治性是全球海洋治理最重要的两个特征。国际性体现在全球海洋治理涉及世界各国和相关的国际组织，乃至普通民众也在某种程度上介入到全球海洋治理的进程之中，其所要解决的问题也是事关人类共同利益的全球海洋问题；政治性则体现为全球海洋治理的实现过程自始至终都充满着谈判、妥协、冲突、合作、签订条约等政治行为，其实施效果深受主权国家的政策价值取向和国家间政治博弈结果的影响。其次，由于各国参与全球海洋治理的出发点和行为动机各异，内陆国与沿海国、发达国家与发展中国家的积极性也不尽相同，因此，在协调各国的政策和行为时存在着更大的难度，这也是全球海洋治理不同于一般治理活动的特征之一。在当前的国际政治体系下，全球海洋治理不可避免地带有大国政治的色彩。虽然公平性与平等性是全球海洋治理的基本精神，但由于各国实力与权力大小的差距，导致国际海洋事务中的话语权呈现出明显的两极差异，传统的海洋强国依旧在议题设置、资源分配、制度设计等方面占据优势地位；新兴海洋国家要想突破原有的政治体系仍受到多种限制；经济欠发达国家的利益则往往处于被忽略的境地。因此，冲淡全球海洋治理中的大国政治色彩亦是提高其实施效果的重要途径之一。

对全球海洋治理的内涵加以分析可以发现，全球海洋治理是一个由多种要素构成的复杂整体，各个要素之间具有内在的逻辑性与关联性。具体来说，全球海洋治理的构成要素包括目标、规制、主体与客体四种。

第一，全球海洋治理的目标。全球海洋治理的目标也称为全球海洋治理的价值，即为什么要进行全球海洋治理。从长远来看，全球海洋治理的根本目标是实现全球范围内的人海和谐，促进海洋的可持续开发和利用。就目前来说，全球海洋治理的迫切任务是迅速改善海洋环境质量、合理开发海洋资源、有效应对海洋突发事件、维护海洋安全等，以维持正常的国际海洋秩序。全球海洋治理的目标应当超越国家、种族、宗教、意识形态、经济发展等因素的限制，进而维护全人类的普世价值和共同福祉。

第二，全球海洋治理的规制。这是指用以规范各国涉海行为和维持正常的国际海洋秩序的一系列条约、公约、协议、宣言、原则、规范等各种正式的和非正式的规则体系，即依靠什么来进行全球海洋治理。国际规制的职能与所涵盖的地域范围极为多样：从职能上看，国际规制既包括《联合国海洋法公约》（以下简称《公约》）这样的宏观性公约，也包括北极熊保护协议这样比较狭窄的内容；从所涵盖的地域来看，相关的国际规制既包括《南极条约》等全球性条约，也包括《南海各方行为宣言》等区域性的政治文件，还包括两个国家间所签订的双边协定。国际规制是全球海洋治理的核心要素，对于全球海洋治理的实施效果起着至关重要的作用。

第三，全球海洋治理的主体。主体是指制定和实施上述规制的组织机构，即谁来进行全球海洋治理。在当前的国际政治体系下，全球海洋治理的主体主要包括三类。一是主权国家。主权国家是全球海洋治理的基本主体，各种国际涉海政策和行动最终需要主权国家来加以落实。需要指出的是，虽然内陆国家在地理上与海洋隔绝，但其也与海洋存在着密切的联系，亦是全球海洋治理的重要主体。二是国际政府间组织。国际政府间组织在确定治理目标、协调各国行动、调解国际争端等活动中起着基础性的作用，有效弥补着主权国家治理能力的不足；三是全球公民社会组织。全球公民社会是介于国家和个人之间的跨国活动领域，其基本的组成要素是国际非政府的民间组织。[4]全球公民社会组织的作用不仅仅在于直接参与到各项活动中来，更在于通过广泛的宣传和引导，不断增强各国民众的海洋意识和参与能力。可以预见的是，在今后的全球海洋治理中，全球公民社会组织将发挥着更加突出的作用。

除上述三种主体之外，跨国公司与各国民众也是全球海洋治理的主体之一，但由于其分布的分散性和力量的有限性，因而往往需要借助或依附于其他主体，但其力量亦不可小觑。

第四，全球海洋治理的客体。全球海洋治理的客体是全球海洋治理所指向的对象，即全球海洋治理要治理什么。从总体上看，全球海洋治理的客体是已经影响或者将要影响全人类共同利益的全球海洋问题，主要包括海洋安全、海洋环境、海洋资源的开发与利用、全球气候变暖与海洋突发事件的应急处理等五个方面的问题。这些问题具有发生频率高、持续时间长、影响范围广、人为因素多等特征，需要国际社会共同加以应对。然而，各国动机的复杂性，以及复杂的国际协调和决策程序，都加大了全球海洋问题的治理难度。

全球海洋治理产生与形成的过程，就是全球海洋治理的目标、规制、主体、客体这四种基本要素在治理全球海洋公共事务活动中互相耦合、协同运动的持续过程。全球海洋治理的基本要素及其之间的关系如图1所示。

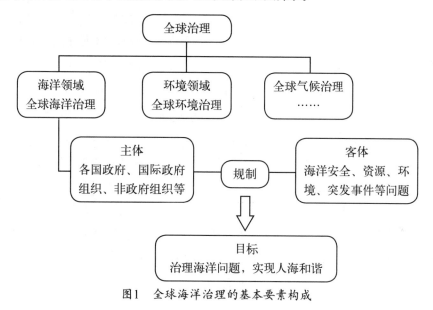

图1　全球海洋治理的基本要素构成

三、全球海洋治理的实现方式

全球海洋治理的实现需要通过一定的方式将目标转化为结果，即根据一定的方法、模式或规则来有效解决全球海洋问题，实现全球海洋治理的目标。在全球海洋治理的过程中，以不同类型的主体为区分标准，可将全球海洋治理的实现方式分为以下四种。

（一）主权国家合作方式

虽然全球化的趋势在一定程度上削弱了主权国家的地位，但不可否认的是，主权国家仍然是国际政治体系的基本行为体，在全球海洋治理中扮演着核心主体的角色。由于国家间相互依赖性的增长和各国力量的有限性，使得在全球海洋领域内形成了国家间相互依存的命运共同体。主权国家间的合作，而非对抗，成为了全球海洋治理的基本实现方式。

主权国家合作方式是指各主权国家在彼此关注的领域内，出于共同利益和目标的考量，通过协商、谈判、合作、建立伙伴关系等方式共同应对各种海洋问题，以求达到多方共赢的结果。在当今的国际政治体系中，以强权为后盾的强制性行为难以取得预期的结果，反而往往遭到他国的抵制甚至报复，而主权国家之间的合作由于其柔和性、成本共担性与利益共享性，受到了国际社会的广泛欢迎和采用。主权国家合作方式主要包括以下几种形式。一是国家之间达成具有一定约束力的条约、协定等规制。通过规制的硬性约束力来规范相关国家的行为，是主权国家合作方式最常见的表现形式。二是主权国家间以积极的行为共同解决些海洋问题，如改善海洋环境质量、共同打击海盗等。这种形式是主权国家合作方式最直观的体现，其合作效果也最容易为人感知。三是主权国家间以消极的不作为来维持某些海洋问题的现状，如针对某些海洋领土争端，相关国家搁置争议，维持现状，以避免冲突的升级。这种形式以无为胜有为，在某些情况下亦有利于地区局势的和平稳定。

然而主权国家合作方式也存在一定的弊端，其实施效果受到一定的限制。一是这种方式的运用领域往往集中在一些直接关系到人类共同利益的低级领域，如海洋环保领域，在涉及国家核心利益的安全、反恐、领土等领域，合作的达成就存在很大的困难；二是合作达成的前提是维护并扩大各主权国家自身的利益，一旦利益受损或分配不均，合作便有可能破裂；三是主权国家间的合作往往由官方出面进行，一些官僚体制的弊端也随之带入合作的进程，如效率低下、相互推诿责任、腐败难以杜绝等。[5]

（二）国际政府组织主导方式

国际政府组织主导方式是指在全球海洋治理过程中，国际政府组织处于主导地位，通过制定规制、设置议题、明确目标、规范行为等方式，使各主权国家在国际政府组织的主导下共同行动，以实现全球海洋治理的目标。这一方式将国际政府组织置于核心行为体的位置之上，使其扮演决策者、引导者和监督者的角色。在这种方式下，各种目标和决策的最终实现仍需要主权国家加以落实，国际政府组织的作用主要体现在前期的决策过程与后期的监督过程中。在这个意义上，国际政府组织是实现全球海洋治理的重要载体，全球海洋治理的效果与国际政府组织的能力息息相关。

与国家合作方式相似，国际政府组织主导方式也面临着一些困境：一是这种方式也只在一些低层次的领域发挥较为明显的作用，在高层次政治领域中则面临着协调困难、利益分歧大、目标难以统一等诸多障碍；二是某些国际政府组织的权威性不足，其作用的发挥受到某些大国的干预和制约，难以摆脱大国政治的阴影；三是这种方式对国际政府组织的议程设置能力、动员能力等多方面的能力提出了很高的要求，某些国际政府组织由于多种因素的影响尚不具备足够的能力，难以承担主导全球海洋治理的重任。

（三）国际非政府组织补充方式

在全球海洋治理中，国际非政府组织亦深刻介入到各种问题的解决过程之中，弥补着其他主体所存在的缺陷，由此便形成了国际非政府组织补充方式。这种方式既直接体现为各种国际非政府组织主动参与到海洋环境改善、海洋生物多样性保护等治理活动之中，也体现在通过政治建议、游说、动员等政治方式对主权国家和国际政府组织的政策制定产生影响，还包括深层次的培育普通民众的海洋意识、增强民众的参与能力等方面。国际非政府组织补充方式以其类型多样、范围广泛、作用手段柔和、治理形式灵活等特征，在全球海洋治理过程中发挥着日益重要的作用。

当前，这种方式所面临的最大困境是大多数国际非政府组织的能力不足，这种能力上的不足既包括活动资金、人员、设备等直观显现的表层层面，也包括内部管理能力、组织动员能力、独立性以及"志愿失灵"等潜在的深层层面。因此，加大对国际非政府组织的支持、培育和引导，拓展其活动空间，保证其组织独立性等是促进国际非政府组织补充方式有效发挥作用的重要手段。

（四）国际规制的强制作用方式

严格来说，依靠国际规制的约束力和强制性来实现全球海洋治理并不应当成为与上述三种实现方式并列的一种独立方式，因为国际规制并不是孤立存在的，而是贯穿于上述三种方式运作过程的始终，无论是主权国家之间的合作，还是国际政府组织主导的治理行动，抑或是国际非政府组织的积极参与，都需要以各种规制作为其目标导向和行为规范，但由于国际规制在实现全球海洋治理中所具有的重要作用，本文加以单独论述。

国际规制在全球海洋治理过程中主要发挥着以下几个方面的作用：其一，可以明确各主体的权利、责任和义务，规范各主体的行为；其二，可以设定一整套价值目标，塑造行为主体的预期，激励各主体为之开展行动；其三，可以建构出一系列沟通、协调、合作机制，缓和主体间的争端和冲突；其四，可以提供某些实现全球海洋治理的方法和路径，促进各种全球海洋问题的最终解决。正是由于国际规制具有如此重要的作用，才使其在全球海洋治理体系中居于核心地位，并深刻影响着其他几种方式的实施效果。

上述的几种方式并不是相互对立和排斥的，而是互为补充、同时发生作用的。以全球海洋环境治理为例，在这一治理进程中，既有由联合国主导的"海洋与沿海区域网络"，也有芬兰、瑞典等国共同保护波罗的海等类似的国家间合作，还有绿色和平组织、海洋守护者协会等国际非政府组织的自觉行动，这些主体都在各自的活动领域内促进着全球海洋环境的改善。在上述几种方式的共同作用下，使得全球海洋治理的实现具备了更大的可能性。

四、全球海洋治理的制约因素分析

虽然全球海洋治理的产生具有一定的必然性与必要性，但从目前的国际状况来看，全球海洋治理的真正实现仍然任重道远。全球海洋问题的频发只是表明各主体间合作的必要与紧迫，但并非是保证全球海洋治理实现的充分条件。国家利益与全球利益的矛盾、国际政治经济体系的不对称、国际规制的权威性不足以及国际组织的作用有限等因素依然制约着全球海洋治理取得实际的成效。

（一）国家利益与全球利益的矛盾

主权国家是国际政治体系中的基本主体，其进行国际交往的基本出发点是维护并扩大本国的国家利益。为了增进全球利益而牺牲本国利益对各主权国家来说是不现实的。正如学者斯蒂芬·克拉斯纳所言："国际政治中的权力分配、国家利益等基本规则没有任何变化，现实中的国际机制与全球治理仍然都是以国家利益为基础，在协调各国利益基础之上而达成的一种国家间协议。"[6] 如果这种协议损害了各国的国家利益，那么它将是毫无约束力的。以全球气候治理为例，为将全球温室气体含量稳定在一个适当的水平，减缓全球气温升高的速度，180多个国家先后签署并通过了《京都议定书》，但美国出于自身经济发展的考量，拒绝签署该公约。缺少了美国的加入，《京都议定书》的实施效果也大打折扣。时至今日，各主权国家很难在一些涉及本国实际利益的问题上达成共识，这一现状对全球海洋治理的实施效果造成了内在的制约。

（二）当前国际政治经济体系的不对称性

就国际政治体系而言，权力的等级制度塑造了全球治理的结构、根本目的和优先权。[7] 在目前的国际政治体系中，发达国家和大国集团在全球海洋事务的治理中拥有更多的发言权和议程设置权，使得国际海洋秩序总是为强国所操控。某些大国有时会利用自身的优势地位与资源，为了实现本国的利益而忽视甚至侵犯他国的权益。例如，美国出于其"重返亚太"的战略需要，多次公开干预南海事务，扰乱了正常的地区海洋秩序，为某些争端的解决增加了难度和障碍。

就国际经济体系而言，受制于历史与现实因素，发展中国家和欠发达国家往往面临着更为严峻的海洋安全紧张、海洋环境恶化、海洋科技薄弱等问题。产生这些问题的原因之一是贫困及比较落后的生产方式，而发达国家所主导的不公正的国际经济体系又加剧了这些国家的落后程度，并在资金、技术、物品、人才等援助中附带各种苛刻条件。不公正的国际经济体系束缚了发展中国家治理能力的提高，制约着全球海洋治理的实现。

（三）国际规制的不完善与权威性不足

虽然国际规制是全球海洋治理的核心要素，但大多数的国际规制只是在宏观上规定了一些治理的原则、方法和程序，缺少具体而全面的条款。内容的不完善使得国际规制在适用过程中经常出现适用标准不统一、条款相互冲突等现象，致使不同派别、不同利益集团在对相关条款进行解释时出现了截然不同的立场和主张。[8] 如《公约》中关于划界的原则过于笼统、模糊，导致各国对海洋划界原则的理解和适用产生巨大分歧。

此外，某些国际规制以国家间的声明、宣言等形式出现，缺少足够的法律约束力，对一些违反国际规制原则的行为也无力采取有效的制裁措施，导致国际规制的权威性不足。例如，《南海各方行为宣言》的签订并未使南海恢复平静，复杂的海上问题远未解决。究其原因，该宣言不属于国际法律文件，而只是南海有关国家间的政治承诺书。国际承诺的维系，较多的依靠国际道德力以及所谓的"君子"精神，其约束力远弱于国家间的条约。[8] 也正是因为如此，才会不断发生某些国家扣押我国渔船、侵占我国岛礁的事件。

（四）非国家行为体的作用有限

从理论上看，全球海洋治理是由国家中心治理与超国家中心治理组成的一种复合结构，但在实际上，两者之间所构成的并不是力量对等的关系，而是一种具有非对称性结构特征的力量关系。[9] 国家中心治理在全球海洋治理中居于主导地位，而超国家中心治理则处于一种从属的地位，由此导致非国家行为体（国际政府组织与国际非政府组织）在全球海洋治理中无法充分发挥应有的作用，制约了全球海洋治理的成效。

在国际政府组织层面，其对全球海洋治理的参与往往会受到多种因素的限制。一是资源限制。国际政府组织的活动资金主要来源于主权国家，这就使其受到某些大国的操纵，难以摆脱大国政治的影响。二是管理限制。机构庞杂、制度混乱等问题造成国际政府组织治理效率下降，影响了成员国对国际政府组织的信赖。三是执行限制。国际规制、决议等文件在执行过程中缺少足够的约束力，并经常由于触及到主权国家的利益而遭到抵制。总之，在很大程度上，国际政府组织在全球海洋治理中难以摆脱国家中心治理的强烈冲击。

在国际非政府组织层面，从活动方式来看，民间性、自发性的非政治活动仍是国际非政府组织的主要活动方式，主动式的政策倡议、游说、立法等政治层面的参与程度仍显不足；从其与国家中心治理的关系来看，国际非政府组织一方面无意且无力推翻现有的以国家中心治理为主导的治理体系；另一方面，在很多情形中，某些国际非政府组织就是在执行其所在国或资金捐助国的意志，沦为某些国家逃避治理责任或谋求自身利益的工具。就整体而言，现有国际非政府组织的力量不足以对国家中心治理构成挑战，从而在很大程度上延缓了全球海洋治理的实现。

此外，全球海洋治理的实现也受到国际协调与制裁机制的缺失、沿海国与内陆国的责任划分不清、各行为体利益的分散性和动机的复杂性等因素的制约，加之全球海洋治理机制自身也存在很多不足，如管理的不足、合理性的不足、民主的不足等，[10]这些因素都在某种程度上制约着全球海洋治理的实现。

五、我国在全球海洋治理中的地位与应对策略

中国曾拥有灿烂辉煌的海洋史，但自明朝中叶以来，我国奉行闭关锁国、重陆轻海的政策，逐渐脱离于世界的发展趋势，也深受着来自海洋方向的威胁与侵略。新中国成立后，特别是改革开放以来，我国逐渐加大了开发利用海洋资源和维护海洋权益的力度。进入21世纪后，我国参与全球海洋治理的范围与程度不断扩展，并对全球海洋治理的价值、规制、结果及评判等发挥了一定作用。就现状而言，笔者认为，我国在全球海洋治理中的地位可以表述为"力量有限的核心主体之一"。

之所以称我国是全球海洋治理的核心主体之一，主要是基于以下几个方面的原因。一是就地理意义而言，我国拥有漫长的海岸线和广阔的管辖海域，是一个名副其实的海洋大国。二是从我国的海洋硬实力来看，近年来我国的海洋经济、科技、

军事力量等海洋硬实力资源迅速发展，某些核心指标已居于世界前列。海洋硬实力的增强使我国的区域和全球影响力随之提升。三是从介入全球海洋问题的程度来看，无论是打击索马里海盗，还是治理全球海洋环境，或是搜寻"马航MH370"失联客机，中国已经全面而深入地介入到全球海洋问题的治理之中，并在其中发挥着至关重要的作用。四是就我国的国际影响力而言，我国是联合国安理会常任理事国之一，也是全球最大的对外贸易国，在国际海洋政治、海洋经济领域中扮演关键角色。此外，中国坚持和平崛起，倡导"和谐海洋"理念，在国际社会中树立了负责任大国的良好形象，具有较高的国际影响力和美誉度。

与核心主体地位相对的是，我国在某些领域和问题上的力量仍然有限，制约了我国在全球海洋治理中地位的提升。一是我国目前尚未实现完全统一，台湾问题长期悬而未决，且与日本、越南、菲律宾等邻国存在岛屿和海域的主权争端，这在根本上使我国的国际影响力受到制约。二是中国等新兴大国的群体性崛起并未从根本上改变全球海洋治理体系的现状，不平等的国际政治经济秩序依然存在，使得包括中国在内的广大发展中国家受到不公平的对待。三是国家实力的增长并未使我国获得相应的海洋话语权。虽然中国已成为全球第二大经济体，但海洋话语权的缺失使中国在国际海洋话语体系中处于弱势地位，也直接凸显了我国在全球海洋治理中力量的有限性。四是中美关系的复杂性对中国在全球海洋治理中的地位施加了不确定的因素。美国经常出于其自身的利益考量，对中国的内政外交横加指责，并介入到中国与他国的领土争端中，为争端的顺利解决制造障碍。中美关系的复杂性与波折性使中国在参与全球海洋事务中受制于美国的政策和立场。

面对这种略显尴尬的现状，提升我国在全球海洋治理中的地位便显得迫在眉睫。而提升的策略是一个多解的命题，它深受权力、能力、国际影响力等多种因素的制约。具体来说，我国应着重做好以下几个方面，以更好地应对全球海洋治理的发展并不断提升我国在全球海洋治理中的地位。

（一）权力是基础：大力发展我国的海洋实力

在全球海洋治理中，权力仍然是决定国家地位的基础，对于国际关系和全球海洋治理的进程发挥着至关重要的影响。无论是美国，还是新兴国家，都在尝试通过更为明智的方式获得权力。[11]而国家权力的大小总是与国家实力的强弱呈正相关性的，因此，大力发展我国的海洋实力和综合国力，便是增强国家权力，提高国际地位的基本要求。

从整体上看，国家海洋实力由海洋硬实力与海洋软实力两方面构成。海洋硬实力是指一国在国际海洋事务中通过军事打击、武力威慑、经济制裁等强制性的方式，逼迫他国服从、认可其行为目标，以实现和维护其海洋权益的一种能力和影响力，主要包括海洋经济力量、海洋科技力量和海洋军事力量；海洋软实力则是指通过非强制的柔性方式运用各种资源，争取他国理解、认同、支持、合作，最终实现和维护国家海洋权益的一种能力和影响力，[12] 其来源于海洋文化、海洋意识、海洋价值观、海洋政策、海洋发展模式等要素。海洋硬实力是外在，海洋软实力是内核，两者共同影响着国家海洋实力的强弱状况。因此，我国应从硬与软两方面着手，一方面继续大力发展海洋经济、海洋军事等海洋硬实力，增强海洋实力的物质形态，有效维护国家的海洋权益；另一方面，则应积极对外输出我国优秀的海洋文化、塑造"和谐海洋"的价值理念、制定符合时代趋势的海洋政策等，以此不断提升我国的海洋软实力。只有"软硬兼施"，才能持续增强我国的海洋实力，在国际社会中掌握更大的权力。

（二）能力是支撑：积极提升我国参与全球海洋治理制度设计的能力

一般来说，全球海洋治理中的制度承袭了国际关系的大框架，是指"调整各国在各个海域活动的原则、法规和规章制度的总称。"[13] 一方面，能否参与到制度设计的过程是决定一国在全球海洋治理中地位的关键指标；另一方面，现存的某些制度仍存在不完善之处，需要某种程度的重构。因此，积极参与全球海洋治理的制度设计并提升制度设计的能力，是提高我国在全球海洋治理中地位的重要途径。

结合当前形势和我国的利益定位，中国应积极参与全球海洋环境制度、全球海洋安全制度与全球海洋法律制度的设计与重构。在全球海洋环境制度方面，我国应遵循《公约》第十二部分的相关规定，建立海洋环境区域合作关系和机制，制定保护和保全海洋环境的规则、标准和建议；应进一步加强我国海洋环境制度与国际海洋环境制度的接轨，适应国际环境立法与国内立法日趋统一和趋同的国际趋势。[14] 在全球海洋安全制度方面，中国应将"新安全观"作为指导海洋安全合作的理念，通过对话增进相互信任，通过合作促进海上安全；同时应加强与有关国家的海上安全磋商与对话，进一步制定或完善有关海上安全的具体规则和操作程序。在全球海洋法律制度方面，我国应积极参与以《公约》为基础框架的全球海洋法律制度建设，对《公约》的调整和完善提出自己的主张，为建立和维护公正合理的全球海洋法律秩序发挥积极的作用。

（三）影响力是保障：持续增强我国在国际海洋事务中的话语权

话语权可以有效地将一国私人话语构建为全球性话语，以获得国际认同。因而努力获取并增强我国在全球海洋事务中的话语权，对于扩大我国的国际影响力，提升我国在全球海洋治理中的地位具有重要意义。

增强我国在国际海洋事务中的话语权，需要从以下两个方面着手。一是创设与运用海洋话语平台。对于已有的国际海洋话语平台，我国应注重提升参与质量，强化国际海洋议程的设置能力，实质性参与到大陆架界限委员会、国际海洋法法庭等机构的相关工作中，注重提升运用制度规则维护自身海洋权益的能力；同时，我国也应立足实际，积极创设新的海洋话语平台，并在新平台中占据主导地位。如我国目前正在倡导的"21世纪海上丝绸之路""亚洲基础设施投资银行"等话语平台，这些平台不仅仅涉及海洋事务，同时也是彰显我国国际影响力和话语权的广阔舞台。二是持续开展海洋外交。在参与全球海洋治理的过程中，应继续坚持睦邻友好、和平崛起的外交方针，妥善处理好与欧美传统海洋强国和新兴海洋国家的关系，争取其认可与支持。同时，对于他国损害我国海洋权益的行为则应坚决予以回击，有效应对西方国家对我国海洋问题的话语介入。

六、结语

全球化的扩展与全球海洋问题的频发等现实因素推动了全球海洋治理的产生，并已引起了国际社会和学术界的广泛关注，全球海洋治理的重要作用和意义正在显现。但同时也应该看到，真正实现全球海洋治理仍然颇为漫长。从理论上看，目前学术界对于全球海洋治理的理论研究尚不多见，难以有效满足实践的需要；从实践上看，对全球海洋问题的有效治理仍存在诸多困难。因此，在未来的研究中，一方面应立足中国，加强全球海洋治理的本土化以及中国参与全球海洋治理的路径研究，以使全球海洋治理更加符合我国的国家利益；另一方面，则要立足实际，深化对全球海洋治理的制约因素和加强国家间协调合作的方式、方法的研究，以促进全球海洋治理将朝着公平、有效、健康的方向发展。总之，全球海洋治理的真正实现需要主权国家、非国家行为体、学术界以及广大民众的共同关注和持续努力。

参 考 文 献

[1] 王荔红. 浅谈全球治理理论及其制度治理实践. 东南亚纵横, 2003(11)：60.

[2] 李百齐. 新形势下构建和谐海洋的基本构想. 中国行政管理, 2007(5)：64.

[3] 俞可平. 全球治理引论. 马克思主义与现实, 2002(1)：25.

[4] 俞可平. 全球治理引论. 马克思主义与现实, 2002(1)：26.

[5] 吕晓莉. 全球治理：模式比较与现实选择. 现代国际关系, 2005(3)：10.

[6] [日]星野昭吉. 全球治理的结构与向度. 南开学报（哲学社会科学版）, 2011(3)：3.

[7] 李惠斌. 全球化与公民社会. 广西师范大学出版社, 2013年版, 99.

[8] 刘中民. 《联合国海洋法公约》生效的负面效应分析. 外交评论, 2008(3)：84.

[9] 周江. 略论《南海各方行为宣言》的困境与应对. 南洋问题研究, 2007(4)：29.

[10] [日]星野昭吉. 全球治理的结构与向度. 南开学报（哲学社会科学版）, 2011(3)：4.

[11] [英]托尼·麦克格鲁. 走向真正的全球治理. 马克思主义与现实, 2002(1)：40-41.

[12] 吴志成, 何睿. 国家有限权力与全球有效治理. 世界经济与政治, 2013(12)：22.

[13] 王琪, 王爱华. 海岛权益维护中的海洋软实力资源作用分析. 中国海洋大学学报（社会科学版）, 2014(1)：19.

[14] 苏长河. 全球公共问题与国际合作———一种制度的分析. 上海人民出版社, 2000：262.

[15] 刘中民, 王海滨. 中国与国际海洋环境制度互动关系初探. 中国海洋大学学报（社会科学版）, 2007(1)：11.

论文来源：本文原刊于《太平洋学报》2015年6期，第17-27页。

基金项目：本文为国家社会科学基金项目"和平崛起视阈下的中国海洋软实力研究"（11BZZ063）；国家社科基金重大项目"中国海洋文化理论体系研究"（12&ZD113）；中国海洋发展研究中心项目"海洋强国建设中如何加强软实力研究"（AOCZD201306）的阶段性成果。

弹性生态观视域下海洋渔业生态补偿
政策设计

同春芬　张　卓

摘　要：由于过度捕捞和环境污染，海洋渔业发展面临着资源衰竭、环境受损、生态失衡等一系列问题，海洋渔业生态系统承受着前所未有的压力，如若继续恶化，后果不言而喻。然而，现行的渔业生态保护与管理方式不是可持续发展的，甚至是背道而驰的。海洋渔业可持续发展需要创新的思维。弹性思维提供了理解周围世界和管理自然资源的一种不同方式，提倡用弹性的观念去看待事物的变化，是一种旨在增加系统可持续性的资源管理新方法。弹性思维及其所蕴含的弹性生态观既可以成为海洋渔业可持续发展的有效途径，又可以为海洋渔业生态补偿提供理论支持。

关键词：弹性生态观；海洋渔业；生态补偿

近年来，海洋渔业发展面临着资源衰竭、环境受损、生态失衡等一系列问题，尽快实施海洋渔业生态补偿对于修复海洋渔业生态环境、保护海洋渔业资源以及促进海洋渔业可持续发展具有重要的历史和现实意义。然而，"目前，捕捞业和淡水资源这两种生态服务功能被过度开发利用，已处于供不应求的状态，更不要说满足未来需求了。全球至少有1/4的商用鱼类资源已被过度捕捞。"[1]而国内关于海洋渔业生态补偿的研究十分欠缺，可借鉴的成功案例十分缺乏，尤其缺少创新的思维和理论的指导。在海洋渔业资源管理中，采用"命令—控制"的方式，没有考虑整个

* 同春芬（1963—），女，汉族，陕西富平人，中国海洋大学法政学院教授，博士，主要从事海洋渔业政策与渔民转型研究。

张卓（1990—），女，汉族，山东青岛人，中国海洋大学法政学院社会保障专业研究生，研究方向：海洋渔业政策。

海洋渔业生态系统的承受能力，致使"大多数的海洋渔业生态系统，要么濒临过度捕捞的状态，要么已然崩溃。"[1]海洋渔业生态系统承受着前所未有的压力，如若再恶化，后果不堪设想。怎样才能既满足海洋渔业现有的需求又保证其未来发展所需？如何才能维持海洋渔业的可持续性呢？本文认为，弹性思维及其所蕴含的弹性生态观既可以成为海洋渔业可持续发展的有效途径，又可以为海洋渔业生态补偿提供理论支持。

一、弹性思维及其蕴含的弹性生态观

21世纪以来，人类渐渐意识到以牺牲资源和环境为代价来满足自身需求会带来诸如环境恶化、生态失衡等一系列的恶果，提倡可持续发展的新生态观逐渐进入公众视野并被接纳，弹性思维也应运而生。弹性思维是国际恢复联盟特别推荐的资源管理新思维方式，是面对可持续发展而提出的新理念，被许多学者评价为可持续发展管理的理论基础，是系统可持续性的关键[2]。弹性思维提倡用弹性的观念去看待事物的变化，是一种旨在增加系统可持续性的资源管理新方法。

弹性，亦称恢复力，英文中"Resilience"一词的辞源来自于拉丁语，意为跳回到原来的地方，后来引申为承受压力的系统恢复和回到初始状态的能力[3]。弹性的概念先后被引入物理系统、生态系统、社会系统以及社会－生态系统的研究中。弹性首先被物理学家用来表示弹簧的特性，阐述物质抵抗外来冲击的稳定性[4]。随着系统论思维的兴起，弹性被引入生态学，加拿大生物学家霍利开创性的发表了关于生态弹性的论文[5]。在此之后，弹性的概念得到蓬勃发展，弗洛克总结了弹性概念的演进过程（见表1）[4]。霍利在论文中辨析了工程弹性和生态弹性的不同之处，他将生态弹性定义为"系统在改变其结构前能吸收的干扰量"[6]。弹性在这里不仅包括系统受到冲击后所需要的恢复时间，还包括系统临近阈值时吸收干扰量的能力。生态弹性则侧重"持续能力和适应能力"[7]。在生态学研究的基础上，埃杰提出了生态和社会弹性在生态系统基础上相互联系的可能性[8]，由此形成了关于社会生态系统弹性的研究。社会生态弹性认为系统的特性即使不受外来因素的影响也会随着时间而变化[9]。卡彭特对社会生态弹性的认识是基于"系统"之上的，即系统在维持原有状态下所能吸收的干扰量，系统自组织能力以及系统的适应程度[10]。这种弹性视角反映了思维范式的转变，即不再将世界看作有序的、机械的和能够合理预测的，而是混乱的、复杂的、不确定的和不可预测的。

表1　弹性概念的内涵演变[11]

弹性概念	特性	关注点	语境
工程弹性	恢复时间,效率	恢复,守恒	临近稳定平衡状态
生态弹性、社会弹性	缓冲能力,抗打击,保持功能不变	持久性	多重平衡,稳定状态
社会—生态弹性	干扰和再组织,保持和发展之间的相互作用	适应能力,学习和创新	集成系统反馈,跨尺度的动态互动

受上述学者的启发,本文将弹性定义为:系统遭受外界干扰时维持其基本属性的能力,这里谈及的弹性并不强调系统受到干扰后恢复到以前状态的速度,而着重系统自身在遭受干扰后不发生态势转换且对原有结构和功能的维持和控制。

二、海洋渔业生态系统的弹性机理

海洋渔业生态系统是海洋中由鱼类生物群落及其环境相互影响而构成的统一整体,是国民经济和社会发展的基础,有巨大的服务价值。但目前人类对海洋渔业生态系统提供的物质和服务处于低价或无偿的索取阶段,未纳入成本计算并在国家GDP中予以反映[12]。海洋渔业生态系统具有如下特征:第一,海洋渔业生物多样性。海域生态系复杂多样,海洋渔业生物物种、海洋渔业生态类群和海洋鱼类群落结构均表现出多样性特征。第二,海洋渔业生态系统脆弱性。极易受人类开发活动的干扰与破坏,生态系统抗干扰能力弱,对海洋生物资源的过度开发利用,使生态系统的服务功能和可持续利用价值降低,具有很强的脆弱性。第三,海洋渔业生态系统相对封闭性。我国海洋渔业生态区外部徊游性渔业资源补充较少,具有明显的地区性和封闭性特征。第四,海洋渔业物种依赖性。我国海洋渔业生物繁育生长以及徊游都在较固定的区域内完成,并且高度依赖于沿岸原始生境条件,对原始大陆环境的依赖性。我国海洋渔业生态系统的特征决定了海洋渔业资源的质量和数量不容乐观,不仅需要合理开发、节约利用海洋渔业资源,而且还需要采取弹性生态观这种新的思维模式来管理海洋渔业生态系统,整体协调各种开发利用活动,增强系统自身的弹性,有效的规避海洋渔业生态系统的上述弱点,以增进海洋渔业生态环境的福利。

按照弹性思维的生态观分析海洋渔业生态系统,可以将海洋渔业生态系统中的弹性功能界定为,当海洋渔业生态系统遭受外界干扰时维持系统自身基本属性的能力。在通常情况下,海洋渔业生态系统遭到的破坏没有超过一定的界限时,系统可以进行自我恢复并为人类提供巨大的服务价值；但是由于人类过度捕捞导致渔业资源质量和数量急剧下降，海洋渔业生态环境遭到严重破坏，已经超越或者正在超越系统所能够承受的临界点，我们称之为"阈值"，亟须进行补偿和修复，以保持海洋渔业生态系统的稳定和可持续。这主要是因为：第一，海洋渔业生态系统组成部分的自组织行为使系统行为非线性。整个系统会随时间变化而进行调整，系统会进行自我组织，使系统的运转表现出非线性行为[1]。海洋渔业系统内某个组分的变化有时会导致系统重组，进入另外一种系统状态。第二，管理海洋渔业生态系统必须使人类的行为不超越系统的弹性。海洋渔业生态系统的弹性可以通过其与阈值之间的距离来衡量。离阈值越近越容易跨越阈值，如果跨越了阈值，海洋渔业生态系统会以另一种方式运行，通常都伴有不合意及不可预见的意外发生。要增强系统的可持续性管理，确定阈值是否存在及存在何处，培养将其系统与阈值联系起来进行管理的能力。[1]当海洋渔业生态系统弹性遭破坏后，最重要的是其适应能力，这是一种造成损失最小又能提高人类福祉的方式进行重建与再组织的能力。第三，过度提高效率会造成海洋渔业系统弹性的损伤。"高效"的系统往往处于一个满负荷的状态，应对意外冲击时极其脆弱和敏感，系统会出现严重混乱和失调的状况。因此，海洋渔业生态系统的弹性需要适度的冗余。第四，人类是海洋渔业生态系统的一分子。将人类视为海洋渔业生态系统中的一分子，是因为海洋渔业生态系统抑制和塑造着人类的生活的同时，人类也在影响着海洋渔业生态系统，建立弹性生态观观，要将海洋渔业生态系统视为各组成部分紧密相关的系统。

因此，需要运用弹性思维的生态观重新审视和管理海洋渔业生态系统，将海洋渔业生态系统作为一个整体的运作方式和内在机理，并将诸多问题置于一个具有弹性的生态系统中去思考，进而制订和实施旨在保持系统弹性的管理方式[13]，彻底改变原有的"控制—命令"式管理方式，实现真正意义上的海洋渔业生态福利的增加。

三、弹性生态观对海洋渔业生态补偿的指导作用

众所周知，近年来我国海洋渔业发展面临资源衰竭、环境受损、生态失衡等一系列问题，强大的捕捞能力与脆弱的渔业资源之间矛盾日益增大。而且，海洋生态系统的复杂性决定了应当从更广阔的视角，树立弹性的生态观，用弹性思维的理念指导海洋渔业生态补偿，修复海洋渔业生态系统，推进海洋渔业可持续发展。从这个意义上说，弹性生态观对于海洋渔业生态补偿的建立和完善具有重要的指导作用。

第一，弹性生态观有助于打破原有海洋渔业生态补偿对秩序、确定性和静态的

迷恋。弹性生态观认为改变是常态，强调应以变化为前提来解释稳定，海洋渔业生态补偿不只是提升资源使用效率和合理性的问题，还必须面对另一个根本的课题，那就是渔业资源质量和数量如何在一个不断变动的生态环境中延续和提升，以保障海洋渔业生态系统的可持续性。

第二，弹性生态观有利于全面分析海洋渔业生态补偿的影响因素和危机的变量，以提高其适应能力。弹性生态观强调运作理念的适应性、灵活性、变通性等特点，而这些特点是在把握海洋渔业生态系统整体的前提下来实现的，符合海洋渔业生态发展的规律，利于客观地处理渔业生态补偿过程中的问题。在复杂多变的环境下，重视海洋渔业生态系统脆弱性的研究，增加海洋渔业生态系统的弹性，以及时有效应对海洋渔业发展面临的干扰和危机。

第三，弹性生态观有利于提高海洋渔业生态补偿的可操作性，完善相关制度建设。由于渔业生态补偿制度自身的可操作性较低，很多渔业生态补偿处理方法难以量化执行，使得海洋渔业生态补偿的处理弹性过大超过了阈值反而适得其反，这就需要运用弹性生态观来进行制度约束。制度的弹性是依附于制度刚性而存在的，没有制度作为边界的弹性不是真正的弹性。弹性生态观可以提高海洋渔业生态补偿准则的可操作性，为海洋渔业生态补偿制度建设提供边界。

第四，弹性生态观有利于探索多元化投入渠道，维持海洋渔业生态补偿机制的活力。弹性生态观认为一个机制只有来源多元化，才能保持制度的生命力。在市场经济条件下，我们应探索政府投入、企业赔偿、个人捐助、慈善捐赠、国际援助等多元化投入机制，拓宽补偿资金来源渠道，统筹海洋渔业生态补偿经费，采取切实可行的海洋渔业生态补偿措施，发挥有限资金的最大作用。

第五，弹性生态观有利于优化渔业管理机构的治理结构，加强海洋渔业生态补偿的监管力度。弹性生态观是联系的生态发展观，它认为只有渔业管理部门在进行渔业生态补偿处理时，增强与其他部门的联系，加强内部管理，优化治理结构，才能规避渔业管理机构进行生态补偿处理时的不规范性。通过多形式的宣传教育，让公众了解制度的边界和弹性的空间，弹性生态观才能得到广泛的应用和共同的监督，才能使海洋渔业生态补偿真正按照"谁开发谁保护，谁受益谁补偿，谁损害谁修复"的原则开展生态保护、资源养护和生态修复工作。

因此，用弹性生态观指导海洋渔业生态补偿很有必要。

第一，弹性生态观的指导是海洋渔业现状的客观要求。一方面，海洋渔业生态补偿是维持海洋渔业生态秩序的重要保证，也是海洋渔业管理活动能正常进行的基础，海洋渔业补偿机制中弹性生态观的存在也有其客观必要性，是有理可依的。海洋渔业生态补偿实质上是补偿主体与补偿对象进行利益交换的过程，相互交换的双方并非完全理性，他们掌握的交易信息也是不完全对称的，交换事项同样也具有其不确定因素的存在，所以，补偿主体和对象所遵循的机制必然是一种不完全的交易契约，海洋渔业补偿制度的弹性是必要存在的，并且需要利用弹性生态观来对这种弹性进行管理和指导。另一方面，海洋渔业经济环境在不断变化，海洋渔业生态补偿也随之在不断调整和发展，具体的操作流程和处理方法已经不能适用于多样性的补偿事由以及影响补偿结果的各种不确定性因素了；政府只能规范海洋渔业生态补偿处理的结构和补偿标准，让补偿利益相关者根据其具体实际来进行相关处理。这样做不仅使补偿协议的灵活性增强，也便于双方根据自身情况选择生态补偿方式和补偿手段，也使得海洋渔业生态补偿的生命力增强。

第二，弹性生态观的指导是海洋渔业生态补偿的内生需要。首先，海洋渔业生态补偿是事后行为受未来因素影响。渔业生态补偿的事由发生在过去，是由于补偿对象利益受损而产生的，但其结果却是由未来的事项所决定的，受具体操作经营者的掌控程度和诸多未来的自然和社会因素的影响。其次，海洋渔业生态补偿量是不确定的。它不仅表现为渔业生态补偿前补偿主体和补偿对象的盈亏形式是不确定的，也表现为渔业经济盈亏的具体时间和数目也是不确定的。最后，海洋渔业生态补偿的慢变量是渔业资源的数量和质量，当渔业资源的数量和质量不断下降越过了阈值，整个系统原有的平衡将会被打破甚至重组，因此引入弹性生态观势在必行。

第三，弹性生态观的指导是由海洋渔业生态补偿的弹性空间特征决定的。渔业生态补偿的弹性空间主要存在于渔业生态补偿实际操作中的具体判断以及确认与计量领域，这些领域具有以下特征：不全面性，现行海洋渔业生态补偿未能全面涉及现实中发生补偿事由，未能穷尽每种补偿方式的补偿量以及其间的等量转换标准；不固定性，海洋渔业生态补偿中对同一种补偿对象的有不同的补偿方式和手段；不明确性，补偿标准是动态的相对的，而且对于补偿标准范围内具体值的也没有明确规定，补偿值的确定有很大的浮动空间。这些弹性空间的领域特征决定了用弹性生态观指导海洋渔业生态补偿的必要性。

四、海洋渔业生态补偿的政策设计

对现有的海洋渔业生态补偿政策进行优化改革，必须寻求一种全新的分析视角，构建一种多元化的体系框架。以弹性生态观为理论支撑，即以生态优先、人海和谐及增加福利为政策理念，以政府手段和市场手段为政策手段，以补偿主体、补偿对象、补偿方式和补偿标准为政策内容，以保护海洋渔业生态资源的数量和质量不受损害或受损后进行修复为政策目标的海洋渔业生态补偿政策设计框架。（如图1所示）

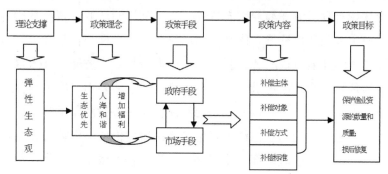

图1　海洋渔业生态补偿的政策设计框架

海洋渔业生态补偿是一种为保护海洋渔业生态资源的数量和质量不受损害或受损后进行弥补、修复的政策安排。具体来说就是，通过政策来实现海洋渔业生态保护外部性的内部化，让生态保护的受益者和生态破坏的责任者支付相应的费用；通过体制来解决具有公共物品性质的海洋渔业生态资源消费中的"搭便车"现象，激励经济个体提供足额的海洋渔业公共物品；通过机制来保证生态投资者的投资能够得到合理回报，从而激励海洋渔业资源开发中的经济主体进行海洋生态投资从而使海洋渔业生态资源得到增殖。[14]

海洋渔业生态补偿手段分为两大类：政府手段和市场手段。政府手段主要是指通过制定财政转移支付制度和建立专项基金来实施海洋渔业生态补偿，此外，政府还通过直接实施重大生态建设工程来恢复和提高海洋渔业生产所需的生态环境状况，并且对受到工程建设影响的群体提供资金、物资和技术的补偿。[15]市场手段包括生态税费制度和市场交易模式。生态税费是对海洋渔业生态环境定价，利用税费形式征收海洋渔业资源开发活动所导致的环境成本，其根本目的是为了促进海洋渔业生态保护、减少海洋渔业生态环境污染和破坏的行为。市场交易模式主要是依托资源与环境的交易实现，如排污权的交易、生态建设的配额交易等。在选择海洋渔业生态补偿的方式和手段时，应在界定海洋渔业生态补偿主体和对象的基础之上，由补偿主体根据补偿对象的需求和自身的能力来确定各方均能认同和接受的方式和手段。

在海洋渔业资源开发过程中，海洋渔业生态补偿主体包括使用海洋渔业生态系统服务的使用者、海洋渔业生态系统服务功能的破坏者以及海洋渔业生态保护活动的受益者。海洋渔业生态补偿对象则包括海洋渔业生态资源的所有者、保护海洋渔业生态资源建设者、因海洋渔业生态资源的使用或海洋生态保护而受损害的利益主体[16]。海洋渔业生态补偿采用政策补偿、资金补偿、智力补偿和实物补偿相结合的方式，以保证海洋渔业生态补偿的实施效果。政策补偿即中央政府和各沿海地方政府可以通过制定给予各项优先权和优惠待遇的政策来进行补偿，运用行政和经济政策手段大力扶持有利于海洋渔业生态资源可持续利用的产业；资金补偿是最常见的补偿方式，包含多项费用补偿，体现了利用效益的公平性与科学性；智力补偿是为被补偿地区或群体开展免费的智力服务，帮助提高其生产技能、技术水平和管理水平；实物补偿是给补偿对象提供一定的生产要素和生活要素，增强其生产能力，改善受偿对象的生活状况。[14]补偿标准是海洋渔业生态补偿政策的核心问题，关系补偿的效果和补偿者的承受力。海洋渔业生态系统服务价值、海洋开发的机会成本和恢复治理成本的评估，是确定海洋生态补偿标准的科学依据。[17]海洋生态补偿合理补偿标准应是历史、动态和相对的，海洋生态补偿标准的确定是一个各相关利益方博弈的过程，应综合考虑不同时期、不同区域的生态需求、支付意愿、支付能力等各种因素，才能确定补偿主客体都能接受的，又能增进整体社会福利的补偿标准。在实践中，应采用多目标决策和博弈的方法来最终确定具有社会、经济和技术合理性的标准和价值。

通过对海洋渔业生态补偿的政策设计，以达到保护海洋渔业生态资源的数量和质量不受损害或受损后进行弥补、修复的政策目标，使得利益相关者在渔业资源管理和使用过程中做到权力分享和责任共担，以更好地分配和保护渔业资源，更好地促进长期的规划，更好地增进渔民福利，增长渔民能力。

本文通过对弹性思维和弹性生态观的介绍，阐述海洋渔业生态系统的弹性机理，分析弹性生态观对海洋渔业生态补偿的指导作用，以此对海洋渔业生态补偿进行政策设计。弹性生态观的视角强调构建科学、合理的海洋渔业生态补偿机制，有效的激励和调动了海洋渔业主体进行海洋渔业生态保护和建设的积极性，维护了海洋渔业生态系统的可持续性，增进了海洋渔业生态环境的福利；也为海洋渔业管理提供了新的思维范式，拓展了弹性思维的应用领域。在弹性生态观的合理运用和科学指导下，我们有理由相信，海洋渔业生态补偿工作会步入一个崭新的阶段。

参 考 文 献

[1] [美]布莱恩·沃克, 戴维·赛特著. 彭少麟, 等译. 弹性思维：不断变化的世界中社会—生态系统的可持续性[M]. 北京：高等教育出版社, 2010.

[2] 彭少麟. 发展的生态观：弹性思维[J]. 生态学报, 2011(19)：5433-5436.

[3] 沈苏彦. 国外弹性思维下旅游研究领域文献的可视化分析——基于CiteSpace的分析[J]. 旅游论坛,

2013(2)：84-87.

[4] 刘丹, 华晨, 阿拉特·乔治. 弹性视角下的可持续城市化与规划创新[A]. 中国城市规划学会. 城市时代, 协同规划——2013中国城市规划年会论文集(10-区域规划与城市经济) [C]. 中国城市规划学会, 2013：13.

[5] Holling, C. S. Resilience and stability of ecological systems[J]. Annual Review of Ecological Systems 1973(4)：1-23.

[6] Holling, C. S. Engineering resilience versus ecological resilience, in: P. C. Schulze（Ed.）, Engineering Within Ecological Constraints[M]. Washington, DC: National Academy Press,1996.

[7] Adger, W. N. Building resilience to promote sustainability[J]. IHDP Update, 2003(2)：1-3.

[8] Adger, W. N. Social and ecological resilience: are they related?[J]. Progress in Human Geography, 2000, 24：347-364.

[9] Scheffer, M. Critical Transitions in Nature and Society[M]. Princeton NJ: Princeton University Press,2009.

[10] Carpenter, S. R., Walker, B. H., Anderies, J. M., and Abel, N., From metaphor to measurement: resilience of what to what?[J]. Ecosystems 2001(4)：765-781.

[11] Folke, C. Resilience: The emergence of a perspective for social-ecological systems analyses[J]. Global Environmental Change, 2006(16)：253-267.

[12] 叶属峰, 温泉, 周秋麟. 海洋生态系统管理——以生态系统为基础的海洋管理新模式探讨[J]. 海洋开发与管理, 2006(1)：77-80.

[13] 张振冬, 温泉, 樊景凤, 等. 弹性思维在珊瑚礁资源管护中的应用[J]. 海洋开发与管理, 2013(7)：61-64.

[14] 贾欣, 王淼, 高伟. 基于渔业生态损失评价的渔业生态补偿机制研究[J]. 中国渔业经济, 2010(2)：99-104.

[15] 廖一波, 寿鹿, 曾江宁, 等. 我国海洋生态补偿的研究现状与展望[J]. 海洋开发与管理, 2011(3)：47-51.

[16] 郑苗壮, 刘岩, 彭本荣, 等. 海洋生态补偿的理论及内涵解析[J]. 生态环境学报, 2012(11)：1911-1915.

[17] 王淼, 段志霞. 关于建立海洋生态补偿机制的探讨[J]. 中国渔业经济, 2008(3)：12-15.

论文来源：本文原刊于《中国海洋大学学报（社会科学版）》2014年06期，第46-50页。

基金项目：中国海洋发展研究中心科研项目"基于生态系统理念的我国海洋渔业管理制度创新研究"（AOCOUC20130）。

第四篇
海 洋 经 济

- 海洋经济系统：概念、特征与动力机制研究
- 欧盟"蓝色经济"创新计划及对我国的启示
- 我国海洋产业集聚的测度与识别
- 海洋财政政策与海洋经济发展关系的协整分析
- 中国沿海区域旅游化与生态环境耦合度分析及预测
- 区域主体网络、合作行为与海洋经济发展——一个演化博弈框架的分析

海洋经济系统：概念、特征与
动力机制研究

姜旭朝　刘铁鹰[*]

摘　要：海洋经济是国民经济的重要组成部分。海洋经济系统与陆域经济系统作为两个子系统，共同构成国民经济系统。从系统论的角度深化研究海洋经济，可以发现海洋经济系统本身具备独立性、开放性、资本技术密集性、发散性和自我演化等特征。海洋经济系统本身是由产业经济系统、生态经济系统、社会经济系统和文化经济系统四个子系统构成，各子系统间相互联系，密不可分。在微观、中观和宏观层面，海洋经济系统又存在着不同的构成要素，不同层次系统内不同要素共同作用决定了海洋经济系统的动力演进机制。

关键词：海洋经济系统；概念；特征；动力机制

伴随着陆域资源的大规模开发、利用加剧引起的资源枯竭，海洋资源的开采和经济价值的深入挖掘逐渐受到重视，海洋经济因此得到发展。海洋经济系统的发展独立于陆域经济系统，其自身存在着独立性、资本技术密集性等特征。到目前为，学术界对于海洋经济的研究涉及产业、空间、资源等多个视角，但是缺乏对于海洋经济系统的深入探讨，未能从整体上认识海洋经济的边界和演进机制。基于此，本文以海洋经济系统为研究对象，对其概念、基本特征和演进动力机制进行分析，以期科学认识海洋经济的本质及其自我演化的过程。

---

[*]姜旭朝（1960—）经济学博士，博士生导师，中国海洋发展研究会理事，中国海洋大学经济学院教授，经济学院院长，山东大学经济学院教授。

刘铁鹰（1985—）中国海洋大学经济学博士研究生。

一、海洋经济系统的概念

（一）海洋经济系统的概念界定

国内目前对于海洋经济系统的认识处于零散的阶段，大多局限在海洋经济系统中的某一个子系统问题，缺乏真正意义上的海洋经济系统的概念界定。现有研究大多从生态学或者经济地理的角度分析海洋经济系统，没有从经济学角度对海洋经济系统的科学分析，也就无法准确定位海洋经济与国民经济的关系[1]。

海洋经济系统并不是从来就有的，它的产生晚于海洋经济活动，随着海洋经济活动中人类对于海洋稀缺资源开发利用程度的越高，海洋经济系统的独立性越强，其边界和范畴也随之扩大。在这里，我们定位海洋经济系统的时间边界始于1978年改革开放，现代海洋经济系统和陆地经济系统相对独立，二者共同构成了国民经济系统。海洋经济系统可以作为独立的经济系统进入国民经济系统。20世纪90年代，随着大规模的利用海洋活动的兴起以及海洋经济对国民经济贡献度的提升，海洋经济系统在国民经济系统中的地位逐渐提升。而海洋经济系统的空间边界的界定，除了有关沿海地区的行政界定外，还需要明确"海域""海岸带"等自然空间内涵，在这里我们界定的海洋经济系统的空间范围是指包括海岸带地区以及由此向海洋延伸发生的人类开发利用海洋资源的生产、分配、交换、消费等经济活动区域。这期间海洋经济的演变具备自身的相对独立性。

（二）海洋经济系统提出的依据

1. 问题的由来与历史

我国海洋经济从建国至今先后经历了海洋经济的恢复和起步（1949—1957年）、海洋经济初步形成（1958—1965年）、海洋经济曲折中前进（1966—1977年）、海洋经济全面发展（1978—1990年）、海洋经济综合起步（1991至今）这几个历史阶段，伴随着海洋资源的开发利用程度的加深，海洋经济系统从传统的海洋产业经济系统（仅包括海洋渔业、海洋盐业等传统海洋产业子系统）逐渐演化为融入海洋社会经济系统的海洋经济系统，从20世纪90年代以后海洋生态经济系统逐渐纳入到海洋经济系统中，从而进一步扩大了海洋经济系统的范畴。

进入21世纪，海洋文化经济系统和海洋战略性新兴产业的提出完善了海洋经济系统的内涵，也是我们逐渐看到了海洋经济系统的自身独立性。从历史的演变规律上看，海洋经济系统的提出归纳为以下两点依据。一方面海洋经济本身的演进存在产业结构特征、产业发展影响因素以及资源开发难度等都和陆域经济相比存在明显差异，如海洋第一、第二、第三产业之间共同构成了一个相对封闭的系统——海洋产业系统，其主体要素是各海洋产业部门；以资源开发与利用为主线而形成海洋产业结构，这不同于陆域产业结构的形成，由此而相伴随的优化标准也会发生变化[2]。另一方面，海洋经济系统自身的外延随着历史的演变在不断地扩展，迫切需要以一个完整的独立的系统观点解释海洋经济的整体运行机制，而非作为陆域经济的附庸来处理。

2. 现实的需要

20世纪90年代以来，伴随着沿海地区经济的快速发展，我国沿海地区的海洋资源得到大力的开发和利用。进入21世纪，国家加大了对于海洋战略新兴产业的投入力度。近20年来，沿海地区经济快速发展，"九五"期间，沿海地区主要海洋产业总产值累计达到1.7万亿元，年均增长16.2%，高于同期国民经济增长速度。"十五"期间，2000年主要海洋产业增加值达到2 297亿元，占全国国内生产总值的2.6%，"十一五"期间我国海洋生产总值翻了一番，年均增长速度超过了13.5%。海洋经济已经成为沿海地区乃至全国经济的重要增长点。然而，近年来，伴随着海洋经济的快速发展，沿海地区的资源环境遭到了严重的破坏，在开发利用的过程中造成了局地生态系统不可逆的损害、海洋污染严重、赤潮频发等一系列令人担忧的问题。这些问题的产生正是由于国家缺乏对海洋经济系统的考虑，导致过分重视产业经济发展而忽视生态经济的现象；此外，海洋产业结构不合理、海洋产业发展不协调、地区同构现象严重等问题也迫切要求将海洋经济作为一个相对独立的经济系统加以研究，特别是如何科学地把握陆海统筹，和谐发展，更加需要我们从整体上认识海洋经济。

3. 国家政策、标准的制定

海洋经济政策是政府或者其他权力机构制定的规范海洋经济及其相关活动的准则，指的是涉及海洋经济的政策必须是有一定的约束力的规章制度。20世纪90年代中期以来，海洋经济政策主要体现综合性、全面性特征。政策的制定上逐渐完善。很多政策、标准呈现综合性、互补性，强调海洋环境生态资源的保护、人与自然的和谐相处，并在海岸带综合管理的政策上体现了陆海统筹规划的思想，海洋经济政策逐渐成为系统的国家规划，提升到战略的高度。近年来，国家海洋局连续数年颁布的全国《中国海洋经济统计公报》《全国海洋环境质量公报》，都为海洋经济系统的提供了保证。1995年7月，国家颁发了《全国海洋开发规划》，目的是统筹安排各海区和各类资源的开发利用；协调解决海洋开发中出现的问题。1996年3月，国家海洋局颁布了《中国海洋21世纪议程》和《中国海洋21世纪议程行动计划》，提出了海洋资源开发、保护，改善海洋污染状况，实施海洋可持续发展的指导思想和行动框架。2003年，国家出台了《全国海洋经济发展规划纲要》，是我国制定的第一个指导全国海洋经济发展的宏伟蓝图和纲领性文件,制定了2010年的我国海洋经济远景目标。2008年2月7日，国家出台了《国家海洋事业发展规划纲要》，是新中国成立以来首次发布的海洋领域总体规划，是海洋事业发展新的里程碑，对促进海洋事业的全面、协调、可持续发展和加快建设海洋强国具有重要的指导意义。综合性的海洋经济政策弥补了单一的海洋产业经济政策片面性的弱点，同时有助于体现当前国家战略导向。国家海洋局加强了对于海洋经济的统计核算，出台相应年份的海洋经济统计公报，为我国海洋经济政策的制定提供了切实可行的保证。这些都是从宏观性和全局的角度谋划海洋经济的综合管理。不同海洋产业发展政策与海洋生态资源保护制度等密切相关，海洋产业经济、社会经济、文化经济和生态经济等政策的制定在单项政策或者整体规划中都有涉及，已经成为了一个完整的体系。

4. 理论发展的需要

国内真正意义上的海洋经济研究始于改革开放以后，但对于海洋经济系统的理论研究还未可见。海洋经济系统的研究有助于从整体上对这一巨复杂系统进行科学的分析，将之前对海洋经济的零散认识统一起来，对于海洋经济研究方向能够起到提纲挈领的作用，同时，海洋经济系统的研究对于海洋经济的统计核算、海洋经济范畴的科学界定等具有重要的理论意义。另外，国民经济系统理论中没有将海洋经济系统独立分类，但海洋经济发展已经不单是简单的部门经济或产业门类，因此海洋经济系统理论的发展将非常必要。

二、海洋经济系统的构成、定位与特征

国民经济系统作为整体形态是一个元系统，它由陆域经济系统和海洋经济系统两个子系统构成。长期以来，人们把由陆域经济系统当做国民经济系统的整体。而把海洋经济系统仅仅看作一个部门，作为陆域经济的附庸。随着现代海洋经济的崛起，海洋经济在国民经济中的比重的迅速上升，海洋经济系统的独立性显现出来。因此，我们认为，必须重新审视国民经济系统的构成与地位。

（一）海洋经济系统的构成

根据经济系统的基本特征以及海洋经济活动的作用对象，我们认为海洋经济系

统主要包括以下四个子系统。

1. 海洋产业经济系统

海洋产业经济系统包括主要海洋产业（海洋渔业、海洋油气业、海洋矿业、海洋盐业、海洋船舶工业、海洋化工业、海洋生物医药业、海洋工程建筑业、海洋电力业、海水利用业、海洋交通运输业、滨海旅游业）、海洋科研教育管理服务业（海洋信息服务业、海洋环境监测预报服务、海洋保险与社会保障业、海洋科学研究、海洋技术服务业、海洋地质勘查业、海洋环境保护业、海洋教育、海洋管理、海洋社会团体与国际组织）海洋相关产业（海洋农林业、海洋设备制造业、涉海产品及材料制造业、涉海建筑与安装业、海洋批发与零售业、涉海服务业），海洋产业经济系统是海洋经济系统的基础，海洋产业经济系统是以传统海洋产业和战略性海洋新兴产业为主体，其他海洋相关产业为支撑。与陆域产业经济系统相比，海洋产业经济系统要素结构与海洋生态系统的开发利用密切相关，其发展需要以可持续合理利用海洋资源为标准。从这个角度说，海洋产业经济系统中的主导产业与相关产业的地区空间布局以及产业结构优化比重，就与陆域产业经济系统存在很大差异，而海洋产业经济系统的发展很大程度上影响了海洋经济系统的发展方向。

2. 海洋生态经济系统

海洋生态经济系统包括海洋生态经济供给、海洋生态经济调节和海洋生态经济支持等子系统。在海洋经济系统中，海洋生态经济供给包括海洋生态系统对于海洋经济发展起到供给作用的要素集合，如海洋微生物系统、海洋基因系统。海洋生态经济调节系统是指海洋动力机制作用下对有关陆海系统、人海系统等起到调节作用的要素集合，包括海洋碳循环调节系统、海洋污染物循环调节系统等。海洋生态经济支持系统是指为海洋生态系统的良好运行提供支撑的系统，如典型海洋生境系统等。海洋生态经济系统中的子系统是有经济价值的资源环境体系，同时，各个子系统相互交叉相互影响，其动力机制和海洋的生态特征密切相关。

与陆域生态经济系统相比，海洋生态经济系统开放性程度高。海洋空间远远超过陆域范围，海洋生物资源、基因资源远比陆域资源的种类多。除此之外，海洋环境的自我修复与净化能力也比陆域环境系统完善。目前人类对于深远海的认识和了解还处于起步阶段，而对于陆域资源勘探开发已经掌控了较为成熟的技术，但是海洋的不确定和深海的复杂物理特性使得海洋生态经济系统的价值开发始终困难重重，海洋生态经济系统为整个海洋经济系统提供资源支撑和环境要素基础。

3. 海洋社会经济系统

海洋社会经济系统是对海洋社会组织形态的经济要素整合，与海洋经济有关的社会组织形态的海洋经济系统中发挥着重要的作用，他们共同构成了海洋社会经济系统。包括海洋社会组织系统和海洋社会制度系统两大部分。其中，海洋社会组织系统是指海洋社会的组织构成及相关关系，如海洋保钓民间组织等；海洋社会制度系统是海洋社会组织有效运行的准则体系，如海洋法律和相关规章制度。与海洋产业经济系统相比，海洋社会经济子系统中的要素更多地体现社会关系特征而非强调经济效益，如海洋人口在海洋经济系统中作为生产要素投入于产业经济生产活动中，体现作为劳动力的价值形态。海洋社会经济系统中海洋人口的作用并非要素投入，而是从社会角度对社会形态和社会活动的主要实行者。

与陆域社会经济系统相比，海洋社会经济系统的要素以海洋活动为载体，涉及海洋法律、海洋军事、海洋移民、海洋社会组织团体、海岛开发管理等多个方面。海洋社会经济系统更多地体现人海关系的社会形态和相互作用，同时也包括海洋开发对沿海社会产生的影响。随着社会历史的演进，海洋社会经济系统的范围在不断地扩张。早期的海洋社会以渔业为主，渔村建设以及渔民组织制度等是这一系统的主体，而随着沿海地区海洋经济的发展，海洋权益争夺日趋激烈，国家以及地区间的海洋社会矛盾则日趋激烈。

4. 海洋文化经济系统

海洋文化经济系统是对海洋经济系统中精神要素的整合，如海洋意识、海洋宗教观念、海洋意识、海洋科技知识等，可以分为海洋传统文化经济系统和海洋现代经济文化两个部分。海洋传统文化经济系统包括和海洋经济相关的文化要素，如传说、童话以及科研文献等。它们在传播的过程中创造出经济效益，而这些要素之间同样具有相互关联的特性，从而构成子系统。而海洋现代经济文化伴随着海洋经济的发展，人们加深了对于海洋资源环境文化功能的理解，从而总结出如海洋赏鲸文化、海洋垂钓文化等。

与传统文化相比，这些文化的经济内涵开发起步较晚，具备现代气息。海洋文化经济系统强调海洋文化的经济价值，换言之，众多的海洋文化中只有被提炼开发具有市场价值的事物才属于文化经济范畴，单纯精神层面的享受或是难于市场化运作的文化都不属于海洋文化经济系统。与陆域文化经济系统相比，海洋文化经济系统与所在区域的海洋生态资源特点及海洋产业经济发展水平密切相关，具有时代性、区域性、全球性的特征[3]。海洋文化经济系统是海洋经济系统的重要组成部分，是伴随海洋产业经济发展，人们精神层面上对于海洋探索和理解的反映，它为海洋经济系统的完善和发展提供重要的精神保障。

（二）海洋经济系统的定位

海洋经济系统是国民经济系统的重要组成部分，它与陆域经济系统相对独立，二者共同构成了完整的国民经济系统。首先，海洋经济系统与陆域经济系统密不可分，海洋产业的均衡发展离不开陆域产业的协调支撑。而随着陆域资源的枯竭以及经济开放程度的提高，海洋经济对于陆域经济的贡献程度也日益增加，海洋经济系统本身和陆域经济系统相对独立，而非绝对的闭合孤立，这与海洋经济系统本身的开放性以及海岸带生态系统的陆海统筹特点密切相关。其次，海洋经济系统具备一定的独立性。海洋产业经济系统中的某些产业如海洋渔业、海洋盐业、海洋运输业等产业发展基本依赖海洋资源环境属性特征。海洋经济系统在国民经济系统中的独立性定位受海洋经济的生态属性影响较大。以往的陆域经济系统没有正视海洋生态和空间的重要性，而将海洋经济系统作为陆域经济的从属。站在陆地，海洋的功能仅仅是服务于陆域经济的发展。这与当时的历史条件和国家发展的经济阶段有关。但是，随着海洋经济的发展，海洋经济系统的历史定位在逐渐提升，以往的海洋经济活动在国民经济中的比重很小，甚至某些现代的海洋新兴产业比重可以忽略不计。而随着海洋经济活动的范围的逐渐扩展，海洋经济系统在国民经济中的角色将会与陆域经济系统同等重要，这同样是国民经济系统内部自我演化的重要结果。

（三）海洋经济系统的特征

1. 独立性

海洋经济系统的独立性是指海洋经济系统本身相对于陆域经济系统独立，具备自身的发展规律。具体而言，海洋经济系统的独立性特征主要体现在以下两个方面。第一，海洋经济系统的完备性要求其相对独立。和陆地经济系统相比，海洋经济系统具备陆地经济系统的所有部门划分，且产业结构相对独立，海洋经济系统三次产业与陆地三次产业相互独立，二者共同构成了国家产业经济体系；同样，海洋经济系统中的生态经济子系统与陆地生态系统相互独立，二者共同构成了自然生态系统。第二，海洋经济系统的复杂性要求其相对独立。海洋经济系统自身包含产业经济、社会经济、生态经济和文化经济四大子系统，每个子系统又包括若干个子子系统，而其本质是对人类作用于海洋资源的成本收益分析以及相关联的一切海洋经济要素的综合。海洋经济系统本身的特点要求其资源开发利用要与陆地资源相区别，例如，陆地经济作物大多是人工种植收割，而海洋捕捞的对象则没有经过前期人工化而直接进行资源的开发，这两种截然不同的独立开发模式充分佐证了陆地经济和海洋经济的区别。

2. 开放性

海洋经济系统本身具备开放性。从自然生态的角度看，海洋面积占到地球总面积的71%。海洋经济系统的开放性还体现在经济系统边界的模糊性上，除了与陆地经济系统边界的交叉导致其边界不确定，系统内部各要素的相互作用如果存在与单一的因果关系下，会导致某些重要影响因素外生化，而海洋经济系统在运行的时候具有比陆地经济系统更大的空间和时间尺度，这种开放的结果使得海洋经济系统的要素动力传导的不确定性增加，同时可能产生政策效果的叠加或者时滞。海洋经济系统的开放性可以有效地防止海洋经济系统在达到平衡有序后，却在封闭孤立状态下随着熵的增加而逐渐向无序演变。而海洋经济系统的开放性决定了其可以从外部补充一定的物质和能量，即输入负熵，以抵消内部产生的熵增加，才能使系统由无序转为有序。开放性使得这一系统不断地从外界获得从无序到有序的能量信息以实现均衡。

3. 资本、技术密集性

海洋经济本身是对海洋稀缺资源的经济开发，由于人们对于海洋的蒙昧无知以及现代科技的发展速度放缓，对于海洋经济发展的资本和技术要求较高。海洋产业特别是战略性海洋新兴产业依托高新科学技术而直接发展起来。如海洋油气业、海洋材料化工业、海洋能源产业、海洋装备制造业等，产业的发展靠简单的人力劳动或常规技术已经无法满足；同时传统海洋产业的发展也迫切需要资本和技术的注入。如随着近海海洋渔业资源的捕捞殆尽，人类开始转向深海区域进行远洋捕捞，这对机械动力和维护技术以及补给能力等提出了更高的要求，而这些则需要资本和技术的高投入。总之，与陆域经济系统相比，海洋经济系统更突显技术开发的高、精、尖化，而海洋科技成果再转化为现实生产力的过程中也需要资本市场和创新产业的高效结合，从而使这种风险高、投资周期长、专业化程度高的经济系统得以有效地运转[4]。同时，现代海洋产业的高风险性需要资本和技术的支撑。对人类而言，海洋的不确定性要比陆域高，从事海洋经济活动是高风险、高投入行为，需要加强金融体系对这一领域的风险规避，并且保障海洋经济活动的资金融通。

4. 发散性

海洋经济系统的发散性是指海洋经济的地区或者产业分异存在发散而非收敛的特征。海洋经济系统内部各子系统的物质信息能量分布极不均衡，不同区域的海洋经济系统要素分布极不平衡，时空维度存在很大的差异。海洋经济系统要素的作用力在不同的子系统以及时空范围差别也很大。海洋经济的技术进步推动其自身内在的发展，沿海不同地区海洋经济发展具备各自的专业化优势和特征。在经济学上，发散与收敛相对应，由于各个地区海洋经济发展速度不同步，并且内生的技术推动规律存在差异，使得各个地区海洋经济系统的内在演变相对发散，不存在未来某个时期各个地区的海洋经济系统收敛到同步的运行轨迹上。相反，发散性的海洋经济增长方式会体现为初始海洋经济产出与海洋经济增长速度正相关，呈现富者愈富、穷者愈穷的马太效应[5]。这种特征的产生与海洋经济系统的独立性和复杂性相关。在相当长的一段时期，人们对海洋的开发利用还处于蒙昧阶段，海洋经济本身的高资金投入及高技术支撑特征使得初始条件好的地区得以优先大力发展，而陆域经济发展至今基本上已经摊薄了技术发展的成本。

5. 自我演化

海洋经济系统的自我演化体现在两个方面。一是海洋经济是国民经济的重要组成部分，海洋经济的发展有着其相对独特的演化规律，这是不以人的意志为转移的。海洋经济系统各子系统的相互作用机制和陆域经济系统的内部要素间的作用机制存在差别。如和陆域经济相比，海洋经济发展会受到海洋资源环境的较大约束，这决定了海洋产业经济发展的投入要素具备海洋特征并且受海洋生态条件的影响十分显著，需要考虑海洋系统的自然演化规律以及人类目前对于海洋的认识。二是海洋经济系统中的子系统具备自组织特征和开放性特点。如海洋社会的文化与陆域社会的文化存在着一定的差异，海洋经济文化中的海纳百川的特征较陆域文化中的粗犷奔放而言更显飘逸；海洋社会组织的民间力量更胜于陆域政府组织的作用。这些子系统的整合会使得海洋经济的自我演化具备自身的特点。同时，海洋经济相关政策对于海洋经济系统的长期影响并不显著，这也是由海洋经济本身的演化规律决定的。

三、海洋经济系统的动力机制

海洋经济系统演进涉及各子系统的内在演进以及整体的有机协调发展。各个子系统的内部要素根据一定的反馈机制相互联系，从而形成推动海洋经济子系统及其完整系统有序运行的重要动力。现有的关于海洋经济及其系统的演化研究大多针对某一海洋产业的独立运行演化规律进行深入分析，缺乏对海洋经济整体的动力机制剖析。海洋经济系统动力的深入剖析是海洋经济研究的基础和重中之重，对于复杂系统的研究如果能够从系统动力的角度对其内在演进机制深入界定，对于进一步研究提供较为完善的框架。

（一）海洋经济系统宏观演进的动力机制

海洋经济系统的四个子系统的协同演进的相互作用关系如图1所示。从图1中我们可以看出：第一，海洋产业经济子系统与海洋生态经济系统间存在双向反馈关系，海洋产业经济发展可以在经济增长的同时更多地增加环境生态治理的投入，从而实现海洋生态环境的改善；同时，海洋生态经济系统的生态调节、支持等功能，可以作为海洋产业经济发展的必要投入，改善海洋产业发展的生态环境，促进海洋产业特别是资源依赖性强的海洋产业更好地发展。第二，海洋产业经济系统与海洋社会系统也存在双向反馈关系。海洋产业的良好发展需要必要的海洋社会组织制度的完善与支撑，相关海洋政策为海洋产业的发展创造机会；同样，海洋产业经济的发展决定着海洋社会的组织形态与结构，有什么样的海洋产业就对应什么样的海洋社会。第三，海洋产业与海洋文化系统、海洋生态与海洋文化系统以及海洋社会与海洋文化系统都存在单项因果关系，他们共同构筑海洋文化的系统要素，海洋社会对海洋生态系统起到重要的影响作用，如果海洋社会制度完善健全，会使得海洋生态系统的保护以及损害补偿等问题得到合理的管控，保证海洋经济系统的有序运转。在四个子系统中，海洋产业经济子系统是基础，海洋生态经济子系统是前提，海洋社会经济子系统是支撑，海洋文化经济子系统是保证，各子系统相互联系，相辅相成，共同构成完整的海洋经济系统的宏观层面。

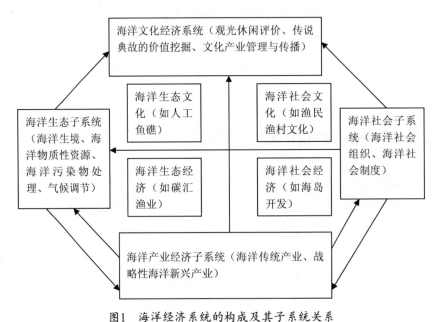

图1　海洋经济系统的构成及其子系统关系

（二）海洋经济系统中观演进的动力机制

海洋经济系统的中观层面的系统动力机制图（见图 2）将海洋四个子系统细分，按照海洋经济生产、分配、交换、消费的经济运行流程，各要素间的相互影响和反馈机制如图所示。将海洋产业中的传统产业和战略性海洋新兴产业相区别，从生产函数的角度引入海洋经济生产的同时，根据产业层次和特点，适时引入高新技术投入。将海洋社会子系统中的海洋人口、海洋教育科研、海洋组织制度、海洋团体组织、海洋生态治理等要素以及海洋生态子要素中的物质原料供给、海洋初级生产、海洋气候气体调节、海洋能、海洋容量调节等子要素放在一起，进一步剖析了海洋经济系统的运行模式。同时，将海洋文化经济要素，从海洋观光休闲的角度与海洋经济系统和生态、社会系统相关联，使得海洋经济系统的外延进一步扩展，从而实现海洋经济系统中观层面与国民经济系统的对接。海洋经济系统中观层面主要以经济活动进行链接，各个要素都从属于宏观海洋经济系统。海洋产业经济的要素投入和海洋科技教育的投入会促进海洋经济生产，生产的发展为海洋污染治理和资源的可持续利用提供物质基础，海洋环境的改善以及海洋生态系统本身的物质能量循环为海洋经济系统的发展提供原料保障。海洋社会组织制度和投融资等机制设计会影响到海洋经济系统的交换，而海洋经济的消费会对海洋经济长期稳定发展提供动力。

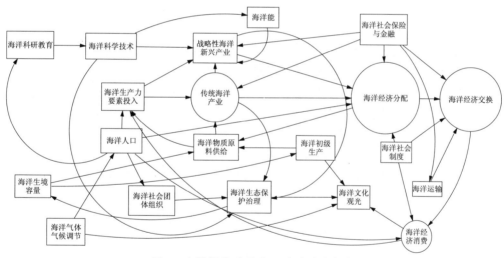

图2 海洋经济系统中观演进动力机制

（三）海洋经济系统微观演进的动力机制

进行海洋经济系统的微观层面的动力机制分析目的是进一步打开海洋经济系统演进的黑箱。这里我们将海洋经济四个子系统分别进行动力机制刻画，需要指出，我们的系统动力分析在宏观、中观、微观层面都是相统一的。

1. 海洋产业经济系统演进

从图3可以看出，海洋产业经济发展的投入要素主要是资本、劳动力、外商直接投资和高新技术，而针对海洋产业间的关联效应，某一产业的发展会带动相关产业的发展从而产生系统的整体演进。以海洋造船业为例，造船业是需要海洋资金、劳动和高技术以及外商投资共同参与的资本技术密集型海洋产业，造船业的发展同时受到装备制造业的影响，同时造船业的发展可以促进海洋交通运输和工程建筑的发展，海洋交通运输对于海洋油气开采和海洋贸易的发生具有重要的意义。海洋产业经济系统是海洋经济系统演变的动力中最重要的子系统，由于产业关联效应，与其他产业相关联的越密切，表明这一产业在海洋经济系统中越重要，越应该得到大力发展。传统的海洋产业，如海洋渔业、海洋盐业等发展对技术的需求层次较低，而海洋油气开发、海洋装备制造、海洋造船等技术密集型产业需要强大的科技支撑。在现阶段的发展中，外商直接投资在其中的作用也很明显。各个海洋产业间相互联系，而外资注入、生产要素投入以及科技研发是这些产业发展的关键。无论是海洋社会经济、海洋生态经济抑或是海洋文化经济的演变都离不开海洋产业经济系统的影响，整个海洋经济系统的演进动力主要来源于产业经济系统的演变。

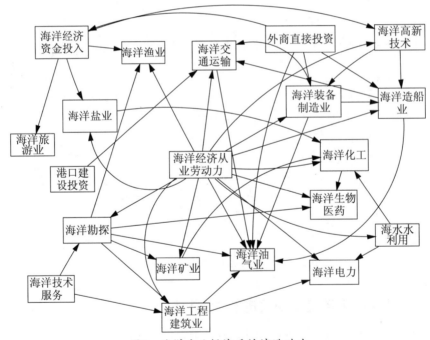

图3 海洋产业经济系统演进动力

2. 海洋生态经济系统演进

海洋生态经济系统是海洋经济系统的重要组成部分，并且与一般意义上的海洋生态系统相区别，主要表现在系统中的各个要素具有明确的经济价值标准，并且可以从成本收益分析的角度量化环境资源变量，从而将环境生态要素纳入到经济系统中来。如海洋游泳生物资源量的变化会导致原料供给的变化进而可能影响海洋食品的生产供应，同时游泳生物存在于碳汇渔业交易的市场中，对其捕捞采用配额或者许可证形式进行，交易收益可以用来改善生态环境，而生境修复的程度又会影响游泳生物的生存数量和物种价值等。此外，海岸带地质地貌与海洋灾害的经济影响相关联。灾害之后的生态恢复包括自然修复和人工修复两部分，二者直接影响海洋生物物种多样性，同时，不同的海洋地质环境以及纳潮量等物理特征将在很大程度上决定海洋能的市场化开发利用，进而对海洋电力产业等相关产业产生直接影响。目前，人类对于海洋生态系统的研究还处于起步阶段，关于生态经济系统的演进机制，需要明确生态演进和经济发展的关系，同时需要以生态系统的自身演进为主。从经济学角度看，有关生态经济理论探讨主要是关于生态环境损害与经济发展的关系，但是没有充分体现环境承载力或者说海洋本身的循环自净能力。

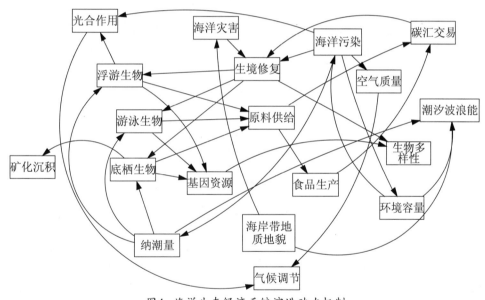

图4　海洋生态经济系统演进动力机制

3. 海洋社会经济系统演进

海洋社会经济系统主要发挥对海洋经济系统的社会保障作用。海洋社会经济系统要素包括海洋科研教育、海洋军事、海洋权益维护以及海洋组织制度协调等模块。如海洋人口的增加会导致海洋科研技术的劳动投入增加，从而有利于海洋科技的发展；科技进步的同时海洋军事力量会增加，对于维护我国海洋权益、打击海盗等海洋掠夺行为具有重要意义。海洋军事力量的增加同样需要以海洋税收收入增加为前提。海洋社会经济子系统在海洋经济系统中主要起服务和支撑的作用。海洋环境污染的治理可以通过建立完善的海洋生态补偿政策，而海洋生态补偿可以通过法律手段和经济手段实现，法律层面通过海洋立法实现制度保障，经济层面则可以设立专门性的生态补偿金，而生态补偿金的来源可以通过海洋保险等形式。这其中海洋社会的财政收入会受到海洋产业经济发展的影响，而财政收入的增加可以产生更多的海洋社会公共建设支出，增加海军战斗力的同时，为维护国家的海洋权益提供支持。此外，海洋公共支出的另一个来源是海洋金融市场的完善与发展，为资金的融通提供良好的社会环境。海洋社会团体组织是海洋社会经济系统的重要力量，随着海洋经济的发展和海洋权益争夺的加剧，民间团体的势力将不容忽视。

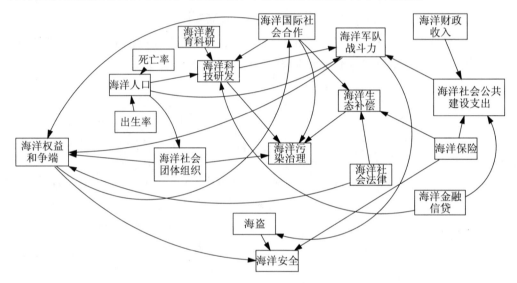

图5　海洋社会经济系统演进动力机制

4.海洋文化经济系统演进

海洋文化经济系统是海洋经济系统的必要补充。随着文化产业的发展，文化经济与管理逐渐纳入到国民经济范畴，海洋文化产业经济与管理各要素构成了海洋文化经济系统，它们依托于海洋资源，主要包括海洋精神文化产品和海洋观光休闲经济形态。值得注意的是，海洋经济文化系统与其他子系统相比地位同样重要，并且随着人们对精神文化生活重视程度的提升，海洋文化经济系统的内涵和外延将不断地丰富。海洋文化意识和民俗文化为海洋文化作品的创作提供了强有力的素材。海洋文化作品可以加深人们对于海洋资源环境的保护，实现一定程度的间接治理以及对海洋文化遗产的宣传开发，从而有效地推动海洋文化产业的发展。海洋文化产业的演进需要加强海洋观念和意识的宣传和培养，同时也离不开海洋民俗文化的深入挖掘。无论是海洋自然景观抑或是人文景观，都需要以海洋文化创作为载体，进而被大众所接受，以创造一定的经济价值。

图6　海洋文化经济系统演进动力机制

四、结语

　　海洋经济系统本身是一个巨大且复杂的系统，从一个较长的历史时期来看，其外延在不断扩大，内涵核心层也在不断膨胀。海洋经济系统的演化并非简单地由各个子系统的周期叠加，各个要素间的相互作用关系也并非简单的线性关系，其演化过程有其内在的规律。海洋经济系统与陆域经济系统相对独立，二者统一于国民经济系统。其各个子系统及内在要素相互联系、相互作用，共同实现了海洋经济系统的动力演进。海洋经济生产、分配、交换、消费过程和陆域经济相关活动密不可分，相互影响。海洋经济系统的提出，一方面为将海洋经济纳入国民经济核算体系，提供了概念梳理和特征界定；另一方面为从整体上研究海洋经济的演化动力机制以及内在规律，提供了整体的视角和宏观的思路。

　　海洋经济系统的研究未来还需要从以下几个方面进行深入分析。第一，海洋经济系统的混沌特征。海洋经济系统本身的复杂性和非线性使得其敏感性增加，海洋要素投入的细微变化会影响海洋产业以及相关产业的巨大变化。同时，海洋初始环境的改变会通过生态界的"蝴蝶效应"等对海洋生态经济子系统产生重要影响。对这种敏感性进行深入研究有助于更好地理解海洋经济系统的演化规律。第二，海洋经济系统对陆域经济系统的贡献和支撑。随着陆域资源的消耗殆尽，海洋经济发展国家经济的贡献程度越来越大。同时，随着海洋经济地位的逐渐提升，迫切需要测度其对国民经济的影响程度。海洋经济系统的良好有序发展与国民经济的健康发展密切联系，海洋产业的发展也和陆域产业是否有效发展密切相关。研究这个问题，有利于权衡海洋经济和陆域经济的相关投资决策，以及海洋经济投入对陆域经济的微观层面的分析。第三，海洋经济系统的统计与核算。长期以来，很难对海洋经济进行深入研究的客观原因是统计核算工作的不完善。限于劳动力和产值的制约，海洋经济宏观核算现有的核算仅仅以单独海洋产业的核算为主。但是，在海洋经济系统的基础上，以海洋经济投入产出视角为分析框架，编制海洋经济社会核算矩阵等工作还处于起步阶段，这项工作的深入有助于海洋经济系统的应用性研究，这对深入理解海洋经济系统的演化动力机制将起到重要的作用。

参 考 文 献

[1] 刘波, 朱传耿. 车前进.港口经济腹地空间演变及其实证研究——以连云港港口为例. 经济地理, 2007(6). 狄乾斌, 徐东升. 海洋经济可持续发展的系统特征分析. 海洋开发与管理, 2011(1). 高乐华, 高强. 海洋生态经济系统界定与构成研究. 生态经济, 2012(12).

[2] 纪玉俊, 姜旭朝. 海洋产业结构的优化标准是提高其第三产业比重吗——基于海洋产业结构形成特点的分析. 产业经济评论, 2011(3).

[3] 王颖. 海洋文化特征及中国海洋文化. 中国海洋报, 2008-03-07(4).

[4] 林漫, 孙健.海洋高新技术产业化的金融支持：风险投资基金. 软科学, 2011(5).

[5] 赵伟, 马瑞永. 中国经济增长收敛性再认识——基于增长收敛微观机制的分析. 管理世界, 2005(11).

论文来源：本文原刊于《社会科学辑刊》2013年04期，第72-80页。

基金项目：教育部人文社科重点研究基地重大招标课题（08JJD630）；教育部人文社科项目（2012JDPY01）;中国海洋发展研究中心2012年重大项目。

欧盟"蓝色经济"创新计划及对
我国的启示

刘　堃　刘容子[*]

摘　要：欧盟"蓝色经济"创新计划是继2012年欧盟委员会提出"蓝色增长"的战略构想之后，从联盟层面推动蓝色经济领域科技发展的重要文件。文章从产业、区域两方面对"蓝色经济"的概念进行了阐释，归纳了"蓝色经济"创新计划的三大要点。借鉴欧盟的创新举措与先进经验，结合新形势下"海洋强国"建设和创新驱动发展战略对海洋经济与海洋科技发展的部署与要求，提出了可供我国借鉴的启示性建议。

关键词：蓝色经济；创新计划；海洋科技创新发展

2014年5月8日，欧盟委员会推出《"蓝色经济"创新计划》（以下简称《计划》）。《计划》的颁布除了秉承"蓝色增长"战略提出的促进海洋资源可持续开发利用，推动经济增长和扩大就业的目的，其积极意义还表现在带动欧洲沿海地区以及内陆经济成长的同时，提高欧盟相关技术及人才输出的数量与质量，扩大全球市场并维持欧盟在相关海洋产业的全球领先地位。基于上述背景，本文拟在归纳欧盟"蓝色经济"及《计划》要点的基础上，结合我国的国情、海情，提炼可资海洋经济转型升级及海洋科技创新发展借鉴的一些启示与建议。

一、欧盟的"蓝色经济"

欧盟现由28个成员国组成，其中23个国家临海。沿海地区承载了欧盟近一半的人口，创造了欧盟约50%的GDP。以海洋为依托的经济活动为欧盟提供了大约540万

---

* 刘堃，国家海洋局海洋发展战略研究所。

刘容子，中国海洋发展研究会理事，国家海洋局海洋发展战略研究所海洋经济与科技研究室主任、研究员。

个就业岗位，每年创造的增加值近5 000亿欧元。欧盟对外贸易的75%、对内贸易的37%，通过海运来完成。海洋及关联产业在欧盟经济发展中发挥着重要作用。

（一）"蓝色经济"的内涵外延

"蓝色经济"一词在2012年正式出现在欧盟官方文件中。2012年9月27日，欧盟委员会以通讯（communication）的形式发布了题为《蓝色增长：海洋及关联领域可持续增长的机遇》的报告，提出了"蓝色增长"的战略构想[1]。其中，把蓝色经济定义为与蓝色增长相关联的经济活动，但不包括军事活动。

按照欧盟经济活动统计分类体系，蓝色经济分成六大行业[2]：①海洋运输与造船：包括远海航运、近海航运、客运码头服务、内陆水陆运输；②食品、营养、健康和生态系统服务：包括食用捕捞渔业、动物饲料捕捞渔业、海洋水产养殖、蓝色生物技术、盐碱土水产养殖；③能源和原材料：包括海洋油气、海洋风能、海洋可再生能源、碳捕获和储藏、淡水供应保障（海水淡化）；④休闲、工作和生活：包括滨海旅游、游艇及其码头、邮轮旅游、工作、生活；⑤海岸带防护：包括洪涝和侵蚀防护、防止卤水入侵、生境保护；⑥海洋监测与监视：包括良好供应链的可追踪和保障、预防和防止人员与物品的非法运动、环境监测。

按照产业生命周期理论，欧盟又将蓝色经济活动分为初创、成长、成熟3类，其中，处于初创阶段的产业活动包括蓝色生物技术、海洋可再生能源和海洋矿产资源开发；处于成长阶段的产业活动包括海洋风电、邮轮旅游、海水养殖和海洋监测监视；处于成熟阶段的产业活动包括近海航运、海洋油气、滨海旅游、游艇和海岸带防护。

（二）"蓝色经济"的区域布局

为了充分开发近岸、近海与远海的潜力，"蓝色增长"研究报告中专门用一章的篇幅阐述了蓝色经济的区域布局。基于波罗的海、北海、东北大西洋、地中海、黑海、北极圈、远海区域7个海域的地理环境、生态价值和社会经济发展潜力分析，对未来各海区重点开展的经济活动进行了展望（表1）。

表1　七大海区的主要海洋产业布局

产业活动	波罗的海	北海	东北大西洋	地中海	黑海	北极圈	远海区域
近海航运	√	√	√	√	√		
海洋油气		√		√	√	√	
海上风电	√	√	√				

产业活动	波罗的海	北海	东北大西洋	地中海	黑海	北极圈	远海区域
海岸带保护		✓	✓				
海洋可再生能源		✓	✓				✓
邮轮旅游	✓	✓	✓	✓		✓	
滨海旅游与游艇	✓	✓		✓	✓		✓
渔业与养殖		✓		✓		✓	✓
北极航运						✓	
海洋矿产资源开发							✓
蓝色生物技术							✓

二、"蓝色经济"创新计划的要点

"蓝色经济"已成为欧盟科研投资的重点领域之一。2007—2013年，欧盟委员会每年提供约3.5亿欧元，用于相关领域的技术研发[3]。2013年12月，欧盟正式启动第八个科研框架计划，即"地平线2020"科研规划。仅2014—2015年，"地平线2020"科研规划用于发展"蓝色经济"的预算达1.45亿欧元，而且后续还会不断增加投资。2014年5月8日，欧盟委员会推出《计划》。5月19—20日，欧盟海洋日的主题也围绕"蓝色经济"创新展开。这充分显示了欧盟对海洋科技创新的重视，希望通过海洋科技与经济的进一步融合发展，在海洋领域获取更大的利益。在"蓝色增长"战略的指导下，欧盟将重点从3个方面着手推进《计划》的实施。

（一）整合海洋数据，绘制欧洲海底地图

据《计划》显示，欧洲海底水文、地质和生物等方面的观测与调查明显落后于实际应用需求（见图1）。高达50%的欧洲海底缺乏高分辨率测深调查，超过50%的海底缺乏生境和群落映射。虽然最近的几十年里，欧盟对海洋观测系统进行了大量投资，获取了大量海洋数据，但这些数据散落在不同组织和部门中，整合这些数据不仅需要花费大量资金，也相当的费时费力。

鉴于此，欧盟委员会决定2020年前绘制出多分辨率的包括海底和覆盖水域的欧洲海洋地图，同时积极推进数据的整合，确保数据便于访问、可互相操作和自由使用。具体行动包括：①完善欧洲海洋观测数据网络（EMODnet）；②整合渔业数据

采集框架等数据系统；③促使从海洋观测数据网络获取由私人企业收集的非涉密数据更加便利；④鼓励支持欧盟研究项目的财团批准开放部分海洋数据；⑤利用欧洲海洋与渔业基金的资助，建立用于观测系统、抽样计划与海洋盆地调查的战略协调机制。

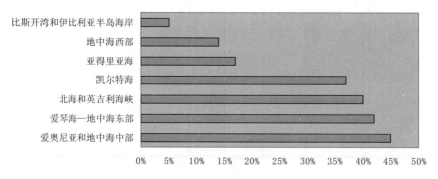

图1　部分欧洲海盆地未被调查的比例

据《计划》预计，通过采取上述行动，不仅每年可增加超过10亿欧元的经济效益，也有助于《欧盟海洋战略框架指令》的执行，同时将大幅降低涉海公共和私营部门的管理风险和不确定性，例如，降低恶劣天气、重大交通事故、海洋污染造成的经济损失。

（二）增强国际合作，促进科技成果转化

蓝色经济发展面临着一系列的挑战，如海洋酸化是沿海国家共同面临的问题，只有加强国家之间的合作才能有效解决。此外，一些基础研究也离不开国际合作。在"地平线2020"的支持下，随着加拿大—欧盟—美国大西洋海洋研究联盟[4]的成立，欧盟海洋科技领域国际合作的广度和深度将不断加强。

为了使新的研究机会广泛普及，增强国家资助的研究活动与"地平线2020"之间的协同，欧盟委员会还将建立和完善现有的信息系统。在此基础上，建立一个信息共享平台，为"地平线2020"科研资助项目以及成员国资助的海洋研究项目提供信息，方便分享研究成果。

据《计划》显示，欧盟正不断搭建创新成果从实验室走向市场的桥梁，努力促进成果向市场转化。欧盟委员会定于2015年海洋日在希腊比雷埃夫斯举办"蓝色经济和科技论坛"，吸引工业部门、科研人员以及非政府组织（NGO）等参加，交流看法并分享研究成果，更有效地将欧盟各成员国之间的科研成果与潜在投资者联系在一起，共同谋划欧盟蓝色经济发展。

（三）开展技能培训，提高从业人员技术水平

缺少科学家、工程师和能够熟练应用海洋新技术的工人是目前影响欧盟蓝色经济增长的瓶颈因素之一。2012年，海上风电约占欧盟10%的年风电装机容量，直接和间接带动就业约58 000人。预计到2020年，海上风电约占欧盟30%的年风电装机容量，将拉动就业约191 000人。值得注意的是，具有维修和制造技能的工人缺口也将从7 000人增长到14 000人。

"玛丽—居里行动计划"（MSCA）作为欧盟第五研发框架计划（FP5）特殊的国际合作组成部分启动，旨在通过激励人们从事研究事业、鼓励欧洲科研人员留在欧洲工作、吸引全世界的科研人员到欧洲工作，从数量上和质量上加强在欧洲的科研人员的力量，将欧洲建设成最能吸引顶尖人才的地方。根据《计划》，欧盟拟在以往"玛丽—居里行动计划"成功经验的基础上，鼓励海洋相关行业从业者积极开展研究，并通过教育培训、设立创新工程以及企业孵化器等多种方式加强研究成果的转化。本轮行动计划适合于涉海的公立、私营机构所有科研人员（尤其是年轻人），具体内容包括初期研究培训到终身学习和职业发展，旨在提高科研人员的就业能力，最大程度地满足劳动力市场需求。

欧盟委员会还鼓励相关人员申请加入知识联盟和海洋行业技能联盟（SSA）。其中，知识联盟是从高等教育和商业中遴选有关人员构建起的伙伴关系，以此刺激"蓝色经济"领域的科技创新；行业技能联盟旨在为学习者设计和提供劳动力市场所需技能的联合课程和方法，以此有效弥补教育、培训和劳动力市场实际需求的差距。

三、对我国海洋经济发展的启示与建议

"十二五"以来，我国海洋经济增速明显趋缓，已由高速增长期过渡到增速"换挡期"，正处于向质量效益型转变的关键阶段。欧盟"蓝色经济"研究提出的一些新理念、新方法不仅丰富了海洋经济理论，也为新形势下我国海洋经济的转型升级与持续健康发展提供了有益的借鉴。

（一）借鉴国际先进经验，深化"蓝色经济"理论研究

"蓝色经济"这一概念正在全球范围内被广为接受。除欧盟在报告中正式提出"蓝色经济"概念外，美国的"国家海洋经济计划"（NOEP）近期也开始使用"蓝色经济"来替代海洋和沿海经济。虽然我国、欧盟和美国对"蓝色经济"的概念界

定并不完全相同，但将"蓝色经济"作为覆盖海洋经济、涉海经济和临海经济的更大的概念范畴，正在获得更加广泛的认可。

欧盟在"蓝色经济"研究中采用了以"价值链"作为分类标准的新的海洋产业分类方法，即将海洋要素作为关键性投入的几类经济活动作为核心产业，再向上下游产业延伸，将整条产业链作为蓝色经济的组成部分。经过系统研究，报告将海洋产业分为六大类。"价值链"分类法不仅在欧洲海洋研究中首次应用，在其他国家以往的分类中也未见先例。我国对海洋产业采用的是三次产业分类法，同时对海洋产业及海洋相关产业进行区分。与我国海洋产业体系划分进行比较，欧盟分类方法的优点在于系统性较强，每类产业内在联系相对紧密，对海洋产业指标统计也比较方便。"价值链"分类法为我国以及其他国家研究海洋经济提供了有益的借鉴。

由于中国、美国、欧盟以及日本、澳大利亚、韩国等海洋经济大国或地区在海洋经济统计分类、口径、方法存在一定差异，各国或地区数据还不能横向比较。基于此，加强海洋经济理论研究的国际交流，通过国际合作建立通用统计标准，应当成为下一步海洋经济理论研究重点加强的领域之一。

（二）拓展海洋开发的广度与深度，提升海洋资源利用效益

"蓝色增长"研究报告在分析欧盟近岸、近海以及远海的开发潜力基础上，针对七大海区的特点，进行了海洋产业布局安排。与之相对照，我国的海洋经济布局主要是沿海地区的涉海产业布局，其着眼点主要落在沿海陆域，对三大边缘海及深海大洋开发的区域布局涉及较少。

现阶段，我国海洋整体开发程度偏低，在空间分布上表现为海岸带开发趋于饱和而深远海开发不足。海域开发利用要高度集中在10米以内等深线的海域，沿海10～30米等深线以内的浅海面积利用率不足10%，而20～30米等深线以内的空间资源开发利用则更少。以海洋渔业为例，海洋捕捞主要集中在近海海域（离岸200千米以内），海水养殖主要集中于近岸海域（20米等深线以内）和滩涂[5]。这些问题都需要通过海洋区域开发规划予以科学调控。因此，借鉴欧盟经验，分海域制定开发与保护规划，特别是制定深海大洋开发路线图，以此增强我国陆海统筹能力，提高海洋经济发展水平。

四、对我国海洋科技创新发展的启示与建议

回顾我国海洋经济由小到大、由弱变强的发展历程，不难发现，科技创新无疑

是支撑引领海洋经济整体发展的核心动力。党的"十八大"作出了实施创新驱动发展战略的重大部署,强调科技创新是提高社会生产力和综合国力的战略支撑。2014年初,全国海洋工作会议对下一步海洋科技工作作出明确要求,即着力推动海洋科技向创新引领型转变。新形势下,欧盟委员会推出的《计划》可为我国做好海洋科技创新的顶层设计,特别是《海洋科技创新总体规划》的编制提供一些有益的参考。

(一)确定优先推进领域,制定时间表和实施路线图

为提高《计划》的执行效果,报告专门在结论中明确了重点行动实施时间表。例如,发布欧洲整个海底的多分辨率地图要在2020年1月前,建立一个信息共享平台要在2015年12月31日前,于2015年欧盟海洋日举办"蓝色经济和科技论坛"。我们在编制《海洋科技创新总体规划》也要在做好形势研判、需求分析的基础上,在具有战略性、前瞻性的海洋关键科学技术领域,确定重点任务、实施时间及路线图,使得规划执行的"抓手"更加贴合实际、易于操作与便于实现,从而真正能为当前和今后一段时间我国海洋科技的发展起到指导和引领作用。

深水、绿色、安全的海洋高技术是海洋强国竞争的制高点。当前,我国在深海开发、海洋经济的绿色发展以及海上安全保障等方面的科技创新能力还严重不足。未来将有针对性地围绕以上3方面开展海洋高技术研究,特别是对优先分配研究与开发资源的几大海洋战略性新兴产业领域要制定产业技术路线图,对遴选的重点工程要拟定明确的推进时间表,以此提高《海洋科技创新总体规划》的实施成效。

(二)建立国家海洋数据共享平台,加强国际海洋科技交流与合作

欧盟委员会将进行海洋数据的整合,建立一个信息共享平台,为"地平线2020"科研资助项目以及成员国资助的海洋研究项目提供信息,方便分享研究成果。同时,通过成立加拿大—欧盟—美国大西洋海洋研究联盟、举办"蓝色经济和科技论坛"等多种方式,扩大欧盟海洋科技国际合作的范围。

结合我国实际来看,随着"科技兴海"战略的深入实施,海洋信息共享工作在数据内容、标准规范和技术路线上不断扩展、改进,取得了显著成效。但是,已建立的海洋信息共享平台分散在各地区或不同业务部门,数据表达存在较大差异,彼此间关联程度低,难以发挥信息资源的整体效益[6]。为此,有必要借鉴欧盟的创新举措,把分散的海洋科学数据整合在统一平台内,形成国家海洋数据共享平台。该做法不仅避免了重复调查研究,节省了平台建设和运维资金,也有利于更加便捷地获取信息数据,充分发挥信息资源的作用与效能。

此外，我国的海洋科技发展应以建设"21世纪海上丝绸之路"为契机，在坚持自主创新基础上，进一步拓展国际海洋科技交流与合作的领域和范围。借鉴欧盟的先进经验，积极探索同发达国家在深水、绿色、安全的海洋高技术领域合作的新方式，拓展新的交流领域，充分利用国际国内两种科技资源，不断增强我国海洋科技的国际竞争力。

（三）重视发展职业教育，提高技工人才质量

根据《计划》，欧盟拟在以往"玛丽—居里行动计划"成功经验的基础上，通过鼓励相关人员加入知识联盟和海洋行业技能联盟等多种形式，大力发展职业教育，提高相关人员的就业能力，最大程度地满足劳动力市场对高级技工人才的需求。

目前，我国的海洋领域同样面临着高级技工人才短缺的问题。以海洋工程装备制造业为例。海工装备的设备众多，技术复杂，调试难度大，对相关人员的要求很高。例如，深水钻井平台的主要结构和大型设备安装需要使用大型起重机，推进器的安装必须在码头的深水中进行，压载系统的设计、安装、调试，以及钻井系统、锚泊及动力定位系统调试程序复杂。在整个深水平台投入使用时必须实现各个设备协同配合，需要大量的连接和调试工作，而相关专业人才严重短缺。目前，1座第六代平台的日租金为55万~60万美元，如果调试时间过长，将会导致平台的交付期推后，这对于船企和船东来说都是一笔不小的支出。

鉴于此，有必要借鉴欧盟的经验，建设一批涉海示范化职业学校、高水平实训基地以及职教集团，同时鼓励国内有关涉海企业特别是海洋高技术企业结合行业发展要求及人才需求特点，选择一些重点涉海院校开展合作，采取"订单式"培养等多种产学联合模式，着力培养海洋战略性新兴产业发展所需的工程技术、科技服务和产业化人才队伍，为实现创新驱动发展提供强有力的高技能人才支撑。

参 考 文 献

[1] EC,COM(2012)494, Blue Growth - opportunities for marine and maritime sustainable growth，Brussels.

[2] ECORYS(2012), Blue Growth - Scenarios and drivers for sustainable growth from the oceans, seas and coasts, Rotterdam/Brussels.

[3] EC, COM(2014)254 final/2. Innovation in the Blue Economy: realising the potential of our seas and

oceans for jobs and growth, Brussels.

[4] Galway Statement on Atlantic Ocean Cooperation Launching a Canada- European Union- United States of America Research Alliance, Galway, 24th of May 2013.

[5] 韩立民, 王金环 "蓝色粮仓"空间拓展策略选择及其保障措施[J]. 中国渔业经济, 2013, 31(2)：53-56.

[6] 宋转玲, 刘海行, 李新放, 等. 国内外海洋科学数据共享平台建设现状[J].科技资讯, 2013(36)：20-23.

论文来源：本文原刊于《海洋开发与管理》2015年01期，第64-68页。

基金项目：中国海洋发展研究中心科研项目（AOCZD20130）：海洋产业绿色转型问题研究。

我国海洋产业集聚的测度与识别

王　涛[*]　何广顺　宋维玲　丁黎黎

摘　要：利用赫芬达尔—赫希曼指数、空间基尼系数、熵指数和地点系数对2001—2012年我国海洋产业集聚水平进行测度，结果表明我国海洋油气业、海洋矿业和海洋盐业的产业集聚水平最高；海洋渔业、海洋化工业和海洋电力业产业集聚化趋势明显；同时，海洋产业的集聚程度在不同沿海地区间差异较大；而影响海洋产业集聚的主要是区位因素、产业规模递增、产业波及效应和差异化竞争等因素。

关键词：海洋产业集聚；H指数；空间基尼系数；熵指数；地点系数法

产业集聚是指属于某种特定产业及其相关支撑产业、或属于不同类型的产业在一定地域范围内的地理集中，形成强劲、持续竞争优势的现象，是所在区域政府在寻求地区竞争力优势时，用以增强区域综合竞争力的非常重要的途径。产业集聚的核心是通过生产要素向最适宜从事经济活动的区块集中，以空间布局的合理集聚来推动经济发展进程[1]。

2006年，国民经济进入"十一五"规划期之后，海洋产业结构调整步伐明显加快，海洋传统产业、海洋新兴产业、海洋经济管理等各个领域蓬勃发展，已经成为国民经济中新的增长点，2009—2012年随着宏观经济的复苏，海洋经济逐渐回暖，科技创新水平进一步提高，海洋产业结构及时转型升级，海洋经济进入发展的战略机遇期。海洋产业和与之相关联的产业或行业在空间上集聚，演进成庞大的海洋产业集群。加强海洋产业集聚研究，进而引导海洋产业集聚，拉动交通、信息、商业、文化、房地产及相关服务业的全面增长，已经成为海洋经济及国民经济发展不

* 王涛（1989—），男，山东聊城人，中国海洋大学海洋环境学院博士研究生，主要从事海洋经济的研究。

何广顺，国家海洋信息中心主任。

可回避的重大课题。

目前关于海洋主要产业集聚的研究，主要集中在对海洋产业集聚水平的判断、海洋产业集聚与国民经济之间的协调关系、耦合关系等方面[2]。但是，以往研究中关于海洋产业集聚水平测度方法的选择上过于单一，其测度结果也只能是某一视角下的集聚水平[3]。例如，基尼系数只是判断产业集聚相对程度的变量，而不能反映产业集聚绝对水平。而且，现有研究也只是针对区域海洋产业集聚的研究，由于各个区域的资源禀赋以及经济发展水平的不一致，区域海洋产业集聚水平的测度会产生偏差[4]。因此，本文以我国海洋主要产业为研究背景，采用多种产业集聚方法，结合2001—2012年的时间序列对我国海洋产业集聚演化轨迹进行了研究。结合我国海洋产业集聚现状，进一步给出了我国海洋产业集聚的影响因素，以促进海洋主要产业的可持续发展。

一、产业集聚水平的测度方法

集聚效应的测量是产业集群经济效应研究量化分析的内容，测度产业集聚效应的指标主要包括赫芬达尔—赫希曼指数、空间基尼系数、熵指数和地点系数等[5]。

（一）赫芬达尔—赫希曼指数（H指数）

$$H_i = \sum_{j=1}^{N} S_j^2 = \sum_{j=1}^{N} (X_j / X)^2, \quad (j = 1, 2, 3, \cdots, n) \tag{1}$$

式中：N为地区个数；X_j为某地区j在该行业i上面的经济活动水平；X为该行业在全国范围内的经济活动水平；H指数能准确反映产业或企业市场集中程度，因为它考虑了企业的总数和企业规模两个因素的影响。可设企业平均规模大小为$\overline{X} = \frac{1}{N} \sum_{j=1}^{N} X_j$，则标准差$\sigma = \sqrt{\sum_{j=1}^{N} (X_j / \overline{X})^2 / N}$，则企业的规模变异系数为$c = \frac{\sigma}{X}$，称为企业规模大小变化系数，存在$c^2 = \frac{1}{N} \sum \frac{X_j^2}{\overline{X}^2} - 1$，故$H$指数又可修正为：$H_i = \frac{c^2 + 1}{N}$。

H指数的取值范围在[0，1]之间，如果该行业的经济活动全部集中于某一个地区，则该指数取最大值1，如果经济活动的空间分布非常均匀，则该指数会越小，随着地区个数N的增大，会趋向于0。

$$H_i < 0.10 \quad 竞争型$$
$$0.10 \leqslant H_i < 0.18 \quad 低寡占型$$

$$0.18 \leq H_i \quad \text{高寡占型}$$

H指数弥补了集中比指标的不足，当产业内发生任何销量传递时，H指数都可以反映出来；H指数也会夸大企业对集中水平的作用，而低估小企业的作用[6]。

（二）空间基尼系数

空间基尼系数是一个衡量产业空间分布均衡性的指标。两类对应变量值的累计百分比构成一个边长为1的正方形，一类百分比是i区域j产业占该区域工业的一个份额，另一类百分比是j产业占全国工业的份额。相应的两个累计百分比之间的关系构成产业空间洛伦兹曲线。正方形对角线表示j产业在各区域之间分配均衡，及产业j在该区域的份额与该产业在全国工业的份额完全一致。洛伦兹曲线与正方形对角线围成的面积为S_A，下三角形的余下部分面积为S_B，令：

$$I_S = \frac{q_{ij}}{\sum\limits_{j=1}^{n} q_{ij}}, \quad P_S = \frac{\sum\limits_{i=1}^{n} q_{ij}}{\sum\limits_{i} \sum\limits_{j} q_{ij}}$$

式中：q_{ij}表示i区域j产业的产值（或就业人数）；$\sum\limits_{j=1}^{n} q_{ij}$是$i$区域的工业总产值（或区域就业人数）；$\sum\limits_{j=1}^{n} q_{ij}$是$j$产业的全国工业总产值（或全国总就业人数）；$\sum\limits_{i} \sum\limits_{j} q_{ij}$是全国工业总产值（或全国总就业人数）。空间基尼系数是根据P_S为横轴，I_S为纵轴建立的洛伦兹曲线计算的，空间基尼系数G的计算公式为：

$$G = \frac{S_A}{S_A + S_B}, \quad (0 \leq G \leq 1)$$

但是由于洛伦兹曲线难以拟合，S_A的计算非常繁琐，在实际运用中，运用最为广泛的公式为：

$$G = \sum (X_i - S_i)^2 \tag{2}$$

式中：X_i为i区域就业人数占全国总就业人数的比重；S_i为该区域某个产业就业人数占全国该产业总就业人数的比重。

区位基尼系数值在0~1之间变化，区位基尼系数越接近0，说明产业i的空间与整个工业的空间分布是一致的，产业相当平均地分布在各地区。反之，区位基尼系数越接近于1，说明产业i的空间分布与整个工业分布不相一致，产业可能集中分布在一个或几个地区，而在大部分地区分布很少，从而说明产业的集聚程度很高。因此，区位基尼系数越大，产业集聚度越高[7]。

（三）熵指数

熵指数是借用物理学中度量系统有序程度的熵而提出来的，熵指数所表示的意义与一般情况也是相反的，即熵指数越大（小），产业集聚水平越低（高）。

其计算公式为：

$$E = \sum_{j=1}^{N} [\ln(1/S_j)] \cdot S_j$$

熵指数实质上是对每个企业的市场份额S_i赋予一个$\ln(1/S_i)$的权重，与H指数相反，对大企业给予的权重较小，对小企业给予的权重较大。熵指数越大（小），产业集聚水平越低（高）。但熵指数还是存在需要改进的地方，在市场垄断情况下，$E=0$，但在众多同等大小企业竞争情况下，E不是等于1，而是等于$\ln n$。鉴于熵指数的这种缺陷，Marfels[8]在此基础上又作了改进，采用E的反对数的倒数（即e^{-E}）来度量产业集聚水平。

$$e^{-E} = \prod_{j=1}^{N} S_j^{S_j} \tag{3}$$

式（3）表明产业集聚水平提高时，e^{-E}会增大，此指标可称之为规范熵。如果相互竞争的企业规模均相等，则等于$1/N$，当$N \to \infty$，$e^{-E}=0$，表明市场是完全竞争的；在市场完全垄断的情况下，$e^{-E}=1$。

（四）地点系数法

地点系数是根据产业集群的出口导向、专业化、规模化和增长性特征来测量产业集聚效应的。对于集群规模较小的新兴产业集群，往往具有高于全国平均水平的增长率。令LQ_i系数或称雇员集中度系数，用来反映集群区域内产业的出口导向。该方法是假定区域内某产业的雇员数如果高于全国同一产业的平均水平，就可以生产出更多的产品，并且大于当地的消费需求，因此可以把多余的产品出口。其计算公式为：

$$LQ_i = \frac{e_i / \sum_{i=1}^{n} e_i}{E_i / \sum_{i=1}^{n} E_i} \tag{4}$$

式中：e_i表示某区域产业i的雇员数；E_i表示整个国家产业i的雇员数；LQ_i表示整个区域雇员中i产业所占份额与整个国家雇员中i产业所占份额之比。该系数大于1表示i产业以出口为导向的，同时可以根据系数大小，认定i产业是否为重要出口商和财富创造者[9]。

（五）方法选择

本文在分析海洋产业集聚时采用赫芬达尔—赫希曼指数、空间基尼系数、熵指数和地点系数四个指标。赫芬达尔—赫希曼指数充分考虑了企业总数和企业规模等，可以有效衡量某一行业的垄断情况；空间基尼系数通过产出等指标所占份额的差异性，反映经济活动在地理上分布的不均匀程度；熵指数是通过测度专业化水平来反映各地区发展的均衡程度；地点系数则充分考虑了出口导向、专业化、规模化和增长化因素，所以在分析海洋各产业的空间集聚水平时，采用的是地点系数法，LQ系数越大，表明地区的集聚程度越明显。

二、海洋产业集聚水平和趋势分析

（一）基于赫芬达尔—赫希曼指数的海洋产业集聚度分析

以2001—2012年各沿海地区主要海洋产业增加值和海洋生产总值根据赫芬达尔—赫希曼指数公式(1)计算出主要海洋产业的H指数，结果如表1所示。从数据结果中可以看出如下结论。

第一，主要海洋产业的产业集聚总体水平较高。2012年主要海洋产业的H指数均大于0.13，说明主要海洋产业中没有竞争型的产业。其中，海洋工程建筑业、海洋交通运输业和滨海旅游业为低寡占型产业，主要是因为这些产业所需的资源分布广泛且空间移动较强，区位灵活性较强，所以产业的分布比较分散。其他主要海洋产业的H指数均大于0.18，属于高寡占型产业，尤其是海洋油气业、海洋矿业和海洋盐业是我国主要海洋产业集聚水平最高，海洋盐业2012年的H指数更是达到了0.57。

第二，从海洋产业空间集聚的变动趋势上来看，我国海洋经济总体呈现集聚的趋势。海洋盐业、海洋渔业、海洋化工业和海洋电力集中度趋高，其中海洋化工业的H指数由2001年的0.15提升到2012年的0.38，集聚化增速最快；海洋油气业布局先分散、后集聚；海洋矿业集聚趋势呈现波动变化；海水利用业、海洋工程建筑业行业集聚效应不明显；海洋船舶工业、海洋工程建筑业和滨海旅游业步入分散化进程，其中，海洋工程建筑业的H指数由2001年的0.41下降到2012年的0.16，分散趋势变化最大。

表1 2001—2012年主要海洋产业*H*指数

产业名称	H指数											
	2001	2002	2003	2004	2005	2006	2007	2008	2009	2010	2011	2012
海洋渔业	0.16	0.16	0.15	0.15	0.16	0.16	0.17	0.17	0.18	0.19	0.19	0.19
海洋油气业	0.41	0.41	0.40	0.42	0.38	0.36	0.37	0.38	0.39	0.44	0.44	0.42
海洋矿业	0.51	0.48	0.26	0.38	0.51	0.42	0.42	0.33	0.35	0.40	0.44	0.46
海洋盐业	0.29	0.35	0.28	0.33	0.31	0.33	0.37	0.38	0.33	0.48	0.58	0.57
海洋船舶工业	0.26	0.27	0.20	0.19	0.20	0.16	0.16	0.16	0.18	0.20	0.21	0.19
海洋化工业	0.15	0.14	0.15	0.20	0.16	0.39	0.36	0.41	0.49	0.42	0.40	0.38
海洋生物医药业	0.29	0.29	0.24	0.23	0.28	0.30	0.30	0.32	0.40	0.31	0.34	0.33
海洋工程建筑业	0.41	0.35	0.29	0.29	0.31	0.23	0.23	0.17	0.16	0.21	0.17	0.16
海洋电力业	0.23	0.22	0.23	0.23	0.22	0.19	0.19	0.19	0.18	0.21	0.25	0.27
海水利用业	0.21	0.20	0.19	0.16	0.15	0.17	0.19	0.17	0.19	0.16	0.21	0.20
海洋交通运输业	0.14	0.13	0.13	0.13	0.13	0.14	0.14	0.14	0.13	0.13	0.13	0.13
滨海旅游业	0.18	0.18	0.18	0.18	0.17	0.17	0.16	0.16	0.15	0.16	0.15	0.14

（二）基于空间基尼系数的海洋产业集聚度分析

以2001—2012年各沿海地区主要海洋产业增加值和海洋生产总值计算空间基尼系数（公式(2)）如表2所示。

从表中可以看出，海洋产业在沿海地区总体分布比较均衡，2001—2012年绝大部分产业的空间基尼系数都在0.5以下。分产业来看，海洋盐业、海洋矿业、海洋油气业产业分布比较集中，2012年空间基尼系数都在0.3以上；海洋化工业、海洋生物医药业、海洋电力业、海水利用业、海洋船舶工业产业集聚程度一般，空间基尼系数在0.1~0.3之间；海洋渔业、海洋工程建筑业、海洋交通运输业和滨海旅游业产业分布比较均衡，2012年空间基尼系数都在0.1以下。

从发展趋势来看，海洋产业集聚度总体变化不大。其中海洋矿业集聚度呈波动变化，海洋盐业、海洋化工业、海洋油气业集聚程度有所提高，海洋工程建筑业、海洋船舶工业分布呈扩散趋势。

表2 2001—2012年主要海洋产业空间基尼系数

产业名称	空间基尼系数											
	2001	2002	2003	2004	2005	2006	2007	2008	2009	2010	2011	2012
海洋渔业	0.07	0.06	0.06	0.06	0.06	0.05	0.05	0.06	0.07	0.07	0.08	0.08
海洋油气业	0.24	0.25	0.25	0.25	0.24	0.22	0.24	0.24	0.26	0.32	0.32	0.31
海洋矿业	0.54	0.52	0.21	0.35	0.46	0.38	0.39	0.22	0.23	0.29	0.33	0.35
海洋盐业	0.23	0.27	0.19	0.23	0.21	0.23	0.26	0.26	0.21	0.33	0.41	0.40
海洋船舶工业	0.17	0.18	0.10	0.10	0.12	0.07	0.08	0.08	0.09	0.11	0.12	0.10
海洋化工业	0.11	0.10	0.09	0.14	0.08	0.17	0.15	0.21	0.28	0.22	0.21	0.19
海洋生物医药业	0.25	0.26	0.19	0.17	0.18	0.21	0.21	0.22	0.26	0.19	0.19	0.18
海洋工程建筑业	0.31	0.25	0.19	0.19	0.19	0.14	0.13	0.07	0.07	0.08	0.06	0.05
海洋电力业	0.09	0.08	0.08	0.08	0.07	0.05	0.05	0.06	0.06	0.08	0.11	0.12
海水利用业	0.09	0.09	0.07	0.07	0.09	0.09	0.10	0.09	0.10	0.08	0.12	0.10
海洋交通运输业	0.01	0.01	0.01	0.01	0.01	0.01	0.01	0.01	0.02	0.02	0.02	0.02
滨海旅游业	0.01	0.02	0.02	0.02	0.02	0.02	0.02	0.02	0.03	0.03	0.02	0.02

（三）基于熵指数的海洋产业集聚度分析

以2001—2012年各沿海地区主要海洋产业增加值计算规范熵指数（公式(3)）如表3所示。从表中可以看出，沿海地区海洋产业布局总体比较均衡，2001—2012年各海洋产业规范熵指数都在0.5以下。

分产业来看，海洋盐业、海洋矿业、海洋油气业产业集聚水平较高，2012年规范熵指数在0.3以上；海洋生物医药业、海洋化工业产业集聚水平居中，规范熵指数在0.2～0.3之间；海洋电力业、海洋船舶工业、海水利用业、海洋渔业、海洋工程建筑业、滨海旅游业和海洋交通运输业产业集聚水平较低，2012年空间基尼系数都在0.1～0.2之间。

从发展趋势来看，海洋产业集聚水平总体平稳。其中海洋盐业、海洋化工业、海洋生物医药业集聚水平呈上升趋势，海洋矿业、海洋工程建筑业集聚水平呈下降趋势。

表3　2001—2012年主要海洋产业规范熵指数

产业名称	规范熵											
	2001	2002	2003	2004	2005	2006	2007	2008	2009	2010	2011	2012
海洋渔业	0.13	0.13	0.13	0.13	0.13	0.13	0.14	0.14	0.14	0.15	0.15	0.15
海洋油气业	0.37	0.37	0.36	0.37	0.32	0.31	0.31	0.32	0.33	0.37	0.36	0.35
海洋矿业	0.41	0.43	0.25	0.29	0.35	0.33	0.32	0.28	0.29	0.32	0.35	0.36
海洋盐业	0.21	0.24	0.19	0.22	0.22	0.23	0.24	0.27	0.23	0.32	0.39	0.38
海洋船舶工业	0.19	0.20	0.16	0.16	0.16	0.14	0.14	0.14	0.15	0.16	0.16	0.16
海洋化工业	0.13	0.12	0.13	0.15	0.13	0.23	0.22	0.24	0.29	0.25	0.24	0.23
海洋生物医药业	0.25	0.24	0.20	0.19	0.22	0.23	0.24	0.25	0.31	0.26	0.26	0.26
海洋工程建筑业	0.30	0.25	0.20	0.20	0.21	0.18	0.17	0.15	0.13	0.17	0.14	0.13
海洋电力业	0.20	0.20	0.20	0.20	0.20	0.17	0.17	0.16	0.15	0.16	0.17	0.18
海水利用业	0.18	0.17	0.17	0.14	0.14	0.14	0.15	0.14	0.15	0.13	0.15	0.15
海洋交通运输业	0.12	0.12	0.11	0.11	0.11	0.12	0.12	0.12	0.11	0.11	0.11	0.11
滨海旅游业	0.14	0.14	0.14	0.14	0.14	0.13	0.13	0.13	0.13	0.13	0.12	0.12

（四）基于地点指数的海洋产业集聚度分析

以2001年和2012年各沿海地区主要海洋产业增加值就算地点系数（公式(4)）。来分析主要海洋产业在各沿海城市的空间集聚水平，结果如表4所示。主要分析以下海洋产业的集聚水平。

海洋渔业地点系数大于1的沿海省市包括海南、广西、山东、辽宁、福建和浙江。一般而言，地点系数大于1，表明该区域内的产业发展是高于全国该产业的平均水平，可以生产出更多的产品，将多余的产品出口。由此认定以上沿海地区在海洋渔业上已经形成了产业集聚。从同一年份不同地区的横向比较来看，各沿海省市海洋渔业的发展差异是比较大的，2012年海南的地点系数最高，达到了2.69，上海最低为0.01，目前对于我国海洋渔业的发展而言，海南、广西在该产业占有绝对优势，山东、辽宁和福建紧随其后；从同一地区2001年与2012年的纵向比较来看，海南、广西、山东和辽宁的地点系数呈增长趋势，表明海洋渔业在这些地区的集聚化程度是不断提高的，其他地区集聚度相对稳定。

海洋油气业2012年地点系数超过1的沿海省市包括天津、广东和河北，表明这些地区就海洋油气业已经形成了产业集聚，分地区来看，海洋油气业的发展差距是比较大的，一方面是由于海洋油气业的统计具有属地原则，广西北部湾产的油全部记入广东本部，所以广西的油气业产值为0，另一方面海洋油气业的发展对资源依赖程度确实很大，江苏、浙江、福建、广西和海南的发展相对较弱；从发展趋势上来看，集聚程度增大的省市有河北、天津和上海，广东的集聚化水平稍有下降，但起伏不大。海洋油气业的发展一方面要求区位资源优势，同时还需要较高的资金、技术投入，天津和广东在该产业发展上占有绝对优势。

海水利用业分布区域非常集中，海洋利用业只有福建、广西、河北和辽宁的地点系数大于1，天津、江苏和广东紧随其后，福建最大为4.09，天津、浙江、福建和广西的海水利用业的集聚程度是不断加大的。

沿海省市2012年海洋交通运输业的地点系数值相差较小，平均都分布在1左右，在一定程度上反映了海洋交通运输业集聚度普遍偏低，存在着重复建设、产业同构现象大于1的省市包括江苏、河北、山东和广西，最大的是江苏为2.16，最小的是天津也达到了0.61，分地区看，海洋交通运输业的差距较小，说明了沿海省市几乎都有自己的港口资源来发展海洋交通运输业，用以来保证与其他沿海地区之间的沟通；发展趋势看，其地点系数变化也相对稳定，波动性不大，这也进一步说明了港口在沿海地区的发展地位是比较重要的，都比较重视海洋交通运输业的发展。鉴于海洋交通运输业对海洋经济发展的重要性，沿海地区港口之间应该联动发展，实现集聚水平的优化。

滨海旅游业只有广西和江苏地点系数值较小，其他沿海省市的数值比较高，上海、福建、广东和海南的地点系数大于1，上海最高为2.15，从侧面反映了上海在滨海旅游业的发展上具有绝对优势，各个地区之间虽有差距，但是相对较小，沿海地区都在大力开发海洋旅游资源，以促进本地海洋经济的发展，说明了沿海省市基本已经形成集聚化；从发展趋势来看，各个省市的波动性不大，沿海地区都有各自特色的旅游资源优势，所以集聚水平在各个沿海地区内部也保持相对稳定，除了浙江、广东和天津大部分沿海城市的集聚化水平都在提高，表明滨海旅游业仍然具有很大的发展潜力。

表4 2001、2012年我国沿海省市主要海洋产业地点系数

产业	年份	地点系数										
		辽宁	河北	天津	山东	江苏	上海	浙江	福建	广东	广西	海南
海洋渔业	2001	1.43	0.64	0.05	1.61	0.68	0.02	1.65	1.88	0.84	1.87	2.19
	2012	1.70	0.54	0.02	1.95	0.56	0.01	1.00	1.62	0.44	2.46	2.69
海洋油气业	2001	0.12	0.00	4.60	0.66	0.00	0.00	0.00	0.00	2.44	0.00	0.00
	2012	0.03	1.37	6.01	0.38	0.00	0.03	0.00	0.00	1.80	0.00	0.00
海洋矿业	2001	0.00	0.00	0.00	0.07	0.00	0.00	0.00	2.39	0.38	0.43	32.21
	2012	0.00	0.00	0.00	1.47	0.00	0.00	0.38	6.76	0.12	0.43	2.50
海洋盐业	2001	0.84	4.23	1.36	3.20	1.64	0.00	0.28	0.17	0.05	0.12	0.23
	2012	0.21	2.35	1.09	4.05	0.19	0.00	0.06	0.20	0.00	0.10	0.21
海洋船舶工业	2001	5.53	0.10	0.23	0.56	0.52	1.37	1.34	0.29	0.35	0.04	0.07
	2012	2.04	0.28	0.09	0.40	3.60	0.95	1.49	0.53	0.56	0.12	0.04
海洋化工业	2001	2.37	2.70	2.77	1.07	1.03	0.15	0.83	0.91	0.18	1.42	0.00
	2012	0.43	2.24	0.79	0.49	0.06	0.28	0.45	0.18	3.49	1.30	0.04
海洋生物医药业	2001	0.00	0.00	0.00	0.16	3.77	0.04	5.20	2.85	0.25	0.15	0.00
	2012	0.10	0.00	0.00	2.78	1.44	0.03	2.11	1.37	0.04	0.15	0.39
海洋工程建筑业	2001	2.35	0.00	0.00	3.93	0.00	0.00	0.04	1.11	0.22	2.69	0.00
	2012	0.62	0.91	0.92	0.96	0.72	0.00	2.80	1.48	0.74	2.62	0.10
海洋电力业	2001	2.64	0.00	0.00	1.95	0.00	0.22	0.63	1.37	1.32	0.00	0.54
	2012	1.57	0.30	0.20	2.56	1.36	0.22	0.24	0.78	0.57	0.01	1.12
海水利用业	2001	2.21	4.08	0.55	1.22	1.06	0.00	0.38	0.00	1.62	0.00	0.00
	2012	1.04	1.45	0.81	0.43	0.70	0.00	0.83	4.09	0.85	1.87	0.00
海洋交通运输业	2001	0.45	1.81	1.16	0.72	2.05	1.38	0.58	0.67	0.89	1.11	0.47
	2012	0.91	1.72	0.61	1.07	2.16	0.83	0.86	0.62	0.83	1.07	0.52
滨海旅游业	2001	0.75	0.49	1.14	0.52	0.28	1.74	1.16	0.86	1.26	0.18	1.01
	2012	0.88	0.70	0.90	0.68	0.32	2.15	1.00	1.21	1.12	0.34	1.11

三、海洋产业集聚变动影响因素分析

海洋产业集聚是生产要素在空间的集中，区位因素、规模递增、产业波及效应和差异化竞争是海洋产业集聚形成过程的主要影响因素，也是产业集聚形成机理的基础性研究，展现了海洋产业集聚由形成到集聚结构的优化过程。

（一）区域因素导致产业集聚的形成

海洋区域因素是由其地理位置决定的，包括海洋资源的禀赋、海洋环境的约束和沿海地理位置的优越。区域因素主要是成本因素，它的优势体现就是在这个位置生产该种产品比在其他的地方生产成本要低，实现一个产业的整个生产过程和分配过程比其他地方更为廉价。如海洋油气业和海洋矿业，该两种资源储量丰富的沿海地带发展该产业首先就有成本优势，建立在成本优势的基础上，企业生产密度逐渐增大，而生产密度和成本是形成产业集聚的两个主要影响因素，生产密度的扩大和产业集聚二者之间又是可以相互促进的，并且该种集聚效应是可以一直持续下去的。在这种情况下，就会形成产业集聚。

（二）产业规模递增推动了产业集聚的发展

如果产出的增长率大于各种要素相同的投入增长率时，就会产生规模经济。就是说大规模的生产在这个时候比小规模生产更加经济，此时企业都想通过扩展生产来收益增加，这是推动产业集聚的动因。当一个地区发挥出有效规模经济效益时，厂商的集聚程度会增加，该区域内厂商数量越多，产品品种越多，则该区域的均衡价格会降低，吸引更多的人来进入该区域，劳动力的大量流入，使市场进一步扩大，推动了产业集聚的发展。如辽东半岛海洋经济区实施"五点一线"战略，在一定程度上形成产业规模效益，丹东产业园区、大连庄河花园口工业园区、长兴岛临港工业区、营口沿海产业基地、锦州湾沿海经济区这"五点"在滨海公路这"一线"上相互交流，相互沟通[10]，使得辽宁滨海旅游产业规模不断扩大，形成规模经济效益，拓展了辽宁海洋产业的集聚效应。

（三）海洋产业波及效应扩大了集聚规模

位于产业链不同位置的海洋产业对国民经济行业的波及效果不同。海洋捕捞、海水养殖、海洋油气业、海洋化工业、海洋电力业靠近产业链的始端，对下游产业的供给推动作用较强；海洋矿业、海洋盐业、海洋生物医药业、海洋交通运输业、滨海住宿位于产业链的中间，对下游产业的供给推动作用和上游产业的需求拉动作用都较强；海洋水产品加工、海洋船舶工业、海洋工程建筑业、滨海休闲旅游靠近产业链的末端，对上游产业的需求拉动作用较强。由于海洋产业的波及影响会对国民经济产生较强的辐射带动作用，海洋产业和国民经济其他产业的发展相互支持、相互推动，二者之间的依赖性和带动性，会使得产业集聚规模扩大。

（四）差异化竞争使得产业集聚结构优化

市场竞争中，每个企业的生存都依赖于它所能提供产品的市场需求，也就是说消费者的选择决定企业的生存。当产业的集聚程度增强时，产品的差异必须要足够大，才能使企业同时共存，产品的差异化会扩大该类产业的市场份额，获得产业集聚内部的产品产异化优势，所以该种竞争优化产业集聚的结构。如滨海旅游业，目前我国沿海省市滨海旅游业的集聚程度都在不同程度的提高，虽然各个沿海省市都在大力开发旅游资源，各个沿海省市都有各自特色的旅游资源优势，分别对自然类旅游资源和人文类旅游资源不同的角度开发旅游资源，使得旅游产品的差异化程度逐步加大，在一定程度上滨海旅游业的集聚结构得以优化[11]。

四、结论

通过 H 指数、空间基尼系数、熵指数和地点系数对我国主要海洋产业的空间集聚进行分析，可以得出以下结论。

第一，通过 H 指数、空间基尼系数和熵指数计算分析一致得出我国海洋产业集聚水平最高的是海洋油气业、海洋矿业和海洋盐业，受自然资源约束影响比较大，在空间分布上具有很强的局限性，区位灵活性较差，有利于产业集聚的发展。海洋渔业、海洋化工业和海洋电力业产业集聚化趋势明显；海洋船舶工业、海洋工程建筑业和滨海旅游业逐步进入产业分散化。

第二，相同海洋产业在不同地区的空间集聚，静态上看空间集聚水平差异较大，并且动态发展趋向上看，差异会进一步扩大，沿海省市充分利用区位、资源优势，大力发展优势海洋产业，利用海洋产业集聚来实现本地区海洋经济竞争力的提升。

第三，海洋产业集聚变动因素分析发现，海洋产业集聚过程一般会受到区位因素、产业规模递增、海洋产业波及效应和差异化竞争因素的影响。

参 考 文 献

[1] 解力平, 徐银泓. 推进海洋经济区域集聚发展[J]. 浙江经济, 2007(9)：46-47.

[2] 黄瑞芬, 王佩. 海洋产业集聚与环境资源系统耦合的实证分析[J]. 经济学动态, 2011(2)：30-42.

[3] 纪玉俊. 我国的海洋产业集聚及其影响因素分析[J]. 中国海洋大学学报, 2013(2)：8-13.

[4] 金炜博, 高强, 于水仙. 浙江省海洋产业集聚实证研究[J]. 东方企业文化, 2012(12)：225-226.

[5] 王子龙, 谭清美, 许箫迪. 产业集聚水平测度的实证研究[J]. 中国软科学, 2006(3)：110-111.

[6] 陈瑾玫. 宏观经济统计分析的理论与实践[M]. 北京：经济科学出版社, 2005, 197.

[7] 侯俊军, 汤超. 产业集聚与技术标准化——基于高技术产业空间基尼系数的实证检验[J]. 标准科学, 2012(6)：13.

[8] Marfels C. The consistency of concentration measures a mathematical evaluation [A].//Proceedings American Statistical Association,Business and Economic Statistics Section, 1971：143-150.

[9] 兰肇华, 杨青, 严昌宇. 我国制造业产业集群识别研究[J]. 科技管理研究, 2008(7)：528.

[10] 王晓宇, "十二五"背景下的辽宁"五点一线"沿海区域海岛旅游发展探析[J]. 旅游经济, 2011(12)：154.

[11] 惠宁. 产业集群的区域经济效应研究[M]. 北京：中国经济出版社, 2008：85-104.

论文来源：本文原刊于《海洋环境科学》2014年04期，第568-575页。

基金项目：中国海洋发展研究中心青年项目"区域海洋经济绿色增长的趋同性研究"（AOCQN2013）。

海洋财政政策与海洋经济发展关系的
协整分析

刘海英[*] 亓 霄 陈 宇

摘 要：为明确海洋财政政策在我国海洋经济增长中所起的重要作用，基于山东省1992—2011年的时间序列数据运用协整理论，通过全面考察海洋经济增长与海洋财政政策之间的关系，得出的实证结果表明，海洋经济增长对财政收入与支出均有很大的推动作用，且在1～10年的滞后期内其贡献率基本达到80%左右，而财政支出效用对海洋经济增长的贡献却不显著。由此说明，海洋经济已成为推动经济增长的新动力，另一方面因海洋产业财政投入的不足及支出结构的不合理在一定程度上制约着其经济增长效应的发挥。

关键词：财政收入；财政支出；海洋经济；协整分析

一、引言

海洋经济是指开发、利用和保护海洋的各类产业活动，以及与之相关联活动的总和。进入新世纪以来，我国海洋经济呈现出快速发展的局面，2011年，我国海洋生产总值达到45 570亿元，占国内生产总值的比重已接近10%。作为临海大省，1991年，山东省提出了建设"海上山东"的宏伟战略，海洋资源开发及其所形成的海洋产业得以迅速发展，海洋经济进入了快速发展时期，使山东海洋经济走在了全国前列。山东省的海洋生产总值在其GDP中占有很大的比重，其财政收入和财政支出中很大一部分与海洋经济相关。山东省地方政府也把发展海洋经济作为重中之重，出台了系列海洋财政政策以促进海洋经济的发展。而目前国家在制定财政政策、货币政策、税收政策等宏观调控措施时还没有把海洋经济作为相对独立的领域加以研究，在资本市场、期货市场和价格形成机制等方面，海洋产业的优势、作用和影响力还没有充分体现出来。

---

* 刘海英（1977—），女，湖南宁乡人，中国海洋大学法政学院副教授；西南交通大学公共管理学院博士生，主要从事公共财政、税收优化与海洋政策分析研究。

同时，现有海洋领域的各类财政政策、货币政策等政策着力点较为分散，缺乏系统性和协调性，对于解决海洋经济领域各类问题针对性不强。特别是在财政政策方面，政策缺失、不合理或缺少配套实施细则等方面问题较为突出。

国外有关海洋经济的研究主要集中在以下三个方面：第一，探讨海洋部门及各相关产业对国民经济的影响，主要采用实际调查和计量经济学方法，如Kildow和McIlgorm[1]研究了海洋经济相关产业对国民经济的影响。Morrissey Karyn等[2]对爱尔兰2007年区域一级的海洋部门进行分析，考察了爱尔兰海洋部门在缩小地区经济差距和取得区域经济成效方面产生的影响。Gogoberidze George[3]综合评估了沿海地区海洋经济的潜力，并将它的作用与政治、军事实力相等同。第二，研究海洋经济的主要产业（如海洋渔业、海洋船运业和滨海旅游业等）的基本特征及其相关政府管理行为，研究方法除了运用成本收益理论、博弈论及生物经济学模型之外，还运用了运筹学的方法。如Smith H D[4]研究了五类与海洋相关产业的特征及其与世界海洋工业化的关系。Akawa等[5]对纳米比亚的海洋渔业，使用渔业部获取的1990—2007年数据，从生态、社会经济和技术方面进行可持续发展分析。第三，开发一些新的计算方法，用来测量评估海洋产业的经济价值。Hoagland Porter和Jin Di[6]发展了一个衡量海洋活动强度的指数，通过比较这个海洋活动指数（index）与跨海地区经济社会发展指标，界定可持续发展的海洋环境区域。Scholz Astrid等[7]开发了一套方法，用来收集、编写并分析与渔业相关的数据，评估了每个渔业的经营成本和海洋保护区潜在的经济损失。

国内则主要从以下几个方面进行了研究：第一，从政策、地理优势方面进行研究海洋经济，如蒋昭侠[8]从战略角度结合我国国策论述海洋经济的重要性。李靖宇、尹博[9]和蒋周燕[10]从思想意识上结合地理位置优势方面论述海洋经济的重要性。Zhai Ren Xiang和Zhang Yue[11]建议用中国沿海地区海洋综合竞争力的理论，采用因子分析和聚类分析的方法评价海洋经济综合竞争力，从海洋工业结构、海洋环境保护、海洋科学和技术方面给出了增强中国海洋经济综合竞争力的一些建议。Ma Chun zhang等[12]分析了海洋特别保护区SMPA（Special Marine Protected Areas）与海洋自然保护区MNR（Marine Natural Reserve）的关系及差异性，剖析海洋特别保护区在中国的发展并讨论它的治理、管理和经验。第二，从循环经济方面论述海洋经济的发展，如张德贤[13]、范斐[14]等结合循环经济理论论述海洋经济的发展。Cai Meifang和Li Kaiming[15]通过对毗邻中国珍珠港的海洋生态系统的经济价值和目前污染对它造成的经济损失的计算表明，海洋生态系统的污染导致生态系统的一些功能，如调节，净化，研究和渔业已显著减弱。在试图强调工业化和城市化的活动对海洋生态系统的社会经济的重要性影响。Xing Xiaohong[16]以中国浙江省为例，分析海洋环境目前存在的问题，就沿海海洋生态和环境，提出了一系列对策，建议海洋资源可持续发展，加强对海洋环境保护的宣传教育，调整产业结构等。第三，运用一些实证的方法，论证中国海洋经济的发展。Li Zhibin等[17]对中国浙江省的港口物流能力和沿海经济增长之间的关系，运用先验知识的神经网络方法（A priori knowledge neural network）建模，并有效地预测了中国浙江省2011—2020年的沿海海洋经济发展能力。Li Jian和Teng Xin[18]以循环经济的理论为指导，运用灰色关联方法分析海洋生产总值的贡献和中国海洋产业结构的变化之间的相关性并得出结论，中国的海洋第二产业对海洋GDP的相关性最大。此外，还提出了优化海洋产业结构的对策。于婷婷[19]采用灰色关联度分析海洋循环经济在中国的发展状况；刘海英[20]通过构建山东半岛海洋循环经济发展的综合评价指标体系，建立海洋循环经济发展的综合评价模型。第四，从财政支持的角度，论述海洋经济与财政政策的关系，如陈宇和刘海英[21]建议建立相应的财政税收政策来促进海洋循环经济的发展。

从以上的相关研究文献中可以发现，有关海洋经济的研究内类较为丰富，但涉及海洋经济与财政政策研究的较为少见，而采用实证的方法来研究二者关系的文献更是甚少。为明确当前海洋财政政策对海洋经济发展的支持作用，探寻海洋财政政策效用对海洋经济增长的贡献，以求为海洋经济的持续、健康、稳定发展提供政策建议，本文运用协整方法对山东半岛沿海地区财政收入、财政支出和海洋经济增长之间关系的协整性作了实证分析。

二、海洋经济与海洋财政政策之间关系的协整分析

（一）数据来源

本文所采用的数据时间为1992—2011年，来自1993—2011年的《中国海洋统计年鉴》和《新中国六十年统计资料汇编》的相关各期数据（其中1992—1995年山东省海洋生产总值缺失，文中采用灰色预测模型所得估计数据）。本文用HYZZ表示山东省海洋经济增长变量（其数据用山东省海洋生产总量来替代），用CZSR表示山东省财政收入，用CZZC表示山东省财政支出。除估计数据外，其余所有数据均为原始数据，未作任何变动。

（二）ADF单位根检验

时间序列分为平稳性时间序列和非平稳性时间序列。当两个或两个以上时间序

列均为非平稳性，若对他们进行回归则可能导致伪回归现象。因此，在对时间序列进行回归之前有必要对其进行平稳性检验。本文采用ADF单位根检验的方法来验证时间序列的平稳性。当时间序列为非平稳性时间序列时，一般采用协整理论来验证时间序列变量间的关系。

非平稳的时间序列如果经过线性组合后变成平稳序列，则这种平稳的线性组合称为协整方程。协整可以用来描述两个及两个以上的序列之间的平稳关系，假如非平稳的时间序列（有单位根）的线性组合是平稳的，则这些变量间具有协整关系。只有当这些序列之间都具有同阶单位根时，它们才可能具有协整关系、因果关系；只有变量之间都服从同阶单位根，才可建立VAR模型。对数据取对数不改变其原来的协整关系，还能使其趋势线性化，消除时间序列中存在的异方差；因此，本文在分析这些关系之前先采用ADF单位根检验方法对变量取以10为底的对数，然后对对数化了的变量以及它们的差分序列作平稳性检验。本文运用Eviews6.0软件对各变量序列进行ADF单位根检验，从表1的检验结果来看，各变量LHYZZ、LCZSR和LCZZC的水平值在1%的显著水平下都是二阶差分平稳的，因此可以采用协整的方法对各变量之间的关系进行检验。

表1 LHYZZ、LCZSR和LCZZC得ADF单位根检验

Variables	ADF Test Values	Critical Values	Significance Level
LHYZZ	0.884 681	− 2.655 194	10%
LCZSR	0.732 085	− 2.673 459	10%
LCZZC	− 0.123 773	− 2.673 459	10%
DLHYZZ	− 3.637 926	− 3.040 391	5%
DLCZSR	− 6.044 943	− 3.920 350	1%
DLCZZC	− 5.919 648	− 3.920 350	1%
D^2LHYZZ	− 5.488 460	− 3.886 751	1%
D^2LCZSR	− 4.278 895	− 4.004 425	1%
D^2LCZZC	− 6.255 656	− 3.959 148	1%

（三）协整检验

1. 协整检验

为了进一步确定变量间的关系，本文采用Johansen协整检验方法检验三个变量

之间是否具有协整关系。Johansen协整检验是一种基于向量自回归模型的检验方法，它要求在进行协整检验之前，首先确定VAR的具体模型。根据表1的各数据的生成过程，我们选择带有截距项没有趋势项的，并且滞后阶数确定为1阶的VAR模型。本文采用Johansen协整检验方法对变量进行协整检验的结果如表2所示。

表2　HHZZ、CZSR和CZZC的Johansen协整检验结果

Hypothesized No. of CE（s）	Eigenvalue	Trace Statistic	0.05 Critical Value	Probability
None	0.931 415	67.851 11	29.797 07	0.000 0
At most 1	0.533 662	19.616 80	15.494 71	0.011 3
At most 2	0.278 900	5.885 591	3.841 466	0.015 3

从表2的结果知道三个变量之间存在三个协整关系。

2. VAR模型的回归估计

根据表2的检验结果，可以得到三个正规化协整方程为：

为书写简洁，此处标记 Y: HYZZ, S: CZSR, C: CZZC

$$Y = 2.915 + 1.3\,Y(-1) - 3.346\,Y(-2) - 0.013\,R(-1)$$
$$\text{s.e} = (103.235) \quad (0.267) \quad (0.286) \quad (0.750) \tag{1}$$
$$- 1.821\,R(-2) + 0.06\,C(-1) + 1.632\,C(-2) + EC$$
$$(0.948) \quad (0.840) \quad (1.015)$$

$$R = 161.283 + 1.286\,Y(-1) - 0.912\,Y(-2) - 0.745\,R(-1)$$
$$\text{s.e} = (118.432) \quad (0.307) \quad (0.328) \quad (0.860) \tag{2}$$
$$- 1.344\,R(-2) + 0.446\,C(-1) + 1.042\,C(-2) + EC$$
$$(1.087) \quad (0.963) \quad (1.164)$$

$$C = 166.755 + 1.016\,Y(-1) - 0.5\,Y(-2) - 0.346\,R(-1)$$
$$\text{s.e} = (124.918) \quad (0.323) \quad (0.346) \quad (0.907) \tag{3}$$
$$- 1.075\,R(-2) + 1.168\,C(-1) + 0.84\,C(-2) + EC$$
$$(1.147) \quad (1.016) \quad (1.228)$$

协整方程中的EC为误差修正项，方程下面括号内数字为标准差。仍然采用ADF单位根检验方法对误差修正项进行检验，检验统计量表明在5%的显著水平下，EC序列是水平条件下的平稳系列，因此可以确定HYZZ、CZSR 和CZZC之间存在一种长期的稳定均衡关系。

3. 误差修正模型VEC的确定

协整检验结果表明海洋生产总值（HYZZ）、财政收入（CZSR）和财政支出（CZZC）之间存在长期稳定的均衡关系，但是这种均衡关系是否构成因果关系还需要进一步检验。本文根据Granger定理建立误差修正模型VEC，对变量进行因果关系检验。我们仍采用Y表示HYZZ、R表示CZSR和Z表示CZZC构造向量误差修正模型，并且序列使用没有时间趋势但协整方程有截距形式的VEC模型，其模型的滞后阶数为1阶。用Eviews6.0软件计算后的参数估计结果为：

协整方程为

$$ecm_t = Y_t - 1.693R_t - 0.404\,C_t + 145.147 \tag{4}$$

或

$$Y_t = -145.147 + 1.693\,R_t + 0.404\,C_t + ecm_t$$

从长期均衡来看，山东省财政收入、财政支出对山东省海洋经济的影响均为正，二者对海洋经济的发展均有促进作用。但财政收入对海洋经济的产出弹性系数为1.693，影响显著；而财政支出对海洋循环经济的产出弹性系数为0.404，影响没有财政收入显著。

VEC模型为

$$D(Y) = -0.611ecm + 1.119\,D(Y) - 1) + 0.976\,D(Y(-2) - 0.997\,D(R(-1)) + 0.118\,D(R(-2) + 0.217\,D(C(-1) - 1.333\,D(C(-2) - 68.89 \tag{5}$$

$$D(R) = 0.545ecm + 1.043\,D(Y(-1) - 0.877\,D(Y(-2) - 0.805\,D(R(-1)) - 1.063\,D(R(-2) - 0.836\,D(C(-1) + 0.895\,D(C(-2) + 104.697 \tag{6}$$

$$D(C) = 0.535ecm + 0.724\,D(Y(-1) - 0.409\,D(Y(-2) + 0.333\,D(R(-1)) - 0.769\,D(R(-2) - 0.32\,D(C(-1) + 0.626\,D(C(-2) + 121.801 \tag{7}$$

在上述模型中ecm为长期均衡偏差项。用 Eviews6.0软件计算后的上述方程（5）、方程（6）和方程（7）三个方程的拟合优度R分别是0.959、0.815和0.751。上述拟合优度R的数值表明方程（5）拟合得最好，方程（6）拟合得比较好，方程（7）拟合优度也较高。VEC模型的整体检验结果表明，模型的整体解释能力较强。

此处仅VEC模型中三个方程进行解释：

（1）ecm系数的绝对值大小反映了对偏离长期均衡的整力度，方程（5）、方程（6）、方程（7）中的ecm系数绝对值适中，就说明长期均衡误差对一阶差分的财政收入增长调整的速度较适中。

（2）方程（5）表明，一般情况下财政收入增长滞后1期与海洋经济增长负相关，财政收入增长滞后2期与海洋经济增长正相关；财政收入增长滞后1期的弹性系数为－0.997，滞后2期的弹性系数为0.118，所以滞后1期比滞后2期对海洋经济增长的影响要大，影响为负。方程（5）还表明，一般情况下财政支出增长滞后1期与海洋经济增长正相关，财政支出增长滞后2期与海洋经济增长负相关；财政支出增长滞后1期的弹性系数为0.217，滞后2期的弹性系数为－1.333，所以滞后2期比滞后1期对海洋经济增长的影响要大，影响为负。

（3）方程（6）表明，海洋经济增长滞后1期与财政收入增长正相关，海洋经济增长滞后2期与财政收入增长负相关；但总体影响为正。因为，海洋经济增长滞后1期的产出弹性为1.043，滞后2期的产出弹性为－0.877；因此，滞后1期的海洋经济增长比滞后2期的对财政收入增长的影响要大。

（4）方程（7）表明，海洋经济增长滞后1期与财政收入增长正相关，海洋经济增长滞后2期与财政收入增长负相关；但总体影响为正。因为，海洋经济增长滞后1期的产出弹性为0.724，滞后2期的产出弹性为－0.409；因此，滞后1期的海洋经济增长比滞后2期的对财政支出增长的影响要大。

（5）比较方程（6）和方程（7），海洋经济增长对财政收入增长与财政支出增长都有正向影响，并影响较大。

（6）比较分析方程（5）中同期财政收入增长和财政支出增长对海洋经济增长的影响，发现总体来说，财政收入增长和财政支出增长对海洋经济增长的影响为负，没有发挥正向作用。

（四）Granger因果关系检验

本文讨论的是仅仅是山东省财政收支与海洋经济增长的关系，除去其他干扰因素的影响，可以用Granger因果关系检验法来考察山东省财政收入（CZSR）、财政支出（CZZC）与其海洋经济增长（HYZZ）之间的长期关系。HYZZ、CZSR和CZZC具体的Granger因果关系如表3所示。从表3可以看出财政税收不是经济增长的格兰杰原因的P值为0.2677，这表明在滞后2期的情况下，我们可以认为财政税收是经济增长的格兰杰原因的概率并不是很高，其经济含义就是在滞后2期的情况下财政税收的增长要对经济增长产生促进作用的可能性不是很高；而0.1197的P值也说明了在滞后2期的情况下投资总额相对于财政税收而言能够更好地促进经济增长。

表 3 HYZZ、CZSR和CZZC的Grange因果关系

Null Hypothesis:	Obs	F-Statistic	Probability
HYZZ does not Granger Cause CZSR	18	13.345 6	0.000 71
CZSR does not Granger Cause HYZZ	18	1.226 70	0.325 07
HYZZ does not Granger Cause CZZC	18	4.975 30	0.024 86
CZZC does not Granger Cause HYZZ	18	0.853 54	0.448 45

从表3中F统计量及其伴随概率可以看出,在0.000 71的显著性水平下拒绝原假设,即有HYZZ是CZSR的格兰杰原因。在0.024 86显著水平下拒绝HYZZ不是CZZC原因,即HYZZ是ZCCZ的格兰杰原因。反过来,CZSR及CZZC都不是HYZZ的格兰杰原因,即山东省的财政收入和财政支出都没有构成其海洋经济增长的格兰杰原因。

三、 基于VAR模型的脉冲响应函数

由于各个变量之间存在着相互影响,仅从某种模型分析很难准确地描述其全部效应,因此我们需要从系统的角度出发,进行长期脉冲响应分析。在这里主要分析山东省海洋经济增长对财政收入和财政支出冲击响应。图1、图2和图3是基于VAR模型得到的脉冲响应函数曲线,横轴代表脉冲响应函数的滞后期数,纵轴代表因变量的响应程度,曲线表示脉冲的响应函数。图中将滞后期设定为10年。由图1可以看出,当在本期给海洋经济增长一个正冲击后,财政收入总量会在第1年至第3年缓慢增长,然后在第3年至第6年迅速增长,在第6年至第10年保持稳定增长,最终达到最高点。海洋经济增长对财政收入的冲击能力大体在0～400之间。

从图2可以看出,当在本期给海洋经济增长一个正冲击后,海洋经济增长对财政支出的冲击在第1年至第3年较快增长,然后在第3年至第6年又稳定增长,在第6年至第10年又迅速增长,最终在第10年末达到最大值。海洋经济增长对财政支出的冲击能力大体在0～800之间。因此,我们可以得出结论即在一个正的标准差冲击条件下,在第1年至第6年,海洋经济增长对财政支出的冲击能力与对财政收入的冲击能力大体相当;在第6年至第10年期间,海洋经济增长对财政支出的冲击能力明显大于财政收入增长的冲击能力。

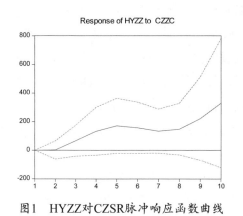

图1　HYZZ对CZSR脉冲响应函数曲线

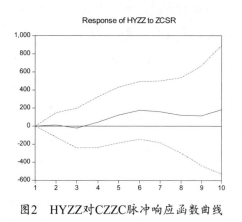

图2　HYZZ对CZZC脉冲响应函数曲线

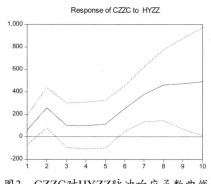

图3　CZZC对HYZZ脉冲响应函数曲线

从图3可以看出，当在本期给海洋经济增长一个正冲击后，财政支出对海洋经济增长的冲击在第1年至第2年较快增长；在第2年到第3年又有所下降；然后在第3年至第5年又缓慢增长；在第5年至第10年又迅速增长，最终在第10年末达到最大值。海洋经济增长对财政支出的冲击能力大体在0～400之间。因此，我们可以得出结论即在一个正的标准差冲击条件下，在第1年至第5年，财政支出对海洋经济增长的冲击能力在0～200之间；在第5年至第10年期间，财政支出对海洋经济增长的冲击能力明显大于前5年的冲击能力。

四、方差分解

Granger因果关系检验只能说明变量之间的因果关系，不能说明变量之间因果关系的强度。方差分解是样本期间以外的因果关系检验，它能够给出随机信息的相对重要性信息，它是通过分析每个结构冲击对内生变量变化产生影响的程度来评价不同结构冲击的重要性。VAR模型的方差分解可以给出随机误差项的重要信息。方差分解可以将每个变量的单位增量分解为一定比例自身原因和对其他变量的贡献。本文用方差分解方法考察海洋经济增长对财政收入、财政支出的不同预测期限的预测误差的方差进行分解，以及考察财政支出对海洋经济增长的不同预测期限的预测误差的方差进行分解。图4、图5是基于VAR模型得到的海洋经济增长分别对财政税收和财政支出的贡献程度曲线图，图6是政府财政支出对海洋经济增长的贡献程度曲线图。图中横轴代表滞后期数，纵轴代表贡献率，图中将滞后期设定为10年。

对图4进行分析可以得知海洋经济增长对财政收入的冲击的贡献率在前2年迅速上升；从第2年到第3年的贡献率基本稳定在55%左右；从第3年到第5年贡献率缓慢下降，在第6年达到极小值50%；从第5年到第6年又缓慢上升；从第6年至第8年又迅速上升，从第8年至第10年又缓慢上升，最终在第10年达到顶峰，其贡献率接近80%。

从图5可以发现，海洋经济增长对财政支出的贡献率情况与对财政收入的贡献率情况大致相同。从第1年到第2年呈现迅速上升态势；从第2年到5年呈现稳定态势；从第5年到第8年又较迅速上升；然后从第8年到第10年呈现缓慢上升态势，最终也在第10年达到最大值80%。

从图6可以看出，山东省财政支出对其海洋经济增长贡献不大。具体来看，从第1年到第3年，财政支出对海洋经济增长的贡献率很小，还不到3%；从第3年到第10年才看出贡献，但最大的贡献率（在第6年）也没有达到20%。虽然从第3年开始，财政支出对海洋经济增长开始显现出贡献，但贡献率增长相对海洋经济对财政的贡献而言要缓慢，最后在第6年达到最高，接近17%；随后贡献率开始下降，最后稳定在8%左右。

总体来说，海洋经济增长对财政贡献（无论是对财政收入还是财政支出的贡献）非常显著，反过来财政支出对海洋经济的贡献不大。

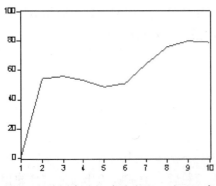

图4　海洋经济增长对财政收入的贡献率

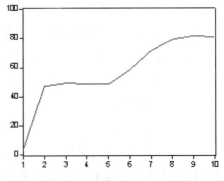

图5　海洋经济增长对财政支出的贡献率

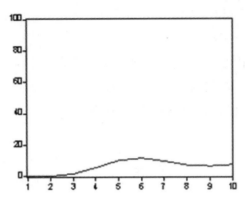

图6　财政支出对海洋经济增长的贡献率

以上实证分析的结果表明：

（1）山东省海洋经济增长在滞后1期情况下与财政收入正相关。从其海洋经济增长效用对其财政收入的滞后影响来看，海洋经济增长对财政收入增长有很大的推动作用，到滞后的第10年，海洋经济增长对财政收入增长的贡献率可达到80%左右。

（2）山东省海洋经济增长在滞后1期情况下与财政支出是正相关。从其海洋经济增长效用对其财政支出的滞后影响来看，海洋经济增长对财政支出增长也有很大的推动作用，到滞后的第10年，海洋经济增长对财政支出增长的贡献率也达到80%左右。

（3）山东省海洋经济增长在滞后2期情况下均与该省的财政收入增长和财政支出增长负相关，但其滞后1期的正向影响较滞后2期的负向影响要大，因此，把山东省的海洋经济增长对财政支出增长的滞后影响与财政收入增长的滞后影响进行比较分析可以得知在1~10年的滞后期内海洋经济增长效用对山东省财政收入与支入的增长的贡献率均很大，基本达到80%左右。

（4）由图3的结论知道，山东省财政支出效用对海洋经济增长的贡献不大，但海洋经济增长效用对财政的贡献很大，而事实上财政支出对海洋经济增长的冲击效果还是很明显的，由此说明，山东省对海洋经济发展的财政投入不足，其财政收支结构的不合理也使得海洋财政收支效用所带来的经济增长效果不显著。

五、结论

基于以上几点结论，本文认为山东省海洋经济对山东省的财政贡献很大，海洋经济已成为推动山东省经济增长的新动力，因此有必要采取各种可能的措施促进海洋产业结构的战略性调整，促进山东省海洋经济的持续健康发展。同时，鉴于山东省在海洋经济发展方面财政投入力度不够、财政投入结构不合理及投入效果不明显的现实，本文建议中央及地方财政应加大对海洋产业特别是海洋战略性新兴产业的财政投入力度，与此同时应在加大财政投入的基础上加强海洋财税收支结构的优化，以实现海洋产业结构优化与财税战略的良性互动。

参 考 文 献

[1] Kildow J T, McIlgorm A. The importance of estimating the contribution of the oceans to national economies.Marine Policy, 2010, 34(3)：367-374..

[2] Karyn MORRISSEY,Cathal O'DONOGHUE.The Irish Marine Economy and Regional Development. Marine Policy, 2011, 36(2)：358-364.

[3] George GOGOBERIDZE.Tools for Comprehensive Estimate of Coastal Region Marine Economy Potential and Its Use for Coastal Planning. Journal of Coastal Conservation, 2012, 16(3)：251-260.

[4] Smith H D.The industrialisation of the world ocean.Ocean & Coastal Management. 2000, 43(1)：11-28.

[5] Twalinohamba AKAWA,Festus Panduleni NASHIMA.A Sustainability Analysis of Namibian Marine Fishery. Journal of Human Resource and Sustainability Studies, 2013, 01(1)：1-7.

[6] Porter HOAGLAND,Di JIN.Accounting for Marine Economic Activities in Large Marine Ecosystems. Ocean and Coastal Management, 2007, 51(3)：246-258.

[7] Scholz Astrid J,Steinback CHARLES,Kruse Sarah A, et al.Incorporation of Spatial and Economic Analyses of Human-use Data in the Design of Marine Protected Areas. Conservation Biology: the Journal of the Society for Conservation Biology, 2010, 25(3)：485-92.

[8] 蒋昭侠. 海洋经济与江苏沿海经济发展的战略思考[J]. 改革与战略, 2010(12)：90-93.

[9] 李靖宇, 尹博. 大连城市经济与辽东半岛海洋经济协调发展的现实论证[J]. 中国地质大学学报（社会科学版），2005(3)：36-41.

[10] 蒋舟燕. 推进海洋产业区域集聚——舟山海洋经济发展带构建研究[J]. 特区经济, 2011(9)：47-49.

[11] Zhai REN-XIANG,Zhang YUE.Evaluation of Marine Economic Comprehensive Competitiveness in Coastal Regions Based on Factor Analysis[C]//Computational and Information Sciences（cis），2012 Fourth International Conference on,2012：1339-1342.

[12] Chun MA,Xiaochun ZHANG,Weiping CHEN, et al. China's Special Marine Protected Area Policy: Trade-off Between Economic Development and Marine Conservation. Ocean and Coastal Management, 2013, 76：1-11.

[13] 张德贤, 陈中慧, 戴桂林, 等. 海洋经济可持续发展模型及应用研究[J]. 青岛海洋大学学报（自然科学版），2001(1)：143-148.

[14] 范斐, 孙才志. 辽宁省海洋经济与陆域经济协同发展研究[J]. 地域研究与开发, 2011(2)：59-63.

[15] Meifang CAI, Kaiming LI. Economic Losses From Marine Pollution Adjacent to Pearl River Estuary, China. Procedia Engineering, 2011, 18：43-52.

[16] XING XIAOHONG. Research on the Modernization of Marine Eco-environment in China——based on the Example of Zhejiang Province[C]//The 3rd International Conference on Environmental Technology and Knowledge Transfer, 2010：917-918.

[17] Zhibin LI,Lingling WANG, Haichuan LOU. Analysis and Forecasting on the Relationship Between Port Logistics Capacity and Coastal Marine Economic Growth Based on Pknn in Case of Zhejiang Province[C]//Computational Intelligence and Security(cis), 2012 Eighth International Conference on,2012：247-251.

[18] JIAN LI, Xin TENG. Research on China's Marine Industrial Structure Optimization Based on Circular Economy[C]//The 18th International Conference on Industrial Engineering and Engineering Management, 2011：412-413.

[19] 于婷婷, 殷克东, 方景清, 等. 基于灰色关联度分析的沿海省（市）海洋循环经济评价研究[J]. 海洋开发与管理, 2008(12)：80-86.

[20] 刘海英, 陈宇, 耿爱生. 山东半岛海洋循环经济发展的综合评价与财税支持体系构建[J]. 中国人口、资源与环境, 2012(12)：19-25.

[21] 陈宇, 刘海英, 申洪源. 促进海洋循环经济发展的财税政策研究[J]. 生态经济, 2011(11)：141-144.

论文来源：本文原刊于《中国海洋大学学报（社会科学版）》2014年01期，第24-30页。

资助项目：教育部人文社会科学研究青年基金"公平视角下个人所得税的优化设计"（11YJC790102），中央高校基本科研业务费专项"经济结构变迁下海洋产业结构优化的财税战略"（201413033），中国海洋发展研究中心海大专项"基于生态系统理念的我国海洋渔业管理制度创新研究"（AOCOUC20130）的阶段性研究成果。

中国沿海区域旅游化与生态环境耦合度分析及预测

张广海　刘真真　王新越*

摘　要：中国沿海区域旅游产业发展主要以海洋资源和环境为依托，故处理好旅游产业发展与生态环境的关系是中国沿海旅游产业实现可持续发展的基础和前提。区域旅游化程度可以反映区域旅游产业发展水平，为探求中国沿海区域旅游产业发展与生态环境之间关系的态势和规律，首先，在构建中国沿海区域旅游化程度和生态环境质量水平的指标体系的基础上，以2000—2010年沿海11省（市、区）统计数据为基础，运用加权主成分TOPSIS法分别对两个系统进行综合评价；其次，基于物理学中的耦合模型，对中国沿海区域旅游化程度和生态环境质量的耦合度与协调指数进行计算，并分析它们时空格局及其演变特征；最后，基于灰色系统理论，运用GM（1，1）预测模型对中国沿海区域未来15年中国沿海区域旅游化水平与生态环境耦合度进行预测。研究结果发现：中国沿海区域旅游产业与生态环境两个系统在2000—2010年间一直处于拮抗期，但山东省、浙江省、江苏省和广西将在2015年前先后由低水平的拮抗期跨入良性耦合阶段，而其他省（市、区）将处于并将长期处于拮抗期，且天津市、辽宁省和海南省两个系统的耦合度有下降趋势。

关键词：沿海区域；旅游化；生态环境；耦合度；耦合度协调指数；主成分TOPSIS

　　旅游业是资源依托型和环境依托型的产业，二者存在复杂的对立统一的辩证关系，如何在旅游发展过程中协调二者之间的关系，实现旅游业的可持续发展，一直

---

* 张广海（1963—），男，山东临沂人，教授，博士后，博士生导师，主要从事旅游开发规划与管理、区域经济方面的研究。

　刘真真（1988—），女，河南许昌人，中国海洋大学旅游管理专业硕士研究生。王新越（1977—），女，黑龙江密山人，旅游管理专业博士研究生，中国海洋大学管理学院讲师。

是旅游学界研究的热点。Wall和Wright[1]（1977）探讨了旅游对环境影响的概念、研究方法以及旅游活动与环境要素联系及影响的机制。Stephen[2]（1992）从土壤、植物、动物、水、噪声五个自然环境要素研究旅游发展对自然环境产生影响，认为旅游发展对目的地生态环境同时存在消极和积极两种作用。崔凤军[3]（1998）构建了旅游环境承载力的理论模型，并给出了生态环境对旅游产业发展承载能力的定量计算方法。近年来，随着研究的不断深入，对旅游与生态环境关系的研究已经从最初的单向影响分析转向更高层次的互动共生和耦合和协调关系的研究，如王辉[4]（2006）、崔峰[5]（2008）、庞闻[6]（2011）等可持续发展理论、协同论、系统论引入旅游发展与生态环境之间关系的研究中，探讨大连、上海、西安城市旅游发展与生态环境共生互动和耦合协调状况。但是这些研究多侧重于微观的单个城市或同类型城市之间比较研究，而中宏观区域尺度的研究，对于旅游产业发展与生态环境调控更具有现实意义。

我国沿海地区包括环渤海、"长三角"、海峡西岸、"珠三角"和环北部湾地区的天津、河北、辽宁、山东、江苏、上海、浙江、福建、广东、广西、海南11个省、市、区，2010年实现旅游总收入25 218.51亿元，接待旅游总人次22.44亿人次，星级酒店达到5 378家，旅行社11 448家，旅游业发展迅速。然而，由于海洋生态环境自身的脆弱性和我国的滨海旅游长期处于低端的大众旅游和观光旅游阶段，沿海区域旅游业发展带来经济效益同时，对该区域生态环境也造成了一定的威胁与压力，影响了旅游和海洋经济的可持续发展。因此，发展滨海旅游业要树立旅游产业与生态环境协调发展的观念，即在旅游产业系统和生态环境系统或系统内要素之间在和谐一致、良性循环的基础上，实现由低级到高级、由无序到有序的总体优化和升级。通过引入的区域旅游化水平指数深入分析滨海旅游产业与生态环境两个系统的耦合协调和互动发展规律与关系，并采用灰色方法对其进行预测，为制定旅游产业和海洋经济的可持续发展政策提供参考和依据，以促进我国沿海地区旅游产业与生态环境关系不断优化和升级。

一、研究方法

（一）主成分加权TOPSIS法

主成分分析方法是将反映事物相关属性的众多指标综合成几个公共因子，并将公共因子按重要程度（贡献率）排序，方便找出数量较少却能够反映原来众多指标所代表的主要信息的互不相关的公共因子及其重要程度。其基本思路是：设有来自某个总体的N个样本，每个样本测得M个指标的数据，则共有$N \times M$个数据。一般而言，这M个指标之间存在一定的线性相关关系，可从M个指标中提炼出数量较少的几个综合指标，使其在损失较少信息的前提下替代原来M个指标[7]，其原理可用线性组合（1）表示。

$$
\begin{cases}
Y_1 = a_{11}X_1 + a_{12}X_2 + \cdots + a_{1M}X_M \\
Y_2 = a_{22}X_1 + a_{22}X_2 + \cdots + a_{MM}X_M \\
\cdots \\
Y_M = a_{M1}X_1 + a_{M2}X_2 + \cdots + a_{MM}X_M
\end{cases}
\tag{1}
$$

$$
T_{ij} = P_j \cdot Z_{ij}
\tag{2}
$$

$$
E_{ij} = P_j \cdot Z_{ij}
\tag{3}
$$

$$
S_i^+ = \sqrt{\sum_{j=1}^{m}(x_{ij} - x_j^+)^2}, \quad (i=1, 2, \cdots, n)
\tag{4}
$$

$$
S_i^- = \sqrt{\sum_{j=1}^{m}(x_{ij} - x_j^-)^2}, \quad (i=1, 2, \cdots, n)
\tag{5}
$$

$$
S_i = \frac{S_i^-}{S_i^+ + S_i^-}, \quad (i=1, 2, \cdots, n)
\tag{6}
$$

$$
T_i = \sum_{j=1}^{6} S_{ij}
\tag{7}
$$

$$
E_i = \sum_{j=1}^{5} S_{ij}
\tag{8}
$$

其中，式(1)中随机向量$X^T = \{X_1, X_2, \cdots, X_M\}$有协方差矩阵，其特征值为$\lambda_1 \geq \lambda_2 \geq \cdots \geq \lambda_M$，$a_i = (a_{i1}, a_{i2}, \cdots, a_{iM})^T$是单位化向量，$X_1, X_2, \cdots, X_M$是原始变量经过标准化处理后的值，$Y_1, Y_2, \cdots, Y_M$是一组互补相关的新变量，是对应于特征值$\lambda_1, \lambda_2, \cdots, \lambda_M$的主成分；式(2)、式(3)中，P为主成分因子的权重；Z为各区域在主成分因子上的得分值；式(7)中T_i为区域旅游化水平指数，式(8)中E_i为生态环境质量水平指数。

TOPSIS法，又称逼近理想排序法，是由Hwang和Yoon[8]于1981年提出的一种系统工程决策分析的常用方法。其核心思想是，最优方案应是与正理想方案距离最小，与负理想方案距离最大的方案。该方法多用来对多个可度量属性的对象的效益和竞争力等进行评价和排序，具体步骤如下。

（1）用向量规范化的方法求得规范化决策矩阵$X = \{x_{ij}\}$。

（2）赋予向量矩阵权重$\omega=(\omega_1，\omega_2，\cdots，\omega_j)^T$，则构成加权规范矩阵$X=\{x_{ij}\}$，其中，$x_{ij}=\omega_j\times Z_{ij}$，$i=1，2，\cdots，m$；

（3）确定正理想解x^+和负理想解x^-，则$x^+=\max_i(x_{ij})$；$x^-=\min_i(x_{ij})$

（4）根据公式(2)和公式(3)计算各方案到正理想解和负理想解的距离和S_i^+和S_i^-，再根据公式(4)计算各方案到正理想解的相对接近程度S_i（即综合评价指数），$0\leqslant S_i\leqslant 1$。$S_i$愈接近于1，表示方案越接近于最优水平；反之，$S_i$愈接近于0，表示该方案越接近于最劣水平。

（5）将综合评价指数S_i带入公式(7)和公式(8)可测度出区域旅游化水平和生态环境质量水平。

加权主成分TOPSIS法是主成分综合评价法的拓展，先应用主成分分析法求得的主成分决策矩阵，将各个主成分的贡献率与主成分贡献率之和的比值作为决策矩阵的权重，然后，运用TOPSIS法进一步将低维系统降为一维系统，得到评价值，最后对评价结果进行排序[9]，此法不仅有效地克服了主成分分析法评价值可能为负不便于比较的不足，还有效地规避了大量指标前提下单独应用TOPSIS法因子赋予平均权重的不科学和计算量大的缺点，对多指标问题的处理比较方便且实用，更能反映事物的本质。

（二）耦合度模型

借鉴物理学中的容量耦合（Capacitive Coupling）概念及容量耦合系数模型[10]，这里通过构造区域旅游化与生态环境耦合度公式(9)，用以分析和测度区域旅游化与生态环境的相互关系。为了反映区域旅游产业发展与生态环境质量水平整体功效与协同效应，引入区域旅游化与生态环境耦合度协调指数D，如公式(10)。

$$C_i=\left\{(T_iE_i)\Big/\left[(T_i+E_i)^2\right]\right\}^{1/2} \tag{9}$$

$$D_i=\sqrt{C_i\cdot T_i} \tag{10}$$

$$T_i=\omega_1T_i+\omega_2E_i \tag{11}$$

其中，式(9)中C_i表示省（区）i区域旅游化与生态环境耦合度，$i=1,2,\cdots,11$；式(10)中D_i为耦合度协调指数，T_i为区域旅游化与生态环境综合协调指数；式(11)中ω_1，ω_2分别为两个子系统的权重，通过征询专家意见，取$\omega_1=\omega_2=0.5$。

耦合度对判别区域旅游化与生态环境耦合作用的强度及其作用的时序区间，预警两者发展秩序有重要意义。耦合度$C\in[0,1]$，当$C=1$时耦合度最大，表明子系统之间或者子系统内部要素之间达到良性共振耦合，系统将趋向新的有序结构；当$C=0$

时，耦合度极小，表明系统之间或子系统内部要素之间处于无关状态，系统将向无序发展[11]。结合我国沿海地区旅游业的发展状况，这里将耦合度划分为四个级别：当0<C<0.3时，区域旅游化水平与生态环境处于较低水平的耦合阶段，此时区域旅游化水平较低，生态环境质量高，旅游化对生态环境质量的影响程度不大；当0.3<C<0.5时，区域旅游化水平与生态环境处于拮抗期，该阶段区域旅游化水平快速提升，该过程需要大量的资金投入和资源开发，对生态环境的直接或间接影响日渐明显；当0.5<C<0.8时，区域旅游化水平与生态环境质量进入磨合阶段，此时区域旅游化进程由于受到生态环境质量下降的制约，将其相当多的发展资金注入到该区域生态环境修复中，旅游化与生态环境开始良性耦合；当0.8<C<1.0时，系统进入高水平耦合阶段，在区域旅游化水平上升到一定阶段后，对生态环境影响由负面破坏转向正面促进，使旅游产业与生态环境两个系统相得益彰、相互促进。相应地，将区域旅游化与生态环境耦合度协调指数也划分为四个等级：0<D<0.4，为耦合度低度协调；0.4<D<0.5，为耦合度一般协调；0.5<D<0.8，为耦合度中度协调；0.8<D<1.0，为耦合度高度协调。

（三）G（1,1）灰色预测模型

灰色系统是信息不完备的系统，主要研究对象是离散形式的系统状态变量[12]，用灰色系统理论和方法建立起来的模型称为灰色模型（简称GM）。GM模型是一个n阶、h个变量的微分方程，简称GM(n,h)模型，该模型将随机变量看作一定范围内变化的灰色量，对无规律的原始数据经过生成处理后，建立生成序列的微分方程模型。其中，GM(1,1)的建模方法和步骤如下[13]：

（1）设原始系统序列为

$X_0 = \{x_0(i)\}(i=1,2,\cdots,n)$，通过公式$x_1(k)=\sum_{i=1}^{k}x_0(i)$，对原始系统序列累加生成序列$X_1=\{x_1(i)\}(i=1,2,\cdots,n)$。

（2）为了提高模型生成精度，对生成的X_1做均值，生成$Z_1=\{z_1(1),z_1(2),\cdots,z_1(n)\}$，其中，$z_1(1)=x_1(1)$，$z_1(k)=(x_1(k)+x_1(k-1))/2$。

（3）构建$\dfrac{dx_1(k)}{dk}+ax_1(k)=u$，其中，$k=0,1,\cdots,n-1$，$a$，$u$为待估参数；并改写成矩阵的形式为$\overline{Y}=B\overline{V}$，

其中，$\overline{Y}=\begin{pmatrix}x_0(2)\\x_0(3)\\\vdots\\x_0(n)\end{pmatrix}$，$B=\begin{pmatrix}-z_1(1) & 1\\-z_1(2) & 1\\\vdots & \vdots\\-z_1(n) & 1\end{pmatrix}$，$\hat{V}=\begin{pmatrix}\hat{a}\\\hat{u}\end{pmatrix}$。

（4）用最小二乘法求得的估计值为：$\hat{V} = \begin{pmatrix} \hat{a} \\ \hat{u} \end{pmatrix} = (B^T B)^{-1} B^T \bar{Y}$；把估计值 $\hat{a}$，$\hat{u}$ 带入方程中，即可得到GM（1,1）微分方程得：$\hat{x}_1(k+1) = \left(x_0(1) - \dfrac{\hat{u}}{\hat{a}} \right) e^{-\hat{a}k} + \dfrac{\hat{u}}{\hat{a}}$。

二、中国沿海区域旅游化水平

"旅游化"是旅游产业化发展与区域旅游化的过程[14-19]。钱磊、汪宇明等[20]（2012年）认为区域旅游化是伴随着工业化、城镇化、信息化所发生的又一重要的现代化途径，甚至是一个国家或地方后工业化、后城镇化的重要标志。区域旅游化是指随着旅游产业规模的不断扩大、旅游产业效益的不断增加、旅游产业增长潜力的不断显现，使得旅游产业在国家或地区的产业部门中竞争力不断提升、对相关行业的关联和带动作用不断增强和产业内部创新能力逐步提升的过程和状态，它既表现为一个过程，又是一种现象，具体表现为旅游总收入在GDP中所占比重不断上升、旅游业就业人数在社会总就业人数中的比重不断增加和旅游业创新能力逐步提升的过程和状态。

（一）指标体系的构建及数据来源说明

根据对区域旅游化分析与界定，按照系统性、层次性和可测性等原则首先遴选出20个反映区域旅游化水平的预选指标，然后运用因子分析方法对预选指标进行筛选，最终确定了反映区域旅游化水平的17个指标：旅游总收入（亿元）、旅游者总数（万人）、国内旅游人次数（万人次）、入境旅游人次（万人次）、国际旅游外汇收入（百万美元）、星级酒店营业收入（亿元）、旅行社营业收入（亿元）、星级饭店数（家）、旅行社数（家）、旅游总收入增长率（%）、旅游者总人次增长率（%）、人均旅游消费（元/人）、旅游业从业人数占社会总就业人数百分比（%）、旅游总收入/GDP、旅游院校在校生数占旅游从业人数百分比（%）。

上述指标数据主要来源于2001—2011年《中国旅游统计年鉴》、2001—2011年《中国统计年鉴》，2001—2011年沿海11省区《国民经济与社会发展统计公报》。其中旅游总收入为当年国内旅游收入与国际旅游外汇收入乘以当年美元兑人民币汇率的和；旅游者总数为当年国内旅游人次与入境旅游人次之和；人均旅游消费为旅游总收入与旅游者总数的商。

（二）中国沿海区域旅游化水平测度

运用主成分分析法，根据我国沿海区域11省（市、区）2001—2010年相关旅游数据指标，首先提取主成分，通过对变量数据进行KMO测度和Bartlett球形检验，测得KMO值为0.618（大于0.5），表明可以进行主成分分析，Bartlett球形检验值为3 844.936，显著性水平P（sig=0.000）< 0.05，表明检验结果具有统计学显著性；其次，以特征值大于1、累积贡献率大于80%为主成分因子选取原则确定主成分，根据计算结果，前6个主成分因子的特征值均大于1，且其累积贡献率达82.272%，表明这6个因子可以代替上述17个指标的信息，作为反映中国沿海区域旅游化水平的主成分因子，分别代表旅游业规模、旅游业效益、旅游业增长潜力、旅游业关联带动、旅游业部门竞争力、旅游业创新能力；再次，确定权重，根据6个主成分的贡献率分别为：29.294%、18.796%、11.814%、8.751%、7.511%、6.106%，从而进一步计算出它们的权重依次为：0.356 063、0.228 462、0.143 597、0.106 367、0.091 295、0.074 217；最后，将权重、主成分得分代入公式（2），并进一步代入公式（5），即可得出2001—2010年中国沿海11省（市、区）区域旅游化水平指数（表1）。

表1 中国沿海区域旅游化水平指数

区域	2001年	2002年	2003年	2004年	2005年	2006年	2007年	2008年	2009年	2010年
天津	0.397 5	0.321 0	0.365 8	0.234 0	0.198 2	0.198 1	0.151 2	0.350 1	0.345 8	0.191 7
河北	0.315 2	0.218 8	0.151 7	0.555 9	0.144 8	0.151 1	0.073 8	0.144 5	0.185 9	0.137 2
辽宁	0.500 8	0.426 6	0.408 4	0.317 3	0.369 4	0.294 9	0.174 1	0.382 4	0.299 9	0.232 5
山东	0.422 0	0.383 1	0.331 3	0.353 5	0.356 0	0.349 1	0.297 9	0.413 8	0.447 5	0.395 1
江苏	0.514 8	0.499 1	0.591 5	0.408 7	0.523 7	0.513 6	0.666 7	0.418 9	0.573 2	0.534 6
上海	0.537 4	0.547 3	0.529 7	0.344 8	0.542 1	0.439 0	0.284 7	0.503 7	0.493 7	0.557 9
浙江	0.602 7	0.533 2	0.530 8	0.418 4	0.521 9	0.507 9	0.411 0	0.539 1	0.541 8	0.502 8
福建	0.332 0	0.344 9	0.306 5	0.200 6	0.267 3	0.253 0	0.199 0	0.303 2	0.264 7	0.227 1
广东	0.596 7	0.770 7	0.682 8	0.483 1	0.785 8	0.755 5	0.534 9	0.780 2	0.841 6	0.774 6
广西	0.320 2	0.240 9	0.190 4	0.351 1	0.229 6	0.219 0	0.178 5	0.273 8	0.214 4	0.227 4
海南	0.356 6	0.264 2	0.355 5	0.189 0	0.303 5	0.329 9	0.229 8	0.278 2	0.191 8	0.159 0

三、中国沿海各省生态环境质量水平

区域生态环境是区域社会经济可持续发展的核心和基础，更是旅游产业发展赖以生存的前提条件，滨海旅游产业发展对生态环境的依赖性则更强，因此，对生态环境水平的评价能够反映滨海旅游产业的可持续发展能力以及旅游产业发展与生态环境的协调程度。目前，我国生态环境评价工作很大程度上受国际主流影响且在政府的倡导下实施[21]，生态环境评价模型则多是基于静态的评价模型，侧重于对生态环境的结构、功能、状态的研究，对生态环境过程变化的评价研究则较少[22]。这里根据2001—2010年沿海11省生态环境质量的变化情况，测度其生态环境质量水平，并进一步探寻其与区域旅游化的内在耦合协调关系。

（一）指标体系的构建及数据来源说明

建立合适的指标体系是生态环境质量综合评价的基础，不同的属性和功能的区域构建指标各有侧重，借鉴傅伯杰[23]（1992年），叶亚平、刘鲁君[24]（2000年），黄宝荣、欧阳志云[25]（2008年）构建的中国省域生态环境质量评价指标体系，并遵循系统性、区域性、科学性、可操作性和定量性的原则，构造并遴选出反映我国沿海区域生态环境质量水平的15个指标。具体指标分别为人均海岸线长度（米/百人）、人均淡水资源占有量（立方米/人）、建成区绿化覆盖率（%）、人均公园绿地面积（平方米）、森林覆盖率（%）、建设用地面积占土地面积百分比（%）、生活垃圾无害处理率（%）、工业废水处理达标率（%）、二氧化硫去除量（吨）、环保投资/GDP（%）、三废综合利用产值（亿元）、固体废物产生量（万吨）、工业废水排放总量（万吨）、工业废气排放量（亿立方米）、旅客周转量（亿人千米）15个指标。以上指标数据主要来源于2001—2011年《中国环境统计年鉴》《中国统计年鉴》《中国海洋统计年鉴》，2001—2011年沿海11省（市、区）《统计年鉴》和《国民经济与社会发展统计公报》。

（二）中国沿海区域生态环境质量水平指数测度

与中国沿海区域旅游化水平指数测度方法相同，首先，通过对变量数据进行KMO测度和Bartlett球形检验，测得KMO值为0.682（大于0.5），可以进行主成分分析，Bartlett球形检验值为1 407.532，显著性水平P（sig=0.000）< 0.05，表明检验结果具有统计学显著性；其次，以特征值大于1、累积贡献率大于80%为主成分因子选取原则确定主成分，根据计算结果，前5个主成分因子的特征值均大于1，且其累积贡献率达81.253%，表明这5个因子可以代替上述15个指标的信息，作为反映中国沿海区域生态环境质量水平的主成分因子，分别代表生态环境压力、生态环境治理效益、生态环境现状水平、生态环境污染治理效果、生态环境防治投资；再次，确定权重，根据5个主成分的贡献率分别为32.989%、19.442%、14.555%、7.521%、6.745%，从而计算出它们的权重依次为0.406 0、0.239 3、0.179 1、0.092 6、0.083 0；

最后，将权重、主成分得分代入公式（3），并进一步代入生态环境质量指数公式（5），即可得出2001—2010年中国沿海11省（市、区）生态环境质量水平指数（表2）。

表2　中国沿海区域生态环境质量水平指数

区域	2001年	2002年	2003年	2004年	2005年	2006年	2007年	2008年	2009年	2010年
天津	0.2740	0.2608	0.3253	0.2921	0.2727	0.2719	0.2566	0.2482	0.2116	0.1801
河北	0.1913	0.1917	0.2093	0.1620	0.1334	0.1377	0.1307	0.1960	0.2605	0.2858
辽宁	0.2218	0.2330	0.2708	0.2108	0.1961	0.2102	0.2100	0.2178	0.2450	0.2075
山东	0.2382	0.2459	0.3068	0.2677	0.2381	0.2761	0.3070	0.3791	0.4010	0.3794
江苏	0.2048	0.2192	0.2716	0.2288	0.2471	0.3039	0.3484	0.3977	0.3867	0.3633
上海	0.1085	0.1474	0.1771	0.1208	0.1142	0.1310	0.1431	0.2101	0.2086	0.1172
浙江	0.2931	0.3111	0.3387	0.2858	0.2943	0.3506	0.3735	0.4317	0.4401	0.3948
福建	0.2871	0.2951	0.3313	0.2903	0.3298	0.3243	0.2990	0.3183	0.3385	0.2501
广东	0.2437	0.2455	0.2843	0.2458	0.1996	0.2496	0.2464	0.2732	0.3082	0.3142
广西	0.2834	0.2742	0.2768	0.2601	0.2562	0.2739	0.2443	0.2814	0.2798	0.2488
海南	0.8458	0.8281	0.7797	0.8375	0.8336	0.8264	0.7477	0.6497	0.6944	0.6426

四、中国沿海区域旅游化与生态环境耦合度及耦合度协调指数测度

（一）中国沿海区域旅游化与生态环境耦合度测度结果及分析

将中国沿海各省（区）区域旅游化水平指数T_i和生态环境质量水平指数E_i的计算结果带入耦合度公式（9），计算出中国沿海区域旅游化与生态环境耦合度结果（见图1）。从图1中可以看出，2000—2010年中国沿海区域旅游化与生态环境耦合度均为$0.3 < C < 0.5$，笔者尝试用多目标决策权系数综合评价法，计算的耦合度结果也在0.3~0.5之间，验证了主成分加权TOPSIS方法的有效性和测度结果的可取性。根据耦合度划分等级和状态，近年来中国沿海区域旅游化水平与生态环境一直处于拮抗期，区域旅游化水平不断提升，对生态环境造成的直接或间接影响日渐明显。中国沿海区域旅游化与生态环境各要素之间目前所处的拮抗中磨合状态，仍属于较低水平的耦合，表明中国沿海区域旅游产业发展水平与生态环境质量的各要素之间协

同作用不强。这一方面是由于长期以来中国沿海区域旅游产业发展相对于内陆地区有较多的优势，但产业水平还处于较低层次，结构尚不合理，旅游产业急需转型升级和优化；另一方面是由于沿海区域生态环境系统自身具有脆弱性，极容易遭到破坏，加上旅游经济的粗放增长，对海洋生态环境胁迫作用较强。

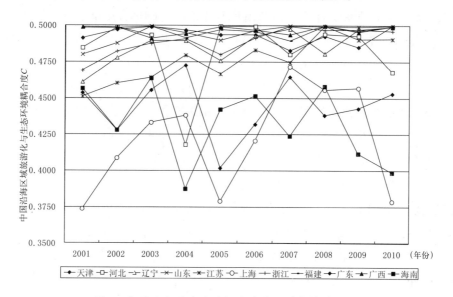

图1 中国沿海区域旅游化与生态环境耦合度结果

为了进一步反映中国沿海区域旅游化与生态环境两个系统耦合度的时空格局演变特征，按照时间序列划分为2000—2004年，2005—2007年，2008—2010年三个阶段，分别取三个阶段的不同年份各个沿海区域旅游化与生态环境耦合度结果的平均值，并将结果在ARCGIS10.0中按照自然断裂法划分为高、较高、较低和低4类等级，在中国沿海区域行政区图上显示（图2）。

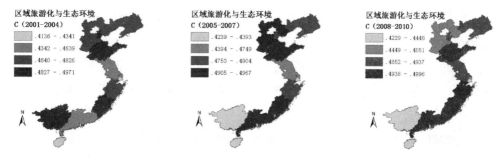

图2 中国沿海区域旅游化与生态环境耦合度时空格局演变

从时间上来看，山东省、福建省、辽宁省、上海市和海南省在三个阶段耦合度等级没有变化，山东省和福建省始终为高等级，辽宁省始终为较高等级，上海市和海南省则始终为低等级；广东省、浙江省和江苏省区域旅游化与生态环境的耦合度等级均处有上升，其中，广东省上升速度最快，由第一阶段的较低等级直接上升为二三阶段的高等级；河北省区域旅游化与生态环境的耦合度等级在三个阶段则表现为先升后降，即由第一阶段的较高等级上升为第二阶段的高等级，却在第三阶段下降至较低等级；广西和天津市区域旅游化与生态环境的耦合度则呈下降趋势，分别由第一阶段的高等级下降至二三阶段的低等级和较低等级；从空间上看，环渤海地区耦合度处于高等级的省（市、区）由一二阶段的两个下降为第三阶段的一个，说明该区域旅游产业与生态环境两个系统的关系有退化趋势；与之相反，长三角地区除上海市的耦合度等级保持不变外，浙江省和江苏省在三个阶段均不断提升，说明该区域旅游产业与生态环境两个系统的关系正在不断的优化和升级；珠三角的广东省区域旅游化与生态环境的耦合度等级由第一阶段的较低等级直接上升为二三阶段的高等级，形成鲜明对比的是，广西则由第一阶段的高等级直接下降为二三阶段的低等级；而福建省和海南省的耦合度等级则保持不变，说明该区域旅游产业与生态环境两个系统之间的关系存有明显的地区差异和不均衡性。但从中国沿海区域整体来看，区域旅游化与生态环境耦合度处在高等级和较高等级的省（市、区）数量在增加，而处于较低和低等级的省（市、区）数量在减少，说明中国沿海区域旅游产业与生态环境虽然处于较低水平的拮抗中磨合状态，但从整体上看二者的各要素之间协同作用在不断增强。

（二）中国沿海区域旅游化与生态环境耦合协调度指数分析

同样，将中国沿海各省（市、区）区域旅游化水平指数T_i和生态环境质量水平指数E_i的计算结果带入耦合度协调指数公式（10），计算出中国沿海区域旅游化和生态环境耦合度协调指数结果（见图3）。按照耦合度协调指数的划分标准，中国沿海区域旅游化与生态环境耦合度协调指数在2000—2010年间变动区间为0.2000~0.5500。浙江省、广东省、江苏省区域旅游化与生态环境的耦合度协调指数在0.4000~0.5000之间，属于耦合度一般协调，且耦和度协调指数水平上升趋势明显；山东省的耦合度协调指数在0.3800~0.4000之间，2008年后由耦合度低度协调上升为耦合度一般协调状态；天津市、辽宁省、福建省、广西的耦合度协调协调指数在0.3000~0.4000之间，10年间始终属于耦合度低度协调状态，且耦和度协调指数有明显下降趋势；海南省在2000—2006年间的耦合度协调指数大于0.5000，为耦合度中度协调，但耦合度协调度指数随时间不断下降，2007年以后下降为耦合度一般协调，至2010年则降至0.4000以下，区域旅游化与生态环境退化为耦合度低度协调。河北省区域旅游化与生态环境的耦合度协调度指数总体水平最低，且先降后升趋势明显，但始终处于耦合度低度协调状态。

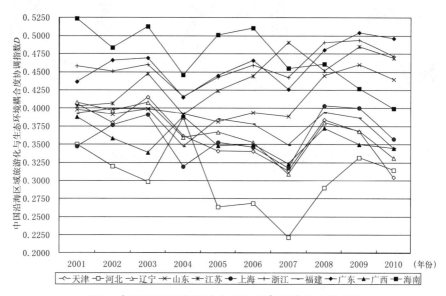

图3　中国沿海区域旅游产业与生态环境协调度结果

同样，为了进一步反映中国沿海区域旅游化与生态环境耦合度协调指数的时空格局演变特征，采用分析耦合度时空特征同样的方法将反映三个时间两个系统耦合协调度的均值在ARCGIS10.0中按照自然断裂法划分为高、较高、较低和低4类等级（见图4）。从时间上来看，河北省，广东省，山东省，浙江省和广西区域旅游化与生态环境耦合度协调指数分别保持低、较低、较高和高等级不变；江苏省和上海市在三个阶段不断上升，前者由第一阶段的较高等级上升为第二三阶段的高等级，后者则由第一阶段的较低等级上升为第二三阶段的较低等级；与之相反，海南省的耦合度协调指数则由第一二阶段的高等级下降为第三阶段的较高等级；福建省则呈由较低等级先上升为较高等级后又返回到较低等级的变化态势。从空间上来看，环渤海地区河北省和山东省的耦合度协调指数等级保持不变，辽宁省和天津市在第二个阶段开始下降；"长三角"地区浙江省的耦合度协调指数等级保持不变，江苏省和上海市则均上升了一个等级；"珠三角"的广东省和广西的耦合度协调指数等级在三个阶段保持不变，福建省为先升后降；而海南省则在第三阶段下降由高等级下降为较高等级。可见，中国沿海区域旅游化与生态环境耦合度协调指数的时空演变格局与其耦合度的时空演变格局有很大的一致性。

图4　中国沿海区域旅游化与生态环境耦合度协调指数时空格局演变

（三）中国沿海区域旅游化与生态环境耦合度预测分析

为了进一步掌握中国沿海区域旅游化与生态环境耦合度未来的变化态势，采用基于灰色理论的灰色预测GM（1,1）模型分别对沿海11个省（市、区）区域旅游化与生态环境耦合度进行动态模拟。分别取各个省（市、区）2000—2010年旅游产业与生态环境耦合度计算结果作为原始数据，通过计算，满足灰色模型预测的条件X_0（k）/X_1（k-1）→0，故建立耦合度GM（1,1）预测模型（表3）。

表3　中国沿海区域旅游化与生态环境耦合度GM（1,1）预测模型

地区	估计参数a	估计参数u	预测模型
天津	0.0016	0.4978	$\hat{x}_1(k+1)=(0.4915-309.8681)\,e^{-0.0016k}+309.8681$
河北	−0.0001	0.4824	$\hat{x}_1(k+1)=(0.4848+3581.2540)\,e^{0.0001k}-3581.2540$
辽宁	−0.0040	0.4787	$\hat{x}_1(k+1)=(0.4612+119.9400)\,e^{0.0040k}-119.9400$
山东	−0.0080	0.4671	$\hat{x}_1(k+1)=(0.4802+58.8916)\,e^{0.0080k}-58.8912$
江苏	−0.0087	0.4570	$\hat{x}_1(k+1)=(0.4512+52.6090)\,e^{0.0087k}-52.6090$
上海	−0.0018	0.4230	$\hat{x}_1(k+1)=(0.3738+231.4624)\,e^{0.0018k}-231.4624$
浙江	−0.0039	0.4813	$\hat{x}_1(k+1)=(0.4692+124.3758)\,e^{0.0039k}-124.3758$
福建	−0.0002	0.4961	$\hat{x}_1(k+1)=(0.4987+3205.9251)\,e^{0.0002k}-3205.9251$
广东	−0.0019	0.4387	$\hat{x}_1(k+1)=(0.4537+232.7713)\,e^{0.0019k}-232.7713$
广西	−0.0007	0.4947	$\hat{x}_1(k+1)=(0.4991+694.4964)\,e^{0.0007k}-694.4964$
海南	0.0065	0.4449	$\hat{x}_1(k+1)=(0.4567-68.1947)\,e^{0.0007k}+68.1947$

根据大量的实践经验，当参数估计−a<0.3时，GM（1,1）可用于中、长期预测[26]，上述参数估计均满足该条件且拟合效果较好，可以用于中、长期预测。通过灰色

模型计算值与实际值进行相对误差检验,相对误差均值 ε <0.001,达到优的精度等级,完全符合做中长期预测的要求。因此,按照上述拟合模型对中国沿海区域11个省(市、区)2011—2025年的区域旅游化与生态环境耦合度进行预测,结果如图5所示。

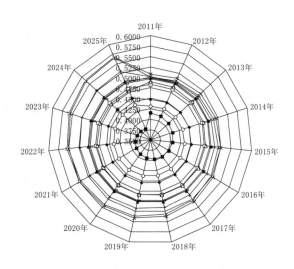

图5 中国沿海区域旅游化与生态环境耦合度预测

从图5可以看出,环渤海地区的天津市2011—2025年区域旅游化与生态环境耦合度在0.4800~0.4900之间,且呈下降趋势,至2025年前后下降至0.4800以下,说明该市在未来15年内区两个系统将长期处于拮抗期;河北省相对于天津市有缓慢上升的趋势;山东省则将分别于2011年由低水平耦合的拮抗期跨入良性耦合的磨合期,并向快速更高水平的耦合阶段演进,辽宁省于2012年紧随其后,但增长速度明显慢于山东省。长三角地区的上海市2011—2025年区域旅游化与生态环境耦合度在0.4300~0.4500之间,但有缓慢上升的趋势,拮抗状态逐步好转;江苏省和浙江省则均在2011年将由低水平耦合的拮抗期跨入良性耦合的磨合期,且耦合度不断提升,向更高水平的耦合阶段演进,但江苏省的耦合度提升的速度和幅度明显高于浙江省。珠三角的广东省未来15年区域旅游化与生态环境耦合度介于0.4400~0.4600之间,处于较低水平的拮抗阶段,福建省介于0.4960~0.4980之间;由于耦合度上升缓慢并将长期处于较高水平的拮抗期,广西将于2015年以后由低水平耦合的拮抗期跨入良性耦合的磨合期,而海南省则将由2011年的0.4154逐渐下降至2025年的0.3791,两个系统的耦合关系将不断恶化。

五、结论和讨论

（一）结论

运用耦合度模型对中国沿海区域11省（市、区）的2000—2010年区域旅游化与生态环境的耦合度和耦合度协调指数研究发现：中国沿海区域旅游化和生态环境系统尚处于拮抗期，即区域旅游化水平不断提升，需要大量的资金投入和资源开发，对生态环境造成的直接和间接影响日渐明显。

通过运用灰色系统预测模型对未来15年的耦合度预测发现：山东省、浙江省、江苏省和辽宁省将先后于2011年和2012年由低水平耦合的拮抗期跨入良性耦合的磨合期，且耦合度不断提升，向更高水平的耦合阶段不断演进，广西则于2015年紧随其后；福建省、河北省、广东省、上海市未来15年内区域旅游化和生态环境系统将仍处于低水平耦合的拮抗期，但总体呈现缓慢上升趋势，说明区域旅游化和生态环境系统之间的关系在逐步改善；天津市和海南省的区域旅游化和生态环境系统耦合度不但将长期处于拮抗阶段，且整体呈现下降趋势，其中，耦合度水平最低的海南省的下降趋势最为明显。

（二）讨论

通过研究结果不难看出，若按照目前区域旅游化与生态环境耦合关系演变规律，保持现阶段旅游产业和环境保护政策干预下，中国沿海区域旅游化与生态环境自身耦合水平上升和演进的速度较缓慢，要达到相得益彰、相互促进的高水平耦合阶段尚需较长时间，说明要使中国沿海区域旅游产业与生态环境两个系统尽快协调发展，实现旅游产业的可持续发展，单靠两系统自身发展演变还是不够的，必须采取相应的产业调控政策和环境保护措施，尤其是福建省、河北省、广东省、上海市以及天津市和海南省等省市，区域旅游化和生态环境系统耦合度上升缓慢甚至呈下降态势，旅游产业政策调控和滨海旅游者响应并践行生态旅游则显得更加紧迫。

参 考 文 献

[1] Wall G, Wright C. The Environmental Impact of Outdoor Recreation[R]. Ontario：University of Waterloo, 1977.

[2] Stephen L J Smith. 游憩地理学：理论与方法[M]. 吴必虎, 译. 北京：高等教育出版社, 1992：157-158.

[3] 崔凤军, 刘家明. 旅游环境承载力理论及其实践意义[J]. 地理科学进展, 1998, 17(1)：86-90.

[4] 王辉, 林建国, 姜斌. 大连市旅游与环境协调发展度分析[J]. 海洋环境科学, 2006, 25(1)：84-86.

[5] 崔峰. 上海市旅游经济与生态环境协调发展度研究[J]. 中国人口·资源与环境, 2008, 18(5)：64-69.

[6] 庞闻, 马耀峰, 杨敏. 城市旅游经济与生态环境系统耦合协调度比较研究——以上海、西安为例[J].统计信息论坛, 2011, 26(12)：44-48.

[7] 吕萍, 李忠富. 我国区域经济发展潜力的时空差异研究[J]. 数量经济与技术经济研究, 2010(11)：37-51.

[8] Hwang. C. L.&Yoon, K. S. Multiple Attribute Decision Making[M]. Spring-verlag, Berlin, 1981.

[9] 丁建军, 朱群惠. 我国区域旅游产业发展潜力的时空差异研究[J]. 旅游学刊, 2012, 27(2)：52-61.

[10] Valerie Illingworth. The Penguin Dictionary of Physics[M].Beijing: Foreign Language Press, 1996. 92-93.

[11] 刘耀彬, 李仁东, 宋学峰. 中国城市化与生态环境耦合度分析[J]. 自然资源学报, 2005, 20(1)：106-111.

[12] 双聚龙. 灰色系统基本方法[M]. 武汉：华中理工大学出版社, 1987：1-27, 104-105.

[13] 张雅波. 灰色预测的GM(1,1)模型[J]. 吉林建筑工程学院学报, 1999(4)：56-59.

[14] 宋亚非, 刘国忱, 高敬华. 我国旅游产业化的条件与素质分析[J]. 财经问题研究, 1999(1)：23-26.

[15] 金永生 ,杜国功. 北京旅游产业化的条件与素质分析——兼论旅游产业结构评价指标, 1999, 25（增刊）：22-26.

[16] 王冬萍, 阎顺. 旅游城市化现象初探——以新疆吐鲁番市为例[J]. 干旱区资源与环境, 2003, 17(5)：118-122.

[17] 李鹏. 旅游城市化的模式及其规制研究[J]. 社会科学家, 2004(4)：97-100.

[18] 朱竑, 贾莲莲. 基于旅游"城市化"背景下的城市"旅游化"——桂林案例[J]. 经济地理, 2006.

[19] 李晶晶. 青岛城市旅游化及其相关因素分析[D]. 中国海洋大学, 2010：9-12.

[20] 钱磊, 汪宇明, 吴文佳. 中国旅游业发展的省区差异及变化[J]. 旅游学刊, 2012, 27(1)：31-37.

[21] 颜梅春, 王元超. 区域生态环境评价研究进展与展望[J]. 生态环境学报, 2012, 21(10)：1781-1788.

[22] 郭建平, 李凤霞. 中国生态环境评价研究进展[J]. 气象科技, 2007, 35(2)：227-230.

[23] 傅伯杰. 中国各省区生态环境质量评价与排序[J]. 中国人口·资源与环境, 1992, 2(2)：48-54.

[24] 叶亚平, 刘鲁君. 中国省域生态环境质量评价指标体系研究[J]. 环境科学研究, 2000, 13(3)：33-36.

[25] 黄宝荣, 欧阳志云, 张慧智, 等. 中国省级行政区生态环境可持续性评价[J]. 生态学报, 2008, 28(1)：328-336.

[26] 陈霞. 灰色预测模型及其在电力负荷预测中的应用研究[D]. 南昌大学, 2007：16-17.

论文来源：本文原刊于《生态环境学报》2013年05期，第792-800页。

基金项目：中国滨海旅游环境承载力预警研究（中国海洋发展研究中心海大专项：AOCOUC201103）；我国沿海地区旅游产业集群演化机制及发展战略研究（国家软科学：2009GXQ6D172）。

区域主体网络、合作行为与海洋经济发展
——一个演化博弈框架的分析

陈明宝[*]

摘　要：区域海洋经济发展中涉及的主体形态多样，既包括政府、行业协会等管理性的组织，也包括企业、个人等市场主导性组织，他们在区域海洋经济中的关系复杂多样，总体上可以用网络的形式表示。他们之间的合作行为可表示为网络中节点间的链接，以链接的紧密性和长度衡量合作行为的程度。由于区域主体之间的合作行为是非线性、立体的关系，可以用演化博弈的方法进行解释。通过研究发现，当博弈系统的初始变量和运行变量达到某一程度时，区域海洋经济发展中主体的合作行为能够在最大程度上促进海洋经济的发展。因此，在实际的区域海洋经济运行中，应适当改变这些变量及其之间的关系，让其朝着有利于促进区域海洋经济发展的方向运行。

关键词：区域主体；网络主体；合作行为；海洋经济

一、问题的提出

自2006年以来，国家开始新一轮的区域经济布局调整，其中海洋经济作为重要的增长点成为各沿海省份争取本区域经济成为国家战略的重要内容。2008年开始，国家先后在沿海11省份实施了涉海的区域经济发展战略，以推动海洋资源的开发、加快海洋经济的发展、加速经济结构的调整。继2010年先后将山东、浙江、广东、福建确立为海洋经济试点省后，2011年国家又将山东半岛蓝色经济区、浙江海洋经济示范区、广东海洋经济综合试验区相继上升为国家战略。2012年6月，国务院批准设立浙江舟山群岛新区，成为中国首个以海洋经济为主题的国家级新区，

＊陈明宝，副研究员，中山大学海洋经济研究中心，主要研究方向：海洋经济理论与政策。

11月，"福建省海峡蓝色经济区试验区发展规划"获得国务院批复实施，标志着我国区域海洋经济布局的全面完成，也标志着我国海洋经济开始进入快速发展的轨道。

新一轮的海洋经济刺激政策给沿海各省区的海洋经济发展带来重大的机遇，同时也提出了更多的挑战，其中的挑战之一是各海洋经济区如何整合本区域内的海洋经济发展主导力量协同推动海洋经济的发展，尽快地促使本区域的海洋经济走向深蓝海洋。在区域海洋经济发展中，海洋经济发展主导力量的作用不可忽视，他们各自在海洋经济发展过程中的作用及其相互之间的关系对于海洋经济的发展十分重要。这一问题也引起了学者的足够重视和关注，代表性的研究有：张相军（2007）研究了区域海洋污染应急合作制度，认为从区域主体利益协调的角度规范和建立区域海洋污染应急合作制度；崔旺来和李百齐（2009）从公共治理的角度研究了海洋经济时代政府的作用如何适时变化以及政府在公共产品供给中应发挥什么作用；王琪，丛冬雨（2011）则指出海洋管理主体涉及多个地方政府以及若干涉海部门，政府间横向关系复杂，鉴于海洋环境的特殊性，各主体只有相互合作才能更好地实现治理目标。

由此可见，区域海洋经济发展的参与主体的作用及其相互之间的关系已成为我国当前海洋经济理论和实务中的不可回避和重要的问题，有效地促进和发展各个主体的作用和相互之间的关系对于区域海洋经济的发展尤为重要。而在当前的区域海洋经济的发展中，参与主体的之间合作是实现区域海洋经济发展的最优方式。因此，通过对区域主体在海洋经济发展的合作关系的研究能够获知在什么条件和什么状态下能够有效地推动海洋经济的发展。

二、区域海洋经济中的主体及其关系

1. 区域海洋经济中的主体内涵

社会与经济网络理论认为：现实经济世界中不同的发展主体可以抽象为网络中的节点，不同的主体对应着网络中的不同节点。在网络结构中，节点的形态和分布呈现复杂的结构和状态，即并不是每一个节点都具有相同的结构，也不是每一处的节点都是平均分配和有序排列的，网络中的节点有大小之分也有稀疏之分，节点越大表示它在网络中所起的作用就越大，反之则越小；节点聚集越多的地方表示该类节点在网络中的作用越大，反之则越小。此外，网络中节点与节点之间链接表示节点之间的相互作用，链接越长表示作用越大，不同节点之间通过这一链接实现局部或者整个网络的系统性和有机统一性。

区域海洋经济发展中，参与主体的形态复杂多样，既有市场运行组织，如渔业生产组织（捕捞主体、养殖主体、捕捞企业、养殖企业、饲料供给企业、生产工具供给企业）、油气生产组织、装备制造生产企业、海水淡化生产企业等各海洋产业的生产企业及等其他市场组织，也有海洋经济管理组织，如政府部门、海洋经济合作组织、海洋经济协会、国际海洋经济组织等，还有与海洋经济相关的科学技术组织，如科研院所、水产技术推广站等，以及社会公众等个人（图1），这些都是海洋经济发展中不可缺少的发展主体。从网络的结构视角讲，上述主体可以认为是区域海洋经济网络结构中不同的节点，他们之间的合作行为可以用节点之间的链接进行表示。

基于上述理论和分析，本文将区域海洋经济中的各参与主体划分为管理组织、中间组织和微观主体三部分，其中管理组织包括执政党、各级政府管理主体等；中间组织包括专业利益团体、其他涉海利益团体等；微观主体包括内容广泛的经营组织和社会民众等个体。其中管理组织的网络链接度最高，处于区域海洋经济网络的核心地位，而中间组织和微观主体的网络链接度较弱，处于非核心地位（图1）。

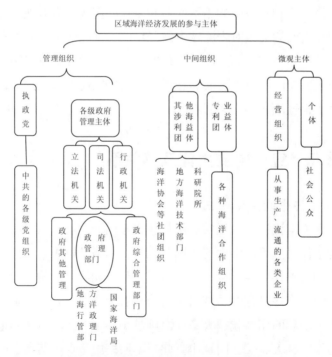

图1　区域海洋经济发展中的主体及其关系

2. 区域主体之间的行为关系

在区域海洋经济网络结构中，不同的主体在网络的地位和作用不仅不对等，而且不同主体之间的关系也呈现非线性的关系，表现为一个包括n维向量的空间结构和非线性立体的关系，即一个主体与其他主体之间的关系多向的，并且是相互的。而从各个主体在这些非线性关系的行为和价值取向来看，各个主体相互之间的行为也具有多向性，其基本的价值取向是以相互之间利益的大小为基础的。不同主体的行为和价值取向的合作会对局部或者整个网络产生不同程度的影响，即各主体如果采取有利于自己的行为，会给网络主体间的相互合作带来破坏性影响，造成整个区域海洋经济发展不协调。如果某一主体采取过度的自利行为，虽会获得超额利润，但也会给其他主体带来外部负效应，甚至造成整个网络的破坏。在机会行为的作用下，区域海洋经济各主体之间的行为关系和价值取向实际上表现为一种博弈行为，即各主体间通过博弈确定采用合作关系以实现自身的最大化利益。目前为止，由于政策激励不足等原因，各个区域之间的主体还没建立起真正具有约束力的合作和协调组织与机制来推动区域海洋经济协调发展，因此他们之间的行为关系和价值取向是动态的、不具有固定性，在每次博弈中，各方的行为与策略会因其他方或者外界因素的变化而变化，表现出一个通过学习、模仿实现的过程，他们之间的博弈关系可以用演化博弈论进行解释。

演化博弈论强调以有限理性经济人为基础，从系统论出发，把动态演化过程分析和博弈理论分析结合起来，将群体行为的调整过程看作为一个动态系统，实现对群体达到某一状态时的动态变化行为。演化博弈论的核心概念是"演化稳定策略"（Evolutionary Stable Strategy，ESS）和"复制动态"（Replicator Dynamics）。ESS表示在群体中大多数个体选择演化稳定策略时，即使占群体很小比例的非演化稳定策略个体也不可能侵入到群体中，从而保持群体的演化稳定状态。复制动态则描述的是某一特定策略在一个种群中被采用的频数或频度的动态微分方程。根据演化博弈理论，一种策略的在群体中的适应度或者比群体的平均适应度高，则这种策略就能在群体中获得发展。

从博弈形式来看，基于网络结构的区域主体中既有地位相同的主体，他们之间的信息和收益是对称的，相互之间的博弈可表示为对称条件下的博弈；也有地位不同的主体，他们之间的信息和收益是不对等的，博弈形式可表示为非对称条件下的博弈。

三、对称博弈下的区域主体合作行为

1. 模型假设

（1）区域海洋经济中的各个主体是网络状的非线性立体关系，各主体之间的关系服从无标度网络的特性。为便于分析，本文只分析两主体之间的行为关系（此处主体并非是某一具体的主体，而是具有群体性质的主体），分别用主体1和主体2表示。

（2）在主体间行为选择中，每一主体都面临两种策略，即积极合作策略与消极合作策略，且选择合作策略的收益大于不合作策略的收益。

（3）区域海洋经济中的各个主体在网络中的地位是平等的，即他们拥有的信息、权利和获取的收益是平等的。

（4）区域间选择积极合作策略时会产生协同收益，而选择消极合作时不会产生协同收益。

（5）区域中主体间的合作关系是建立在自愿及长期合作的基础上的，而不是受不同主体间合约的影响。

（6）双方的博弈处于不完全信息的状态之下（有限理性和试错），每次博弈都要根据其既得利益不断地调整他们的策略以改善收益。

2. 模型参数设置

（1）当区域主体1和2都选择积极合作策略时，将获得收益h；当区域主体1和区域主体2都选择消极合作策略时，将获得收益n；当两个区域主体选择不同的策略时，当区域主体1实行积极合作策略，而区域主体2选择消极合作策略时，各自的收益为(b, c)；当区域主体2实行积极合作策略，而区域主体1采取消极合作策略时，各自的收益为(c, b)（图2）。

（2）区域主体1选择积极合作策略时的比例为x，选择消极合作策略时的比例为$(1-x)$；区域主体2选择积极合作策略的比例为y，选择消极合作策略时的比例为$(1-y)$。

3. 对称博弈下的区域主体合作行为

		区域主体2	
		积极合作	消极合作
区域主体1	积极合作	h, h	b, c
	消极合作	c, b	n, n

图2　区域主体之间的博弈

采用合作策略的适应性强度为：

区域主体1选择积极合作策略的期望收益为u_1，选择消极合作策略的期望收益为u_2，则合作策略的平均u。可分别表示为：

选择合作策略的适应度：

$$u_2 = xh + (1-x)b = xh - xb + b \tag{1}$$

$$u_2 = xc + (1-x)n = xc - xn + n \tag{2}$$

平均收益为：

$$u = xu_1 + (1-x)u_2 \tag{3}$$

$$= x(xh - xb + b) + x(1-x)(xc - xn + n) \tag{4}$$

那么，采用合作策略的主体比例x的变化速度，可以用复制动态方程来表示：

$$f(x) = \frac{dx}{dt} = x(u_1 - u) = x(xh - xb + b - x(xh - xb + b) - (1-x)(xc - xn + n)) \tag{5}$$

$f(x)$表示执行积极合作策略的主体所占比例随着时间的变化幅度。现在讨论ESS。令$\frac{dx}{dt} = 0$，得：

$$\frac{dx}{dt} = x(u_1 - u) = x(1-x)(x(h-c) + (1-x)(b-n)) = 0 \tag{6}$$

可得$x_0 = 0$，$x_1 = 1$，$x_2 = \dfrac{n-b}{h-c+n-b}$。

4. 对x_2中参数不同情况的讨论

根据微分方程的稳定性定理及演化稳定性的性质，当$F(x_i) < 0$时，局部均衡点才为演化稳定策略。由此，上述博弈的结果取决于h, c, n, b四个参数的值。

（1）若$h > c$且$b > n$时，$F'(0) > 0$，$F'(1) < 0$，$F'(x_2)$不是稳定状态。因此，$x_1 = 1$是唯一的演化稳定策略。此时博弈系统的经济含义是，区域主体经过长期的演化最终稳定于积极合作的状态。此时的复制动态相位图如图3。

（2）若$h > c$且$b < n$时，$F'(0) < 0$，$F'(1) > 0$，$F'(x_2)$是稳定状态。因此，$x_1 = 0$是唯一的演化稳定策略。此时博弈系统的经济含义是，区域主体经过长期的演化最终稳定于消极合作的状态。此时的复制动态相位图如图4。

（3）若$h > c$且$b < n$时，$F'(0) < 0$，$F'(1) > 0$，$F'(x_2)$，$x_0 = 1$和$x_1 = 1$都是博弈系统的演化稳定策略，博弈的最终结果将取决于x的初始水平。当初始水平的x落在$(0, \dfrac{n-b}{h-c+n-b})$时，复制动态会趋向于稳定状态$x_0 = 0$，即区域主体选择消极合作策略。而当初始水平落在$(\dfrac{n-b}{h-c+n-b}, 1)$时会趋向，复制动态会趋向于稳定状态$x_1 = 1$，即区域主体选择积极合作策略。此时的复制动态相位图如图5。

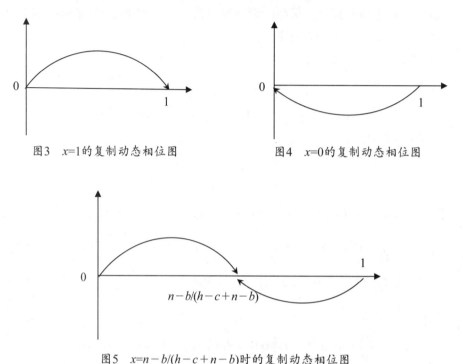

图3 *x*=1的复制动态相位图   图4 *x*=0的复制动态相位图

图5 *x*=*n*−*b*/(*h*−*c*+*n*−*b*)时的复制动态相位图

（4）若*h*<*c*且*b*>*n*时，对于理性的区域主体来讲，是没有意义的，因此也就不存在均衡策略。

综上所述，在对称博弈条件下，区域主体之间的合作行为取决于参数取值的变化。因此，当*h,c,n,b*发生不同程度的变化时，对应的主体间的博弈策略也会相应的发生变化，变化后的主体行为对区域海洋经济发展的作用以及相应的政策制定都会产生影响。

四、非对称博弈下的区域主体合作行为

1. 非对博弈下区域主体合作行为的假设

（1）与对称博弈下的区域主体合作行为类似，在合作行为选择时，区域主体（主体1和主体2，并且主体1的网络地位高于主体2）也面临两种策略，即积极合作策略和消极合作策略，并且选择积极合作策略的收益大于消极合作策略的收益。

（2）区域主体1选择消极合作策略与区域主体2选择消极合作时的收益分别为π_1,π_2，主体1选择积极合作策略，主体2选择积极合作策略时会产生协同收益为*I*，协

同收益系数为p。主体1选择消极合作策略，主体2选择消极合作策略时会产生相应的成本给对方产生额外的成本损失，分别记为C_1, C_2且$0 < C_1 < I$, $0 < C_2 < I$。

（3）两个主体在网络中的地位是不对等的，即他们之间为非平行的结构。其他假设同对称博弈下的区域主体合作行为类似。

2. 模型构建与分析

区域主体2

区域主体1		积极合作（p）	消极合作（n）
	积极合作（s）	$\pi_1 + pI, \pi_2 + (1-p)I$	$\pi_1 - C_1, \pi_2$
	消极合作（t）	$\pi_1, \pi_2 - C_2$	π_1, π_2

图6 主体群体之间的博弈

则区域主体1选择积极合作策略的适应度为：

$$u_{1s} = y(\pi_1 + pI) + (1-y)(\pi_1 - c_1) \tag{7}$$

主体1采用消极合作策略时的适应度为：

$$u_{1t} = y\pi_1 + (1-y)\pi_1 = \pi_1 \tag{8}$$

主体1的平均适应度为：

$$u_1 = x u_{1s} + (1-x) u_{1t} \tag{9}$$

$$u_1 = x(y(\pi_1 + pI) + (1-y)(\pi_1 - c_1)) + (1-x)\pi_1 \tag{10}$$

那么，主体1选择合作策略时的变化速度可以用复制动态方程来表示：

$$f(x) = \frac{dx}{dt} = x(u_{1s} - u_1) = x(1-x)(ypI - c_1 + yc_1) \tag{11}$$

同理，主体2采取积极合作的策略变化速度可以用复制动态方程来表示：

$$f(y) = \frac{dy}{dt} = y(u_{2p} - u_1) = y(1-y)(x(1-p)I - c_2 + xc_2) \tag{12}$$

方程（11）表明，仅当$x = 0$，1或$y = \dfrac{c_1}{pI + c_1}$且$y = \in (0,1]$时，主体1采取积极合作策略的个体所占的比例是稳定的。同样的，方程（12）表明，仅当$x = 0, 1$或$x = \dfrac{c_2}{(1-p)I + c_2}$且$x = \in (0,1]$时，主体2采取积极合作的个体所占的比例是稳定的。

于是，主体1和主体2组成的博弈系统的演化可由微分方程（11）和方程（12）组成的方程组来描述。

$$\begin{cases} f(x) = \dfrac{dx}{dt} = x(u_{1s} - u_1) = x(1-x)(ypI - c_1 + y\,c_1) \\[3mm] f(y) = \dfrac{dy}{dt} = y(u_{2p} - u_1) = y(1-y)(x(1-p)I - c_2 + x\,c_2) \end{cases} \qquad (13)$$

按照Friedman（1991）提出的方法，对于一个有微分方程系统描述的群体动态，其均衡点的稳定性是由该系统得到的Jacobian矩阵的局部稳定分析得到的。Jacobian矩阵为：

$$J = \begin{vmatrix} (1-2x)(ypI - c_1 + y\,c_1) & x(1-x)(pI + c_1) \\ y(1-y)((1-p)I + c_2) & (1-2y)(x(1-p)I - c_2 + x\,c_2) \end{vmatrix} \qquad (14)$$

为方便分析，令

$A = pI, B = c_1, C = (1-p)\,I, D = c_2$，则上式可变为：

$$J = \begin{vmatrix} (1-2x)(yA - B + yB) & x(1-x)(A + B) \\ y(1-y)(C + D) & (1-2y)(xC - D + xD) \end{vmatrix}, \quad 并且 \begin{cases} A > 0 \\ B > 0 \\ C > 0 \\ D > 0 \end{cases} \qquad (15)$$

由方程（11）和方程（12）的稳定点可知，该系统有5个局部稳定点。根据雅克比矩阵的局部稳定性分析法，J的迹的相反数（P）和J的行列式（Q）分别表示微分方程组（13）的特征方程系数，只有同时满足$P>0$且$Q>0$的平衡点才是稳定的。通过计算得出表1。

表1　区域海洋经济主体博弈的均衡点讨论

均衡点	J的行列式与符号		J的迹与符号		局部稳定性
$x=0, y=0$	BD	+	$B+D$	-	ESS
$x=0, y=1$	AD	+	$A+D$	+	不稳定点
$x=1, y=0$	BC	+	$B+C$	+	不稳定点
$x=1, y=1$	AC	+	$A+C$	-	ESS
$x=\dfrac{c_2}{(1-p)I+c_2},$ $y=\dfrac{c_1}{pI+c_1}$	$\times$	-	0		鞍点

说明：×与分析无关。

由表1可知，在5个局部均衡点中仅有（0,0）和（1,1）具有局部稳定性，即主体1和主体2博弈的演化稳定策略（ESS）"消极合作，消极合作"和"积极合作，

积极合作"。该演化系统还存在2个不稳定的均衡点（1,0）和（0,1）和1个鞍点

$(x = \dfrac{c_2}{(1-p)I + c_2}, y = \dfrac{c_1}{pI + c_1})$。上述系统中的主体1和主体2双方的演化博弈的复

制动态关系用相位图可表示为：

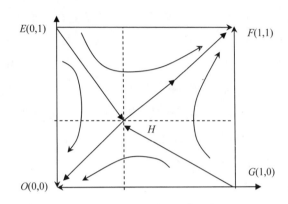

图7 非对称博弈下的区域海洋经济主体博弈的相位图

由图7可知，OEFG构成了主体1和主体2在合作行为的博弈策略域。均衡点
O（0,0）和F（1,1）代表了该博弈系统的两种演化稳定策略。主体1和主体2的策略
行为会沿着这两个方向进行演化。在折线EHG的下方，若初始状态在域OEHG中，
博弈系统将收敛于O（0,0）点，在折线EHG上方，若初始状态在域EHGF中，博弈系
统将收敛于F（1,1）点。通过对系统初始参数的调整，可以使主体1和主体2的行为
发生变化，说明通过适当的措施可以改变主体1和主体2之间的行为与关系。

3.均衡点的经济学意义和鞍点参数讨论

（1）均衡点的经济意义

在O处，区域主体1和区域主体2都会选择消极的合作策略，即都坚持当前的发
展状态，不会通过增加相互之间的合作以获取更多的收益。因此，此时的博弈系统
处于一个较低层次的合作状态，虽然也有主体间合作的出现，但是频率非常低，区
域海洋经济发展的效率也非常低。

在E处，x=0，y=1，即初始状态为区域主体1选择消极合作策略、区域主体2选择
积极的合作策略。以此状态为基础，当x与y的值发生变化时，会朝向不同的方向演
化。当变化后的点落在OEH域内，由于主体1的消极合作策略以及单纯的一方选择积
极的合作策略并不能带来协同收益的假设的存在，主体2在长期的合作行为演化中会
趋向于选择消极合作的策略；当变化后的点落在EHF域内时，由于主体2的积极合作
策略以及双方同时采取积极合作策略能产生协同收益的假设的存在，主体1的在长期

的合作行为演化中会趋向于选择积极合作的策略在F处，区域主体1和区域主体2都选择积极的合作策略，也就是说他们在区域海洋经济发展中更愿意以积极的合作方式实现相互之间的发展。此时的博弈系统处于一个非常高层次的合作状态，区域主体之间的合作频率非常高，区域海洋经济发展的效率也非常高。

在G处，$x=1$，$y=0$，初始状态为区域主体1选择积极合作策略，而区域主体2选择消极的合作策略。以此状态为基础，当x与y的值发生变化时，会朝向不同的方向演化。当变化后的点落在OHG域内，由于主体2的消极合作策略以及单纯的一方选择积极的合作策略并不能带来协同收益的假设的存在，主体1在长期的合作行为演化中会趋向于选择消极合作的策略；当变化后的点落在GHF域内时，由于主体1的积极合作策略以及双方同时采取积极合作策略能产生协同收益的假设的存在，主体2的在长期的合作行为演化中会趋向于选择积极合作的策略。

（2）鞍点的参数讨论

模型的推导说明了区域主体1和区域主体2行为的可能变化，但变化或收敛的方向取决于模型中鞍点H的位置，区域主体1和区域主体2之间的博弈行为及其演化的方向可以通过分析鞍点H（$x = \dfrac{c_2}{(1-p)I + c_2}$，$y = \dfrac{c_1}{pI + c_1}$）来进行讨论。

①参数I。该参数是区域主体1和区域主体2都采取积极合作策略所产生的额外收益。I越大，x和y的数值就越接近于0，点H（x,y）就会越向O（0,0）靠近，即随着额外收益的增加，折线EHG上方的面积逐渐增大，博弈系统收敛于F（1,1）的概率增加。这说明随着主体1和主体2合作积极性的提高，最终实现演化稳定策略"积极合作，积极合作"，同时双方将获得按比例p分配的额外收益。

②参数p。该参数决定了额外收益在区域主体1和区域主体2之间的分配比例。该参数的前提是区域主体1和区域主体2之间必须同时采取策略"积极合作，积极合作"，才能够获得额外收益，如果任何一方表现出消极的策略，这一分配比例都将不存在。p的值越大，代表主体1合作的收益越大，反之将越小。因此，在实际中，合理确定参数p的值是主体1在实施积极合作策略中必须要考虑的一点，因为只有p达到一定的临界状态时，主体2才有参与合作的积极性。

③参数c_1和c_2。该参数是由于一方的消极策略给另一方采取的积极策略带来的损失，因此，无论c_1和c_2的值多大，对整个都是不利的。当存在c_1和c_2时，鞍点H可能会位于图7中4个区域中任意一个域内，当排除外界环境因素的干扰，c_1和c_2越大，H（x,y）的值会越大，逐渐趋向F（1,1），折线EHG下方的面积会逐渐增大，从而增加博弈系统收敛于O（0,0）的可能性。即随着损失的不断增加，博弈系统最终将演

化稳定于"消极合作，消极合作"，从而进一步影响海洋经济的发展。

五、促进区域海洋经济发展的政策建议

基于上述模型的分析结果可知，在区域海洋经济发展中，不同主体之间的博弈关系受多个因素的影响，他们之间的关系最终通过学习、模仿、复制等形式演化为稳定策略"积极合作，积极合作"和"消极合作，消极合作"的状态，通过进一步分析可知，"积极合作，积极合作"是最优的演化稳定策略。因此，为促使中这一稳定策略的实现，可以采取以下对策。

（1）管理主体方面，应采取适当的激励措施。从上述分析中已知，"积极合作，积极合作"是区域海洋经济中不同主体之间博弈的最优结果，这一策略能够实现各方经济利益最大化。因此，在实践中，管理主体应该采取积极有效的激励措施激励各个参与主体参与海洋经济发展，提高各主体的海洋国土观念、海洋资源重要性认识以及海洋经济的意识等，使其能够变被动为主动，成为海洋经济发展的主导力量。

（2）建立各个主体之间的信任机制。在区域海洋经济发展中，不同地位的主体所关注的范围、领域、实际效果等都存在差异，由此产生的利益诉求也不一样，由此会导致相互之间存在矛盾或者冲突，容易导致猜测或者不信任，从而影响整个海洋经济发展的进程。为此，有必要建立相互之间的信任和沟通机制，使不同参与主体之间尽可能的实现沟通和交流，消除由于某一方的消极对待而给对方带来的损失，从而使经济发展朝向有利的方向演化。

（3）尽可能提高参与主体的福利水平。不同主体参与海洋经济发展的根本目的是谋求自身福利最大化。影响这一福利水平的因素很多，除有区内的因素外，还有来自区外的一些不和谐因素，因此，管理主体有责任处理这些不和谐因素，消除不利因素，为区域海洋经济的发展创造有利的条件。

参 考 文 献

[1] 崔旺来, 李百齐. 海洋经济时代政府管理角色定位. 中国行政管理, 2009, 12.

[2] 单春红, 于谨凯, 李宝星. 我国海洋经济可持续发展中的政府投资激励系统研究. 中国渔业经济, 2008(2).

[3] 崔旺来, 李百齐. 政府在海洋公共产品供给中的角色定位. 经济社会体制比较, 2009(6)：108-113.

[4] Megan Bailey, U. Rashid Sumaila, Marko Lindroos，Application of game theory to fisheries over

three decades，Fisheries Research 102(2010)1–8.

[5] 乔根·W·威布尔. 演化博弈论（中译本）. 上海人民出版社, 2006.

[6] 王琪，丛冬雨，我国海洋环境区域管理的政府横向协调机制研究，中国行政管理学会2010年会暨"政府管理创新"研讨会论文集，2010.

[7] 范如国. 制度演化及其复杂性. 北京：科学出版社, 2011.

论文来源：本文原刊于《中国海洋大学学报（社会科学版）》2013年03期，第17-22页。

基金项目：中国海洋发展研究中心青年项目《区域主体网络、合作行为与海洋经济发展——以粤桂琼三省（区）为例（AOCQN2012018）》。